HISTORIA DEL FUTURO 2

W0306541

ACERVO CIENCIA/FICCION

Director de la Colección: DOMINGO SANTOS

1. FLORES PARA ALGERNON. Daniel Keyes
2. LA LUNA ES UNA CRUEL AMANTE. R. A. Heinlein
3. EL MUNDO DE LOS NO-A. Alfred E. van Vogt
4. DUNE. Frank Herbert
5. EL TIEMPO INCIERTO. Michel Jeury
6. INCORDIE A JACK BARRON. Norman Spinrad
7. QUE DIFICIL ES SER DIOS. Arkadi y Boris Strugatski
8. LOS JUGADORES DE NO-A. Alfred E. van Vogt
9. LOS AMANTES. Philip José Farmer
10. EL MUNDO INTERIOR. Robert Silverberg
11. FLUYAN MIS LAGRIMAS, DIJO EL POLICIA. Philip K. Dick
12. LA OPCION. Leonard C. Lewin
13. CANDY MAN. Vincent King
14. EL MESIAS DE DUNE. Frank Herbert
15. ANTOLOGIA NO EUCLIDIANA/1
16. VIAJE A UN PLANETA WU-WEI. G. Bermúdez Castillo
17. ¡HAGAN SITIO! ¡HAGAN SITIO! Harry Harrison
18. LLEGADA A EASTERWINE. R. A. Lafferty
19. LOS SEÑORES DE LA GUERRA. Gérard Klein
20. MAS VERDE DE LO QUE CREEIS. Ward Moore
21. EL VUELO DEL DRAGON. Anne McCaffrey
22. LA BUSQUEDA DEL DRAGON. Anne McCaffrey
23. LOS MUNDOS DE DAMON KNIGHT
24. HIJOS DE DUNE. Frank Herbert
25. RUTA DE GLORIA. Robert A. Heinlein
26. LA QUINTA CABEZA DE CERBERO. Gene Wolfe

27. SALOMAS DEL ESPACIO. R. A. Lafferty
28. LLORAD POR NUESTRO FUTURO. Antología no euclidiana/2
29. LA NAVE DE LOS HIELOS. Michael Moorcock
30. LA BARRERA SANTAROGA. Frank Herbert
31. EN LA SUPERFICIE DEL PLANETA. Daniel Drode
32. DARE. Philip Jose Farmer
33. LA ROSA. Charles L. Harness
34. DOCTOR BLOODMONEY, o cómo nos las apañamos después de la bomba. Philip K. Dick
35. NOCHE DE LUZ. Philip Jose Farmer
36. TODOS SOBRE ZANZIBAR. John Brunner
37. A CABEZA DESCALZA. Brian W. Aldiss
38. UNA MIRADA A LA OSCURIDAD. Philip K. Dick
39. HISTORIA DEL FUTURO 1. Robert A. Heinlein
40. AVISPA. Eric Frank Russell
41. HISTORIA DEL FUTURO 2. Robert A. Heinlein

ROBERT A. HEINLEIN

HISTORIA DEL FUTURO

2

EDICIONES ACERVO
Julio Verne, 5-7 — Apartado 5319
BARCELONA - 6

Título de la obra original:
THE PAST THROUGH TOMORROW

Traducción de:
MIGUEL BLANCO

Sobrecubierta:
© by CESARE REGGIANI

© 1967, by ROBERT A. HEINLEIN
1981, EDICIONES ACERVO, BARCELONA

Printed in Spain

I.S.B.N.: 84-7002-317-9
Depósito legal: B. 23.547 - 1981

Artes Gráficas Rafael Salvá - Casanova, 140 - Barcelona-11

INDICE

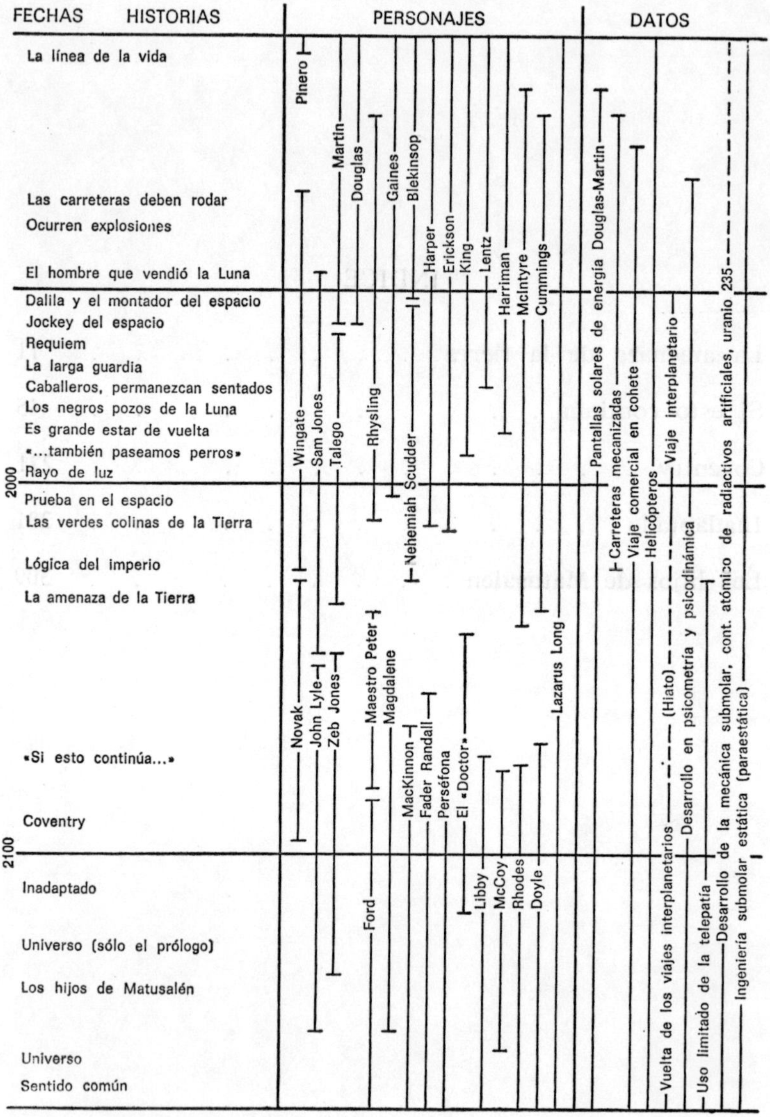
FECHAS
HISTORIAS
PERSONAJES
DATOS
La línea de la vida
Las carreteras deben rodar
Ocurren explosiones
El hombre que vendió la Luna
Dalila y el montador del espacio
Jockey del espacio
Requiem
La larga guardia
Caballeros, permanezcan sentados
Los negros pozos de la Luna
Es grande estar de vuelta
«...también paseamos perros»
Rayo de luz
2000
Prueba en el espacio
Las verdes colinas de la Tierra
Lógica del imperio
La amenaza de la Tierra
«Si esto continúa...»
Coventry
2100
Inadaptado
Universo (sólo el prólogo)
Los hijos de Matusalén
Universo
Sentido común
Pinero
Martin
Douglas
Gaines
Blekinsop
Harper
Erickson
King
Lentz
Harriman
McIntyre
Cummings
Wingate
Sam Jones
Talego
Rhysling
Nehemiah Scudder
Novak
John Lyle
Zeb Jones
Maestro Peter
Magdalene
Ford
MacKinnon
Fader Randall
Perséfona
El «Doctor»
Libby
McCoy
Rhodes
Doyle
Lazarus Long
Pantallas solares de energía Douglas-Martin
Carreteras mecanizadas
Viaje comercial en cohete
Helicópteros
Viaje interplanetario
(Hiato)
Vuelta de los viajes interplanetarios
Desarrollo en psicometría y psicodinámica
Uso limitado de la telepatía
Desarrollo de la mecánica submolar, cont. atómico de radiactivos artificiales, uranio 235
Ingeniería submolar estática (paraestática)

TECNICOS	SOCIOLOGICOS	OBSERVACIONES
Vuelo del cohete transatlántico Servicio del cohete de las antípodas	LOS «AÑOS LOCOS» Huelga del 76 EL «FALSO AMANECER» Primer cohete a la Luna	Considerable avance técnico durante este período, acompañado por un gradual deterioro de costumbres, orientación e instituciones sociales, desembocando en psicosis de masas en la sexta década, y en el Interregno.
Bacteriófago Unidad de cambio y de comercio	Fundación de Luna City Ley de Seguridad en el espacio Corporaciones lunares de Harriman PERIODO DE EXPLOTACION IMPERIAL Revolución en Pequeña América Exploración y explotación interplanetarias Unión Americana-Australasiana	El Interregno fue seguido por un período de reconstrucción en el cual las proposiciones financieras de Voorhis proporcionaron una estabilidad económica temporal y una oportunidad de reorientación. Terminó con la apertura de nuevas fronteras y el regreso a la economía del siglo XIX.
Comercial estereoscópica Armas sobrealimentadas Alimentos sintéticos Control del clima Mecánica ondulatoria La «Barrera»	Aparición del fanatismo religioso La «Nueva Cruzada» Rebelión e independencia de las colonias venusianas Dictadura religiosa en U. S. LA PRIMERA CIVILIZACION HUMANA	Tres revoluciones terminaron con el corto período del imperialismo: Antártica, U. S. y Venus. El viaje espacial terminó en 2072. Poca investigación y tan sólo avances técnicos menores durante este período. Extremado puritanismo. Algunos aspectos en psicométrica, psicología de masas y control social desarrollados por la clase religiosa. Reestablecimiento de la libertad civil. Renacimiento de la investigación científica. Reanudación del viaje espacial. Refundación de Luna City. Ciencia de las relaciones sociales, basada en las afirmaciones negativas básicas de la semántica. Rigor de la epistemología. El Convenio.
Energía atómica «a la medida» Elementos 94-416 Ingeniería paraestática Rigurosidad de los coloides Investigación simbiótica Longevidad		Principio de la consolidación del Sistema Solar. Primer intento de exploración interestelar. Desorden civil seguido por el final de la adolescencia humana y el inicio de la primera civilización madura.

LA AMENAZA DE LA TIERRA

Mi nombre es Holly Jones, y tengo quince años. Soy muy inteligente, pero no lo parece, porque tengo el aspecto de un ángel a medio terminar. Insípido.

Nací aquí mismo, en Luna City, lo cual parece sorprender a los tipos de la Tierra. En realidad, soy la tercera generación; mis abuelos fueron los pioneros de Emplazamiento Uno, donde está el Monumento. Vivo con mis padres en los Apartamentos Artemisa, la nueva cooperativa en Presión Cinco, a doscientos cincuenta metros de profundidad, cerca de la Alcaldía. Pero no me encontrarán allí mucho tiempo; estoy demasiado ocupada.

Por las mañanas voy a la Escuela Superior Técnica, y por las tardes estudio o voy a volar con Jeff Hardesty —es mi compañero— o, cuando llega una nave de turistas, me dedico a guiar marmotas. Aquel día la *Gripsholm* alunizó al mediodía, así que me fui directamente de la escuela a la American Express.

El primer grupo de turistas estaba saliendo de la Cuarentena pero no me adelanté, pues el señor Dorcas, el gerente, sabe que soy la mejor. Eso de guiar es sólo temporal (en realidad soy una diseñadora de espacionaves), pero si estás haciendo un trabajo tienes que hacerlo bien.

El señor Dorcas me vio.

—¡Holly! Ven aquí, por favor. Señorita Brentwood, Holly Jones será su guía.

—Holly —repitió ella—. Vaya nombre curioso. ¿Eres realmente una guía, querida?

Soy tolerante con las marmotas... algunos de mis mejores amigos son de la Tierra. Como dice papá, haber nacido en la Luna es una suerte, no una elección, y la mayor parte de la gente de la Tierra no tiene la culpa de ser terrestre. Después de todo, Jesús y Gautama Buda y el doctor Einstein fueron todos marmotas.

Pero pueden llegar a ser irritantes. Si los chicos de la escuela superior no trabajásemos como guías, ¿a quiénes iban a contratar?

—Mi licencia así lo dice —contesté secamente, y la miré de la misma forma en que ella me estaba mirando.

Su rostro me parecía ligeramente familiar, y pensé que quizás había visto su foto en esas secciones de sociedad que salen en las revistas de la Tierra... una de esas chicas ricas que por desgracia vienen tan a menudo. Era casi repugnantemente encantadora: piel de nilón, un suave y ondulado cabello rubio plata, medidas sobre los 89-61-86, lo bastante de eso y de aquello como para hacerme sentir como un palillo con piernas, una voz baja e íntima, y todo lo necesario para hacer que las mujeres menos espectaculares empezáramos a pensar en pactos con el Diablo. Pero no sentí aprensión; era una marmota, y las marmotas no cuentan.

—Todas las guías ciudadanas son chicas —explicó el señor Dorcas—. Holly es muy competente.

—Oh, estoy segura de ello —respondió rápidamente, y pasó a la rutina turística número uno: sorpresa de que se necesitara un guía tan sólo para encontrar su hotel, sorpresa al descubrir que no había taxis ni maleteros, y alzamiento de cejas ante la perspectiva de dos chicas solas andando a través de «una ciudad subterránea».

El señor Dorcas fue paciente, terminando con un:

—Señorita Brentwood, Luna City es la única metrópoli en el Sistema Solar donde una mujer está realmente a salvo... no hay callejones oscuros, ni barrios desiertos, ni elementos criminales.

Yo no escuché; simplemente tendí mi tarjeta de tarifas para que el señor Dorcas la sellara, y tomé sus maletas. Los guías no deberían acarrear equipaje, y la mayoría de turistas se sienten encantados de experimentar el hecho de que sus doce kilos de equipaje autorizado pesan aquí tan sólo dos. Pero yo deseaba ponerme en marcha.

Estábamos en el túnel exterior y yo tenía ya un pie en la cinta rodante cuando ella se detuvo.

—¡Lo olvidaba! Quiero un mapa de la ciudad.

—No hay ninguno disponible.

—¿Realmente?

—Sólo existe uno. Por eso necesita usted un guía.

—¿Pero por qué no hacen copias? ¿Acaso porque entonces vosotros los guías os quedaríais sin trabajo?

¿Ven lo que les decía?

—¿Cree usted que el trabajo de guía es superfluo? Señorita Brentwood, hay tanto trabajo por hacer que si pudiéramos haríamos que este lo hicieran los monos.

—Entonces, ¿por qué no imprimen mapas?

—Porque Luna City no es plana como… —estuve a punto de decir «…las ciudades de las marmotas», pero me contuve a tiempo— …como las ciudades de la Tierra. —Eché a andar—. Todo lo que usted vio desde el espacio es la pantalla protectora contra meteoritos. Por debajo de ella, la ciudad se extiende y baja por kilómetros y kilómetros en doce zonas de presión.

—Sí, ya lo sé, ¿pero por qué no un mapa para cada nivel?

Las marmotas siempre dicen: «Sí, ya lo sé, pero…»

—Puedo mostrarle el único mapa de la ciudad. Es un tanque estéreo de seis metros de alto, y aún así todo lo que podrá ver usted claramente son las cosas grandes como la Sala del Rey de la Montaña y las granjas hidropónicas y la Cueva de los Murciélagos.

—La Cueva de los Murciélagos —repitió—. Ahí es donde volais, ¿no?

—Sí, ahí es donde volamos.

—¡Oh, quiero verla!

—De acuerdo. ¿Primero… o antes el mapa de la ciudad?

Decidió ir primero al hotel. El camino regular hasta el Zurich es deslizarse hacia arriba y al oeste a través del Túnel de Gray hasta pasar la Embajada Marciana, bajar en el Templo Mormón, y tomar una esclusa a presión para bajar hasta el Boulevard Diana. Pero yo conozco todos los atajos; bajamos en los almacenes Macy-Gimbel para tomar su elevador de personal. Pensé que le gustaría.

Pero cuando le dije que se agarrara a un asidero cuando este pasara bajando por un lado, miró hacia abajo del pozo y se echó hacia atrás.

—Estás bromeando.

Estaba a punto de llevarla de vuelta al camino regular cuando una vecina nuestra pasó hacia abajo por el elevador. Dije:

—Hola, señora Greenberg —y ella me contestó:

—Hey, Holly. ¿Cómo está tu familia?

Susie Greenberg es más que gordita. Colgaba agarrada de una mano, con su hijo pequeño David sujeto con el otro brazo, y leyendo el *Daily Lunatic,* que mantenía en la mano libre mientras bajaban. La señorita Brentwood se la quedó mirando, se mordió el labio y dijo:

—¿Cómo lo hago?

—Oh, use ambas manos —le dije—; yo llevaré las maletas. —Uní las dos asas con mi pañuelo y bajé primero.

Ella estaba temblando cuando llegamos al fondo.

—Buen Dios, Holly, ¿cómo puedes resistirlo? ¿No sientes nunca añoranza?

La pregunta número seis de los turistas... Dije:

—He estado en la Tierra —y lo dejé correr. Hace dos años madre me hizo visitar a mi tía en Omaha y me sentí *miserable...* calor y frío y suciedad y todo lleno de bichos que corrían y se arrastraban. Yo pesaba una tonelada y todo me dolía y mi tía siempre estaba pinchándome para que saliera de casa e hiciese ejercicio cuando todo lo que yo deseaba era arrastrarme hasta una bañera y sumergirme en ella y no moverme de allí. Y tuve la fiebre del heno. Probablemente ustedes nunca habrán oído hablar de la fiebre del heno... no te mueres de ella, pero lo desearías.

Se suponía que tenía que ir a una escuela para chicas, pero telefoneé a papá y le dije que estaba desesperada, y él me dejó volver a casa. Lo que las marmotas no pueden comprender es que son *ellos* quienes viven en el salvajismo. Pero las marmotas son las marmotas y los lunáticos son los lunáticos, y nunca nos hemos comprendido los unos a los otros.

Como todos los mejores hoteles, el Zurich está en Presión Uno, en el lado oeste, de modo que pueda tener una vista de la Tierra. Ayudé a la señorita Brentwood a registrarse con el roborecepcionista y a encontrar su habitación; tenía su propia portilla de observación. Fue directa hacia allí, y se puso a mirar la Tierra y soltar los consabidos *¡oooh!* y *¡aaah!*

Miré por encima de su hombro y vi que eran las trece y unos pocos minutos; el atardecer se deslizaba justo a lo largo de la punta de India... lo suficientemente pronto como para pescar otro cliente.

—¿Deseará usted alguna otra cosa, señorita Brentwood?

En vez de contestar, dijo con voz admirada:

—Holly, ¿no es la cosa más maravillosa que hayas visto nunca?

—Es hermoso —admití. La vista por este lado es monótona, excepto por la Tierra colgando en el espacio... pero la Tierra es lo que siempre miran los turistas, pese a que apenas acaban de abandonarla. De acuerdo, la Tierra es hermosa. Los cambios de clima son interesantes si no tienes que soportarlos. ¿Han tenido que soportar ustedes alguna vez un verano en Omaha?

—Es espléndido —susurró.

—Seguro —admití—. ¿Desea ir usted a algún sitio? ¿O firmará mi tarjeta?

—¿Qué? Perdona, estaba soñando. No, ahora no... ¡Sí, sí! ¡Holly, quiero ir *afuera*! ¡Debo hacerlo! ¿Hay tiempo? ¿Cuánto queda de luz?

—¿Eh? Faltan dos días para el anochecer.

Pareció sorprendida.

—Qué extraño. Holly, ¿puedes conseguir trajes espaciales? Debo ir afuera.

No me sobresalté... estoy acostumbrada a la forma como hablan los turistas. Supongo que un traje de presión les parece igual que un traje espacial. Simplemente dije:

—Las chicas no tenemos permiso para salir fuera. Pero puedo telefonear a un amigo.

Jeff Hardesty es mi colega en el diseño de espacionaves,

así que procuro hacerle favores. Jeff tiene dieciocho años y ya está en el Instituto Goddard, pero estoy trabajando duro para alcanzarle, de modo que podamos poner nuestras oficinas en nuestra propia empresa: «Jones & Hardesty, Ingenieros de Espacionaves». Soy muy brillante en matemáticas, que lo es todo en ingeniería espacial, así que conseguiré muy pronto mi título. Mientras tanto, de todos modos, diseñamos ya astronaves.

No le dije esto a la señorita Brentwood, puesto que los turistas piensan que una chica de mi edad no puede ser diseñadora de astronaves.

Jeff ha arreglado sus clases de modo que le permitan hacer de guía los martes y los jueves; espera en la Compuerta Oeste de la ciudad y estudia entre cliente y cliente. Lo localicé a través del teléfono del encargado de la compuerta. Jeff sonrió y dijo:

—Hola, Modelo a Escala.

—Hola, Penalización de Peso. ¿Libre para tomar un cliente?

—Bueno, se suponía que debía guiar una excursión familiar, pero se están retrasando.

—Cancélalo. Señorita Brentwood... entre en pantalla, por favor. Este es el señor Hardesty.

Los ojos de Jeff se abrieron mucho, y me sentí inquieta. Pero nunca se me hubiera ocurrido que Jeff pudiera sentirse atraído por una *marmota*... aún sabiendo que los hombres son robots esclavos de la química de sus cuerpos en estos asuntos. Sabía que ella era excepcionalmente decorativa, pero era inimaginable que Jeff pudiera sentirse cautivado por alguna marmota, sin importar lo bien diseñada que estuviera. ¡Ellas no hablan nuestro lenguaje!

No me siento romántica acerca de Jeff; simplemente somos socios. Pero cualquier cosa que afecte a Jones & Hardesty me afecta a mí.

Cuando nos reunimos con él en la Compuerta Oeste casi se pisó la lengua en una repugnante demostración de celo adolescente. Me sentí avergonzada de él y, por primera vez, aprensiva. ¿Por qué serán tan críos los hombres?

A la señorita Brentwood no pareció importarle su comportamiento. Jeff es un hombretón; vestido para salir fuera parece como uno de los Gigantes de Hielo de *Das Rheingold*; ella le sonrió y le dio las gracias por haber cambiado sus planes. El pareció aún más tonto y le dijo que era un placer.

Yo tengo mi traje de presión en la Compuerta Oeste, de modo que cuando le paso un cliente a Jeff él puede invitarme a ir con ellos al paseo. Esta vez apenas si me habló después de haber visto a aquella amenaza de platino. Pero la ayudé a encontrar un traje de su medida y la llevé hasta el vestuario y la ayudé a ponérselo. Esos trajes de alquiler deben ajustarse cuidadosamente o te dan pellizcos en las partes más sensibles cuando estás en el vacío... aparte de que hay algunas cosas con respecto a ellos que debe ser una chica quien se las explique a otra.

Cuando salí de nuevo con ella, sin llevar puesto el mío, Jeff ni siquiera me preguntó por qué no me había vestido... tomó su brazo y echó a andar hacia la compuerta. Tuve que cortarles el paso para que ella me firmara mi tarjeta de tarifas.

Los días que siguieron fueron los más largos de mi vida. Vi a Jeff tan sólo una vez... en la cinta rodante del Boulevard Diana, yendo en la otra dirección. Ella iba con él.

Aunque sólo los vi esta vez, sabía lo que estaba pasando. Estaba faltando a clase, y durante tres noches seguidas la llevó al Mirador de la Tierra del Duncan Hines. Claro que nada de esto era asunto mío... Esperaba que ella tuviera más suerte enseñándole a bailar de la que había tenido yo. Jeff es un ciudadano libre, y si él deseaba comportarse como un estúpido imbécil olvidando la escuela y perdiéndose de dormir sólo por una marmota bien acolchada, era asunto suyo.

¡Pero no debería haber arrinconado los trabajos de nuestra firma!

Jones & Hardesty tenía un tremendo trabajo porque estábamos diseñando la nave estelar *Prometeo*. Este proyecto nos había tenido esclavizados durante un año, no volando más que un par de veces por semana a fin de dedicarle tiempo... y eso es un auténtico sacrificio.

Por supuesto, no se puede construir una nave estelar en la actualidad debido a la planta de energía. Pero papá piensa que muy pronto tendremos un salto tecnológico y podremos construir plantas de energía de conversión de masa... lo cual significa naves estelares. Papá sabe lo que dice... es el Ingeniero Jefe en la Luna de Rutas del Espacio y es catedrático en el Instituto Goddard. Así que Jeff y yo estamos diseñando una nave interestelar autónoma basándonos en esta premisa: habitaciones, espacios auxiliares, cirugía, laboratorios... todo.

Papá piensa que sólo estamos practicando, pero madre lo sabe mejor... madre es químicomatemática en la Sintéticos Generales de la Luna, y casi es tan lista como yo. Se da cuenta de que Jones & Hardesty planea tener listo un proyecto completamente terminado mientras los demás diseñadores aún se lo están pensando. Era por eso por lo que estaba furiosa con Jeff por perder su tiempo con aquella individua. Habíamos estado trabajando en cada momento libre que teníamos. Jeff aparecía siempre después de cenar, terminábamos nuestros deberes, y luego nos dedicábamos al auténtico trabajo, *al Prometeo*... comprobándonos los cálculos mutuamente, luchando duramente con los detalles, y pasándonos un rato estupendo. Pero el mismo día en que le presenté a Ariel Brentwood no apareció. Yo había terminado mis lecciones y estaba preguntándome si empezar o esperarle —estábamos realizando un cambio radical en el blindaje de la planta de energía— cuando su madre me telefoneó.

—Jeff me ha pedido que te llame, querida. Está cenando con un cliente turista y no podrá ir.

La señora Hardesty me miraba fijamente, así que puse cara sorprendida y dije:

—¿Jeff pensó que lo estaba esperando? Debe haberse confundido de día. —Imagino que no me creyó; lo aceptó demasiado rápidamente.

Durante toda aquella semana me fui convenciendo lentamente contra mi propia voluntad de que Jones & Hardesty estaba siendo liquidada. Jeff no rompió ninguna otra cita conmigo —¿cómo puedes romper una cita que ni siquiera has hecho?—, pero siempre íbamos a volar los jueves por la tarde a menos que uno de los dos estuviera de guía. No llamó.

Oh, sé dónde estaba; se la había llevado a patinar a la Cueva de Fingal.

Me quedé en casa y trabajé en el *Prometeo,* recalculando masas y soportes para los hidropónicos y los almacenes sobre bases del cambio de blindaje. Pero cometí errores, y en un par de ocasiones tuve que buscar los logaritmos en lugar de recordarlos... Estaba tan acostumbrada a pelearme con Jeff sobre cada cosa que no sabía trabajar sola.

Finalmente miré la identificación del plano que estaba revisando. Decía: «Jones & Hardesty», como todos los demás. Me dije a mí misma:

—Holly Jones, deja de engañarte; esto puede ser El Final. Sabías que algún día Jeff podría enamorarse de alguien.

—Por supuesto... pero no de una *marmota.*

—Pero lo ha *hecho.* ¿Qué tipo de ingeniero eres si no puedes enfrentarte a la realidad? Ella es hermosa y rica... hará que su padre le dé un trabajo allá en la Tierra. ¿Me has oído? *¡En la Tierra!* Así que búscate otro socio... o dedícate tú sola a los negocios.

Borré «Jones & Hardesty» y escribí en su lugar «Jones & Compañía», y me quedé mirándolo. Luego empecé a borrar eso también... pero se me emborronó; había dejado caer una lágrima encima. ¡Lo cual era ridículo!

El martes siguiente tanto papá como madre estaban en casa a la hora de la comida, lo cual es poco común, ya que papá come en el espaciopuerto. Normalmente papá ni siquiera te ve a menos que seas una espacionave, pero aquel día se dio cuenta de que yo había discado tan sólo una ensalada y ni siquiera me la había terminado.

—A esa comida le faltan unas ochocientas calorías —dijo, mirándola—. No puedes despegar sin combustible... ¿no te encuentras bien?

—Muy bien, gracias —respondí dignamente.

—Hummm... ahora que recuerdo, has estado de mal humor durante varios días. Quizá necesites un chequeo. —Miró a madre.

—¡No necesito ningún chequeo! —*No* había estado de mal humor... ¿acaso una mujer no tiene derecho a dejar de charlotear?

Pero odio que los doctores me hurguen, así que añadí:

—Ocurre que como poco porque voy a ir a volar esta tarde. ¡Pero si insistes, ordenaré un asado con patatas y luego me iré a dormir en vez de ir a volar!

—Tranquila, deportista —respondió suavemente—. No quería meterme en tus cosas. Ve a un snack cuando hayas terminado... y saluda a Jeff de mi parte.

Respondí simplemente «de acuerdo», y pedí que me disculpara; me sentía humillada por la suposición de que no podía volar sin el señor Jefferson Hardesty, pero no deseaba discutir sobre el tema.

Papá me llamó cuando ya me iba:

—Pero no vengas tarde a cenar. —Y madre dijo:

—Vamos, Jacob... —y dirigiéndose a mí—: Vuela hasta que estés agotada, querida; últimamente no has hecho mucho ejercicio. Te dejaré la cena en el calentador. ¿Hay algo que prefieras?

—No, disca lo mismo que pidas para ti. —Simplemente no me interesaba la comida, cosa que no es habitual en mí. Mientras me dirigía hacia la Cueva de los Murciélagos me pregunté si no habría pillado algo. Pero mis mejillas no estaban calientes y mi estómago no estaba alterado aunque no sintiera hambre.

Luego tuve un terrible pensamiento. ¿Podía ser que estuviese celosa? *¿Yo?*

Era algo impensable. Yo no soy romántica; soy una mujer de carrera. Jeff había sido mi socio y mi amigo, y bajo mi guía podría haber llegado a ser un gran diseñador de espacionaves, pero nuestra relación era clarísima... un respeto mutuo hacia las habilidades del otro, sin ninguna de esas tonterías amorosas. Una mujer de carrera no puede permitirse tales cosas... ¡sólo miren todo el tiempo profesional que perdió madre teniéndome!

No, no podía estar celosa; simplemente estaba preocupada porque mi socio tenía un lío con una marmota. Jeff no es muy brillante con las mujeres y, además, nunca ha estado en la Tierra y se hace ilusiones al respecto. Si ella se lo llevaba engañado a la Tierra, Jones y Hardesty estaba acabada.

Y de algún modo, «Jones y Compañía» no era un sustituto; quizás el *Prometeo* nunca llegara a construirse.

Estaba ya en la Cueva de los Murciélagos cuando llegué a esta deprimente conclusión. No me sentía con ganas de volar, pero fui de todos modos a mi armario y tomé mis alas.

La mayoría de las cosas que se han escrito acerca de la Cueva de los Murciélagos dan una falsa impresión. Es el tanque de almacenamiento de aire de la ciudad, algo que tienen todas las colonias... el lugar a donde las bombas recicladoras, allá abajo, envían el aire hasta que es necesitado. Simplemente lo que ocurre es que somos lo suficientemente afortunados como para tener uno lo bastante grande, de modo que podemos volar en él. Pero nunca fue construido ni nada semejante; es tan sólo una enorme burbuja volcánica, de unos tres kilómetros de anchura, y si hubiera llegado a estallar, quién sabe en qué remoto tiempo, simplemente hubiera producido otro cráter.

A veces los turistas se compadecen de nosotros los lunáticos debido a que no tenemos la oportunidad de nadar. Bueno, yo lo intenté en Omaha, y tragué agua por la nariz, y me puse enferma del miedo. El agua es para beber, no para jugar en ella; yo prefiero volar. He oído a las marmotas decir que oh sí, ellos también «vuelan» muchas veces. Pero eso no es *volar*. Lo hice, tal como ellos dicen, entre White Sands y Omaha. Me sentí terriblemente mal, me puse enferma. Esas cosas no son seguras.

Dejé mis zapatos y mi falda en el armario y deslicé mis superficies de cola en mis pies, luego me metí en mis alas e hice que alguien me sujetara las fijaciones de los hombros. Mis alas no son de cóndor prefabricadas; son de gaviota, hechas a la medida según mi distribución de peso y dimensiones. Papá se ha gastado un buen montón de dinero en alas, pues yo he ido creciendo muy aprisa, pero estas últimas me las compré yo misma con lo que iba ganando como guía.

¡Son maravillosas!... varillas de aleación de titanio tan ligeras y fuertes como los huesos de un pájaro, tensión compensada en el piñón de muñeca y en las fijaciones de los hombros, acción natural en las ranuras de las álulas, y acción de flap automática en el frenado. El armazón de las alas está recubierto por laminillas de estireno imitando plumas con nervaduras individuales en los escapulares y primarios. Casi vuelan por sí mismas.

Doblé mis alas y fui a la compuerta. Mientras esperaba el ciclo abrí mi ala izquierda y comprobé el control de la álula... había observado una tendencia a deslizarme hacia un lado la última vez que estuve en el aire. Pero la álula se abrió correctamente y decidí que debí haberme excedido en los controles, cosa que es muy fácil con las alas de gaviota, que son extremadamente maniobrables. Luego la puerta me indicó verde y doblé el ala y me apresuré a salir, mientras miraba el barómetro. Siete sesenta y cinco... cuarenta y cinco más que en la Tierra al nivel del mar y casi dos veces lo que utilizamos en la ciudad; incluso un avestruz podría volar allí. Eché una ojeada hacia arriba y sentí pena por todas las marmotas, ancladas por seis veces el peso adecuado y que nunca, nunca, *nunca* podrán volar.

Yo tampoco podría hacerlo, en la Tierra. El peso de mis alas es de menos de medio kilo por metro cuadrado, de modo que con alas incluídas peso menos de nueve kilos. En la Tierra pesaría más de cincuenta y podría pasarme toda la vida aleteando sin llegar a despegarme jamás del suelo.

Me sentía tan bien allí que olvidé a Jeff y su debilidad. Desplegué mis alas, corrí unos pocos pasos, me incliné para el despegue y tomé aire... alcé los pies y estaba volando.

Di un viraje suave y me dejé deslizar hacia la salida de aire en mitad del suelo... la Escalera del Niño, la llamamos, porque con ella puedes alzarte aprovechando la corriente de aire hasta el mismo techo, a unos ochocientos metros, sin tener que mover siquiera un ala. Cuando la sentí me incliné hacia la derecha, moviendo equivocadamente las primarias, hice la corrección, y me preparé para un planeo de subida en sentido contrario a las agujas del reloj que me llevara hasta el techo.

Cuando estaba a unos cincuenta metros de altura, miré a mi alrededor. La cueva estaba casi vacía, no habría más de doscientas personas en el aire, y al menos la mitad estaban perchadas o en el suelo... había bastante sitio como para hacer virguerías. Apenas llegué a los ciento cincuenta metros abandoné la corriente ascendente y empecé a aletear. Planear no requiere ningún esfuerzo, pero volar es un trabajo de los más pesados. En el planeo sostengo apenas cuatro kilos y medio en cada brazo... y en la Tierra tienes que aguantar más peso aunque sólo te quedes quieta tendida en la cama. La fuerte corriente ascendente que te mantiene en el aire no te exije ningún trabajo; la consigues gratis de la forma de tus alas, siempre que haya aire pasando por debajo de ellas.

Incluso sin una corriente ascendente, todo lo que necesitas para planear en vuelo horizontal es un suave movimiento de los dedos para mantener la velocidad del aire; una viejecita de lo más débil podría hacerlo. La ascensión se deriva de las presiones de aire diferenciales, pero una no tiene por qué comprenderlo; simplemente te mueves un poco, y el aire te sostiene, como si estuvieras yaciendo en una cama absolutamente perfecta. Los virajes permiten seguir moviéndote hacia adelante, como pasa cuando cinglas con un bote de remos... o al menos eso es lo que me han dicho; nunca he ido en un bote de remos. Tuve la oportunidad de hacerlo en una ocasión en Nebraska, pero no soy ni tan atrevida ni tan estúpida.

Pero cuando estás volando realmente, viras con los antebrazos tanto como con las manos, y añades energía con los músculos de tus hombros. En lugar de ser tan sólo las plumas exteriores de tus primarias las que cambian de orientación (como en el planeo), ahora son tus primarias y secundarias las que se inclinan fuertemente hacia atrás en cada aleteo y luego se recuperan; ya no elevan, sino que te fuerzan hacia adelante... mientras tu peso es arrastrado por tus escapulares, a partir de debajo de los sobacos.

Así que vuelas más aprisa, o subes, o ambas cosas a la vez, a base de controlar el ángulo de ataque con tus pies... con las superficies de cola que llevas en los pies, quiero decir.

Oh, sí, suena complicado, pero no lo es... simplemente lo *haces*. Vuelas exactamente como vuela un pájaro. Los pajarillos pequeños pueden aprenderlo, y no son muy inteligentes. De todos modos, es tan fácil como respirar una vez lo has aprendido... ¡y mucho más divertido de lo que una puede imaginar!

Subí hasta el techo con poderosos aleteos, incrementando

mi ángulo de ataque y haciendo virar mis álulas para elevarme sin la menor pausa... subiendo en un ángulo que hubiera hecho entrar en barrena a muchos voladores. Soy pequeña pero todo músculos, y llevo volando desde los seis años. Una vez arriba planeé y miré a mi alrededor. Abajo en el suelo, cerca de la pared sur, unos turistas estaban probándose alas de planeo... si una puede llamar a esas cosas «alas». A lo largo de la pared oeste, la galería de visitantes estaba llena de turistas con ojos desorbitados. Me pregunté si Jeff y su tipa Circe estarían allí, y decidí bajar y echar una ojeada.

Así que me sumergí en un brusco picado y me dejé caer hacia la galería, nivelándome y volando muy aprisa a lo largo de ella. No descubrí a Jeff ni a su marmota, pero no me fijé por donde iba y me metí en la ruta de otro volador, estando a punto de chocar con él. Lo vi justo a tiempo para frenar y deslizarme bajo él, y caí quince metros antes de recuperar el control. Ninguno de los dos estábamos en peligro, puesto que la galería está tan sólo a sesenta metros de altura, pero quedé como una tonta y era culpa mía; había violado una de las reglas de seguridad.

No hay muchas reglas, pero son necesarias; la primera es que las alas naranja siempre tienen prioridad... son los principiantes. Aquel volador no llevaba alas naranjas, pero era yo quien estaba alcanzándolo. El volador que está debajo, o está siendo alcanzando, o está más cerca de la pared, o girando en sentido contrario a las agujas del reloj, por ese orden, tiene prioridad.

Me sentí tonta, y me pregunté quién me habría visto, así que subí de nuevo, me aseguré de que tenía aire despejado, y luego me detuve como un halcón sobre la galería, abriendo las alas, levantando la cola, y dejándome caer como una roca.

Completé mi maniobra frente a la galería, descendiendo y extendiendo mi cola con tal fuerza que pude sentir los músculos de mis piernas agarrotarse, y tomando aire con ambas alas, con las álulas abiertas. Me nivelé en un planeo extremadamente rápido a lo largo de la galería. Pude ver como los ojos de los espectadores se desorbitaban, y pensé orgullosamente: «¡Tomad! ¡Para que aprendáis!»

¡Y entonces que me zurzan si alguien no cayó sobre *mí*!

El golpe de aire de un volador frenando exactamente encima mío, estuvo a punto de hacerme perder el control. Tomé aire y detuve un deslizamiento hacia un lado, utilicé algunas palabrotas propias de un estibador, y miré a mi alrededor para ver quién me había atacado de aquel modo. Reconocí aquel dibujo de alas negro-y-dorado: Mary Muhlenburg, mi mejor amiga. Giró hacia mí, pivotando sobre la punta de un ala.

—¡Hola, Holly! Te he asustado, ¿eh?

—¡En absoluto! Pero será mejor que vayas con cuidado; el jefe de vuelos puede dejarte en el suelo por un mes.

—¡Difícil! Ha bajado a tomarse un café.

Volé alejándome, aún irritada, y empecé a subir. Mary me llamó, pero la ignoré, pensando: «Mary, muchacha, voy a ir a por ti y a sacarte del aire.»

Era una locura, pues Mary vuela cada día y tiene unos hombros y unos músculos pectorales como Mister Hércules. Pero cuando me alcanzó ya me había enfriado, y volamos lado a lado, sin dejar de subir.

—¿Nos perchamos? —me gritó.

—Nos perchamos —asentí. Mary es una chismosa encantadora, y yo podía aprovechar un respiro. Nos dirigimos a nuestra percha habitual, uno de los soportes de los focos del techo... se supone que no es un lugar para percharse, pero el jefe de vuelos raramente sube hasta allá arriba.

Mary voló delante mío, frenó, y se posó en un aterrizaje perfecto. Yo me deslicé un poco, pero Mary tendió un ala y me retuvo. No es fácil percharse, especialmente cuando tienes que acercarte desde el mismo nivel. Hacía dos años un chico que apenas acababa de graduarse y dejar las alas naranja lo intentó... perdió su álula y sus primarias izquierdas con el golpe... cayendo en barrena y estrellándose desde una altura de seiscientos metros. Hubiera podido salvarse, puedes bajar sin peligro con un ala terriblemente estropeada si frenas el aire con la otra y aceptas el bajar deslizándote hacia un lado, y luego abres todas las plumas al aterrizar. Pero aquel pobre chico no sabía cómo; se rompió el cuello, matándose como Icaro. Desde entonces no he utilizado aquella percha.

Doblamos las alas, y Mary se inclinó hacia mí.

—Jeff te anda buscando —dijo con una sonrisa socarrona.

Se me revolvieron las tripas, pero respondí fríamente:

—¿Sí? No sabía que estuviera aquí.

—Seguro. Ahí abajo —añadió, señalando con su ala izquierda—. ¿Lo ves?

Jeff utiliza unas alas estriadas en rojo y plata, pero ella estaba señalando hacia la ladera de planeo de los turistas, a mil quinientos metros de distancia.

—No.

—Pues está ahí. —Me miró de soslayo—. Aunque yo no iría a verle si fuera tú.

—¿Por qué no? O puestos a decir, ¿por qué sí? —Mary puede llegar a ser exasperante.

—¿Eh? Oh, tú siempre corres cuando él silba. Pero hoy lleva a esa sirena de la Tierra a remolque; te podría resultar un tanto embarazoso.

—Mary, ¿de qué demonios me estás hablando?

—¿Eh? No intentes engañarme, Holly Jones; sabes lo que quiero decir.

—Seguro que no —respondí, con una fría dignidad.

—¡Uf! Entonces eres la única persona en Luna City que no lo sabe. Todos saben que estás loca por Jeff; todos saben que te ha echado a un lado... y que simplemente estás hirviendo de celos.

Mary es mi mejor amiga, pero algún día le voy a arrancar la piel para hacerme una alfombra con ella.

—¡Mary, esto es perfectamente ridículo! ¿Cómo puede ocurrírsete una cosa así?

—Mira, querida, no tienes que disimular. Estoy de tu lado. —Palmeó mis hombros con sus secundarias.

Así que la empujé hacia atrás. Cayó una treintena de metros, se enderezó, trazó un círculo y subió, volviendo a colocarse a mi lado, aún sonriente. Esto me dio tiempo a decidir lo que tenía que decir.

—Mary Muhlenburg, en primer lugar no estoy loca por nadie, y menos por Jeff Hardesty. El y yo somos simplemente amigos. Así que es una completa estupidez hablar de que estoy «celosa». En segundo lugar, la señorita Brentwood es una dama, y no va por ahí «suplantando» a nadie, y menos que a todos a mí. En tercer lugar, es simplemente una turista a la que Jeff está guiando... simplemente negocios.

—Seguro, seguro —admitió plácidamente Mary—. Estaba equivocada. De todos modos... —se alzó de alas y calló.

—«De todos modos», ¿qué? Mary, no seas mal bicho.

—Hummm... Me estaba preguntando cómo sabías que yo estaba refiriéndome a Ariel Brentwood... puesto que no hay nada de lo que he dicho.

—Bueno, tú mencionaste su nombre.

—No lo hice.

—Uh, quizá no. Pero es muy sencillo. La señorita Brentwood es una cliente que yo misma le pasé a Jeff, así que supuse que debía ser ella la turista a la que te referías.

—¿Sí? No recuerdo haber dicho siquiera que se trataba de una turista. Pero puesto que es tan sólo una turista que estás compartiendo, ¿cómo es que tú no haces la guía interna mientras Jeff se dedica a la guía externa? Creía que vosotros los guías teníais un acuerdo.

—¿Eh? Si ha estado guiándola por dentro de la ciudad, yo no estaba enterada...

—Eres la única que no lo está.

—...y tampoco me interesa; en todo caso será asunto del comité de quejas. Pero Jeff no podrá cobrar ni un céntimo de sus guías por dentro de la ciudad.

—¡Oh, seguro!... nada que pueda ingresar en el *banco*. Bueno, Holly, visto que estaba equivocada, ¿por qué no vas a echarle una mano con ella? Desea aprender a planear.

Encontrarme con aquella pareja era lo que menos deseaba en aquellos momentos.

—Si el señor Hardesty desea mi ayuda, me la pedirá. Mientras tanto me ocuparé de mis propios asuntos... ¡una práctica que también te recomiendo a ti!

—Tranquila, compañera —respondió ella, sin darse por ofendida—. Te estaba haciendo un favor.

—Gracias, no lo necesito.

—Entonces voy a seguir con lo mío... debo practicar para la gymkhana. —Se inclinó hacia adelante y se dejó caer. Pero no practicó acrobacias; se dirigió directamente hacia la ladera de los turistas.

La miré hasta perderla de vista, luego liberé mi mano izquierda de la ranura de control y tomé mi pañuelo... es una operación complicada cuando una lleva las alas puestas, pero las luces me habían hecho lagrimear. Me sequé los ojos y me soné, y volví a guardar mi pañuelo, y metí otra vez mi mano en su lugar, y luego lo comprobé todo, pulgares, dedos de los pies, dedos de las manos, preparándome para dejarme caer de nuevo.

Pero no lo hice. Simplemente me quedé sentada allí, las alas dobladas, pensativa. Tenía que admitir que Mary tenía parcialmente razón; Jeff había perdido completamente la cabeza... con una *marmota.* Así que más pronto o más tarde se iría a la Tierra, y Jones & Hardesty estaría acabada.

Entonces me recordé a mí misma que había estado planeando ser diseñadora de espacionaves como papá mucho antes de que Jeff y yo formáramos equipo. No dependía de nadie; podía arreglármelas sola, como Juana de Arco o Lise Meitner.

Me sentí mejor... con un orgullo frío y decidido como el de Lucifer en el *Paraíso Perdido.*

Reconocí el rojo y plata de las alas de Jeff mientras él estaba aún muy lejos, y pensé en alejarme silenciosamente. Pero Jeff puede alcanzarme si lo desea, así que decidí: «Holly, no seas estúpida. No tienes ninguna razón para echar a correr... simplemente muéstrate fríamente educada.»

—Hola, Coma Decimal.

—Hola, Cero. Esto, ¿has robado mucho últimamente?

—Sólo el City Bank, pero me hicieron devolverlo. —Frunció el ceño y añadió—: Holly, ¿estás enfadada conmigo?

—Vaya, Jeff, ¿qué es lo que te ha hecho pensar esta estupidez?

—Bueno... Algo que me dijo Mary Bocazas.

—¿Esa? Ni prestes atención a lo que *ella* diga. La mitad estará equivocado, y con respecto a la otra mitad no sabe lo que dice.

—Sí, tiene un cortocircuito entre sus orejas. ¿Entonces no estás enfadada?

—*Por supuesto* que no estoy enfadada. ¿Por qué habría de estarlo?

—Por nada, que yo sepa. No he ido a trabajar en la nave en unos cuantos días... pero es que he estado terriblemente ocupado.

—No te preocupes por ello. Yo también he estado terriblemente ocupada.

—Oh, esto está bien. Muestra al Azar, hazme un favor. Ayúdame con una amiga... con una cliente, quiero decir... bueno, es también una amiga. Desea aprender a utilizar las alas de planeo.

Hice como que me lo pensaba.

—¿Alguien a quien conozco?

—Oh, sí. De hecho, tú nos presentaste. Ariel Brentwood.

—¿Brentwood? Jeff, hay demasiados turistas. Déjame pensar. ¿Una chica alta? ¿Rubia? ¿Extremadamente atractiva?

Sonrió como un papanatas, y estuve a punto de echarlo al aire.

—¡Esa es Ariel!

—La recuerdo... esperaba que yo le llevase el equipaje. Pero no necesitas ayuda, Jeff. Parecía muy lista. Con un buen sentido del equilibrio.

—Oh, sí, seguro, claro que sí. Bueno, la verdad es que desearía que las dos os conocierais. Ella es... bueno, simplemente maravillosa, Holly. Una auténtica persona, en todos los sentidos. Te encantará cuando la conozcas mejor. Esto... parece que es una buena oportunidad.

Me sentí mareada.

—Bueno, es muy amable por tu parte, Jeff, pero dudo que ella desee conocerme mejor. Yo tan sólo soy una empleada a la que contrató... ya conoces a las marmotas.

—Pero ella no es como las demás marmotas. Y desea conocerte mejor... ¡me lo ha dicho!

¡Después de que tú se lo sugeriste!, murmuré. Pero estaba entre la espada y la pared. Si no me hubiera sentido obstaculizada por mi educación, le hubiera dicho: «¡Lárgate, cráneo al vacío! No estoy interesada en tus amigas marmotas»... pero lo que dije fue:

—De acuerdo, Jeff. —Luego hice de tripas corazón y me dejé caer planeando.

Así que enseñé a Ariel Brentwood a «volar». Bueno, miren,

eso que llaman alas y que dejan llevar a los turistas tienen casi cinco metros cuadrados de superficie elevadora, ningún control excepto mover las primarias, un diedro, preparado para convertirlas en algo tan estable como una mesa, y unos pocos grados de angulación para permitir hacer creer a su portador que está «volando» cuando agita los brazos. La cola es rígida, e inclinada de tal modo que si caes (lo cual es casi imposible) aterrizas siempre de pie. Todo lo que hace un turista es correr unos pocos metros, levantar los pies (no puede evitar el hacerlo) y deslizarse sobre una manta de aire. Luego podrá contarle a sus nietos como voló, *realmente* voló, «exactamente como un pájaro».

Un mono podría aprender a «volar» de este modo.

Pasé por la humillación de colocarme una de esas estúpidas cosas, e hice que Ariel me observara mientras subía a la Escalera del Niño y dejaba que me arrastrase hacia arriba hasta unos treinta metros para demostrarle que realmente podías «volar» con ellas. Luego me las quité con mi más profundo agradecimiento, busqué un juego más grande para ella, y me volví a poner mis hermosas alas de gaviota. Había hecho largarse a Jeff (dos instructores es demasiado), pero cuando vio que ella llevaba ya las alas bajó y aterrizó junto a nosotros.

Miré hacia arriba.

—Tú otra vez.

—Hola, Ariel. Hola, Blip. Escucha, le has ajustado las sujecciones de los hombros demasiado apretadas.

—Hey —dije—. Los entrenadores de uno en uno, ¿recuerdas? Si deseas ayudar, quítate esas plumas tan espectaculares y ponte unas alas de planeo... así podré utilizarte para mostrarle lo que *no* hay que hacer. De otro modo sube a cincuenta metros y quédate allí; no necesitamos ningún piloto de sobremesa.

Jeff puso cara de mocoso malcriado, pero Ariel se puso de mi lado.

—Haz lo que dice la profesora, Jeff. Sé buen chico.

El no quería ponerse las alas de planeo, pero tampoco quería quedarse lejos. Dio vueltas a nuestro alrededor, observando, hasta que fue echado a gritos por el jefe de vuelo por molestar en el área de turistas.

Admito que Ariel era una buena alumna. Ni siquiera se enfadó cuando le sugerí que estaba un poco demasiado maciza en la zona de las caderas como para mantener un buen equilibrio; simplemente dijo que ya se había dado cuenta de que yo tenía el trasero más estilizado de aquellos contornos y que me envidiaba por ello. Así que dejé de tomarle el pelo, y descubrí que casi me caía bien si me preocupaba tan sólo en enseñarle. Se esforzaba y aprendía con rapidez... tenía buenos reflejos y (pese a mi broma de mal gusto) un buen sentido del equilibrio. Se lo hice notar, y admitió como sin darle importancia que había estudiado ballet.

Hacia media tarde dijo:

—¿Sería posible probar con unas auténticas alas?

—¿Eh? Bueno, Ariel, no te lo aconsejo.

—¿Por qué no?

Me había cogido. Ya había hecho todo lo que se podía hacer con aquellas horribles alas de planeo. Si deseaba aprender algo más, debería ser con auténticas alas.

—Ariel, es peligroso. No es lo mismo que has estado haciendo hasta ahora, créeme. Puedes hacerte daño, incluso matarte.

—¿Te harían responsable?

—No. Firmaste una nota de descargo cuando entraste aquí.

—Entonces me gustaría probarlo.

Me mordí el labio. Si se hubiera dado un tortazo sin mi ayuda ni siquiera hubiera derramado una lágrima... pero dejarle hacer algo demasiado peligroso mientras era mi pupila... bueno, no me hacía ninguna gracia.

—Ariel, no puedo impedírtelo... pero creo que debería devolver mis alas a mi armario y olvidarme de todo este asunto.

Fue su turno de morderse el labio.

—Si piensas así, no puedo pedirte que me enseñes. Pero sigo deseándolo. Quizá Jeff pueda ayudarme.

—¡Probablemente lo hará —restallé—, si es tan inmensamente tonto como creo que es!

Su expresión amistosa se borró, pero no dijo nada porque Jeff acababa de posarse detrás nuestro.

—¿Qué estáis discutiendo?

Ambas intentamos decírselo, y lo confundimos de tal modo

que se quedó con la idea de que yo lo había sugerido todo, y empezó a chillarme. ¿Me había vuelto loca? ¿Estaba intentando que Ariel se hiciera daño? ¿Acaso no tenía el menor sentido?

—*¡Cállate!* —le chillé, y luego añadí tranquila pero firmemente—: Jefferson Hardesty, deseabas que enseñara a tu amiguita, así que acepté. Pero no sigas entrometiéndote, y no pienses que vas a poder seguir hablándome de este modo. ¡Ahora lárgate! ¡Extiende tus alas! ¡Vuela!

Se hinchó, y dijo lentamente:

—Lo prohibo absolutamente.

Hubo un largo silencio. Luego Ariel dijo suavemente:

—Vamos, Holly. Búscame unas alas.

—De acuerdo, Ariel.

Pero no alquilan auténticas alas. Cada volador tiene las suyas propias; es preciso. Sin embargo, se pueden comprar algunas de segunda mano debido a que los chicos crecen, o la gente se compra otras hechas a la medida o algo así. Encontré al señor Schultz, que es quien tiene la llave, y le dije que Ariel estaba pensando en comprarse unas, pero que yo no iba a dejarle hacerlo sin que las probara primero. Tras revolver más de cuarenta pares encontré unas que había dejado Johnny Queveras porque se le habían quedado pequeñas y que sabía iban bien. Pese a todo las inspeccioné cuidadosamente. Yo apenas conseguía alcanzar los controles de los dedos, pero eran la medida de Ariel.

Mientras la estaba ayudando con las superficies de cola dije:

—¿Ariel? Sigue siendo una mala idea.

—Lo sé. Pero no podemos dejar que los hombres piensen que son nuestros dueños.

—Supongo que no.

—Lo son, por supuesto. Pero no debemos dejar que se enteren. —Estaba probando los controles de cola—. ¿Se abren con los dedos pulgares de los pies?

—Sí. Pero no lo hagas. Simplemente mantén los pies juntos y los dedos unidos. Mira, Ariel, realmente no estás preparada. Todo lo que vas a hacer hoy es planear, como hemos estado haciendo hasta ahora. ¿Prometido?

Me miró directamente a los ojos.

—Haré exactamente lo que tú digas... ni siquiera emprenderé el vuelo hasta que tú me digas adelante.

—De acuerdo. ¿Lista?

—Lista.

—Pues empecemos. ¡Hey, espera! He metido la pata. No son naranja.

—¿Y eso qué importa?

—Claro que importa. —Siguió una acalorada discusión porque el señor Schultz no deseaba pintar las alas de naranja para una simple prueba. Ariel lo arregló simplemente comprándolas, y luego tuvimos que esperar un poco mientras se secaba la pintura del spray.

Regresamos a la ladera de los turistas y la dejé que planeara, advirtiéndole que mantuviera ambas álulas abiertas con los pulgares para conseguir una mayor ascensión a poca velocidad, con poca maniobra de los dedos. Ella lo hizo muy bien, y aterrizó mal tan sólo una vez. Jeff rondaba los alrededores, trazando ochos en el aire sobre nosotras, pero lo ignoramos. Pronto le enseñé a girar con una suave y amplia inclinación... puedes hacerlo también con esas horribles alas de planeo, pero se necesita mucha habilidad; sólo están pensadas para un planeo en línea recta.

Finalmente aterricé junto a ella y dije:

—¿Has tenido bastante?

—¡Nunca tendré bastante! Pero me quitaré las alas si tú lo dices.

—¿Cansada?

—No. —Miró por encima de su ala a la Escalera del Niño; una docena de voladores estaban subiendo, las alas inmóviles, remontando cansinamente—. Me gustaría hacer esto una sola vez. Tiene que ser divino.

—Realmente, cuanto más alta, más segura estás.

—Entonces, ¿por qué no?

—Hummm... más segura *a condición* de que sepas lo que estás haciendo. Trepar por esa corriente es lo mismo que planear tal como has estado haciendo. Te mantienes quieta y dejas que te suba hasta los ochocientos metros. Luego desciendes del mismo modo, dando círculos junto a la pared en un planeo suave. Pero vas a sentirte tentada a hacer algo que aún no comprendes... aletear, o dar alguna cabriola.

Agitó su cabeza solemnemente.

—No haré nada que no me hayas enseñado.

Yo seguía estando preocupada.

—Mira, sólo son ochocientos metros hacia arriba, pero cubres unos ocho kilómetros subiendo, y aún más al bajar. Media hora como mínimo. ¿Lo aguantarán tus brazos?

—Estoy segura que sí.

—Bien... puedes empezar a bajar en cualquier momento; no tienes por qué recorrer todo el camino. Flexiona un poco los brazos de tanto en tanto, para que no se te agarroten. Lo único que debes tener en cuenta es no aletear.

—No lo haré.

—De acuerdo. —Abrí mis alas—. Sígueme.

La guié hacia la corriente ascendente, me incliné con suavidad hacia la derecha, luego hacia la izquierda para iniciar la subida en dirección contraria a las agujas del reloj, todo ello mientras frenaba lentamente para que ella pudiera seguirme. Cuando ya estábamos girando, le grité:

—¡Sigue tal como vas! —e hice un viraje cerrado, subiendo y situándome a unos diez metros por encima y por detrás de ella—. ¿Ariel?

—¿Sí, Holly?

—Estaré encima tuyo. No vuelvas la cabeza; no tienes que observarme a mí. Yo tengo que observarte a ti. Lo estás haciendo muy bien.

—¡Me siento muy bien!

—Muévete un poco. No te envares. Hay un largo camino hasta el techo. Puedes virar un poco si lo deseas.

—¡A sus órdenes, capitán!

—¿No estás cansada?

—¡Cielos, no! ¡Muchacha, esto es vida! —Se echó a reír—. ¡Y mamá dijo que yo nunca llegaría a ser un ángel!

No contesté debido a que unas alas rojas y plata cargaron contra mí, frenaron súbitamente y empezaron a volar en círculos entre Ariel y yo. El rostro de Jeff estaba casi tan rojo como sus alas.

—¿Qué infiernos pensáis que estáis haciendo!

—¡Alas naranja! —grité—. ¡Deja paso!
—¡Bajad inmediatamente de aquí! ¡Las dos!
—Sal de entre mi pupilo y yo. Conoces las reglas.
—Ariel! —gritó Jeff—. Sal del círculo y planea hacia abajo. Yo estaré contigo.
—Jeff Hardesty —dije furiosamente—, te doy tres segundos para salir de entre nosotros... luego te denunciaré por violación de la Regla Uno. Por tercera vez... *¡Alas Naranja!*
Jeff gruñó algo, inclinó su ala derecha y se dejó caer fuera de la formación. El muy idiota se deslizó a menos de metro y medio de la punta del ala de Ariel. Hubiera debido denunciarle por ello; todo el espacio que puedas dejarle a un principiante nunca es demasiado.
Dije:
—¿Todo bien, Ariel?
—Todo bien, Holly. Lamento que Jeff esté enfadado.
—Ya se le pasará. Dime cuando te sientas cansada.
—No lo estoy. Quiero ir hasta arriba del todo. ¿A qué altura estamos?
—A unos ciento veinte metros quizá.
Jeff voló detrás nuestro durante un rato, luego trepó y voló por encima de nosotros... probablemente por la misma razón que lo hice yo: para ver mejor. Era preferible que los dos estuviéramos vigilándola, siempre que él no interfiriera; empezaba a darme cuenta de que Ariel quizá no pensara en que el camino de bajada iba a ser tan largo y agotador como el de subida. Estaba esperando que en cualquier momento dijera ya basta. Sabía que yo podía planear hasta quedar muerta de agotamiento, pero un principiante suele ponerse muy nervioso.
Jeff estuvo generalmente encima nuestro, yendo de un lado para otro —es demasiado activo como para planear mucho rato seguido—, mientras Ariel y yo seguíamos subiendo, planeando lentamente hacia el techo. Finalmente se me ocurrió, cuando estábamos aproximadamente a mitad del camino, que también podía ser yo quien dijera basta; no tenía que esperar a que Ariel se agotase. Así que le grité:
—¿Ariel? ¿Estás cansada?
—No.

—Bueno, pues yo sí. ¿Bajamos, por favor?

No discutió, simplemente dijo:

—De acuerdo. ¿Qué es lo que he de hacer?

—Inclínate hacia la derecha y sal del círculo. —Pretendía hacer que se desplazara unos cien a ciento cincuenta metros para meterla en la corriente descendente, para que pudiera seguir planeando dando vueltas a la cueva hacia abajo en lugar de hacia arriba. Miré hacia las alturas, buscando a Jeff, Finalmente lo descubrí a una cierta distancia, mucho más alto, pero viniendo hacia nosotras. Le grité:

—¡Jeff! ¡Nos veremos en el suelo! —Probablemente no me oyó, pero sí me vio; miré hacia abajo en busca de Ariel. Finalmente la descubrí, treinta metros más abajo... agitando sus alas y cayendo, fuera de control.

No sabía lo que había ocurrido. Quizá se inclinó demasiado, dio una voltereta y empezó a debatirse. Pero no intenté imaginármelo; simplemente estaba demasiado aterrada. Parecí colgar allí, helada, durante más de una hora, mientras la veía caer.

Pero al parecer lo que hice fue gritar muy fuerte: *«¡Jeff!»*, y lanzarme tras ella en picado.

Aunque no parecía estar cayendo, no podía alcanzarla. Junté completamente mis alas... pero no conseguía caer; ella seguía siempre a la misma distancia.

Por supuesto, siempre empiezas a caer lentamente; nuestra poca gravedad es lo único que hace posible el vuelo humano. Incluso una piedra cae a tan sólo unos noventa centímetros en el primer segundo. Pero este primer segundo parecía interminable.

Luego supe que estaba cayendo. Podía notar el silbido del aire... pero seguía sin parecer acercarme a ella. Sus esfuerzos debían haberla frenado algo, mientras que yo me encontraba en una caída libre intencionada, con las alas extendidas verticalmente por encima de mi cabeza, cayendo tan rápidamente como me era posible. Tenía la alocada idea de que si conseguía ponerme a su altura, podría gritarle algo que pusiera un poco de buen sentido a su cabeza, que la obligara a salir de su caída y conducirla a un planeo. Pero no podía *alcanzarla.*

Aquella pesadilla se arrastró durante horas.

En realidad, no teníamos espacio para caer durante más de unos veinte segundos; este es todo el tiempo que necesitas para recorrer cayendo trescientos metros. Pero veinte segundos puede ser un tiempo terriblemente largo... lo suficientemente largo como para lamentar todas las tonterías que has hecho o dicho en tu vida, lo suficientemente largo como para rezar por las dos... y para decirle adiós a Jeff con todo mi corazón. Lo suficientemente largo como para ver el suelo subir hacia nosotras y saber que las dos íbamos a estrellarnos contra él si no conseguía alcanzarla rápidamente.

Miré hacia arriba, y Jeff estaba picando directamente sobre nosotras, pero aún demasiado lejos. Bajé de nuevo la vista... y estaba alcanzándola... estaba pasándola... *¡estaba bajo ella!*

Entonces frené con todas mis fuerzas, casi arrancándome las alas en el intento. Tomé aire, lo mantuve, y empecé a aletear sin preocuparme de nivelar mi vuelo. Batí las alas una vez, dos, tres... y choqué contra ella desde abajo, con todas mis fuerzas.

Luego el suelo nos golpeó.

Me sentía débil y soñadoramente contenta. Estaba tendida de espaldas en una habitación en penumbra. Creo que madre estaba conmigo, y sé que papá estaba. Me picaba la nariz e intenté rascármela, pero mis brazos no me obedecían. Me dormí de nuevo.

Me desperté hambrienta y completamente despejada. Estaba en una cama de hospital, y mis brazos seguían sin obedecerme. Lo cual no resultaba sorprendente pues ambos estaban escayolados. Una enfermerá llegó con una bandeja.

—¿Hambrienta? —preguntó.

—Muerta de hambre —admití.

—Arreglaremos eso. —Empezó a darme de comer, como si fuera un bebé.

Evité la tercera cucharada y pregunté:

—¿Qué le ocurrió a mis brazos?

—Silencio —dijo, y me amordazó con una cucharada.

Pero luego llegó un doctor muy agradable y respondió a mi pregunta.

—No mucho. Tres fracturas simples. A tu edad se curarán en un periquete. Pero nos gusta tu compañía, así que te vamos a hacer quedar aquí durante un tiempo para observar cualquier posible herida interna.

—No tengo heridas internas —dije—. Al menos, no me duelen.

—Ya te he dicho que tan sólo era una excusa.

—Esto, doctor...

—¿Sí?

—¿Podré volar de nuevo? —Aguardé, asustada.

—Por supuesto. He visto a hombres mucho más maltratados que tú levantarse y aguantar tres asaltos más.

—Oh. Bueno, gracias. Doctor... ¿Qué le ocurrió a la otra chica? ¿Está...?

—¿Brentwood? Está aquí.

—Exactamente aquí —confirmó Ariel desde la puerta—. ¿Puedo entrar?

Se me cayó la mandíbula. Luego dije:

—Claro que sí. Desde luego, entra.

—No esté mucho tiempo —dijo el doctor, y se fue.

Yo dije:

—Bueno, siéntate.

—Gracias. —Daba saltitos en vez de caminar, y vi que llevaba un pie vendado. Se sentó a los pies de la cama.

—Te hiciste daño en un pie.

Se alzó de hombros.

—No es nada. Un esguince y una rotura de ligamento. Dos costillas astilladas. Pero podría estar muerta. ¿Sabes por qué no lo estoy?

No respondí. Tocó uno de mis enyesados brazos.

—Por esto. Cortaste mi caída, y aterricé encima tuyo. Me salvaste la vida, y yo te rompí los dos brazos.

—No tienes que darme las gracias por ello. Lo hubiera hecho por cualquiera.

—Te creo, y no te estaba dando las gracias. Una no puede darle las gracias a nadie por haberle salvado la vida. Sólo quería asegurarme de que tú sabías que yo lo sabía.

No tenía ninguna respuesta a eso, así que dije:
—¿Dónde está Jeff? ¿Se encuentra bien?
—Vendrá pronto. Jeff no se hizo daño... aunque me sorprende que no se rompiera los dos tobillos. Se dejó caer al lado nuestro con tal fuerza que debería habérselos roto. Pero Holly... Holly querida... he venido antes para que tú y yo podamos hablar un poco acerca de él antes de que llegue.
Cambié rápidamente de tema. Lo que me hubieran dado me hacía sentir soñadora y bien, pero no lo suficiente como para no sentirme algo azarada.
—¿Qué ocurrió, Ariel? Lo estabas haciendo muy bien... y de repente te metiste en problemas.
Parecía avergonzada.
—Fue culpa mía. Dijiste que íbamos a bajar, así que miré hacia abajo. Quiero decir que miré *realmente*. Hasta entonces todos mis pensamientos habían estado centrados en subir hasta el techo; ni siquiera había pensado en lo lejos que estaba el suelo. Luego miré hacia abajo... y me mareé, y me asaltó el pánico, y me desmoroné. —Se alzó de hombros—. Tenías razón. No estaba preparada.
Pensé en ello, y asentí con la cabeza.
—Entiendo. Pero no te preocupes... cuando mis brazos estén bien te llevaré de nuevo allá arriba.
Tocó mi pie.
—Eres estupenda, Holly. Pero no voy a volar de nuevo; regresaré a donde pertenezco.
—¿A la Tierra?
—Sí. Tomaré la *Billy Mitchell* el miércoles.
—Oh. Lo siento.
Frunció ligeramente el ceño.
—¿Realmente? Holly, no te caigo bien, ¿verdad?
Me quedé anonadada. ¿Qué podía decir? ¿Especialmente cuando era cierto?
—Bueno —dije lentamente—, no me caes mal. Sólo que no te conozco lo suficiente.
Asintió.
—Y yo tampoco te conozco lo suficiente... aunque pienso que voy a conocerte mucho mejor dentro de unos pocos segundos. Pero Holly... escúchame, por favor, y no te enfades.

Es acerca de Jeff. No te ha tratado muy bien estos últimos días... desde que yo estoy aquí, quiero decir. Pero no te enfades con él. Yo me voy, y todo volverá a ser como antes.

Aquello puso las cartas sobre la mesa y no pude seguir ignorándolas, porque si lo hacía ello supondría todo tipo de cosas que no eran ciertas. Así que tuve que explicarle... acerca de mí convirtiéndome en una mujer de carrera... de como, si había parecido preocupada, era simplemente por la posibilidad de que la firma Jones & Hardesty se fuera al garete antes incluso de haber terminado su primera nave estelar... de que *no* estaba enamorada de Jeff, sino simplemente lo apreciaba como amigo y socio... pero si Jones & Hardesty no podía continuar, entonces lo haría Jones & Compañía.

—Así que, Ariel, como puedes ver, no es necesario que dejes a Jeff. Si crees que me debes algo por lo que ha sucedido, simplemente olvídalo. No es necesario.

Parpadeó, y vi con asombro que estaba conteniendo las lágrimas.

—Holly, Holly... no comprendes en absoluto.

—Lo entiendo perfectamente. No soy una niña.

—No, eres toda una mujer... pero aún no te has dado cuenta. —Alzó un dedo—. Uno... Jeff no está enamorado de mí.

—No me lo creo.

—Dos... yo no estoy enamorada de él.

—Tampoco me lo creo.

—Tres... tú dices que no estás enamorada de él... pero ya hablaremos de eso en su momento. Holly, ¿soy bonita?

Cambiar de tema es un rasgo muy femenino, pero yo nunca aprenderé a hacerlo con tanta rapidez.

—¿Eh?

—He dicho: ¿soy bonita?

—¡Sabes malditamente bien que lo eres!

—Sí. También puedo cantar un poco y bailar, pero no podría hacer gran cosa si no fuera así, porque apenas soy una actriz de tercera fila. Así que tengo que ser bonita. ¿Cuál crees que es mi edad?

Conseguí no desorbitar los ojos.

—¿Eh? Más de la que Jeff piensa que tienes. Veintiuno como mínimo. Quizá veintidós.

Suspiró.

—Holly, soy lo suficientemente mayor como para ser tu madre.

—¿Eh? Tampoco me creo eso.

—Me halaga que no se me note. Pero así es, y aunque Jeff es un encanto, nunca hubo ninguna posibilidad de que yo me enamorara de él. Pero lo que yo sienta por él no importa; lo importante es que *él* está enamorado de *ti*.

—*¿Qué?* ¡Esa es la cosa más tonta que has dicho hasta ahora! Oh, sé que le *gusto*... o le gustaba. Pero eso es todo. —Tragué saliva—. Y con eso tengo bastante. Bueno, sólo tendrías que oír la forma en que me habla.

—La he oído. Pero los chicos a esa edad no saben decir lo que piensan; se sienten azarados.

—Pero...

—Espera, Holly. Vi algo que tú no pudiste ver porque habías perdido el conocimiento. Cuando las dos caímos, ¿sabes lo que ocurrió?

—Esto, no.

—Jeff llegó como un ángel vengador, apenas un segundo después que nosotras. Estaba arrancándose las alas apenas tocar el suelo, liberando sus brazos. Ni siquiera me echó una mirada. Simplemente pasó por encima mío, te recogió, y te acunó entre sus brazos, mientras las lágrimas caían a chorros de sus ojos.

—¿Lo *hizo*?

—Lo hizo.

Pensé en aquello. Quizás aquel gran estúpido sintiera algo de afecto hacia mí, después de todo.

—Así que ya lo ves, Holly —insistió Ariel—; aunque no le quieras, deberás ser muy gentil con él, porque él te ama y podrías hacerle un daño terrible.

Intenté pensar. El amor seguía siendo algo que una mujer de carrera debería evitar pero si Jeff pensaba realmente así, bueno ...¿comprometería mis ideales casándome con él sólo para hacerle feliz? ¿Para mantener unida la firma? ¿Sólo para eso?

Pero si lo hacía, ya no sería la Jones & Hardesty; sería la Hardesty & Hardesty.

Ariel seguía hablando:

—...incluso podrías acabar enamorándote de él. Es algo que suele ocurrir, cariño, y si así fuera, lamentarías el haberle apartado de ti. Alguna otra chica podría atraparlo; y él es un gran chico.

—Pero... —me callé, pues acababa de oír los pasos de Jeff: son inconfundibles. Se detuvo en la puerta y nos miró a las dos, con el ceño fruncido.

—Hola, Ariel.

—Hola, Jeff.

—Hola, Fracción. —Me miró detenidamente—. Hey, estás hecha una birria.

—Tú no estás mucho mejor. He oído decir que tienes pies planos.

—Para siempre. ¿Cómo te las arreglas para limpiarte los dientes con estas cosas en los brazos?

—No me los limpio.

Ariel se levantó de la cama, quedándose en equilibrio sobre una pierna.

—Tengo que irme. Nos veremos luego, chicos.

—Hasta luego, Ariel.

—Adiós, Ariel. Esto... gracias.

Jeff cerró la puerta después de que ella se hubo marchado, volvió junto a la cama y dijo hoscamente:

—Estate quieta.

Luego me rodeó con sus brazos y me besó.

Bueno, no podía impedírselo, ¿no? ¿Con los dos brazos rotos? Además, aquello estaba en consonancia con la nueva política para la firma. Me quedé sin habla porque Jeff nunca me había besado, excepto en los cumpleaños, pero eso no cuenta. Pero intenté devolverle el beso y demostrarle que se lo agradecía. No sé qué maldita cosa me habrían estado dando, pero empezaron a tintinearme los oídos y me sentí flotando de nuevo.

Luego él se inclinó sobre mí.

—Renacuajo —me dijo apesadumbrado—, me has hecho sufrir mucho.

—Pues tú no eres ningún saldo, pies planos —respondí con dignidad.

—Supongo que no. —Me miró tristemente—. ¿Por qué estás llorando?

No sabía que lo estuviera haciendo. Entonces recordé el porqué.

—Oh, Jeff... ¡he destrozado mis hermosas alas!

—Conseguiremos otras. Esto, prepárate. Voy a repetirlo.

—De acuerdo. —Lo hizo.

Supongo que Hardesty & Hardesty queda más rítmico que Jones & Hardesty.

Realmente, suena mejor.

«SI ESTO CONTINUA...»

1

Hacía frío en la muralla. Me puse a dar palmadas con mis entumecidas manos, luego me detuve rápidamente por miedo a molestar al Profeta. Mi puesto aquella noche estaba precisamente fuera de sus aposentos personales... un puesto que había obtenido por ser el más cuidadoso y pulcro y listo a la hora de montar guardia... pero ahora no deseaba llamar la atención sobre mí.

Por aquel entonces yo era joven y no muy brillante... un recién enviado de West Point y un centinela de los Angeles del Señor, la guardia personal del Profeta Encarnado. Cuando nací, mi madre me consagró a la Iglesia, y a los dieciocho años mi tío Absalón, un antiguo censor laico, consiguió del Consejo de Ancianos un puesto para mí en la Academia Militar.

West Point me gustó. Oh, claro que me unía a las habituales quejas de mis compañeros de clase, las habituales lamentaciones comunes a la vida militar, pero a decir verdad me gustaba la rutina monástica: levantarse a las cinco, dos horas de plegarias y meditación, luego clases y conferencias sobre los interminables temas de la educación militar, estrategia y táctica, teología, psicología de masas, milagros básicos. Por la tarde practicábamos con armas de torbellino y desintegradoras, nos entrenábamos con los tanques, y endurecíamos nuestros cuerpos con el ejercicio.

No conseguí una graduación muy alta, y realmente no esperaba ser asignado a los Angeles del Señor, aunque hice lo posible por conseguirlo. Pero siempre obtuve las calificaciones más altas en piedad, y fui lo suficientemente bueno en la mayoría de los temas prácticos; fui elegido. Eso casi me hizo pecar de orgullo... el más sagrado regimiento de las huestes del Profeta, en donde hasta los soldados rasos eran oficiales designados y cuyo coronel en jefe era la Espada Triunfante del Profeta, mariscal de todos los ejércitos. El día en que fui investido con el brillante escudo y la lanza de los Angeles hice votos de estudiar para el sacerdocio tan pronto como la promoción a capitán me hiciera elegible.

Pero esta noche, varios meses más tarde, aunque mi escudo todavía brillaba, había una mácula en mi corazón. De algún modo, la vida en Nueva Jerusalén no era como yo la había imaginado mientras estaba en West Point. El Palacio y el Templo estaban devorados por la intriga y la política; sacerdotes y diáconos, ministros de estado, y los funcionarios de Palacio, parecían enzarzados en una contienda por el poder y los favores recibidos de mano del Profeta. Incluso los oficiales de mi propio cuerpo parecían corrompidos por ello. Nuestro orgulloso lema, «*Non Sibi, Sed Dei*», tenía ahora un sabor pervertido en mi boca.

No es que yo estuviera libre de pecado. Aunque no me había unido a las luchas por las preferencias mundanas, había hecho algo que sabía en el fondo de mi corazón que era aún peor: había mirado con deseo a una mujer consagrada.

Por favor, compréndanme mejor de lo que yo mismo me comprendía. Era un hombre adulto en cuerpo, y un niño en experiencia. Mi propia madre era la única mujer a la que había conocido bien. Cuando era un niño en el seminario infantil, antes de ir a West Point, casi tenía miedo de las chicas; mis intereses estaban divididos entre mis estudios, mi madre, y las tropas de Querubines de mi parroquia, en las cuales era jefe de una patrulla y un asiduo ganador de condecoraciones al mérito en cualquier cosa, desde orientación en los bosques hasta memorización de las Escrituras. Si hubiera habido una condecoración al mérito con respecto a las chicas... pero naturalmente no la había.

En la Academia Militar simplemente no vi mujeres, de modo que no tuve mucho que confesar en cuanto a malos pensamientos. Mis apetencias carnales estaban más bien aletargadas, y mis ocasionales sueños intranquilizadores los contemplaba como tentaciones enviadas por el Viejo Diablo. Pero Nueva Jerusalén no es West Point, y a los Angeles no se les ha prohibido casarse ni tener una legítima y juiciosa relación con las mujeres. De acuerdo, la mayoría de mis compañeros ni siquiera soñaban en pedir permiso para casarse, porque ello podía significar el ser transferidos a un regimiento regular, y muchos de ellos albergaban ambiciones de alcanzar el sacerdocio militar... pero no estaba prohibido.

Tampoco les estaba prohibido casarse a las diaconisas que cuidaban del Templo y del Palacio. Pero la mayoría de ellas eran viejas criaturas desaliñadas que me recordaban a mis tías, y difícilmente tema de pensamientos románticos. Acostumbraba a charlar ocasionalmente con ellas por los corredores, y no veía ningún mal en ello. Como tampoco me sentía especialmente atraído por ninguna de las hermanas más jóvenes... hasta que conocí a la hermana Judith.

Me había tocado estar de guardia en aquel mismo puesto hacía más de un mes. Era la primera vez que estaba de guardia en el exterior de los aposentos del Profeta y, aunque estaba nervioso cuando tomé mi primer puesto, en aquel momento estaba alerta tan sólo a la posibilidad de que pasara el celador haciendo su ronda.

Aquella noche había brillado brevemente una luz a lo lejos en el corredor interior frente a mi puesto, y oí el ruido de gente moviéndose; miré a mi crono de muñeca: sí, serían las Vírgenes acudiendo a atender al Profeta... no era asunto mío. Cada noche a las diez en punto cambiaba su guardia —su «guardia femenina», la llamaba yo—, aunque nunca había visto la ceremonia ni me interesaba. Todo lo que sabía al respecto era que las que acudían a cumplir sus deberes durante las siguientes venticuatro horas luchaban encarnizadamente entre sí por obtener el privilegio de atender personalmente a la sagrada presencia del Profeta Encarnado.

Escuché brevemente, y dejé de prestar atención. Quizás un cuarto de hora más tarde una delgada figura envuelta en una capa negra se deslizó por mi lado hacia el parapeto, donde se detuvo para mirar las estrellas. Aferré inmediatamente mi desintegradora, luego la devolví a su funda cuando vi que se trataba de una diaconisa.

Había supuesto que se trataba de una diaconisa laica; juro que no se me ocurrió que pudiera tratarse de una diaconisa consagrada. No había ninguna regla en mi libro de órdenes diciendo que debía prohibirles salir afuera, pero nunca había oído de ninguna que lo hiciera.

No creo que me hubiera visto antes de que yo me dirigiera a ella.

—La paz sea contigo, hermana.

Se sobresaltó y ahogó un grito, luego recuperó su dignidad para responder:

—Y contigo, hermano *menor*.

Fue entonces cuando vi en su frente el Sello de Salomón, la marca de la familia personal del Profeta.

—Perdón, Hermana Mayor. No lo había visto.

—No estoy enojada. —Parecía como si me invitara a conversar. Sabía que no era correcto que nosotros conversáramos privadamente con ellas; su cuerpo mortal estaba dedicado al Profeta al igual que su alma inmortal lo estaba al Señor, pero yo era joven y me sentía solitario... y ella era joven y muy hermosa.

—¿Sirves esta noche al Sagrado, Hermana Mayor?

Ella agitó negativamente la cabeza.

—No, el honor no me ha correspondido. La elección ha recaído en otras.

—Debe ser un gran y maravilloso privilegio servirle directamente.

—Sin duda, aunque no lo puedo decir por conocimiento propio. La elección aún no me ha favorecido. —Y añadió impulsivamente—: Estoy un poco nerviosa al respecto. Sabes, no llevo aquí mucho tiempo.

Aún sabiendo que su rango era superior al mío, su exhibición de debilidad femenina me emocionó.

—Estoy seguro de que te desenvolverás cumplidamente.

—Gracias.

Seguimos charlando. Me dijo que llevaba en Nueva Jerusalén menos tiempo aún que yo. Había sido educada en una granja en la parte alta del Estado de Nueva York, y allí había sido consagrada al Profeta en el Seminario de Albany. Yo le dije a cambio que había nacido en el medio oeste, a menos de ochenta kilómetros del Manantial de la Verdad, donde se había encarnado el Primer Profeta. Luego le dije que mi nombre era John Lyle, y ella me respondió que el suyo era Hermana Judith.

Yo había olvidado casi por completo las agobiantes rondas del celador, y estaba dispuesto a seguir charlando toda la noche, cuando mi crono hizo sonar el cuarto de hora.

—¡Oh, querido! —exclamó la Hermana Judith—. Tendría que haber vuelto ya a mi celda. —Echó a correr apresuradamente, luego se detuvo un instante—. ¿No me delatarás a nadie... John Lyle?

—¿Yo? ¡Oh, nunca!

Seguí pensando en ella todo el resto de la guardia. Cuando pasaba el celador en sus rondas yo era una sombra poco alerta.

Una pequeñez que podía conducirme hasta cometer una tontería, ¿no? Pero un solo trago puede resultar una gran cantidad para un abstemio; no era capaz de apartar a la Hermana Judith de mi mente. Durante el siguiente mes la vi media docena de veces. Una vez me crucé con ella en una escalera mecánica; ella iba para abajo y yo para arriba. Ni siquiera hablamos, pero me reconoció y me sonrió. Aquella noche, en mis sueños, no dejé de recorrer una y otra vez aquella escalera, pero ni una sola vez conseguí detenerme y hablar con ella. Los demás encuentros fueron igual de triviales. En otra ocasión oí su voz llamarme suavemente: «Hola, John Lyle», y cuando me giré fue sólo para ver una figura encapuchada que se cruzaba conmigo al atravesar una puerta. En otra ocasión la vi echándoles comida a los cisnes del estanque; no me atreví a acercarme a ella, pero creo que me vio.

El *Temple Herald* publicaba la lista de los servicios, tanto los míos como los de ella. Yo tenía una guardia de cada cinco; las Virgenes debían cumplir con sus deberes una vez a la semana. Así que tuvo que pasar todo un mes antes de que nuestras guardias coincidieran de nuevo. Vi su nombre... y me hice la promesa de que aquella noche ganaría la guardia de honor y me correspondería de nuevo el puesto frente a los aposentos del Profeta. No tenía ninguna razón para pensar que Judith saliera a verme al parapeto... pero en el fondo de mi corazón estaba seguro de que lo haría. Nunca en West Point me había presentado tan pulcro y acicalado; hubiera podido utilizar mi escudo como espejo para afeitarme.

Pero eran ya casi las diez y media y no había ninguna señal de Judith, aunque había oído a las Vírgenes concentrarse en el corredor cuando eran cerca de las diez. Todo lo que había conseguido con mis esfuerzos había sido el triste privilegio de montar guardia en el puesto más frío del Palacio.

Probablemente, pensé malhumorado, ella debía salir siempre a flirtear con el guardia cada vez que tenía oportunidad. Recordé amargamente que todas las mujeres son vehículo de iniquidad, y así había sido siempre desde la Caída del Hombre. ¿Quién era yo para pensar que había sido elegido para una amistad especial? Probablemente ella había considerado que la noche era demasiado fría como para molestarse.

Oí unos pasos, y mi corazón latió alegremente. Pero se trataba tan sólo del celador haciendo su ronda. Extraje mi pistola y la apresté mientras le daba el alto; su voz llegó hasta mí:

—Centinela, ¿cómo está la noche?

—Paz en la Tierra —respondí mecánicamente; y añadí—: Hace frío, Hermano Mayor.

—El otoño está en el aire —admitió—. Hace frío incluso en el Templo. —Pasó por mi lado, con su pistola y su bandolera de bombas paralizantes golpeando contra su armadura a cada paso. Era un viejo tranquilo y amigable que habitualmente se detenía para charlar unas pocas palabras amistosas; pero esta noche probablemente estaba deseando regresar lo antes posible al calor del cuarto de guardia. Volví a mis agrios pensamientos.

—Buenas noches, John Lyle.

Casi me salí de mis botas por el sobresalto. De pie en la

oscuridad, justo al lado de la arcada, se hallaba la Hermana Judith. Conseguí balbucear:

—Buenas noches, Hermana Judith —y ella avanzó hacia mí

—Chist —recomendó—. Alguien podría oírnos. John... John Lyle... finalmente ha sucedido. ¡He sido elegida!

—¿Huh? —dije, y luego añadí torpemente—: Mis felicitaciones, Hermana Mayor. Quiera Dios que su rostro resplandezca en tu sagrado servicio.

—Sí, sí, gracias —añadió rápidamente—. Pero John... he robado unos pocos minutos para charlar contigo. No puedo... debo ir al guardarropa para recibir el adoctrinamiento y rezar, y debo hacerlo ahora mismo. He de apresurarme.

—Sí, será mejor que te apresures —admití. Estaba decepcionado porque ella no pudiera quedarse, feliz por ella puesto que había sido honrada de tal modo, y exultante de que no me hubiera olvidado—. Dios sea contigo.

—Pero quería que supieras que he sido elegida. —Sus ojos brillaban con lo que parecía ser una alegría santa; sus siguientes palabras me sorprendieron—. Estoy asustada, John Lyle.

—¿Eh? ¿Asustada? —Repentinamente recordé lo que yo mismo había sentido, cómo se me había quebrado la voz, la primera vez que entrené a un pelotón—. No debes estarlo. Saldrás bien de ello.

—¡Oh, espero que sí! Reza por mí, John. —Y se alejó, perdiéndose en el oscuro corredor.

Recé por ella, e intenté imaginar dónde estaba, qué estaba haciendo. Pero puesto que sabía menos acerca de lo que ocurre en el interior de las habitaciones privadas del Profeta de lo que sabe una vaca sobre consejos de guerra, pronto desistí de ello y simplemente pensé en Judith. Más tarde, una hora o más, mis ensoñaciones fueron interrumpidas por un agudo grito dentro del Palacio, seguido por una conmoción, y rumor de pasos corriendo. Me precipité al corredor interior y vi a un grupo de mujeres reunidas en torno a la puerta principal de los aposentos del Profeta. Otras dos o tres mujeres estaban sacando a alguien por la puerta; se detuvieron al llegar al corredor y dejaron su carga en el suelo.

—¿Qué ocurre? —pregunté, preparando mi arma.

Una Hermana ya vieja se detuvo frente a mí.

—No ocurre nada. Regresa a tu puesto, centinela.

—He oído un grito.

—No es asunto tuyo. Una de las Hermanas se ha desvanecido cuando el Santo requirió sus servicios.

—¿Cuál de ellas era?

—Eres más bien preguntón, hermano menor. —Se alzó de hombros—. La Hermana Judith, si te importa.

No me paré a pensarlo.

—Dejadme ayudarla —dije, y di un paso adelante. Ella me cerró el paso.

—¿Te has vuelto loco? Sus hermanas la devolverán a su celda. ¿Desde cuándo los Angeles asisten a las Vírgenes nerviosas?

Hubiera podido apartarla fácilmente con un solo dedo, pero ella tenía razón. Retrocedí, y regresé de mala gana a ocupar mi puesto.

Durante los siguientes días no pude apartar a la Hermana Judith de mi pensamiento. Cuando estaba libre de servicio, merodeaba por todas las partes del Palacio que me estaba permitido visitar, esperando verla. Podía estar enferma, o podía haber sido confinada en su celda por lo que seguramente había sido una infracción grave de la disciplina. Pero no llegué a verla ni una sola vez.

Mi compañero de cuarto, Zebadiah Jones, observó mi estado de ánimo e intentó animarme un poco. Zeb estaba tres clases por encima de mí, y yo había sido uno de sus estudiantes de primer año en West Point; ahora era mi mejor amigo y mi único confidente.

—Johnnie, hijo, te pareces a un muerto asistiendo a sus propios funerales. ¿Qué es lo que te corroe?

—¿Eh? Nada en absoluto. Un poco de indigestión, quizá.

—¿Sí? Anda, vamos a dar un paseo. El aire te hará bien.

Dejé que me condujera fuera. No dijo nada excepto banalidades hasta que estuvimos en la amplia terraza que rodea la torre sur y libres del peligro de los instrumentos de detección visuales y auditivos. Cuando estuvimos lo suficiente lejos de todo el mundo, dijo suavemente:

—Vamos. Suéltalo.

—Mira, Zeb, no puedo cargar a los demás con mis preocupaciones.

—¿Por qué no? ¿Para qué sirven los amigos?

—Oh, te horrorizarás.

—Lo dudo. La última vez que me horroricé fue cuando descubrí a un tipo con cuatro ases falsos. Aquello devolvió mi fe en los milagros, y desde entonces me he sentido relativamente inmune. Vamos, podemos decir que esto es una comunicación privilegiada... con un consejero mayor y todas esas tonterías.

Dejé que me persuadiera. Ante mi sorpresa, Zeb no se horrorizó al descubrir que me había interesado en una diaconisa sagrada. Así que le conté toda la historia y le añadí mis dudas y preocupaciones, todos los recelos que habían ido creciendo en mí desde el día en que me había presentado para cumplir con mis deberes en Nueva Jerusalén.

Asintió sin darle importancia.

—Conociéndote, puedo ver cómo debe haberte afectado. Supongo que no habrás admitido nada de esto en confesión, ¿verdad?

—No —dije, azarado.

—Entonces no lo hagas. Guárdate para ti mismo tus secretos. El mayor Bagby es comprensivo, no se sentiría impresionado por lo que le dijeras... pero puede considerar necesario comunicarlo a sus superiores. No te gustaría tener que enfrentarte a la Inquisición, aunque fueras tan inocente como el alabastro. De hecho, especialmente puesto que eres inocente... y lo *eres,* como sabes; cualquiera tiene pensamientos impíos algunas veces. Pero el Inquisidor espera hallar pecado; si no lo encuentra, sigue hurgando.

Ante la sugerencia de que podía ser puesto bajo Investigación, mi estómago dio un vuelco. Intenté no aparentarlo, y Zeb prosiguió calmadamente:

—Johnnie, muchacho, admiro tu piedad y tu inocencia, pero no las envidio. A veces demasiada piedad es más impedimento que demasiada poca. Te sorprenderá la idea de que la política tiene tanta importancia como el canto de los salmos en el gobierno de un gran país. Ahora escúchame; sentí las mismas cosas cuando recién llegado aquí, pero no me sorprendí porque ya me lo esperaba.

—Pero... —me callé. Sus observaciones sonaban dolorosamente como herejías; cambié de tema—. Zeb, ¿qué supones que pudo suceder para que Judith se desmayara la noche en que servía al Profeta?

—¿Eh? ¿Cómo podría yo saberlo? —Me miró, luego desvió la vista.

—Bueno, simplemente pensé que podrías saberlo. Generalmente estás enterado de todos los chismorreos relativos al Palacio.

—Bueno... Oh, olvídalo, muchacho. Realmente no tiene importancia.

—Entonces, ¿lo *sabes*?

—No he dicho que lo supiera. Quizá pudiera hacer averiguaciones, pero no te servirían de nada. Así que olvídalo.

Dejé de andar, me detuve frente a él y le miré directamente al rostro.

—Zeb, deseo oír cualquier cosa que sepas al respecto... o que creas que sabes. Es importante para mí.

—¡Vamos, tranquilízate! Temías horrorizarme; pero soy yo quien no quiere horrorizarte a ti.

—¿Qué quieres decir? ¡Explícate!

—Tranquilo, he dicho. Recuerda que estamos paseando, ajenos a todo el mundo, hablando de nuestras colecciones de mariposas y preguntándonos si tendremos de nuevo estofado de carne para cenar esta noche.

Aún irritado, dejé que siguiéramos paseando un trecho. Luego dijo más calmadamente:

—John, obviamente no eres el tipo que se entera de las cosas simplemente pegando la oreja al suelo... y tampoco has estudiado nada acerca de los Misterios Internos, ¿verdad?

—Sabes que no. La clasificación oficial psico no me eligió para el curso. No comprendo por qué.

—Debí dejarte leer algunos cuando los empecé a desentrañar. No, eso era antes de que tú te graduarás. Demasiado difíciles, puesto que te explican las cosas con un lenguaje muy delicado que has de saber cómo interpretar... y justificar cada uno de sus elementos cuidadosamente, si tienes en cuenta la dialéctica de la teoría religiosa. John, ¿cuál es tu noción de los deberes de las Vírgenes?

—Bueno, cuidar de él, y cocinar su comida, y todo eso.

—Seguro que lo hacen. Y algo más. Esa Hermana Judith... una chica campesina inocente, tal como la describes. Tremendamente devota, imaginas.

Respondí, algo desabrido, que su devoción era lo que primero me había atraído de ella. Y quizá lo creyera realmente.

—Bien, puede que simplemente se impresionara en exceso al escuchar casualmente una discusión más bien mundana y cínica entre el Santo y, esto, digamos el Alto Tesorero... impuestos y diezmos y la mejor forma de arrancárselos a los campesinos. Podría tratarse de algo así, aunque dudo mucho que la escriba de una tal conversación fuera una Virgen recién llegada en su primer servicio. No, lo más seguro es que se trató del «y así sucesivamente».

—¿Eh? No te sigo.

Zeb suspiró.

—Realmente eres uno de los inocentes de Dios, ¿no? Por el Santo Nombre, creía que lo sabías, y que simplemente eras demasiado obstinado como para admitirlo. Bueno, incluso los Angeles se benefician a veces a las Vírgenes, una vez el Profeta ha terminado con ellas. Sin mencionar a los sacerdotes y a los diáconos. Recuerdo una ocasión en la cual... —Calló de repente, al darse cuenta de la expresión de mi rostro—. ¡Borra eso de tu cara! ¿Quieres que alguien se fije en nosotros?

Intenté hacerlo, mientras terribles pensamientos revoloteaban dentro de mi cabeza. Zeb prosiguió suavemente:

—Mi opinión, si tanto te importa, es que tu amiga Judith sigue mereciendo el calificativo de «Virgen» en el más exacto sentido físico de la palabra, más que en el espiritual. Y puede que incluso siga siéndolo, si el Santo está tan furioso con ella como probablemente debe estarlo. Seguro que ella debe ser tan densa como tú y no consiguió comprender las simbólicas explicaciones que le dieron... luego llegó a un punto donde ya no podía dejar de comprender, y aquello fue como un mazazo en su cabeza, y él simplemente la despidió. Así de sencillo.

Me detuve de nuevo, murmurando para mí mismo expresiones bíblicas que apenas comprendía. Zeb se detuvo también, y se me quedó mirando con una sonrisa de cínica tolerancia.

—Zeb —dije, casi suplicándole—, esas cosas son terribles. ¡Terribles! No me dirás que las apruebas.

—¿Aprobarlas? Muchacho, todo ello forma parte del Plan. Lamento que no fueras seleccionado para los estudios superiores. Pero mira, procuraré darte un rápido bosquejo. Dios no malgasta el tiempo. ¿De acuerdo?

—Eso suena a doctrina.

—Dios no exige a los hombres nada que esté más allá de sus fuerzas. ¿De acuerdo?

—Sí, pero...

—Cállate. Dios ordena a los hombres que sean fecundos. El Profeta Encarnado, siendo como es especialmente santo, se supone que debe ser especialmente fecundo. Esta es la finalidad de todo eso; podrás comprenderlo más elaboradamente cuando lo estudies. Mientras tanto, si el Profeta puede humillarse a descender hasta la carne por puro deber hacia el Plan, ¿quién eres tú para escandalizarte? Respóndeme.

No pude responder, por supuesto, y seguimos nuestro paseo en silencio. Tuve que admitir la lógica de todo lo que había dicho, y que las conclusiones se derivaban directamente de las doctrinas reveladas. El problema era que yo deseaba rechazar las conclusiones. echarlas fuera de mí como si se trataran de algo venenoso que me había tragado.

Luego me consolé con el pensamiento de que Zeb estaba seguro de que Judith no había sufrido daño. Empecé a sentirme mejor, diciéndome a mí mismo que Zeb tenía razón, que no era a mí a quien correspondía, en absoluto, establecer juicios morales acerca del Santo Profeta Encarnado.

Mi mente empezaba a sentir preocupaciones acerca del pensamiento de que mi alivio con respecto a Judith surgía exclusivamente del hecho de que yo la había mirado pecaminosamente, de que no era posible que hubiera una regla para una santa diaconisa, y otra regla para todas las demás, y estaba empezando a sentirme nuevamente infeliz... cuando Zeb se detuvo de repente.

—¿Qué es eso?

Nos apresuramos hacia el parapeto de la terraza y miramos hacia abajo por encima de la muralla. La muralla sur se erige junto a la misma ciudad. Una multitud de cincuenta o sesenta personas cargaba ladera arriba en dirección al Palacio. Delante de ellos, corriendo mientras volvía frecuentemente la cabeza, había un hombre vestido con una larga gabardina. Se dirigía hacia la entrada del Santuario.

Zebadiah miró hacia abajo y se respondió a sí mismo:

—De eso se trata... el apedreamiento de un paria. Probablemente fue lo bastante descuidado como para ser atrapado fuera del ghetto después de las cinco. —Miró hacia abajo y agitó la cabeza—. No creo que consiga alcanzar la puerta.

La predicción de Zeb se cumplió en aquel preciso momento; una piedra de buen tamaño alcanzó al hombre entre los omoplatos, haciéndole tambalearse y caer. Estuvieron inmediatamente sobre él. Intentó arrastrarse de rodillas, fue golpeado por una docena de piedras, se derrumbó hecho un ovillo. Lanzó un agudo y entrecortado gemido, luego se cubrió con un pliegue de la gabardina sus oscuros ojos y su recia nariz romana.

Un momento más tarde no quedaba allí nada más que ver excepto un montón de piedras y un pie calzado con una zapatilla surgiendo entre ellas. Sufrió un estremecimiento y se inmovilizó.

Me giré hacia un lado, sintiendo náuseas. Zebadiah captó mi expresión.

—¿Por qué —dije defensivamente —persisten esos parias en su herejía? Por todo lo demás, parecen individuos más bien inofensivos.

Arqueó una ceja en mi dirección.

—Quizá para ellos no sea ninguna herejía. ¿Has visto a ese tipo renegar de su Dios?

—Pero ese no es el auténtico Dios.

—El debe pensar de otra forma.

Sonrió de forma tan irritante que le dije con brusquedad:

—No te comprendo, Zeb... ¡maldita sea si lo hago! Hace diez minutos me instruías en la correcta doctrina; ahora pareces estar defendiendo la herejía. Reconcilia ambas cosas.

Se alzó de hombros.

—Oh, puedo actuar como abogado del diablo. En West Point me gustaba debatir y argumentar las cosas, ¿recuerdas? Algún día seré un famoso teólogo... si el Gran Inquisidor no me agarra antes.

—Bueno... pero... ¿tú *crees* que es correcto apedrear a los impíos? ¿Lo crees?

Cambió bruscamente de tema.

—¿Viste quién arrojó la primera piedra? —No lo había visto, y así se lo dije; todo lo que recordaba era que se trataba de un hombre con ropas campesinas, y no una mujer o un niño.

—Era Iracundo Fassett —Zeb frunció el ceño.

Recordaba muy bien a Fassett; era dos clases superior a mí, y había convertido mi primer año de novato en algo que deseaba olvidar.

—Así que pasó de ese modo —dije lentamente—. Zeb, no creo que pudiera soportar el trabajo de espionaje.

—Por supuesto no es un *agente provocador* —reconoció—. Pero supongo que el Consejo necesita ocasionalmente que estos incidentes se produzcan. Esos rumores acerca de la Cábala y todo eso...

Agarré al vuelo su última observación.

—Zeb, ¿crees realmente que hay algo sobre esa Cábala? No puedo creer que exista ninguna deslealtad organizada hacia el Profeta.

—Bueno... realmente se han producido algunos disturbios allá en la Costa Oeste. Oh, olvídalo; nuestro trabajo es mantener la vigilancia aquí.

2

Pero no nos dejaron olvidarlo; dos días más tarde, la guardia interior era doblada. No veía cómo podía existir ningún peligro real, puesto que el Palacio era tan fuerte como la mejor fortaleza que jamás hubiera sido construida, con sus más profundos sótanos inmunes incluso a las bombas de fisión. Además, cualquier persona que entrara en el Palacio, incluso procedente de la zona del Templo, sería registrada e identificada una docena de veces antes de que llegara a la altura del Angel de guardia fuera de los aposentos privados del Profeta. De todos modos, las altas esferas empezaban a mostrarse preocupadas; algo debía haber.

Me alegré cuando descubrí que había sido asignado como compañero de Zebadiah. El estar el doble de horas montando guardia quedaba casi compensado por el hecho de tenerle a él para charlar... para mí al menos. En cuanto al Pobre Zeb, atormentaba interminablemente sus oídos a lo largo de las guardias nocturnas, hablándole de Judith y de lo infeliz que me sentía por la forma en que estaban montadas las cosas en Nueva Jerusalén. Finalmente, se giró hacia mí.

—Mira, señor Juantonto —restalló, llamándome por mi apodo de los primeros años de escuela—, ¿estás enamorado de ella?

Intenté eludir la respuesta. Ni yo mismo me había admitido que mi interés por ella iba más allá de su seguridad. Me cortó secamente.

—Lo estás o no lo estás. Aclárate. Si lo estás, hablaremos desde un punto de vista práctico. Si no lo estás, entonces deja de hablar de ella.

Inspiré profundamente y me metí de cabeza.

—Creo que lo estoy, Zeb. Parece imposible y sé que es un pecado, pero así es.

—Entonces déjate de tonterías y hablemos en serio. De acuerdo, estás enamorado de ella. ¿Y después, qué?

—¿Eh?

—¿Qué es lo que piensas hacer? ¿Casarte con ella?

Pensé en aquello con tanta turbación que me cubrí el rostro con las manos.

—Por supuesto que sí —admití—. ¿Pero cómo podría hacerlo?

—Exactamente. No puedes. No puedes casarte sin ser transferido lejos de aquí; y a ella su servicio le prohíbe totalmente casarse. Tampoco tiene posibilidad de romper sus votos, puesto que ya los ha sellado. Pero si quieres enfrentarte a los hechos desnudos sin sonrojarte, hay muchas otras cosas que puedes hacer. Los dos podéis seguir intimando... si sois capaces de seguir aparentando un infernal puritanismo.

Una semana antes yo no hubiera comprendido qué pretendía decir. Ahora sí lo sabía. Ni siquiera podía irritarme realmente con él por hacerme tan deshonorable y pecaminosa proposición; su intención era buena... y parte de aquella mancha se hallaba ahora en mi alma. Agité la cabeza.

—No deberías haber dicho esto, Zeb. Judith no es ese tipo de mujer.

—De acuerdo. Entonces olvídalo. Y a ella. Y deja de hablar del asunto.

Suspiré cansadamente.

—No seas duro conmigo, Zeb. Esto es demasiado para mí —Miré en ambas direcciones, luego me arriesgué a sentarme en el parapeto. No estábamos de guardia cerca de los aposentos del Santo sino en la muralla este; nuestro jefe de guardia, el capitán Peter van Eyck, estaba demasiado gordo como para venir hasta tan lejos más de una vez en toda la guardia, así que me arriesgué. Estaba cansado hasta los huesos por culpa de no haber dormido mucho últimamente.

—Lo siento.

—No te enfades, Zeb. Este tipo de cosas no son para mí, y seguro que tampoco son para Judith, para la Hermana Judith. —Sabía lo que deseaba para nosotros: una pequeña granja, de unas sesenta hectáreas, como aquella en la que yo había nacido. Cerdos y pollos y chicos descalzos con sucios rostros felices, y Judith con la cara iluminada al verme regresar de los campos, y luego limpiándose el sudor de su rostro con el delantal para que yo pudiera besarla... no más conexiones con la Iglesia y el Profeta que las reuniones del domingo y los diezmos.

Pero esto no podría ser, no podría ser nunca. Lo aparté de mi mente.

—Zeb —insistí—, sólo como curiosidad... Tú has dado a entender que esas cosas han ocurrido siempre. ¿Cómo? Aquí vivimos como en una pecera. No parece posible.

Me hizo un guiño tan cínico que hubiera deseado abofetearle, pero en su voz no había el menor asomo de burla.

—Bueno, sólo como ejemplo, toma tu propio caso...

—¡Eso está fuera de dudas!

—He dicho sólo como ejemplo. La Hermana Judith precisamente no está disponible en estos momentos; se halla recluída en su celda. Pero...

—¿Eh? ¿Ha sido *arrestada*? —pensé alocadamente en la Investigación y en lo que Zeb había dicho de los inquisidores.

—¡No, no, no! Ni siquiera está encerrada bajo llave. Se le ha dicho que se quedara allí, eso es todo, con sus plegarias y pan y agua como compañía. Están purificando su corazón e instruyéndola en sus deberes espirituales. Cuando vea las cosas bajo su verdadera luz entrará de nuevo en elección... y esta vez no desfallecerá ni se comportará como una estúpida adolescente.

Rechacé mi primera reacción e intenté pensar calmadamente en ello.

—No —dije—. Judith no lo hará nunca. Aunque tenga que permanecer en su celda para siempre.

—¿Sí? Yo no estaría tan seguro. Ellos pueden ser muy persuasivos. ¿Te gustaría que te suplicaran y suplicaran y suplicaran por turnos, sin descanso? Pero supongamos que finalmente ve la luz, sólo para poder terminar mi historia.

—Zeb, ¿cómo sabes todo esto?

—¡Infiernos, hombre! Llevo aquí tres años. ¿Acaso piensas que vengo del huerto? Tú estabas tan preocupado por ella... y tan pesado, que simplemente pregunté. Pero sigamos. Ella ve la luz, es elegida de nuevo, realiza su sagrado servicio para el Profeta. Tras lo cual será llamada una vez por semana, como las demás, y quizá sea elegida una vez al mes, o menos. Dentro del plazo de un año, a menos que el Profeta descubra alguna belleza muy excepcional en su alma, dejarán de poner su nombre entre las elegibles. Pero no es necesario aguardar tanto tiempo, aunque así resulta más discreto.

—¡Todo eso es vergonzoso!

—¿Realmente? Imagino que el Rey Salomón tuvo que utilizar un sistema muy semejante; tenía aún más mujeres colgadas de su cuello que el Santo. Después de eso, si llegas a un entendimiento mutuo con la Virgen implicada, se trata tan sólo de seguir las bien conocidas costumbres. Hay que hacerle un regalo a la Hermana Mayor, y renovarlo cada vez que lo dicten las circunstancias. Hay algunas manos cuyas palmas deben ser cepilladas... puedo decirte cuáles. Y este gran montón de albañilería contiene montones de escaleras secretas. Si se observan cuidadosamente todas las costumbres, no hay ninguna razón por la que casi cada noche que yo tenga guardia y tú no, no puedas hallar algo caliente y atractivo en tu cama.

Estaba a punto de estallar ante la cínica forma en que lo exponía cuando mi imaginación se fue por la tangente.

—Zeb... ahora me estoy dando cuenta de que no me estás diciendo la verdad. Tan sólo estabas bromeando, admítelo. Hay un ojo y un oído en algún lugar en nuestra habitación. De modo que si quisiéramos localizarlos e inutilizarlos simplemente tendríamos a un pelotón de seguridad aporreando nuestra puerta antes de tres minutos.

—¿Y qué? Hay un ojo y un oído en cada habitación de este lugar. Simplemente ignóralos.

Abrí mucho la boca.

—Ignóralos —continuó—. Mira, John, una pequeña fornicación causal no es una amenaza para la Iglesia... la traición y la herejía sí lo son. Simplemente se anotará en tu expediente y no se dirá nada al respecto... a menos que te pesquen más tarde en algo realmente importante, en cuyo caso podrán utilizarlo para colgarte en vez de formular auténticos cargos contra ti. Muchacho, a ellos *les gusta* tener esos pecadillos en tu expediente; aumenta su seguridad. Probablemente se sientan incómodos contigo; eres demasiado perfecto; tales hombres son peligrosos. Por eso probablemente nunca te han elegido para los estudios superiores.

Intenté ordenar en mi mente las encontradas implicaciones de todo aquello, aquellas intrincadas especulaciones, y desistí.

—Simplemente no lo entiendo. Mira, Zeb, todo eso no tiene nada que ver conmigo... o con Judith. Pero sé lo que *tengo* que hacer. De alguna forma, debo sacarla de aquí.

—Hummm... muchacho, hay una puerta más bien recia.

—Debo hacerlo.

—Bueno... me gustaría ayudarte. Supongo que podría hacerle llegar un mensaje tuyo —añadió dubitativamente.

Aferré su brazo.

—¿Podrías, Zeb?

Suspiró.

—Desearía que pudieras esperar. No, eso no ayudaría en nada, vistos los pensamientos románticos que flotan por tu mente. Pero es arriesgado ahora. Muy arriesgado, puesto que ella se encuentra bajo disciplina por órdenes del Profeta. Te verías divertido frente a una corte marcial, mirando a tu propia lanza.

—Correré ese riesgo. O incluso la Investigación.

No me recordó que él estaría corriendo el mismo riesgo que yo; simplemente dijo:

—Muy bien, ¿dónde está ese mensaje?

Pensé un instante. Tenía que ser corto.

—Dile que el oficial con quien habló la noche de su elección está preocupado por ella.

—¿Nada más?

—¡Sí! ¡Dile que estoy a sus órdenes!

Parece demasiado ostentoso al recordarlo. No dudo que lo era... pero se trataba exactamente de lo que sentía.

Al día siguiente, al ir a comer, encontré un pedazo de papel doblado en mi servilleta. Comí a toda prisa y salí fuera para leerlo.

Necesito tu ayuda, leí, *y estoy muy agradecida. ¿Puedes encontrarte conmigo esta noche?* No llevaba firma, y había sido escrito en una de las habituales parloescritoras que se empleaban en todas partes en el Palacio y fuera de él. Cuando Zeb regresó a nuestra habitación, lo mostré; le echó una mirada y observó con tono indolente:

—Salgamos a tomar un poco el aire. He comido demasiado, estoy a punto de caerme dormido.

Cuando estuvimos en la terraza abierta y libres de la posibilidad de ojos y oídos, me reprendió con tonos bajos y desapasionados:

—Nunca llegarás a ser un conspirador. La mitad de los

ocupantes del comedor debieron darse cuenta de que habías encontrado algo en tu servilleta. ¿Por qué, en nombre de Dios, te tragaste la comida a toda prisa y saliste precipitadamente? Luego, para colmo, me lo muestras apenas entrar yo. Sabes bien que el ojo lo lee y lo fotografía como evidencia. ¿En qué mundo estabas cuando repartieron los cerebros?

Protesté, pero me cortó secamente.

—¡Olvídalo! Ya sé que no era tu intención el que nos pusieran la soga al cuello... pero las buenas intenciones dejan de ser buenas cuando el juez-abogado del tribunal lee las acusaciones. Ahora métete esto en tu cabeza: el primer principio de toda intriga es no hacer nunca nada que pueda parecer no habitual, por inocente que sea. No puedes llegar a imaginar lo significativa que puede hacerse la más pequeña desviación de la regla para una analista entrenado. Debías haberte quedado en el refectorio el tiempo habitual, haraganear un poco por los alrededores, y luego esperar hasta estar seguro para leer el mensaje. ¿Dónde está ahora?

—En el bolsillo de mi peto —respondí humildemente—. No te preocupes, lo masticaré bien y me lo tragaré.

—No tan aprisa. Espera aquí. —Zeb se fue, y regresó en unos pocos minutos—. Tengo un trozo de papel del mismo tamaño; te lo pasaré disimuladamente. Mézclalos, y luego puedes comerte la nota auténtica... pero hazlo de modo que nadie pueda verte.

—De acuerdo. Pero ¿qué hay en el segundo trozo de papel?

—Unas notas sobre un sistema para ganar a los dados.

—¿Eh? ¡Pero eso también va contra las reglas!

—Por supuesto, cabeza de chorlito. Si te descubren con evidencias de juego, no sospecharán ningún pecado más serio. En el peor de los casos, el mayor castigo que pueden aplicarte es la pérdida de unos pocos días de paga y una cuantas horas de contribución. Recuerda siempre esto, John: si alguna vez eres sospechoso de algo, intenta hacer que las pruebas apunten hacia un delito leve. Nunca intentes probar que eres inocente. Siendo como es la naturaleza humana, tendrás mayores posibilidades.

Supongo que Zeb tenía razón; mis bolsillos debieron ser

registrados y las pruebas fotografiadas inmediatamente después de cambiarme el uniforme para el desfile, pues media hora más tarde fui llamado a la oficina del Oficial Ejecutivo. Me pidió que mantuviera los ojos abiertos en busca de señales de juego entre los oficiales más jóvenes. Era un pecado, dijo, que odiaba, y no quería que sus oficiales más modernos cayeran en él. Me dio una palmada en el hombro al irme.

—Tú eres un buen chico, John Lyle. Es un buen consejo que te doy, ¿eh?

Zeb y yo realizamos la guardia de aquella noche en el portal sur del Palacio. Había transcurrido ya media guardia sin la menor señal de Judith, y yo estaba tan nervioso como un gato en una casa extraña, pese a que Zeb intentaba tenerme callado manteniéndome dentro de lo más estricto de la rutina. Al final se oyó un suave rumor de pisadas en el corredor interior, y una sombra apareció en el umbral. Zebadiah me hizo señas de que me quedara en mi puesto y fue a hacer una comprobación. Regresó casi inmediatamente y me indicó con un gesto que me reuniera con él, mientras apoyaba un dedo sobre sus labios. Temblando, me acerqué. No era Judith, sino una mujer desconocida que aguardaba en la oscuridad. Empecé a hablar, pero Zeb apoyó su mano sobre mi boca.

La mujer me tomó del brazo y me apremió hacia el corredor. Miré hacia atrás y vi a Zeb silueteado en el portal, cubriendo nuestra retaguardia. Mi guía hizo una pausa y me empujó hacia una oscura alcoba, luego sacó de entre los pliegues de sus ropas un pequeño objeto que tomé por un rastreador de campo, debido al pequeño dial que brillaba débilmente en uno de sus lados. Lo hizo girar arriba y abajo y en redondo, lo apagó y se lo volvió a guardar.

—Ahora podéis hablar —dijo suavemente—. Es seguro. —Desapareció.

Sentí un ligero toque en mi manga.

—¿Judith? —susurré.

—Sí —respondió, en voz tan baja que apenas pude oírla.

Luego mis brazos estuvieron rodeándola. Ella emitió un pequeño grito sobresaltado, luego sus propios brazos rodearon mi cuello y pude sentir su aliento contra mi rostro. Nos besamos torpemente pero con un furor casi desesperado.

No hablamos de nuestras cosas, aunque no podría dar una relación coherente de lo que nos dijimos aunque lo intentara. Llamen a nuestro comportamiento idioteces románticas, llámenlo amor pueril ribeteado de ignorancia y falta de naturalidad en nuestras vidas... ¿acaso los cachorros sufren menos que los perros ya adultos? Llámenlo como quieran y ríanse de ello, pero en aquel momento estábamos absortos en una locura tan querida que era más preciosa que los rubíes y el oro fino, más deseada que la propia cordura. Si no lo han experimentado nunca ni saben de qué estoy hablando, lo lamento por ustedes.

Finalmente nos tranquilizamos un tanto y hablamos más razonablemente. Cuando ella intentó contarme acerca de la noche en que fue elegida se echó a llorar. La sacudí y dije:

—No sigas, querida. No tienes que contarme nada. Lo sé todo.

Tragó saliva y dijo:

—Pero tú no sabes. No puedes saber. Yo... él...

La sacudí de nuevo.

—Para. Deja ya de llorar. No más lágrimas. Lo sé todo, con exactitud. Y sé también lo que te espera... a menos que consigamos sacarte de aquí. De modo que no hay tiempo para lágrimas o nervios; tenemos que hacer planes.

Permaneció absolutamente silenciosa por un largo momento, luego dijo lentamente:

—¿Quieres decir... desertar? Ya había pensado en ello. ¡Dios misericordioso, cómo he llegado a pensarlo! ¿Pero cómo puedo?

—No lo sé... todavía. Pero ya buscaremos un camino. *Debemos* hacerlo. —Discutimos las posibilidades. Canadá estaba apenas a quinientos kilómetros de distancia, y ella conocía la parte alta del estado de Nueva York; de hecho, era la única zona que conocía. Pero su frontera era la más celosamente guardada de todas, con barcos patrulla y baterías de radar marítimo y alambradas de espino y centinelas en tierra... y perros guardianes. Yo me había entrenado con tales perros; no desearía ni a mi peor enemigo el tener que enfrentarse con ellos.

Pero México estaba simplemente demasiado lejos. Si ella emprendía la huida hacia el sur probablemente sería arrestada en veinticuatro horas. Nadie daría cobijo a una Virgen renegada; bajo la inexorable regla de la culpabilidad social, cualquier buen samaritano sería tan culpable como ella del mismo delito de traición personal hacia el Profeta, y sufriría el mismo tipo de muerte. Ir hacia el norte sería al menos más corto, aunque significaría el mismo proceso de viajar de noche, esconderse durante el día, robar comida o pasar hambre. Cerca de Albany vivía una tía de Judith; ella estaba segura de que su tía correría el riesgo de ocultarla hasta que encontraran alguna forma de cruzar la frontera.

—Con ella estaremos a salvo. Estoy segura.

—¿Estaremos? —Debí sonar estúpido. Hasta que ella habló había estado con mi nariz tan metida en el arduo problema de cómo podría escapar que no se me había ocurrido que ella esperara que nos fuéramos juntos.

—¿Es que piensas enviarme *sola*?

—Bueno... Me temo que no he pensado en ninguna otra forma.

—¡No!

—Pero... Mira, Judith, lo más urgente, lo que debemos hacer de inmediato, es sacarte de aquí. Dos personas intentando huir y esconderse son mucho más fáciles de localizar que una. Simplemente no tiene sentido que...

—¡No! No me iré.

Pensé apresuradamente en ello. Aún no me había dado cuenta de que «A» implicaba «B» y de que, urgiéndola a desertar de su servicio, desertaba yo mismo, en mi corazón, tanto como ella. Dije:

—Primero te sacaremos de aquí, que es lo más importante. Dime dónde vive tu tía... y luego espérame allí.

—No me iré sin ti.

—Pero *debes* hacerlo. El Profeta...

—¡Prefiero eso a separarme ahora de ti!

Por aquel entonces yo aún no entendía a las mujeres... y

sigo sin entenderlas. Hacía dos minutos había estado planeando tranquilamente arriesgar su vida con tal de no someter su cuerpo al Santo. Ahora simplemente estaba dispuesta a aceptarlo antes que admitir una separación incluso temporal de mí. No comprendo a las mujeres; a veces pienso que en ellas no hay ninguna lógica en absoluto.

—Mira, querida —dije—, ni siquiera hemos pensado en cómo vamos a salir del Palacio. Lo más probable es que nos resulte absolutamente imposible escapar los dos al mismo tiempo. Entiendes eso, ¿verdad?

—Quizá —respondió testarudamente—. Pero no me gusta. Bueno, ¿cómo saldré de aquí? ¿Y cuándo?

Tuve que admitir de nuevo que no lo sabía. Pensaba consultar a Zeb tan pronto como me fuera posible, pero no se me ocurría otra cosa.

Pero Judith tuvo una idea.

—John, ¿conoces a la Virgen que te ha guiado hasta aquí? ¿No? Es la Hermana Magdalene. Sé que es de toda confianza, y *puede* estar dispuesta a ayudarnos. Es muy lista.

Empecé a expresar mis dudas, pero fui interrumpido por la propia Hermana Magdalene.

—¡Rápido! —restalló, mientras se deslizaba a nuestro lado—. ¡Regresa al parapeto!

Salí apresuradamente, y apenas tuve tiempo de evitar ser descubierto por el celador, que estaba haciendo su ronda. Intercambió contraseñas con Zeb y conmigo... y luego el viejo loco sintió deseos de charlar. Se sentó en los escalones del portal y empezó a recordar jactansiosamente una insignificante victoria obtenida por él la semana anterior en un lance de esgrima. Intenté desanimadamente ayudar a Zeb con los comentarios habituales de un hombre aburrido en una guardia nocturna.

Finalmente se puso en pie.

—Ya he pasado los cuarenta y quizás esté un poco demasiado grueso. Pero admitiré francamente que me satisface saber que aún poseo una muñeca y un ojo tan rápidos como los de las espadas más jóvenes. —Se arregló la funda de la espada y añadió—: Supongo que será mejor que dé una vuelta por el Palacio. Ninguna precaución es demasiado en estos días. Se dice que la Cábala vuelve a mostrarse activa. —Sacó su linterna y la encendió, apuntando al corredor.

Me quedé helado. Si inspeccionaba aquel corredor, era difícil que no descubriera a las dos mujeres acurrucadas en la alcoba.

Pero Zebadiah habló calmada y casualmente:

—Sólo un momento, Hermano Mayor. ¿Puede enseñarme esa respuesta que utilizó para ganar en su último lance? Fue demasiado rápida como para que pudiera seguir todos los detalles.

Sacó la espada.

—¡Cómo no, encantado, hijo! —Se apartó de las escaleras, situándose donde había sitio—. Saca tu espada. ¡En guardia! Cruza las hojas en sexta. Libera y atácame. ¡Así! Aguanta la estocada y te lo demostraré lentamente. Cuando tu punta se acerque a mi pecho —¡Y era realmente su pecho! ¡El capitán van Eyck era tan panzudo como un canguro!— te detendré con el fuerte de mi espada y te obligaré hacia ti en segunda. Hasta aquí, exactamente como dicen los libros. Pero no completo la respuesta. Siendo fuerte como es, tú puedes pararla o contraatacar. En cambio, mientras mi punta se dirige hacia abajo, desvío tu hoja —lo ilustró, haciendo silbar el acero—, y te ataco en cualquier lugar, desde la barbilla hasta el tobillo. Vamos, inténtalo conmigo.

Así lo hizo Zeb, y se enzarzaron en el lance; el celador retrocedió un paso. Zeb le pidió probarlo de nuevo para ahogar unos ruidos procedentes del pasillo. Lo repitieron varias veces, cada vez más rápido, con el celador retrocediendo cada vez para evitar por un pelo la imbatida punta de Zeb. Era estrictamente contra las reglas luchar con espadas reales sin máscara ni peto, pero el celador era realmente bueno... un espadachín tan preciso que estaba confiado de sus propias habilidades para no sacarle un ojo a Zeb ni permitir que Zeb se lo sacara a él. Pese a mi creciente tensión nerviosa, seguí de cerca el lance; era una fabulosa demostración de el otro tiempo útil arte militar. Zeb atacaba con dureza.

Terminaron a cincuenta metros del portal y mucho más cerca del cuerpo de guardia. Pude oír al celador resoplando por el ejercicio.

—Ha estado muy bien, Jones —jadeó—. Lo has aguantado perfectamente. —Resopló de nuevo y añadió—: Afortunadamente para mí, un lance real no toma nunca tanto tiempo. Creo que debo dejar que inspecciones tú el corredor. —Se giró hacia el cuerpo de guardia, añadiendo alegremente—: Que Dios te acompañe.

—Dios sea con usted, señor —respondió ceremonialmente Zeb, llevando la empuñadura de su espada a su barbilla en un saludo.

Tan pronto como el celador giró la esquina, Zeb dio media vuelta y se apresuró hacia la alcoba. Las mujeres estaban aún allí, acurrucándose contra la pared del fondo.

—Se ha ido —las tranquilizó—. De momento no hay nada que temer.

Judith había contado a la Hermana Magdalene nuestro dilema, y lo discutimos en susurros. Nos advirtió con firmeza que no tomáramos ninguna decisión inmediatamente.

—Estoy a cargo de la purificación de Judith; quizá pueda prolongarla otra semana antes de que sea elegible de nuevo.

—¡Hemos de actuar antes de entonces! —dije.

Judith pareció dejar de llorar, ahora que había pasado sus problemas a la Hermana Magdalene.

—No te preocupes, John —dijo suavemente—. No volveré a entrar en elección de nuevo, de ningún modo. Debemos hacer lo que ella aconseja.

—Estás equivocada respecto a eso, Judy; cuando vuelvas a tu servicio serás inmediatamente elegible, así que puedes estar segura de que entrarás en elección. Podrás resistirlo —añadió— ...el resto de nosotras hemos podido. Si parece más seguro... —Se interrumpió bruscamente y escuchó—. ¡Chisst! No os mováis. —Se deslizó silenciosamente fuera de nuestro círculo.

Un delgado haz de luz resplandeció y fue a posarse en una silueta agazapada fuera de la alcoba. Salté, y estuve sobre ella antes de que pudiera ponerse en pie. Pero pese a lo rápido que había sido, la Hermana Magdalena lo fue tanto como yo; se precipitó sobre sus hombros en el momento en que era derribada. Se estremeció y quedó inmóvil.

Zebadiah llegó corriendo, mirando a todos lados.

—¡John! ¡Maggie! —susurró tensamente—. ¿Qué ocurre?

—Hemos atrapado a un espía, Zeb —respondí precipitadamente—. ¿Qué hacemos con él?

Zeb encendió su linterna.

—¿Lo habéis dejado sin sentido?

—Ya no lo recobrará jamás —respondió la calmada voz de Magdalene entre las tinieblas—. Le clavé una vibrohoja en las costillas.

—¡Infiernos!

—Zeb, tuve que hacerlo. Puedes estar contento de que no usara una hoja de acero y llenara todo el suelo de sangre. ¿Pero qué hacemos ahora?

Zeb la maldijo blandamente, y ella lo aceptó.

—Dale la vuelta, John. Echémosle un vistazo. —Lo hice, y la luz brotó de nuevo—. Hey, Johnnie... es Iracundo Fassett. —Hizo una pausa, y casi pude oírle pensar—. Bien, no malgastemos lágrimas con *él*. ¡John!

—¿Sí, Zeb?

—Quédate vigilando fuera. Si viene alguien, estoy inspeccionando el corredor. Voy a depositar esta carroña en algún lugar.

Judith rompió el silencio.

—Hay un pozo de incineración en el piso de arriba. Te ayudaré.

—Chica valiente. Haz lo que te he dicho, John.

Hubiera deseado objetar que aquel no era trabajo para una mujer, pero me callé y me di la vuelta. Zeb tomó el cadáver por los hombros, las mujeres un pie cada una, y se las arreglaron para transportarlo. Estaban de vuelta en unos minutos, aunque a mí me parecieron interminables. Sin duda el cuerpo de Iracundo estaba ya reducido a átomos antes de que ellos estuvieran de vuelta... las cosas parecían estar saliendo bien. En aquel momento no me pareció un asesinato, y sigue sin parecérmelo; hicimos lo que debíamos hacer, empujados por los acontecimientos.

Zeb era decidido.

—Hay que apresurarse. Nuestro relevo estará aquí en diez minutos; hemos de tomar una decisión en menos tiempo que eso. ¿Y bien?

Todas nuestras sugerencias eran impracticables hasta el punto de llegar a ser ridículas, pero Zeb nos dejó exponerlas... luego fue directo al grano.

—Escuchadme, ya no se trata tan sólo de intentar ayudar a Judith y no comprometer nuestra situación. Tan pronto como Iracundo sea echado en falta, nosotros, los cuatro, nos hallaremos en un peligro mortal de Investigación. ¿De acuerdo?

—De acuerdo —admití reluctantemente.

—¿Pero nadie tiene un plan?

Ninguno respondió.

—Entonces —continuó Zeb— vamos a necesitar ayuda... y sólo hay un lugar podamos obtenerla. La Cábala.

3

—¿La Cábala? —repetí estúpidamente. Judith dejó escapar un horrorizado jadeo.

—Pero... pero... ¡eso signfica entregar nuestras almas inmortales! ¡Ellos adoran a Satán!

Zeb se giró hacia ella.

—No creo en eso.

Ella se le quedó mirando.

—¿Acaso *eres* un cabalista?

—No.

—Entonces, ¿cómo lo sabes?

—¿Y cómo —insistí— vas a *pedirles* ayuda?

—Yo soy uno de sus miembros —respondió Magdalene—, como Zebadiah sabe muy bien.

Judith se apartó de ella, pero Magdalene la contuvo con sus palabras.

—Escúchame, Judith. Sé lo que sientes... y hubo un tiempo en el que yo estaba tan horrorizada como tú lo estás ahora ante la idea de cualquier forma de oposición a la Iglesia. Luego aprendí, como tú estás aprendiendo, lo que hay realmente detrás de este engaño en el que se nos hace creer. —Rodeó con un brazo a la joven—. No somos adoradores del diablo, querida, ni luchamos contra Dios. Luchamos tan sólo contra este autotitulado Profeta que pretende ser la voz de Dios. Ven con nosotros, ayúdanos a combatirle... y nosotros te ayudaremos. De otro modo no podremos correr el riesgo.

Judith escrutó su rostro a la débil luz del portal.

—¿Me juras que eso es cierto? ¿La Cábala lucha tan sólo contra el Profeta, y no contra el propio Señor?

—Te lo juro, Judith.

Judith inspiró profunda y trémulamente.

—Que Dios me guíe —susurró—. Me pongo del lado de la Cábala.

Magdalene la besó rápidamente, luego se giró hacia nosotros.

—¿Y bien?

—Yo estoy donde esté Judith —respondí inmediatamente; luego susurré para mí mismo—: Querido Dios, perdona mi juramento... ¡debo hacerlo!

Magdalene estaba mirando a Zeb. Este se agitó incómodo y dijo airadamente:

—Yo lo sugerí, ¿no? Pero somos todos unos condenados estúpidos, y el Inquisidor va a rompernos los huesos.

No hubo otra posibilidad de hablar hasta el día siguiente. Me desperté de una pesadilla acerca de la Investigación y otras cosas peores, y oí a Zeb canturreando alegremente mientras se afeitaba en el baño. Regresó al dormitorio y tiró de mis sábanas, todo ello sin dejar de canturrear insensateces. Odio que tiren de las ropas de mi cama incluso cuando estoy de buen humor, y no puedo soportar la jovialidad de los demás hasta haber desayunado; volví a cubrirme con las sábanas e intenté ignorarle, pero él sujetó mi muñeca.

—¡Arriba, hijo! Estás desperdiciando el resplandor de Dios. Es un día maravilloso. ¿Qué te parecen un par de carreras rápidas alrededor del Palacio y luego una buena ducha fría?

Intenté soltar su mano, y le dije algo que hubiera hecho bajar mis notas de piedad si el oído hubiera podido captarlo. El siguió sujetándome, mientras su dedo índice se agitaba sobre mi muñeca de una forma nerviosa; empecé a preguntarme si Zeb estaría desmoronándose bajo la tensión. Luego me di cuenta de que estaba diciéndome algo en código.

—*O-bra con na-tu-ra-li-dad* —decían los puntos y las rayas.—. *No mues-tres sor-pre-sa se-re-mos lla-ma-dos pa-ra e-xa-men du-ran-te el pe-rí-o-do de des-can-so es-ta tar-de.*

Espero que no mostré mi sorpresa. Lancé groseras respuestas para frenar el flujo de estúpida charlatanería que me lanzó mientras me transmitía el mensaje, y me levanté y salimos a realizar la aburrida tarea de mantener el cuerpo en forma un día más. Tras un cierto tiempo, encontré una excusa para apoyar una mano en su hombro y tabalear una respuesta:

—*De a-cuer-do he com-pren-di-do.*

El día fue un sufrimiento de nerviosa monotonía. Cometí un error en la revista de vestuario, algo que no me había ocurrido desde mis primeros tiempos de entrenamiento. Cuando finalmente terminaron las tareas del día, regresé a nuestra habitación y encontré a Zeb allí con los pies apoyados en el acondicionador de aire y haciendo un crucigrama del *New York Times.*

—Johnnie, cordero mío —dijo, alzando la vista hacia mí—, ¿qué es una palabra de seis letras que significa «puro de corazón»?

—Nunca vas a necesitar saberla

—¿Por qué, John? ¿No me crees merecedor de la Ciudad Celestial?

—Quizá... tras diez mil años de penitencia.

Entonces llamaron alegremente a la puerta, alguien la abrió, y Timothy Klyce, oficial mayor en el comedor y capitán honorario, asomó su cabeza. Carraspeó y dijo, con su acento nasal de Cape Cod:

—Hola, ¿os venís a dar un paseo?

Tuve la impresión de que no podía haber escogido un peor momento. Tim era un hombre duro de convencer, y el más puntillosamente devoto de todo el cuerpo. Seguía pensando aún una excusa cuando Zeb dijo:

—De acuerdo, siempre que demos el paseo en dirección a la ciudad. Tengo unas compras que hacer.

Me sentí confundido ante la respuesta de Zeb, e intenté quedarme pretendiendo que tenía trabajo que hacer. Pero Zeb me cortó secamente:

—Al diablo con el trabajo pendiente. Te ayudaré con él esta noche. Vamos. —De modo que les seguí, pensando si no tendría miedo del paso que debíamos dar.

Salimos por los túneles inferiores. Yo caminaba silenciosamente, preguntándome si posiblemente Zeb intentaría librarse de Klyce en la ciudad y luego regresar apresuradamente. Acabábamos de pasar un ligero recodo en el camino cuando Tim levantó una mano para dar mayor énfasis con su gesto a lo que le estaba diciendo a Zeb. Su mano pasó cerca de mi rostro, sentí algo así como una ligera rociada en la cara... y quedé ciego.

Antes de que pudiera gritar, aunque intenté refrenar el impulso de hacerlo, me sujetó fuertemente por la parte superior del brazo, mientras seguía hablando sin ninguna interrupción. Su presa en mi brazo me guió hacia la izquierda, pese a que mi recuerdo del recodo me decía que el giro debería haber sido hacia la derecha. Pero no golpeamos contra la pared, y tras unos pocos instantes la ceguera desapareció. Tuve la impresión de que estábamos caminando por el mismo túnel, con Tim en el centro, sujetándonos a cada uno por un brazo. No dijo nada, y nosotros tampoco; finalmente se detuvo frente a una puerta. Klyce llamó golpeando una sola vez, luego escuchó.

No pude oír ninguna respuesta, pero replicó:

—Dos peregrinos, debidamente guiados.

La puerta se abrió. Nos hizo pasar, la cerró silenciosamente tras nosotros, y nos hallamos enfrentados a un guardia armado y enmascarado, con su pistola desintegradora levantada hacia nosotros. Buscó a tientas tras él y golpeó en otra puerta interior; inmediatamente otro hombre, armado y enmascarado como el primero, salió y se enfrentó a nosotros. Nos preguntó separadamente a Zeb y a mí:

—¿Declaráis seriamente, por vuestro honor, que sin ser influenciados por amigos ni perseguir fines mercenarios, os ofrecéis libre y voluntariamente al servicio de esta orden?

—Lo declaramos —respondimos ambos.

—Cubridles los ojos y preparadles.

Colocaron sobre nuestras cabezas cascos de cuero que las cubrían totalmente excepto nuestra boca y nariz, y los sujetaron con correas bajo nuestras barbillas. Luego se nos ordenó despojarnos de todas nuestras ropas. Lo hice, mientras sentía que se me ponía la carne de gallina. Estaba perdiendo rápidamente mi entusiasmo... no hay nada que haga sentir a un hombre más desamparado que el despojarse de sus pantalones. Luego sentí el agudo pinchazo de una hipodérmica en mi antebrazo y casi inmediatamente, aunque estaba despierto, las cosas empezaron a volverse imprecisas y dejé de sentirme nervioso. Algo frío fue apretado contra mis costillas, en el costado izquierdo, y tuve la impresión de que era casi con toda seguridad el contacto de una vibrohoja, y de que bastaba el ligero pulsar de un botón para quedarme tan muerto como Iracundo Fassett... pero no me alarmé. Luego hubo preguntas, muchas preguntas, que respondí automáticamente, incapaz de mentir o eludirlas aunque lo hubiera deseado. Las recuerdo fragmentariamente:

—...¿por tu propia voluntad y decisión?... conforme a los antiguos usos establecidos... un hombre, nacido libre, de buena reputación, y bien recomendado.

Luego, durante un buen rato, permanecí tiritando sobre las frías baldosas del suelo, mientras se desarrollaba una acalorada discusión en torno mío; estaba relacionada con mis motivos al pedir la admisión. Podía oírlo todo, y sabía que mi vida dependía de ello, siendo sólo necesaria una palabra para hacer que una hoja de fría energía se hundiera hasta mi corazón. Y sabía que la discusión se estaba volviendo contra mí.

Luego una voz de contralto se unió al debate. Reconocí a la Hermana Magdalene y supe que estaba defendiéndome, pero drogado como me hallaba no me importaba en absoluto; simplemente di la bienvenida a su voz como un sonido amigable. Pero finalmente la presión se relajó sobre mis costillas, y sentí de nuevo el pinchazo de una hipodérmica. Aquello me despejó de mi embrutecido estado y oí una fuerte voz de bajo entonando una plegaria:

—Concédenos tu ayuda, Omnipotente Padre del Universo... Amor, consuelo y verdad, en honor a tu Santo Nombre. Amén.

Y la respuesta del coro:

—¡Así sea!

Luego fuí conducido en torno a la habitación, aún con los ojos vendados, mientras me hacían nuevas preguntas. Eran de naturaleza simbólica, y eran respondidos por mi guía en mi nombre. Luego me hicieron detenerme y me preguntaron si estaba dispuesto a hacer el juramento solemne correspondiente a mi grado, asegurándome de que de ningún modo interferiría con mi deber hacia Dios, hacia mí mismo, familia, país o amigos.

—Lo estoy —respondí.

Entonces se me pidió que me arrodillara sobre mi rodilla izquierda, mientras sostenía con mi mano izquierda la Biblia, y con mi mano derecha algunos otros atributos.

El juramento y la ceremonia en sí eran suficientes como para helar la sangre de cualquiera lo suficientemente insensato como para atreverse a jurar en falso. Luego me preguntaron qué era, en mis actuales condiciones, lo que más deseaba. Respondí como me habían indicado que debía hacerlo:

—¡Luz!

Y me quitaron la capucha de la cabeza.

No es necesario ni adecuado recordar el resto de mi instrucción como hermano recién ingresado. Fue larga y de una solemne belleza, y en ella no había ni el menor rastro de la blasfemia o culto satánico que comúnmente se nos atribuía; antes al contrario, estaba llena de una reverencia hacia Dios, un amor fraternal, y una gran rectitud, e incluía un adiestramiento en los principios de una antigua y honorable profesión y el simbólico significado de sus instrumentos de trabajo.

Pero debo mencionar un detalle que me sorprendió hasta casi sacarme los zapatos si los hubiera llevado puestos. Cuando me quitaron la capucha, el primer hombre al que vi, de pie frente a mí, vestido con los símbolos de su cargo y exhibiendo una expresión de dignidad casi inhumana, fue al capitán Peter van Eyck, el grueso y omnipresente celador de mi guardia...*¡Maestro* de aquella logia!

El ritual era largo y el tiempo corto. Cuando la logia fue cerrada nos reunimos en un consejo de guerra. Me dijeron que el Hermano Mayor ya había decidido no admitir todavía a Judith en la orden de hermanas de nuestra logia, aunque la logia se encargaría de protegerla. Debía ser instruida en México y era mejor para ella, vistas las circunstancias, que no conociera ningún secreto que no necesitara conocer. Pero Zeb y yo, perteneciendo a la guardia de Palacio, podíamos ser realmente útiles; por eso habíamos sido admitidos.

Judith había recibido ya instrucciones hipnóticas que —se esperaba— la capacitarían para impedirle revelar lo poco que sabía si era puesta bajo Investigación. A mí me dijeron que esperara y no me preocupara; los hermanos mayores se las arreglarían para librar a Judith del peligro antes de que fuera puesta de nuevo bajo elección. Tuve que conformarme con eso.

Durante tres días consecutivos Zebadiah y yo nos presentamos durante nuestro período de descanso de la tarde a recibir instrucciones, siendo llevados cada vez por un camino diferente y con distintas precauciones. Quedaba claro que el arquitecto que había diseñado el Palacio había sido uno de los nuestros; el enorme edificio estaba lleno de trampas y pasadizos y puertas que evidentemente no aparecían en los planos oficiales.

Al terminar el tercer día fuimos plenamente acreditados como hermanos mayores, cualificados con una rapidez posible tan sólo en tiempos de crisis. El esfuerzo casi trastornó mi cerebro; tuve que aprender más duramente de lo que jamás lo hiciera en la escuela. Fui requerido para conseguir un increíble perfeccionamiento en el deletreo, y una sorprendente memorización... lo cual quizá fue lo mejor, ya que me ayudó a olvidarme de preocupaciones. No habíamos oído gran cosa excepto rumores acerca de la desaparición de Iracundo Fassett, un hecho mucho más ominoso que si se hubiera producido una investigación formal.

Un oficial de seguridad no puede simplemente desaparecer sin que su ausencia sea observada. Era remotamente posible que Iracundo hubiera recibido una misión ambulante y que no se esperara que informase diariamente a sus jefes, pero era mucho más probable que hubiera sido destinado allá donde lo encontramos y matamos debido a que se sospechaba de alguno de nosotros y se le había ordenado que nos espiara. Si este era el caso, el tranquilo silencio sólo podía significar que el oficial jefe de seguridad nos estaba dejando confiarnos, mientras sus psicotécnicos analizaban nuestro comportamiento... en cuyo caso la ausencia de Zeb y mía de cualquier lugar conocido durante nuestro tiempo libre a lo largo de varios días seguidos era un dato que seguramente estaba siendo anotado en alguna ficha. Si todo el regimiento empezaba a sospechar del mismo modo, entonces nuestros índices personales estaban ganando un punto decimal cada uno de esos días.

Yo nunca me preocupé de tales asuntos, y simplemente me sentí aliviado a medida que pasaban los días sin que se produjera ningún síntoma preocupante, pese a que el asunto era discutido y analizado cada día en la habitación de la logia. Ni siquiera sabía el nombre del Guardián de la Moral, ni la ubicación de su oficina de seguridad... y se suponía que no teníamos por qué saberlo. Yo sabía que existía y que informaba al Gran Inquisidor y quizás incluso al propio Profeta, pero eso era todo. Descubrí que mis hermanos de logia, pese a la casi increíble penetración de la Cábala en el Templo y en el Palacio, apenas sabían más que yo... por la razón de que no había ningún hermano, ni uno solo, en el equipo del Guardián de la Moral. La razón era sencilla: La Cábala era extremadamente cuidadosa en evaluar el carácter, *persona* y potencialidades psicológicas de cualquier futuro miembro, mientras que el servicio medía la inteligencia prospectiva del oficial... y ambos tipos eran tan distintos como los gansos y las cabras. El Guardián nunca aceptaría el tipo de personalidad que podía sentirse atraída por los ideales de la Cábala; mis hermanos nunca aceptarían un hombre como... bueno, a un hombre como Iracundo.

Comprendo que, en los días anteriores a que las medidas psicológicas se convirtieran en una ciencia matemática, un aparato de espionaje pudiera venirse abajo si un hombre clave cambiaba de estado de ánimo... bien, el Guardián de la Moral no tenía que preocuparse por eso; ese hombre *nunca* sufrriía un cambio de estado de ánimo. Comprendo también que, en nuestra propia fraternidad, en sus primeros tiempos, cuando estaba siendo purgada y templada para la gran prueba a venir, muchas veces había habido sangre en el suelo de las habitaciones de la logia... aunque no lo sé seguro; esos antecedentes habían sido destruidos.

Al cuarto día no tuvimos que acudir a la habitación de la logia, y se nos dijo que nos dejáramos ver por todas partes a fin de contrarrestrar nuestra insólita ausencia. Estaba dejando pasar mi tiempo libre en el salón de descanso, ojeando unas revistas, cuando entró Timothy Klyce. Me miró, me hizo una seña, luego empezó a ojear también unas revistas. Al cabo de un rato dijo:

—Estas antigüedades son propias de un consultorio de dentista. ¿Alguien ha visto el *Time* de esta semana?

Su queja iba dirigida a todos los presentes en el salón; nadie respondió. Entonces se dirigió a mí:

—Jack, creo que estás sentado encima de él. Levántate un minuto.

Gruñí y lo hice. Cuando se agachó para recoger la revista, su cabeza se acercó mucho a la mía y me susurró:

—Preséntate al Maestro.

Por aquel entonces yo había aprendido ya algo, de modo que seguí leyendo. Al cabo de un rato dejé a un lado mi revista, me estiré y bostecé, luego salí y me dirigí hacia los lavabos. Pero pasé de largo y a los pocos minutos entraba en la habitación de la logia. Descubrí que Zeb ya estaba allí, y había varios otros hermanos; estaban reunidos en torno al Maestro Peter y a Magdalene. Pude captar la tensión en la estancia.

—¿Me ha mandado llamar, Venerable Maestro? —dije.

Me miró, desvió la vista hacia Magdalene. Fue ella quien dijo lentamente:

—Judith ha sido arrestada.

Sentí tal debilidad en las rodillas que apenas pude mantenerme en pie. No soy pusilánime, normalmente resisto bien los golpes físicos, pero si uno ataca a un hombre a través de su familia o sus seres queridos es fácil pillarlo desprotegido.

—¿La Inquisición? —conseguí jadear.

Sus ojos estaban llenos de pesadumbre.

—Eso creemos. Se la llevaron esta mañana, y desde entonces está incomunicada.

—¿Se la ha acusado de algo? —preguntó Zeb.

—No públicamente.

—Hummm... eso parece malo.

—Y bueno también —contradijo el Maestro Peter—. Si es lo que pensamos... Fassett, quiero decir, y tuvieran alguna prueba que señalara hacia vosotros, los cuatro hubierais sido arrestados a la vez. Al menos, de acuerdo con sus métodos.

—¿Pero qué podemos *hacer*? —pregunté.

Van Eyck no respondió. Magdalene dijo conciliadoramente:

—No hay nada que tú puedas hacer, John. No podrás llegar hasta ella a través de varias puertas custodiadas.

—¡Pero no podemos quedarnos simplemente sin hacer nada!

—Tranquilo, hijo —dijo el Maestro de la logia—. Maggie es la única de nosotros que tiene acceso a esa parte del Palacio interior. Debemos dejarlo todo en sus manos.

Me giré de nuevo hacia ella; suspiró y dijo:

—Sí, pero probablemente es poco lo que pueda hacer. —Luego se fue.

Aguardamos. Zeb sugirió que tanto él como yo deberíamos abandonar la habitación de la logia y seguir dejándonos ver en los lugares de costumbre; para mi alivio, van Eyck lo vetó:

—No. No podemos estar seguros de que la protección hipnótica de la Hermana Judith sea suficiente para permitirle superar la prueba. Afortunadamente, vosotros dos y la Hermana Magdalene sois los únicos a quien puede delatar... pero os quiero aquí, seguros, hasta que Magdalene averigüe lo que pueda. O sea descubierta —añadió pensativamente.

—¡Oh, Judith nunca nos traicionará! —salté.

Agitó tristemente la cabeza.

—Hijo, *cualquiera* traicionará *cualquier* cosa bajo Investigación... a menos que esté adecuadamente protegido por hipnocompulsión. Ya veremos.

Preocupado con mis propios pensamientos, no había prestado atención a Zeb. Me sorprendió diciendo rabiosamente:

—Maestro, nos mantiene aquí como gallinas en corral... pero ha enviado a Maggie de cabeza en la boca del lobo. Supongamos que Judith *habla*. Detendrán inmediatamente a Maggie.

—Evidentemente. Es el riesgo que debemos correr, puesto que es la única espía de que disponemos. Pero no te preocupes por ella. Nunca la arrestarán... se suicidará antes.

Aquella afirmación no me impresionó; estaba demasiado abstraído por el peligro que corría Judith. Pero Zeb estalló:

—¡Esto es una canallada! Maestro, no debería haberla enviado.

—Disciplina, hijo —respondió van Eyck tranquilizadoramente—. Contrólate. Esto es una guerra, y ella es un solado. —Con ello dio por finalizada la discusión.

Así que esperamos... y esperamos... y esperamos. Es difícil explicar lo que se siente cuando uno no ha vivido bajo la sombra de la Inquisición. No conocíamos los detalles, pero a veces habíamos visto a algunos de los desgraciados que habían pasado por ella. Aunque los inquisidores no requirieran el auto de fe, la mente de la víctima quedaba habitualmente dañada, a menudo destrozada.

Al cabo de un rato, el Maestro Peter ordenó piadosamente al Celador Menor que nos examinara a los dos para averiguar nuestros progresos en el ritual de memorización. Zeb y yo hicimos malhumoradamente lo que se nos había indicado, y fuimos obligados con insistente amabilidad a concentrarnos en la intrincada retórica. De alguna manera, pasaron casi dos horas.

Finalmente sonaron tres golpes en la puerta, y el guardián dejó entrar a Magdalene. Salté de mi silla y corrí hacia ella.

—¿Y bien? —pregunté—. ¿Y bien?

—Paz, John —respondió cansinamente—. La he visto.

—¿Cómo está? ¿Se encuentra bien?

—Mejor de lo que tendríamos derecho a esperar. Su mente sigue intacta y, aparentemente, no nos ha traicionado. Por lo demás, tiene uno o dos rasguños... pero es joven y saludable; se recuperará.

Empecé a preguntarle más detalles, pero el Maestro me interrumpió secamente.

—Entonces, esto quiere decir que la han llevado a la Investigación. En ese caso, ¿cómo has conseguido verla?

—¡Oh, eso! —Magdalene se alzó de hombros como si se tratara de algo que no valía la pena mencionar—. El inquisidor que lleva su caso resultó ser un antiguo conocido mío; arreglamos un intercambio de favores.

Zeb fue a interrumpirle, pero el Maestro restalló:

—¡Silencio! —Luego añadió suspicazmente—: ¿El Gran Inquisidor no está llevando directamente el caso? Eso significa que no sospechan que pueda tratarse de nada relacionado con la Cábala.

—No lo sé. Aparentemente, Judith se desvaneció apenas iniciar la sesión; puede que no hayan tenido tiempo de indagar sobre esa posibilildad. De cualquier modo, solicité para ella un aplazamiento hasta mañana. La excusa fue dejarla recuperarse lo suficiente para poder seguir siendo interrogada. Empezarán de nuevo mañana por la mañana, a primera hora.

Van Eyck se golpeó con un puño la palma de su otra mano.

—¡No deben empezar de nuevo... no podemos correr ese riesgo! ¡Celador Menor, quédate conmigo! ¡Los demás, salid! Excepto tú, Maggie.

Me marché con ganas de decir algo. Hubiera deseado decirle a Maggie que podía hacer una esterilla con mi pellejo con sólo levantar un dedo.

La cena de aquella noche fue toda una prueba. Después de que el capellán canturreara sus bendiciones, traté de comer y unirme a la conversación general, pero parecía tener un anillo duro en mi garganta que me impedía tragar. Sentado cerca de mí estaba Graciadedios Bearpaw, medio escocés, medio cherokee. Era un compañero de clase, pero no un amigo; hablábamos muy pocas veces, y esta noche estaba tan taciturno como siempre.

Durante la comida apoyó su bota contra la mía; la retiré impacientemente. Pero poco después su bota estaba de nuevo tocando la mía, y empezó a golpear contra ella:

—...estáte quieto, idiota... —deletreé—. Ha sido decidido... será en tu guardia de esta noche... los detalles más tarde... come y habla... lleva una tira de cinta adhesiva a la guardia contigo... de quince por treinta centímetros... confirma el mensaje.

De algún modo conseguí confirmarle de vuelta el mensaje, mientras aparentaba seguir comiendo.

4

Relevamos la guardia a medianoche. Tan pronto como la sección de guardia se hubo marchado de nuestro puesto le dije a Zeb lo que Graciadedios me había transmitido durante la cena, y le pregunté si sabía el resto de mis instrucciones. No lo sabía. Yo deseaba hablar, pero él me cortó en seco; parecía incluso más nervioso que yo.

Así que anduve hasta mi puesto e intenté permanecer alerta. Aquella noche estábamos apostados en el extremo norte del parapeto oeste; nuestra torre cubría una de las entradas del Palacio. Había pasado aproximadamente una hora cuando oí un siseo procedente de una oscura entrada. Me acerqué cautelosamente y vi una forma femenina. Era demasiado baja para ser Magdalene y nunca llegué a saber quién era, porque deslizó un trozo de papel en mi mano y desapareció en el oscuro corredor.

Me reuní con Zeb.

—¿Qué debo hacer? ¿Leerlo con mi linterna? Parece arriesgado.

—Abrelo.

Lo hice, y descubrí que estaba cubierto con una fina escritura que brillaba en la oscuridad. Podía leerlo, pero su luminosidad era demasiado débil como para ser captada por ningún ojo electrónico. Decía:

A la mitad de la guardia, exactamente cuando suene la

primera campanada, entrarás en Palacio por la puerta donde recibiste esto. Una vez hayas andando cuarenta pasos, toma la escalera a tu izquierda; sube dos pisos. Avanza cincuenta pasos hacia el norte. La puerta iluminada de tu derecha conduce a los aposentos de las Vírgenes; habrá una guardia en ella. No se te resistirá, pero deberás usar una bomba paralizante para proporcionarle una coartada. La celda que buscas es la del extremo más alejado del corredor central que va de este a oeste. Habrá una luz sobre la puerta y una Virgen de guardia. No es una de las nuestras. Debes dejarla completamente fuera de combate, pero tienes prohibido matarla o hacerle algún daño. Utiliza la cinta adhesiva para amordazarla y taparle los ojos, y átala con sus propias ropas. Toma sus llaves, entra en la celda, y toma a la Hermana Judith. Probablemente estará inconsciente. Llévala hasta tu puesto y entrégasela al celador de tu guardia.

Debes actuar rápidamente desde el momento en que paralices al guardia, puesto que es probable que algún otro te vea cuando atravieses la puerta iluminada y dé inmediatamente la alarma.

No te tragues esta nota; la tinta es venenosa. Echala en el pozo de incineración que hay al principio de las escaleras. Ve con Dios.

Zeb la leyó por encima de mi hombro.

—Todo lo que necesitas —dijo ceñudo— es la habilidad de hacer milagros. ¿Asustado?

—Sí.

—¿Quieres que te acompañe?

—No. Creo que es mejor que cumplamos las órdenes tal como nos las han dado.

—Sí, es mejor... si es que conozco como creo al Maestro de la logia. Además, puede suceder que me vea obligado a matar a alguien mientras tú abandonas la guardia. Te cubriré la retirada.

—Supongo que sí.

—Ahora callemos y cumplamos con nuestro deber. —Volvimos a pasear por nuestros puestos.

Cuando sonaron las dos campanadas de la mitad de la

guardia, apoyé mi lanza contra la pared, y me quité la espada y la cota y el casco y el resto de la chatarra ceremonial que podían molestarme para el trabajo. Zeb extendió su mano cubierta por el guantelete y se la estreché. Luego me lancé.

Dos... cuatro... seis... cuarenta pasos. Tanteé la oscuridad de la pared de mi izquierda y encontré la abertura, palpé con el pie. ¡Ah, ahí estaban los escalones! Estaba en una parte del Palacio donde nunca antes había ido; avancé en la oscuridad, contando silenciosamente y deseando que la persona que había escrito mis órdenes supiera lo que se hacía. Un piso, dos pisos... estuve a punto de caer de bruces cuando di el paso hacia el «último» escalón inexistente.

¿Dónde estaba el pozo de incineración? Debía hallarse al nivel de la mano, y las instrucciones decían «al principio de las escaleras». Estaba debatiéndome frenéticamente entre encender la linterna o correr el riesgo de guardar el papel cuando mi mano izquierda tocó su pasador; con un suspiro de alivio, eché la evidencia que podía incriminar a muchos otros. Iba ya a irme cuando me sentí de pronto inundado por el pánico. ¿Era aquél realmente el pozo de incineración? ¿No podía ser la puerta de un montacargas? Volví atrás para comprobarlo, lo abrí y metí la mano.

Me la chamuscó incluso a través del guantelete; volví a cerrar la puerta con alivio y decidí seguir al pie de la letra las instrucciones, sin dejar asomar ninguna otra duda. Pero cuarenta pasos más al norte el pasadizo giraba en un recodo, y esto no estaba mencionado en mis órdenes; me detuve e hacer un cauteloso reconocimiento de los alrededores, observando el otro lado del recodo a la altura del suelo.

A veinticinco pasos de distancia estaba el guardia y la puerta. Se suponía que era uno de los nuestros, pero preferí no correr riesgos. Saqué una bomba de mi cinto, la gradué a tientas al mínimo de intensidad, tiré del percutor, y conté cinco segundos para permitir que alcanzara el punto crítico. Luego la tiré y me acurruqué tras el recoro para protegerme de los rayos.

Aguardé otros cinco segundos y asomé de nuevo la cabeza. El guardia yacía en el suelo, sangrando ligeramente de una herida que probablemente le había hecho en la frente un fragmento del casco de la bomba al estallar. Eché a correr hacia allí y salté por encima de él, intentando apresurarme y mantenerme tranquilo al mismo tiempo. El pasillo central de los aposentos de las Vírgenes esta oscuro, con sólo unas cuantas luces nocturnas de color azul encendidas, pero se veía lo suficiente, y alcancé con rapidez el final del pasaje... y me oculté entre las sombras. La guardiana femenina ante la celda, en lugar de pasear arriba y abajo, estaba sentada en el suelo con la espalda apoyada contra la puerta.

Probablemente estaba dormitando, porque no se movió al primer momento. Al oír el ruido se giró, me vio, y no tuvo tiempo de reaccionar; yo ya estaba sobre ella. Mi mano izquierda ahogó su grito; con el borde de mi mano derecha golpeé su cuello... no un golpe mortal, pero tampoco tenía tiempo de andarme con gentilezas; se derrumbó como un fardo.

Primero la mitad de la cinta adhesiva contra su boca, luego la otra mitad contra sus ojos, luego rasgar un trozo de su vestido para atarla... y correr, correr, correr todo el tiempo, porque un hombre de seguridad podía haber estado observando el ojo que seguramente había en la puerta principal y haber visto al guardia inconsciente. Encontré las llaves en una cadena que llevaba alrededor de su cintura y se las arranqué con una silenciosa disculpa por lo que le había hecho. Su menudo cuerpo era casi de niña; parecía incluso más indefensa que Judith.

Pero no tenía tiempo para los reproches; hallé la llave correcta, abrí la puerta... y mi amor estuvo en mis brazos.

Estaba profunda e inquietamente dormida, y problamenmente drogada. Lanzó un quejido cuando la levanté, pero no se despertó. Pero sus ropas se deslizaron hacia un lado y vi algo de lo que le habían hecho... y me prometí por mi vida, mientras corría, que le haría pagar aquello siete veces, si es que podía resistirlo, al hombre que se lo había hecho.

El guardia seguía todavía allá donde lo había dejado. Pensé que todo había salido a la perfección, sin haber sido detectado ni descubierto por nadie, y estaba precisamente saltando sobre él cuando oí un grito ahogado detrás mío, en el corredor. ¿Por qué las mujeres estarán siempre tan desasosegadas por la noche? Si aquella mujer no se hubiera levantado de la cama, sin duda para hacer algo que debería haber hecho antes de acostarse, yo no hubiera sido visto absolutamente por nadie.

Era demasiado tarde para reducirla al silencio, así que simplemente eché a correr. Una vez doblé el recodo me hallé en una acogedora oscuridad, pero me pasé la escalera, tuve que volver atrás y tantear el camino en su busca... luego tuve que bajar escalón tras escalón. Pude oír gritos y agudas voces en algún lugar tras de mí.

Justo cuando llegué al nivel del suelo, vi que el portal se silueteaba contra el cielo nocturno ante mí, todas las luces se encendían, y las alarmas empezaban a sonar. Corrí los últimos pocos pasos que me quedaban y casi caí en brazos del capitán van Eyck. Me arrebató la carga de entre mis brazos y, sin una palabra, echó a correr hacia la esquina del edificio. Me quedé mirándole como alelado hasta que Zeb me devolvió a mis sentidos trayéndome mi cota y mis pertechos y colocándomelos entre los brazos.

—¡Despierta de una vez, hombre! —siseó—. Esta alarma general es para *nosotros*. Se supone que estás de guardia.

Me colocó la espada mientras yo me ajustaba la cota, luego dejó caer el casco sobre mi cabeza y metió la lanza en mi mano izquierda. Después regresamos junto al portal, las pistolas dispuestas, todas las medidas de seguridad tomadas, tal como rezaba el manual de alertas generales. Pendientes de otras órdenes, no se esperaba ni se nos permitía que hiciéramos nada más, puesto que la alarma no se había producido en nuestro puesto.

Permanecimos inmóviles como estatuas durante varios minutos. Podíamos oír el sonido de pies corriendo y órdenes. El Oficial de Día pasó corriendo junto a nosotros en dirección al Palacio, ajustándose su malla sobre su pijama mientras corría. Casi terminé con él de un disparo antes de que respondiera a mi contraseña. Luego apareció la sección de relevo de la guardia, con el celador de relevo a la cabeza.

Gradualmente, la excitación se fue calmando; las luces siguieron encendidas, pero alguien desconectó la alarma. Zeb aventuró un susurro:

—¿Qué demonios ha ocurrido? ¿Te salió algo mal?

—Sí y no. —Le expliqué lo de la Hermana insomne.

—Hummm... Bueno, hijo, esto te enseñará que no debes ir tonteando por ahí con mujeres cuando estás de guardia.

—Te equivocas, no estaba tonteando con ella. Simplemente salió de su celda.

—No me refería a esta noche —dijo fríamente.

Me callé.

Aproximadamente media hora más tarde, mucho antes de terminar la guardia, la sección de relevo apareció otra vez. Su celador les dio el alto, nuestros dos relevos salieron de la fila, y nosotros ocupamos sus lugares en ella. Nos dirigimos al puesto de guardia, deteniéndonos dos veces más en el camino para efectuar los correspondientes relevos y recoger a los hombres de nuestra propia sección.

5

Nos ordenaron detenernos en el patio interior, frente a la puerta del cuerpo de guardia, y nos dejaron allí en posición de firmes. Permanecimos de ese modo durante cincuenta mortales minutos, hasta que el Oficial de Día apareció y empezó a examinarnos. Un hombre de la última fila se movió ligeramente. Aquello hubiera pasado desapercibido en una revista de uniformes, incluso en presencia del Profeta, pero esta noche el Oficial de Día le reprendió enérgicamente, y el capitán van Eyck anotó su nombre.

El Maestro Peter parecía tan furioso como indudablemente lo estaba su superior. Anotó varias otras infracciones, incluso se detuvo frente a mí y le dijo al ordenanza del cuerpo que anotara mi nombre por «botas mal limpiadas»... lo cual era una calumnia, a no ser que las hubiera estropeado a fuerza de tanto limpiarlas. No me atreví a bajar la vista para comprobarlo, pero le miré directamente a los ojos y no dije nada, mientras él me devolvía fríamente la mirada.

Pero su comportamiento me recordó la lección que me había dado Zeb acerca de la intriga. La conducta de van Eyck era perfectamente la de un oficial subalterno que se ve puesto en evidencia y avergonzado por sus propios hombres; ¿cómo debería actuar yo si de hecho fuera completamente inocente?

Irritado, decidí... irritado y ofendido. Interesado y estimulado por la excitación al principio, luego irritado por tener que estar tanto tiempo en posición de firmes como la plebe. Estaban intentando ablandarnos con la tensión de la espera; ¿qué habría pensado yo de todo aquello, digamos dos meses antes? Absolutamente seguro de mi propia virtud, me habría sentido ofendido y humillado... permaneciendo allí de pie como un paria aguardando el privilegio de una tarjeta de racionamiento, aguardando a ser reprendido como un cadete con una mancha de sopa en su uniforme.

Cuando llegó el Comandante de la Guardia, casi una hora más tarde, mis labios estaban blancos por la rabia. El proceso era fingido, pero la emoción era real. Nunca me había gustado nuestro Comandante. Era un hombre pequeño y altivo, con unos ojos fríos y una forma de mirar que parecía atravesar a sus oficiales subordinados en lugar de fijarse en ellos. Se detuvo frente a nosotros con sus ropas sacerdotales echadas hacia atrás sobre sus hombros y sus dedos clavados en el cinto de su espada.

Nos miró a todos.

—El Cielo me asista, Angeles del Señor —dijo pausadamente, en medio de un silencio mortal... y luego aulló—: ¿Y bien?

Nadie respondió.

—¡Hablad! —rugió—. Alguno de vosotros sabe lo que ha pasado. ¡Respondedme! ¿O preferís enfrentaros todos a la Investigación?

Un murmullo recorrió las filas... pero nadie habló.

Paseó de nuevo la mirada por todos nosotros. Sus ojos se clavaron en mí, y yo le devolví belicosamente la mirada.

—¡Lyle!

—¿Sí, reverendo señor?

—¿Qué sabes tú de esto?

—¡Sólo sé que me gustaría sentarme un poco, respetado señor!

Frunció el ceño, luego sus ojos cobraron un resplandor de fría diversión.

—Es mejor estar de pie frente a mí, hijo mío, que sentarte ante el Inquisidor. —Pero pasó de largo e inspeccionó al hombre que estaba junto a mí.

Estuvo hurgándonos incesantemente durante un buen rato, pero Zeb y yo recibimos aparentemente la misma atención que todos los demás. Al final, pareció darse por vencido y se dirigió al Oficial de Día para que nos hiciera romper filas. Pero no me engañaba; estaba seguro de que cada palabra dicha había sido grabada, cada expresión filmada, y que los analistas estarían cotejando los datos de todos nosotros con nuestros anteriores esquemas de comportamiento antes de que llegáramos de vuelta a nuestras habitaciones.

Pero Zeb es una maravilla. Ya estaba chismorreando acerca de los acontecimientos de la noche, especulando inocentemente acerca de lo que había podido causar tanto jaleo, antes incluso de que llegáramos a nuestro aposento. Yo intenté responder siguiendo lo que había decidido era mi propia «correcta» reacción, y gruñí acerca de la forma en que habíamos sido tratados.

—Somos oficiales y caballeros —me quejé—. Si piensa que somos culpables o algo así, preferiría una acusación formal.

Me acosté aún refunfuñando, pero permanecí despierto y preocupado. Intenté decirme a mí mismo que Judith debía haber logrado alcanzar un lugar seguro, o de otro modo el alto mando no iría tan a ciegas al respecto. Pero finalmente me quedé dormido en medio de mis preocupaciones.

Sentí que alguien me tocaba y me desperté instantáneamente. Luego me relajé cuando me di cuenta de que mi mano estaba siendo sujetada en el apretón de reconocimiento de la logia.

—Tranquilo —susurró en mi oído una voz que no pude reconocer—. Debo administrarte un cierto tratamiento para tu protección. —Sentí el pinchazo de una hipodérmica en mi brazo; en unos pocos segundos estaba relajado y soñoliento.

La voz susurró—: No viste nada fuera de lo habitual en tu guardia de esta noche. Hasta que sonó la alarma tu guardia transcurrió sin el menor incidente... —No sé cuánto tiempo siguió la voz con aquello.

Fui despertado una segunda vez por alguien que me agitaba bruscamente. Enterré la cabeza bajo la almohada y dije:

—¡Dejadme en paz! ¡Hoy perdono el desayuno!

Alguien me golpeó entre los omoplatos; me giré y me senté, parpadeando. Había cuatro hombres armados en la habitación, con las pistolas desenfundadas y apuntándome.

—¡Arriba! —ordenó el que estaba más cerca de mí.

Llevaban el uniforme de los Angeles, pero sin insignia alguna de unidad. Sus cabezas estaban cubiertas por una máscara negra que sólo dejaba al descubierto los ojos... y por esas máscaras los reconocí: eran censores del Gran Inquisidor.

Nunca creí realmente que aquello pudiera ocurrirme a mí. No a *mí*... no al Johnnie Lyle que siempre se había comportado ejemplarmente, llegando a ser el ejemplo de su parroquia y el orgullo de su madre. ¡No! La Inquisición era una pesadilla, pero una pesadilla para pecadores... no para John Lyle.

Pero supe con enfermizo horror, cuando vi aquellas máscaras, que era ya un hombre muerto, que mi hora había llegado, y que ahora y allí estaba la pesadilla de la que ya no podría despertar.

Pero aún no estaba muerto. De algún lugar extraje el valor para pretender irritación.

—¿Qué están *haciendo* aquí?

—Arriba —repitió la voz sin rostro.

—Muéstreme sus órdenes. No pueden simplemente sacar de la cama a un oficial cada vez que se les antoje...

El jefe hizo un gesto con su pistola; dos de sus compañeros me sujetaron por los brazos y me arrastraron hacia la puerta, mientras el cuarto empujaba por detrás. Pero soy bastante fuerte; se lo puse difícil, mientras protestaba:

—Déjenme al menos que me vista. No tienen derecho a arrastrarme así, medio desnudo, sea cual sea la emergencia. Tengo derecho a aparecer con el uniforme de mi rango.

Sorprendentemente, la protesta funcionó. El jefe se detuvo.

—De acuerdo. ¡Pero aprisa!

Me entretuve tanto como me fue posible mientras pretendía hacerlo todo con la máxima rapidez... encallando la cremallera de mi bota, colocándome torpemente cada prenda. ¿Cómo podía dejar alguna especie de mensaje para Zeb? ¿Algún tipo de señal que pudiera indicar a la hermandad lo que me había ocurrido?

Al final se me ocurrió algo, no lo más adecuado pero sí lo mejor que pude encontrar. Fui sacando todas las prendas posibles de mi armario, algunas que necesitaba, otras que no, y entre ellas un suéter. En el transcurso de coger todo lo que necesitaba conseguí dejar en el suelo el suéter con las mangas en la posición utilizada por los hermanos de la logia para indicar la Señal de Terrible Desgracia. Después de vestirme, empecé a coger el resto de las prendas esparcidas para colocarlas de nuevo en el armario; el jefe clavó inmediatamente su pistola en mis costillas y dijo:

—No importa que recoja eso. Ya está vestido.

Obedecí, dejando la prenda en el suelo. El suéter quedó exhibido allí como un símbolo para cualquiera que supiera leerlo. Mientras me sacaban fuera recé para que la sirvienta de nuestra habitación no llegara y «limpiara» aquel significado antes de la llegada de Zeb.

Me vendaron los ojos tan pronto como llegamos al Palacio interior. Descendimos seis pisos, cuatro por debajo del nivel del suelo por lo que pude deducir, y llegamos a un compartimiento inundado por el sobrecogedor silencio de una cripta. Me quitaron la venda de los ojos. Parpadeé.

—Siéntate, muchacho, siéntate y ponte cómodo. —Me encontré mirando directamente al rostro del Gran Inquisidor en persona, viendo su cálida sonrisa amistosa y sus ojos de perro pastor.

Su voz prosiguió amablemente:

—Lamento haberte sacado tan rudamente de tu caliente cama, pero nuestra Santa Iglesia necesita una cierta información. Dime, hijo mío, ¿temes al Señor? Oh, claro que sí; tu piedad es bien conocida. Así que no te importará ayudarme en este pequeño asunto aunque por culpa de ello llegues tarde al desayuno. Es para la mayor gloria de Dios. —Se giró hacia sus asistentes interrogadores, enmascarados y vestidos de negro, que aguardaban tras él—. Preparadlo... y os ruego que seais benévolos.

Fui manejado rápida y bruscamente, pero no dolorosamente. Me tocaban como si fuera un objeto sin vida que debe ser manipulado tan impersonalmente como una maquinaria. Me desnudaron hasta la cintura y me aplicaron cosas, un vendaje elástico tensamente ajustado en torno a mi brazo derecho, electrodos en mis muñecas, otro par de electrodos en mis tobillos, un tercer par en mis sienes, un espejito en el pulso en mi garganta. Uno de ellos hizo algunos ajustes en un panel de control en la pared de la izquierda, luego pulsó un interruptor, y en la pared opuesta una sombra mostró como funcionaba el interior de todo mi ser.

Una lucecita danzó con los latidos de mi corazón, una línea serpenteante en un iconoscopio exhibió las subidas y bajadas de mi presión sanguínea, otra parecida se movió con mi respiración, y había otras que yo no podía comprender. Giré mi cabeza para apartar la mirada y me concentré en recordar los logaritmos naturales del uno al cien.

—Ya ves nuestros métodos, hijo. Eficiencia y delicadeza, estos son nuestros lemas. Ahora dime... *¿dónde la llevaste?*

Interrumpí la cuenta en el logaritmo de ocho.

—¿Llevar qué?

—¿Por qué lo hiciste?

—Lo siento, Reverendísimo Señor. No sé qué se supone que pueda haber hecho.

Alguien me abofoteó duramente desde atrás. Las luces de la pared oscilaron y el Inquisidor las estudió atentamente, luego le dijo a un asistente:

—Inyéctale.

De nuevo mi piel fue picada por una hipodérmica. Me dejaron descansar mientras la droga surtía efecto; dejé transcurrir el tiempo mientras seguía esforzándome en recordar logaritmos. Pero eso empezó a hacérseme pronto difícil; cada vez me sentía más adormecido y lánguido, nada parecía tener importancia. Experimentaba una suave e infantil curiosidad hacia lo que me rodeaba, pero no miedo. Luego la suave voz del Inquisidor rompió mi ensoñación con una pregunta. No pude recordar cuál era, pero estoy seguro de que respondí con lo primero que me vino a la cabeza.

No tengo forma de saber cuánto tiempo duró aquello. A su debido tiempo me devolvieron a la dura realidad con otra inyección. El Inquisidor estaba examinando un ligero rasguño y un pequeño hematoma violáceo en mi antebrazo derecho. Me miró.

—¿Quién te hizo esto, muchacho?

—No lo sé, Reverendísimo Señor. —Y en aquel instante era cierto.

Agitó la cabeza tristemente.

—No seas ingenuo, hijo mío... y no presumas que yo también lo soy. Déjame explicarte algo. Lo que vosotros pecadores nunca comprendéis es que el Señor siempre prevalece. Siempre. Nuestros métodos están basados en el amor, pero actúan con la absoluta certeza de una piedra cayendo, y con un resultado igualmente preestablecido.

«Primero le pedimos al pecador que se someta al Señor y responda en nombre de la bondad que prevalece en su corazón. Cuando este ruego de amor falla, como ha ocurrido contigo, entonces utilizamos los medios que Dios nos ha dado para abrir la mente inconsciente. Generalmente esto es todo lo más lejos que la Investigación necesita llegar... a menos que algún agente de Satán se nos haya adelantado y se haya metido en el sagrado tabernáculo de la mente.

»Ahora, hijo mío, acabo de regresar de un paseo por dentro de tu mente. He encontrado allí muchas cosas buenas, pero he descubierta también, rodeada de tenebrosa oscuridad, una muralla que ha sido erigida por algún otro pecador, y lo que yo deseo, lo que la Iglesia necesita, se halla detrás de esa muralla.

Quizá yo mostrara un rastro de satisfacción, o quizás las luces indicaron algo, porque sonrió tristemente y añadió:

—Ningún muro de Satán puede detener al Señor. Cuando hallamos uno de esos obstáculos, podemos hacer dos cosas: disponiendo del tiempo suficiente, yo podría retirar ese muro suavemente, delicadamente, piedra a piedra, sin ningún daño para tu mente. Me gustaría disponer de ese tiempo, realmente me gustaría, porque en tu corazón eres un buen muchacho, John Lyle, y no perteneces a los pecadores.

«Pero aunque la eternidad es larga, el tiempo es corto; así que hay que recurrir al segundo camino. Podemos disgregar la falsa barrera en la mente inconsciente y efectuar un asalto frontal contra la mente consciente, con los estandartes del señor guiándonos. —Apartó la vista de mí—. Preparadlo.

Sus ayudantes sin rostro ajustaron un casco metálico en mi cabeza e hicieron algunos otros arreglos en el panel de control.

—Ahora mira aquí, John Lyle. —Señaló un diagrama en la pared—. No dudo que conoces que el sistema nervioso humano es parcialmente de naturaleza eléctrica. Esta es una representación esquemática de un cerebro, esta parte inferior es el tálamo; cubriéndolo se halla el córtex. Como puedes ver, cada uno de los centros sensoriales está señalado. Tus propias características electrodinámicas han sido analizadas; lamento decir que va a ser necesario heterodinar tus sentidos normales.

Empezaba a alejarse, luego se giró.

—A propósito, John Lyle, me he tomado la molestia de ocuparme yo personalmente de ti porque, en este estadio, mis ayudantes, con menos experiencia en el trabajo del Señor que mi humilde persona, confunden a veces el celo con la habilidad y transportan inesperadamente al pecador a su último destino. No deseo que esto te ocurra a ti. Eres simplemente una oveja descarriada y me propongo salvarte.

—Gracias, Reverendísimo Señor —dije.

—No me des las gracias a mí, dáselas al Señor a quien sirvo. De todos modos —continuó, frunciendo ligeramente el ceño—, este asalto frontal a la mente, aunque necesario, es inevitablemente doloroso. ¿Me perdonarás?

Vacilé tan sólo un instante.

—Le perdono, santo señor.

Miró a las luces y dijo irónicamente:

—Eso es una falsedad. Pero se te perdona esa falsedad; era bienintencionada. —Asintió en dirección a sus silenciosos ayudantes—. Empezad.

Una luz me cegó, una explosión estalló en mis oídos. Mi pierna derecha saltó de dolor, luego se agarrotó en un calambre interminable. Mi garganta se contrajo; me asfixiaba, e intenté vomitar. Algo me golpeó en el plexo solar; me doblé, y no pude expulsar el aire.

—¿Adónde la llevaste?

Un ruido empezó a sonar, suave y blando, luego fue subiendo cada vez más alto, incrementándose en tono y decibelios, hasta que fue un millar de palabras lúgubres, un millón de cortantes alaridos, para luego extenderse en un ulular que impactaba contra la delgada pared de la razón.

—¿Quién te ayudó?

Un calor de agonía se apoderó de mis ingles; no podía desembarazarme de él.

—¿Por qué lo hiciste?

Una intolerable picazón se extendió por todo mi cuerpo, e intenté desgarrar mi piel... pero mis brazos no funcionaban. La picazón era peor que el dolor; hubiera preferido el dolor en vez de la terrible desazón.

—¿Dónde está ella?

Luz... sonido... dolor... calor... convulsiones... frío... caída... luz y dolor... frío y caída... náusea y sonido.

—¿Amas al Señor?

Calor abrasador y frío horrible... dolor, y un golpeteo en mi cabeza que me hizo gritar.

—¿Adónde la llevaste? ¿Quién más estaba en esto? Ríndete y salva tu alma inmortal.

Dolor, y una infinita desnudez ante las tinieblas exteriores.

Supongo que me desmayé.

Alguien estaba abofeteámdome en la boca.

—¡Despierta, John Lyle, y confiesa! Zebadiah Jones te ha delatado.

Parpadeé y no dije nada. No era necesario simular un estado de ofuscación, ni hubiera podido conseguirlo. Pero las palabras me produjeron un tremendo shock, y mi cerebro estaba trabajando a toda velocidad, intentando coordinar las ideas. ¿Zeb? ¿El viejo Zeb? ¡El pobre viejo Zeb! ¿Acaso no habían tenido tiempo de procurarle también el tratamiento hipnótico? Ni siquiera se me ocurrió en aquel momento sospechar que Zeb se hubiera derrumbado únicamente bajo la tortura; simplemente supuse que habían sido capaces de alcanzar su mente inconsciente. Me pregunté si ya estaría muerto y recordé que había sido yo quien lo había metido en todo aquello, contra su buen juicio. Recé por su alma y recé para que pudiera perdonarme.

Mi cabeza se vio sacudida por otra tremenda bofetada.

—¡Despierta! Puedes oírme... Jones ha revelado tus pecados.

—¿Revelado qué? —murmuré.

El Gran Inquisidor apartó a un lado a sus asistentes y se inclinó sobre mí, con su afable rostro lleno de preocupación.

—Por favor, hijo mío, haz esto por el Señor... y por mí. Has sido valiente intentando proteger a tus compañeros pecadores de los frutos de su locura, pero te fallaron y tu obstinado coraje ya no significa nada. No vayas al juicio con esto sobre tu alma. Confiesa, y deja que la muerte venga con tus pecados perdonados.

—¿Así que tienen intención de matarme?

Me miró ligeramente molesto.

—Yo no he dicho eso. Sé que no tienes miedo a la muerte. Lo que deberías temer es presentarte al Hacedor con tus pecados aún en tu alma. Abre tu corazón y confiesa.

—Reverendísimo Señor, no tengo nada que confesar.

Se giró y dio nuevas órdenes en tono bajo y suave.

—Proseguid. Esta vez con los medios mecánicos; no deseo quemar su cerebro.

No es necesario describir lo que quería dar a entender con «medios mecánicos», y no tiene sentido hacer este relato innecesariamente espantoso. Sus métodos no diferían demasiado de las técnicas de tortura utilizadas en la Edad Media y aún más recientemente... excepto que su conocimiento del sistema nervioso humano era incomparablemente mayor, y su conocimiento del comportamiento psicológico hacía sus operaciones más eficaces. Además, tanto él como sus ayudantes se comportaban como si estuvieran completamente libres de cualquier placer sádico en su trabajo; lo efectuaban con una fría eficiencia.

Pero olvidemos los detalles.

No tengo idea de cuánto tiempo duró aquello. Debieron actuar repetidamente sobre mí, pues mi memoria consciente sólo recuerda recibir un cubo de agua helada en el rostro, no una vez sino muchas veces, como una pesadilla recurrente... seguido cada vez por la inevitable hipodérmica. No creo que les dijera nada de importancia mientras estaba consciente, y las instrucciones hipnóticas a mi subconsciente debieron protegerme mientras estaba desvanecido. Me parece recordar que intentaban acusarme de pecados que yo nunca había cometido; no puedo recordar su naturaleza.

Recuerdo vagamente que en un determinado momento estaba semiconsciente y oí una voz que decía:

—Puede soportar más. Su corazón es fuerte.

Estuve agradablemente muerto durante un largo tiempo, pero finalmente me desperté como de un largo sueño. Estaba envarado, y cuando intenté girarme me dolió terriblemente el costado. Abrí los ojos y miré a mi alrededor; estaba en una cama, en una pequeña habitación desprovista de ventanas pero alegre. Una mujer joven de rostro agradable con uniforme de enfermera acudió rápidamente a mi lado y me tomó el pulso.

—Hola.

—Hola —respondió—. ¿Cómo te encuentras? ¿Mejor?

—¿Qué ha ocurrido? —pregunté—. ¿Ha terminado todo? ¿O es tan sólo un descanso?

—Silencio —me reconvino—. Aún estás demasiado débil para hablar. Pero ya ha pasado todo... estás a salvo entre los hermanos.

—¿He sido rescatado?

—Sí. Ahora cállate. —Alzó mi cabeza y me dio algo de beber. Volví a dormirme.

Necesité varios días para recuperarme y saber lo que había ocurrido. La enfermería en la que desperté formaba parte de una serie de subsótanos bajo los propios sótanos de un almacén de Nueva Jerusalén; había alguna especie de conexión entre él y la habitación de la logia debajo del Palacio... aunque no podía decir exactamente de qué modo; nunca antes había estado allí. Consciente, quiero decir.

Zeb vino a verme tan pronto como me fue permitido recibir visitas. Intenté alzarme de la cama.

—¡Zeb! Zeb, muchacho... ¡creía que estabas muerto!

—¿Quién? ¿Yo? —Vino hacia mí y estrechó mi mano izquierda—. ¿Quién te hizo creer eso?

Le expliqué el truco que había empleado el Inquisidor para hacerme hablar. Agitó la cabeza.

—Ni siquiera fui arrestado. Gracias a ti, compañero. Johnnie, nunca volveré a llamarte estúpido. Si no hubieras dejado aquel destello de genio doblando aquel suéter de modo que yo pudiera interpretar lo que querías decirme, nos hubieran agarrado a los dos, y ninguno de nosotros hubiera salido con vida de eso. Al ver aquello, acudí rápidamente al capitán van Eyck. Me dijo que me ocultara inmediatamente en la habitación de la logia, y luego planeamos tu rescate.

Yo deseaba preguntarle cómo lo habían conseguido, pero mi mente saltó a otro asunto más importante.

—Zeb, ¿dónde está Judith? ¿Puedes ir a buscarla y traérmela? Mi enfermera lo único que hace es sonreír y decirme que descanse.

Pareció sorprendido.

—¿No te lo han dicho?

—¿Decirme qué? No, no he visto a nadie excepto la enfermera y el doctor, y me tratan como a un idiota. No me tengas en suspenso, Zeb. ¿Algo ha ido mal? ¿Está ella bien... *lo está*?

—¡Oh, seguro! Pero ahora está en México... hace dos días que recibimos un mensaje por circuito sensitivo.

Mi debilidad física casi me hizo llorar.

—¡Se ha ido! ¿Por qué? ¡Ha sido una maldita mala pasada! ¿Por qué no podía haber esperado hasta que yo estuviera lo suficientemente bien como para decirle adiós?

—Hey, mira, estúpido... no, olvida ese «estúpido»; no lo eres —dijo Zeb rápidamente—. Mira, muchacho, tu calendario está un tanto embarullado. Ella ya estaba de camino antes de que tú fueras rescatado, antes de que estuviéramos seguros de que podías ser rescatado. No pensarás que los hermanos podían hacerla regresar tan sólo para que pudiérais arrullaros un poco, ¿no?

Pensé en aquello y me calmé un poco. Tenía sentido, aunque me hacía sentirme amargamente decepcionado. Cambió de tema.

—¿Cómo te encuentras?

—Oh, muy bien.

—Me han dicho que mañana te quitarán ese trasto de la pierna.

—¿Sí? A mí no me lo han dicho. —Me giré un poco, intentando ponerme cómodo—. Estoy casi más ansioso de que me quiten este corsé, pero el doctor dice que aún lo he de llevar varias semanas.

—¿Cómo te va la mano? ¿Puedes mover bien los dedos?

Lo intenté.

—Bastante bien. Quizá tenga que escribir con la izquierda por un tiempo.

—En resumen, parece que eres demasiado malo para morirte, viejo amigo. A propósito, si te sirve de consuelo, el tipo que trabajó a Judith resultó muerto en la incursión de tu rescate.

—¿Sí? Lo siento. Había planeado reservármelo para mí.

—No lo dudo, pero hubieras tenido que pedir turno, si hubiera sobrevivido. Había montones de gentes que deseaban lo mismo. Yo, por ejemplo.

—Pero yo había pensado algo especial para él... hacer que se comiera las uñas.

—¿Que se comiera las uñas? —Zeb se mostró desconcertado.

—Hasta llegar a los codos, ¿entiendes?

—Oh —Zeb sonrió agriamente—. No te creía tan imaginativo, muchacho. Pero ya está muerto, así que no podemos tocarlo.

—Ha estado infernalmente de suerte. Zeb, ¿por qué no lo arreglaste para encargarte tú mismo de él? ¿O lo intentaste, pero las cosas fueron demasiado precipitadas como para realizar un buen trabajo?

—¿Yo? Si ni siquiera participé en la incursión de rescate. No volví más por Palacio.

—¿Eh?

—No pensarás que seguía aún en la guardia, ¿verdad?

—La verdad es que no no he tenido tiempo de pensar siquiera en ello.

—Bueno, naturalmente no podía volver después de haberme ocultado para evitar el arresto; estaba fichado. No, mi querido amigo, tú y yo somos desertores del Ejército de los Estados Unidos... con cada policía y cada jefe de puesto del país ansioso por ganar la recompensa ofrecida por nuestra captura.

Silbé suavemente, y me dejé empapar por todas las implicaciones de aquella observación.

6

Me había unido a la Cábala siguiendo un impulso. Seguramente bajo la tensión de haberme enamorado de Judith y por la excitación de los acontecimientos que me habían arrollado como resultado de conocerla, no había tenido tiempo de razonar calmadamente. No había roto con la Iglesia como resultado de una decisión filosófica.

Por supuesto, sabía por pura lógica que unirme a la Cábala significaba romper con todos mis lazos anteriores, pero este hecho aún no me había golpeado emocionalmente. ¿Qué iba a ser seguir viviendo sin volver a vestir nunca más el uniforme de un oficial y un caballero? Había estado orgulloso de pasear por la calle, de entrar en un lugar público, consciente de que todos los ojos estaban fijos en mí.

Aparté todo aquello de mi mente. La reja estaba en el surco, mi mano en el arado; no podía volverme atrás. Tenía que seguir hasta que venciéramos o hasta que fuéramos quemados por traición.

Descubrí a Zeb mirándome irónicamente.

—¿Estás asustado, Johnnie?

—No. Pero aun no me he adaptado. Las cosas han ido muy aprisa.

—Lo sé. Bueno, podemos dejar de pensar en la paga del retiro, y nuestro número de promoción en West Point ya no tiene importancia. —Se quitó el anillo de la Academia, lo lanzó al aire, lo atrapó y se lo metió en el bolsillo—. Pero hay un trabajo por hacer, muchacho, y descubrirás que es también un trabajo militar... auténticamente militar. Personalmente, yo ya estaba harto de tanto limpiar y pulir, y no me importa no volver a oír nunca más las arengas y el «¡Oficiales, firmes!», y el «Centinela, ¿qué hay de nuevo?». La hermandad hará mejor uso de nuestros talentos... y eso es lo que realmente importa.

El Maestro Peter van Eyck vino a verme un par de días más tarde. Se sentó al borde de mi cama y cruzó las manos sobre su barriga mientras me miraba.

—¿Te sientes mejor, hijo?

—Podría levantarme si el médico me dejara.

—Estupendo. Estamos escasos de gente; cuanto menos tiempo pase un oficial entrenado en la lista de los enfermos, mejor. —Hizo una pausa y se mordisqueó el labio—. Pero no sé exactamente qué hacer contigo.

—¿Eh? ¿Señor?

—Francamente, en primer lugar, tú nunca hubieras debido ser admitido en la Orden... una misión militar nunca debe mezclarse con asuntos del corazón. Confunde las motivaciones, ocasiona decisiones falsas. En segundo lugar, desde que te aceptamos, hemos tenido que mostrar nuestra fuerza en acciones que, desde un punto de vista estrictamente militar, nunca hubieran debido realizarse.

No respondí; no había ninguna respuesta... tenía razón. Mi rostro ardió abochornado.

—No enrojezcas por ello —añadió bondadosamente—. Por otro lado, es bueno para la moral de los hermanos alguna acción militar de tanto en tanto. El asunto es, ¿qué hacer contigo? Eres un chico resistente, aguantaste bien, pero... ¿comprendes realmente los ideales de libertad y dignidad humanas por los cuales luchamos?

—Maestro... quizá mi cerebro no sea muy brillante, y el Señor sabe que es cierto que nunca he pensado mucho en política. ¡Pero sé del lado que estoy!

Asintió.

—Eso es suficiente. No podemos esperar que cada hombre sea su propio Tom Paine.

—¿Su propio qué?

—Thomas Paine. Pero por supuesto no habrás oído hablar nunca de él. Búscalo en nuestra biblioteca cuando tengas ocasión. Es algo muy inspirador. Pero volvamos a tu destino. Sería muy fácil ponerte en algún trabajo burocrático aquí... tu amigo Zebadiah ha estado trabajando dieciséis horas diarias intentando poner un poco de orden en nuestro sistema de archivo. Pero no puedo desperdiciaros en trabajos de oficina. ¿Cuál es tu materia preferida, tu especialidad?

—No sé, señor, aún no he ejercido ninguna.

—Entiendo. Pero, ¿cuál era tu fuerte? ¿Cómo te desenvolvías en aplicación de milagros y en psicología de masas?

—Era bastante bueno en milagros, pero me temo que demasiado torpe en psicodinámica. Mi materia más fuerte era la balística.

—Bueno, no podemos tenerlo todo. Necesitaba un técnico en moral y propaganda, pero si no puedes, no puedes.

—Zeb era el número uno en su clase en psicología de masas, Maestro. El comandante lo apremiaba para que entrara en el sacerdocio.

—Lo sé y lo utilizaremos, pero no aquí. Está demasiado interesado en la Hermana Magdalene; no quiero que las parejas trabajen juntas. Eso puede distorsionar sus juicios. En cuanto a ti, me pregunto si no harías un buen asesino.

Lo dijo seriamente, pero como sin darle casi importancia; me costó trabajo creerle. Siempre había pensado, y lo había dado por seguro, que el asesinato era uno de los pecados innombrables, como el incesto o la blasfemia. Salté:

—¿Los hermanos utilizan el *asesinato*?

—¿Eh? ¿Por qué no? —Van Eyck estudió mi rostro—. Oh, lo había olvidado. John, ¿matarías al Gran Inquisidor si tuvieras la oportunidad?

—Bueno... sí, por supuesto. Pero me gustaría hacerlo en una pelea abierta.

—¿Crees que alguna vez se te presentaría esa oportunidad? Ahora supongamos que nos hallamos en el día en que la Hermana Judith fue arrestada por él. Supongamos que tú podrías detenerlo matándolo... pero tan solo si lo envenenaras, o lo apuñalaras por la espalda. ¿Qué es lo que harías?

—¡Lo mataría! —respondí fieramente.

—¿Sentirías alguna vergüenza, alguna culpa?

—¡Ninguna!

—Ajá. Pero él es tan sólo uno entre muchos en esa maldad. El hombre que come carne no puede burlarse del carnicero... y cada obispo, cada ministro de estado, cada hombre que se beneficia de esta tiranía, y así hasta el propio Profeta, es un cómplice ante el hecho de cada asesinato cometido por los inquisidores. El hombre que perdona un pecado porque disfruta del resultado de ese pecado es también culpable del mismo. ¿Lo entiendes?

A duras penas, porque lo que yo había aprendido era la doctrina ortodoxa. Me sentía desconcertado ante su nueva aplicación. Pero el Maestro Pedro seguía hablando:

—Pero nosotros no nos recreamos en la venganza... la venganza sigue perteneciendo al Señor. Jamás *te* enviaría contra el Inquisidor creyendo que podías regocijarte personalmente en ello. Nosotros no tentamos a un hombre con el pecado como cebo. Lo que hacemos, lo que estamos haciendo, es emprender una operación militar calculada en una guerra que ya ha comenzado. Un hombre clave es a menudo más valioso que un regimiento; elegimos a ese hombre clave y lo eliminamos. El obispo de una diócesis puede ser este hombre; el obispo del estado adyacente puede ser tan sólo un chapucero, sostenido por el sistema. Matamos al primero, y dejamos al segundo donde está. Gradualmente vamos eliminando sus mejores cerebros. Ahora ... —se inclinó hacia mí—, ¿te gustaría un trabajo relacionado con esos hombres claves? Es un trabajo muy importante.

Tenía la impresión de que, en aquel asunto, había alguien que me estaba enfrentando constantemente a los hechos, en lugar de permitirme esquivar los hechos desagradables de la forma en que la mayor parte de la gente consigue hacerlo a lo largo de sus vidas. ¿Podría soportar una tal misión? ¿Podía rechazarla, puesto que el Maestro Peter había dado a entender que tales asesinos eran voluntarios, rechazarla e intentar ignorar dentro de mi corazón que se estaba produciendo y que debía disculparla?

El Maestro Peter estaba en lo cierto; el hombre que compra la carne es hermano del carnicero. Eso eran escrúpulos, no moral... como el hombre que aprueba la pena capital pero es demasiado «bueno» como para tirar él mismo de la cuerda o manejar el hacha. Como la persona que considera la guerra inevitable y en ciertas circunstancias moral, pero evita el servicio militar porque no le gusta el simple pensamiento de matar.

Niños emocionales, imbéciles éticos... la mano izquierda *debe* saber lo que hace la derecha, y el corazón es responsable de ambas. Respondí casi inmediatamente:

—Maestro Peter, estoy dispuesto a servir... de la forma en que mejor considere la hermandad.

—¡Buen chico! —Se relajó un poco, y continuó—: Entre nosotros, es el trabajo que ofrezco a todos los nuevos reclutas cuando no estoy seguro de que comprenden que no se trata de un juego de pelota, sino de una causa a la que se deben dedicar sin ninguna reserva... a la que deben dedicar su vida, su fortuna, su sagrado honor. No tenemos lugar para el hombre que desea dar órdenes pero no aceptarlas.

Me sentí aliviado.

—Entonces, ¿no hablaba en serio cuando me ofrecía el trabajo de asesino?

—¿Eh? Normalmente no; pocos hombres son aptos para ello. Pero en tu caso sí hablaba en serio, porque sabemos que posees una cualidad indispensable y no muy común.

Intenté pensar qué era tan especial en mí, y no conseguí descubrir nada.

—¿Señor?

—Bueno, finalmente serás atrapado, por supuesto. A tres de cada siete misiones de asesinato cumplidas les está ocurriendo... un buen promedio, pero debemos mejorarlo porque andamos escasos de hombres. Pero contigo sabemos que cuando te atrapen y te pongan bajo Interrogación, no te derrumbarás.

Mi rostro debió reflejar mis sentimientos. ¿La Investigación? ¿De nuevo? Aún estaba medio muerto de la primera vez. El Maestro Peter dijo amablemente:

—Naturalmente, no tendrás que pasar otra vez por todo esto. Siempre protegemos a los asesinos; lo arreglamos de tal modo que puedan suicidarse fácilmente. No tienes que preocuparte.

Créanme, habiendo pasado una vez por la Investigación, aquella seguridad no me pareció cruel, sino más bien reconfortante.

—¿Cómo, señor?

—¿Eh? Oh, hay una docena de formas distintas. Nuestros cirujanos pueden prepararte un dispositivo explosivo que te permita morir por mucho que te aten. Existe también el diente hueco, desde luego, con cianuro o algo así... pero los investigadores se van dando cuenta de ello; a veces les abren e inmovilizan la boca. Pero hay muchas otras formas. Por ejemplo... —abrió los brazos y los echó hacia atrás, pero no mucho—, si yo echara los brazos más atrás en una posición que ningún hombre supondría sospechosa, una pequeña cápsula entre mis omoplatos se rompería y terminaría conmigo en el acto. Sin embargo, tú podrías estar golpeándome la espalda todo el día sin conseguir romperla.

—Esto... ¿es usted un asesino, señor?

—¿Yo? ¿Cómo podría serlo, en mi trabajo? Pero todos los nuestros que se hallan en posiciones de máxima exposición están cargados... es lo menos que podemos hacer por ellos. Además, llevo una bomba en mi barriga —se palmeó el abdomen—, que puede llevarse conmigo a un número considerable de personas si lo considero conveniente.

—Yo hubiera podido utilizar una de esas la otra semana —dije enfáticamente.

—Estás aquí, ¿no? No menosprecies tu suerte. Si necesitas una, la tendrás. —Se levantó y se dispuso a irse—. Mientras tanto, no te hagas ninguna idea especial acerca de ser seleccionado como ejecutor. El grupo de evaluación psicológica deberá decidir si eres apto, y son hombres duros de convencer.

Pese a sus palabras, seguí pensando en ello, por supuesto, aunque dejé de preocuparme. Poco después me dedicaron a trabajos de menor importancia, y pasé varios días leyendo las pruebas del *Iconoclasta,* un pulcro y suavemente crítico panfleto reformista que utilizaba la Cábala para facilitar la labor de sus misioneros de campo. Era el típico «Sí pero...», abiertamente leal al Profeta pero exactamente el tipo de lectura susceptible de despertar las dudas en las mentes de los obstinados e intolerantes. Su causticidad residía en cómo se decían las cosas, no en las cosas que se decían. Había visto incluso ejemplares del mismo en el Palacio.

Conocí también algunas de las ramificaciones del sorprendente cuartel general subterráneo de Nueva Jerusalén. El almacén que estaba sobre nosotros pertenecía a un antiguo Gran Maestro, y era un medio de comunicación extremadamente importante con el mundo exterior. Sus estanterías nos alimentaban y vestían; a través de las líneas visiofónicas comerciales del almacén podíamos conectar con el exterior y efectuar incluso llamadas intercontinentales, cifrando el mensaje por si las líneas estaban intervenidas. Los camiones de reparto del almacén podían ser utilizados para transportar fugitivos de o a nuestro cuartel general clandestino... supe que Judith había iniciado así su viaje, facturada en una caja especial como botas de caucho. La amplitud de las operaciones comerciales del almacén era una pantalla completa y plausible para nuestras extensas operaciones.

El éxito de una revolución es una empresa de gran envergadura... no nos engañemos al respecto. En un estado moderno, complejo y altamente industrializado, una revolución no pueden hacerla un puñado de conspiradores murmurando en torno a una miserable vela entre unas ruinas abandonadas. Requiere un personal numeroso, pertrechos, maquinaria moderna, y armas sofisticadas. Y para manejar todos esos factores con éxito es necesario lealtad, sigilo, y una organización superlativa.

Me mantuve ocupado, pero mi trabajo era provisional, puesto que estaba aguardando un destino. Tuve tiempo de indagar en la biblioteca, y busqué referencias de Tom Paine, el cual me llevó a Patrick Henry y Thomas Jefferson y otros... y todo un nuevo mundo se abrió ante mí. Al principio tuve problemas para admitir la posibilidad de lo que leía; creo que de todas las cosas que puede hacerles la policía del estado a los ciudadanos, la más perniciosa es posiblemente distorsionar la historia. Por ejemplo, supe por primera vez que los Estados Unidos no habían sido gobernados por un sanguinario emisario de Satán antes de que el Primer Profeta montara en cólera y lo echara del poder... sino que habían sido una comunidad de hombres libres, que decidían sus propios asuntos a través de un consenso pacífico. No quiero decir con esto que la primera república fuera un paraíso bíblico, pero tampoco era como la mostraban en la escuela.

Por primera vez en mi vida estaba leyendo cosas que no habían sido aprobadas por los censores del Profeta, y el impacto en mi mente fue devastador. A veces miraba de reojo por encima de mi hombro para ver quién me estaba observando, asustado pese a mí mismo. Empecé a darme cuenta de que la ocultación es la clave de toda tiranía. No la fuerza, sino la ocultación... la censura. Cuando cualquier gobierno, o cualquier iglesia en nuestro caso, empieza a decir a sus súbditos: «Esto no debéis leerlo, esto no debéis verlo, esto os está prohibido conocerlo», el resultado final es la tiranía y la opresión, no importa cuán sagrados sean los motivos. Poca fuerza se necesita para controlar a un hombre cuya mente ha sido vendada; por el contrario, ninguna fuerza puede controlar a un hombre libre, a un hombre cuya mente es libre. No, no hay tortura, no hay bombas de fisión, no existe nada... no se puede conquistar a un hombre libre; lo máximo que puedes hacer con él es matarlo.

Mis pensamientos no estaban cayendo en silogismos; mi cabeza estaba llenándose con un torrente de ideas nuevas, cada una de ellas más excitante que la anterior. Descubrí: que el viaje entre los planetas, casi un mito en mi mundo, no se había detenido porque el Primer Profeta los hubiera prohibido como un pecado contra la omnipotencia de Dios; habían cesado por meras cuestiones económicas, y el gobierno del Profeta no había querido financiarlos. Había incluso una declaración que dejaba entrever que los «infieles» (en mi mente seguía usando aún esta palabra) enviaban aún de tanto en tanto una ocasional nave de investigación, y que había aún seres humanos en Marte y Venus.

Me sentí tan excitado ante aquellos datos que casi olvidé la situación en que nos hallábamos metidos. Si no hubiera sido escogido para los Angeles del Señor, seguramente me habría apuntado a la cohetería. Tenía buenas condiciones para ello, tales como reflejos rápidos, y un conocimiento de las artes matemáticas y mecánicas. Quizás algún día los Estados Unidos tuvieran de nuevo naves espaciales. Quizá yo...

Pero el pensamiento fue desbordado por una docena de otros pensamientos. Periódicos extranjeros... oh, ni siquiera había estado seguro de que los infieles supieran leer y escribir. El *Times* de Londres era una lectura increíble y excitante. Gradualmente llegué a la conclusión de que aparentemente los británicos ya no comían carne humana, si es que la habían comido alguna vez. Se parecían notablemente a nosotros, excepto por el hecho de que eran sorprendentemente proclives a hacer lo que deseaban... en el *Times* había incluso cartas criticando abiertamente al gobierno. Y había otra carta firmada por un obispo de su iglesia infiel, criticando al pueblo por no acudir a los servicios religiosos. No sé cuál de los dos tipos de cartas me desconcertó más; ambas parecían incitar una situación de abierta anarquía.

El Maestro Peter me informó que el tribunal calificador psicológico me había rechazado para las tareas de asesinato. Me sentí a la vez aliviado e indignado. ¿Qué habían encontrado de malo en mí para que no me confiaran ese trabajo? Parecía algo así como una mancha en mi carácter... por aquel entonces.

—Tómatelo con calma —me advirtió van Eyck fríamente—. Han hecho un examen somero basado en el perfil de tu personalidad, y han llegado a la conclusión de que habría muchas posibilidades de que te atraparan en tu primera misión. No queremos desperdiciar hombres de este modo.

—Tranquilo, muchacho. Voy a enviarte al Cuartel General para que allí te asignen una misión.

—¿El Cuartel General? ¿Dónde está eso?

—Lo sabrás cuando llegues allí. Preséntate al departamento metamórfico.

El doctor Mueller era el transformarrostros de la hermandad; le pregunté qué había pensado para mí.

—¿Cómo voy a saberlo hasta descubrir quién eres? —Me midió y fotografió, registró mi voz, analizó mi modo de andar, y preparó una tarjeta perforada con mis características físicas—. Ahora encontraremos a tu hermano gemelo. —Observó como el clasificador de tarjetas revisaba rápidamente varios miles de ellas, y yo estaba empezando a pensar ya que era un individuo único, no lo suficientemente parecido a nadie como para permitirme un disfraz plausible, cuando dos tarjetas cayeron en el cesto casi simultáneamente. Antes de que la máquina se detuviera definitivamente había cinco tarjetas en el cesto.

—Un buen surtido —sonrió el doctor Mueller, mientras las revisaba—. Un sintético, dos vivos, un muerto, y una mujer. No utilizaremos a la mujer para este trabajo, pero la tendremos en cuenta; puede sernos muy útil algún día saber que hay una ciudadana femenina a la que puedes suplantar con éxito.

—¿Qué es un sintético? —pregunté.

—¿Eh? Oh, es una personalidad compuesta, construida muy cuidadosamente a base de datos y antecedentes imaginarios. Un asunto arriesgado... implica manipular en los archivos nacionales. No me gusta utilizar a un sintético, porque realmente no hay ninguna forma de llenar completamente el pasado de un hombre que no existe. Es mucho más preferible actuar sobre el pasado real de una persona real.

—Entonces, ¿por qué usan a los sintéticos?

—A veces debemos hacerlo. Cuando tenemos que trasladar apresuradamente a un refugiado, por ejemplo, y no existe ninguna personal real con la que pueda encajar. Por eso tratamos de tener siempre un buen surtido de sintéticos. Ahora déjame ver —añadió, revolviendo las tarjetas—, podemos elegir a dos de...

—Un segundo, doctor —interrumpí—. ¿Por qué guardan en el archivo a los muertos?

—Oh, no están legalmente muertos. Cuando uno de los hermanos muere y es posible ocultar el hecho, mantenemos su personalidad pública para un futuro uso posible. Ahora veamos —continuó—, ¿sabes cantar?

—No muy bien.

—Entonces hay que descartar a éste. Es un barítono de concierto. Puedo hacer un montón de cambios en ti, pero no puedo convertirte en un cantante profesional. Sería demasiado. ¿Qué te parecería ser Adam Reeves, viajante comercial de productos textiles? —mostró una tarjeta.

—¿Cree que me desenvolveré bien?

—Seguro... cuando yo haya acabado de trabajar contigo.

Quince días más tarde ni mi propia madre me hubiera reconocido. Ni creo que la propia madre de Reeves hubiera sabido diferenciarme de su hijo. A la segunda semana podía hacerle la competencia a Reeves en su propio trabajo. Empezó a caerme bien mientras lo estaba estudiando. Era un hombre tranquilo y pacífico, con una disposición al retraimiento, que siempre me hacía pensar en él como en alguien algo más pequeño que yo, aunque ambos éramos, por supuesto, de la misma altura, peso y estructura ósea. Nos parecíamos, en rostro y apariencia, tan solo superficialmente.

Es decir, al principio. Una simple operación hizo que mis orejas se separaran del cráneo un poco más de lo habitual; al mismo tiempo retocaron mis lóbulos. La nariz de Reeves era ligeramente aquilina; un poco de cera bajo la piel a la altura del puente hizo crecer un poco la mía. Fue necesario coronar algunos de mis dientes para identificarlos con sus muelas postizas; esa fue la única parte que realmente me desagradó. El tono de mi piel tuvo que ser descolorido ligeramente; el trabajo de Reeves no le permitía tomar demasiado el sol.

Pero la parte más difícil de la transformación física fueron las huellas dactilares artificiales. Un plástico opaco, flexible y de color carne fue implantado en las yemas de mis dedos, y luego sellado con moldes tomados de las huellas dactilares de Reeves. Fue un trabajo de artesano; cada dedo tuvo que ser sometido a siete pruebas antes de que el doctor Mueller diera su conformidad.

Aquello fue sólo el comienzo; luego tuve que aprender a actuar como Reeves... su andar, sus gestos, la forma como reía, sus modales en la mesa. Dudo que nunca pudiera dedicarme con éxito a la carrera de actor... y mi instructor era de mi misma opinión.

—¿Acaso no lo va aprender nunca, Lyle? Su vida dependerá de ello. ¡Tiene que *aprenderlo*!

—Pero yo pensaba que estaba actuando exactamente como Reeves —objeté débilmente.

—¡Actuando! Esto es precisamente lo malo... está usted *actuando* como Reeves. Y es algo tan falso como una pierna postiza. Tiene que *ser* usted Reeves. Inténtelo. Preocúpese de su cartera de ventas, piense en su último viaje, medite en las comisiones y los descuentos y las cuotas. Adelante. Inténtelo.

Durante cada minuto que tenía libre estudiaba los detalles normales del empleo de Reeves, pues realmente tendría que vender artículos textiles en su lugar. Tuve que aprender todo un oficio, y descubrí que era mucho más que simplemente llevar conmigo unas muestras y dejar que el tendero hiciera su elección... y ni siquiera sabía distinguir un denier de una fibra continua. Antes de terminar adquirí un nuevo respeto hacia los hombres de negocios. Siempre había pensado que comprar y vender era algo sencillo; nuevamente estaba equivocado. Tuve que utilizar el viejo profesor fonográfico y meterme en la cama con auriculares. Nunca conseguí dormir bien de este modo, y me despertaba cada mañana con dolor de cabeza y las orejas, aún tiernas de las operaciones, doloridas como dos forúnculos.

Pero funcionó. En dos cortas semanas yo *era* Adam Reeves, viajante de comercio, de los pies a la cabeza.

7

—Lyle —me dijo el Maestro Peter van Eyck—, se supone que Reeves tiene que tomar el *Cometa* para Cincinnati esta tarde. ¿Estás listo?

—Sí, señor.

—Bien. Repite tus órdenes.

—Señor, debo llevar mi... quiero decir el de él, programa de ventas de aquí hasta la costa. Luego me presento en las oficinas de San Francisco de la United Textiles y tomo mis vacaciones. En Phoenix, Arizona, debo acudir a los servicios religiosos en el Tabernáculo del Barrio Sur. Una vez terminados estos me quedo por allí y felicito al sacerdote por lo inspirado de su sermón, y en el transcurso de nuestra charla me presento a través de los medios habituales de nuestra orden. El se encargará de hacerme llegar hasta el Cuartel General.

—Todo correcto. Además de transferirte para el servicio, voy a utilizarte como mensajero. Preséntate inmediatamente en el laboratorio de psicodinámica. El jefe técnico te dará instrucciones.

El Maestro de la logia se levantó y vino hacia mí rodeando la mesa.

—Adiós, John. Cuídate, y que el Gran Arquitecto te ayude.

—Gracias, señor. Esto, ¿es importante el mensaje que debo llevar?

—Muy importante.

No dijo más, y me sentí un poco decepcionado; parecía una tontería mantener el misterio en torno a un mensaje del que iba a enterarme dentro de unos pocos minutos.

Pero estaba equivocado. En el laboratorio, me dijeron que me sentara, que me relajara, y me prepararon para hipnosis.

Me desperté con el agradable ardor que sigue normalmente a la hipnosis.

—Eso es todo —me dijeron—. Cumple con tus órdenes.

—Pero, ¿y el mensaje que debía llevar?

—Ya lo tienes.

—¿Hipnóticamente? Pero si soy arrestado, ¡estaré a merced de cualquier psicoinvestigador que me examine!

—No, no lo estarás. Ha sido cifrado sobre un par de palabras clave; no lo podrás recordar hasta que estas palabras se te mencionen. Las posibilidades de que un examinador pueda dar con ambas palabras y en el orden correcto son nulas. No podrás revelar el mensaje, ni despierto ni dormido.

Yo había esperado más bien ser «cargado» con algo que me permitiera suicidarme, si debía llevar un mensaje tan importante... pero no veía cómo podían hacerlo en el último minuto, más que proporcionarme una simple píldora, lo cual es un método casi inútil si la policía conoce algo de su oficio. Pero si no podía revelar el mensaje que llevaba conmigo, entonces preferí correr todos los riesgos; no pedí ningún veneno. De todos modos, no soy del tipo suicida... cuando Satán venga a por mí, deberá llevarme arrastrando.

El cohetepuerto de Nueva Jerusalén es de un acceso mucho más fácil que el de la mayoría de las demás ciudades. Había una estación de tubo justo enfrente del almacén que ocultaba nuestro cuartel general. Simplemente salí de la tienda, crucé el puente que atrevesaba la calle, entré en el tubo, encontré la derivación señalada «Cohetepuerto», aguardé la llegada de una cápsula vacía, y me metí dentro con mi equipaje. El empleado me cerró la puerta, y casi inmediatamente estuve en el cohetepuerto.

Compré mi billete y ocupé mi lugar al final de la cola que se había formado ante el control de la policía. Admito que estaba nervioso, aunque no creía tener ningún problema puesto que mi pase de viaje estaba en regla, y que los oficiales de policía que lo controlarían no me estaban buscando a mí sino a un tal John Lyle, un oficial del ejército renegado. Pero ellos siempre estaban buscando a alguien, y esperé que la lista de rostros buscados fuera lo suficientemente larga como para que el chequeo que realizaran conmigo no fuera más que una simple rutina.

La fila avanzó lentamente, y aquello parecía una mala señal... especialmente cuando observé que varias personas eran colocadas a un lado de la fila y se les decía que esperaran junto a la barrera del control. Me puse decididamente nervioso. Pero la propia espera me dio tiempo a controlarme. Mostré mis papeles al sargento, miré a mi crono, luego al reloj de la terminal, y de nuevo a mi muñeca.

El sargento estaba mirando con toda parsimonia mis papeles. Alzó la vista hacia mí.

—No tema perder su cohete —dijo, no sin cierta amabilidad—. No despegará hasta que hayamos terminado con la lista de pasajeros—. Tomó un tampón del mostrador y lo acercó—. Sus huellas, por favor.

Le tendía las manos sin ningún comentario. Las comparó con las huellas de mi pase de viaje y luego con las huellas que Reeves había dejado a su llegada, hacía una semana.

—Eso es todo, señor Reeves. Buen viaje.

Le di las gracias y salí.

El *Cometa* no estaba lleno. Elegí un asiento junto a una ventanilla, muy adelante, y apenas acababa de sentarme y abrir un ejemplar de la última edición de la tarde del *Ciudad Santa* cuando alguien me tocó el brazo.

Era un policía.

—¿Tiene la bondad de salir, por favor?

Fui sacado fuera con otros cuatro pasajeros masculinos. El sargento se mostró tremendamente cortés.

—Me temo que tendré que rogarles que regresen a la terminal para una nueva identificación. Ordenaré que sus equipajes sean desembarcados y cambien la lista de pasajeros. Sus billetes serán cambiados para el próximo vuelo.

Dejé escapar un gruñido.

—¡Pero yo debo estar en Cincinnati esta noche!

—Lo siento. —Se giró hacia mí—. Es usted Reeves, ¿no? Hummm... su peso y talla son los correctos. Pero... déjeme ver de nuevo su pase. ¿No llegó usted a la ciudad la semana pasada?

—Exactamente.

Revisó de nuevo mis papeles.

—Oh, sí. Ya le recuerdo; llegó usted el martes por la mañana en el *Peregrino*. Bueno, no podía estar usted en dos sitios a la vez, así que creo que eso lo elimina. —Me tendió de vuelta los papeles—. Vuelva a subir a bordo. Lamento haberle molestado. Los demás, vengan conmigo.

Regresé a mi asiento y tomé de nuevo mi periódico. Unos pocos minutos más tarde el primer empuje de los poderosos cohetes nos lanzó hacia el oeste. Continué leyendo el periódico para disimular mi agitación y alivio, pero pronto empecé a sentirme interesado. Había estado leyendo un periódico de Toronto aquella misma mañana, llegado clandestinamente al cuartel general; el contraste era sorprendente. Estaba de regreso a un mundo para el cual el mundo exterior apenas existía; las noticias de «asuntos exteriores», si podían llamarse así, consistían en brillantes reportajes de nuestras misiones en otros países y algunos relatos de atrocidades entre los infieles. Empecé a preguntarme dónde iría a parar todo el dinero que se recogía cada año en contribuciones para las misiones; el resto del mundo, si uno creía en *sus* periódicos, no parecía muy enterado de que tales misiones existieran.

Luego empecé a revisar el periódico, fijándome en las noticias que sabía eran falsas. Cuando terminé con ello estábamos abandonando la ionosfera y descendiendo hacia Cincinnati. Habíamos alcanzado de nuevo al sol y estábamos otra vez en el atardecer.

Seguramente hubo algún buhonero entre mis antepasados; no solamente cubrí el territorio de Reeves en Cincinnati, sino que mejoré su cuota. Descubrí que hallaba más placer en persuadir a algún tendero testarudo de que debía comprar más metros que el que había obtenido con mis deberes militares. Dejé de preocuparme de mi disfraz y pensé tan solo en productos textiles. Vender no es tan sólo un medio de ganarse la vida; es un juego, es divertido.

Me fui hacia Kansas City, como estaba previsto, y no tuve problemas con la policía para obtener un visado para mi pase de viaje. Llegué a la conclusión de que Nueva Jerusalén había sido el único punto de control comprometido; aquí en el oeste nadie esperaba atrapar a John Lyle, antiguo oficial y caballero; era uno más entre los miles de hombres buscados, perdido en los archivos.

El cohete a Kansas City iba lleno; tuve que sentarme al lado de otro pasajero, un tipo robusto en su treintena. Nos miramos mutuamente cuando me senté, y luego cada cual se ocupó de sus propios asuntos. Pedí una mesita portátil y empecé a poner en orden mis pedidos y los demás papeles que había ido acumulando durante los ajetreados y provechosos días en Cincinnati. El se rellanó en su asiento y miró las noticias en la pantalla de televisión de la parte delantera de la cabina.

Al cabo de unos diez minutos sentí un codazo, y miré a mi alrededor. Mi compañero de asiento señaló con un dedo hacia la televisión; en ella se veía una gran plaza pública completamente llena por una multitud. La multitud se dirigía hacia las escalinatas de un enorme templo, sobre el cual flotaba la bandera roja y dorada del Profeta y la insignia del obispado. Cuando miré, la primera oleada de la multitud irrumpía en las escalinatas del templo.

Un escuadrón de los guardias del templo surgió trotando de una puerta lateral cercana a las gigantescas puertas frontales y montó sus trípodes en la terraza que dominaba la amplia escalinata. La escena cambió a otro enfoque; ahora veíamos directamente los rostros de la multitud corriendo hacia nosotros... aparentemente desde una cámara con teleobjetivo instalada en el techo del templo.

Lo que siguió hizo que me avergonzara del uniforme que había llevado. En vez de matarlos rápidamente, los guardias apuntaban bajo y les quemaban las piernas. Durante un instante la primera oleada vino corriendo hacia mí escalinatas arriba... luego cayó, con los cauterizados muñones de sus piernas agitándose convulsivamente. Contemplé a una pareja de jóvenes, exactamente en el centro de la imagen; habían estado corriendo cogidos de la mano. Cuando el rayo les alcanzó, cayeron juntos.

Ella siguió tendida. El consiguió alzarse sobre lo que habían sido sus rodillas, dio dos agónicos pasos hacia su compañera, y se derrumbó sobre ella. Atrajo la cabeza de la joven hacia sí, y en aquel momento la escena cambió para dejar paso a una vista general de la plaza.

Descolgué los auriculares que había en el respaldo del asiento delantero al mío y escuché:

—...apolis, Minnesota. La situación se halla controlada y no se necesitan refuerzos de tropas. El obispo Jennings ha declarado la ley marcial mientras los agentes de Satán son derrotados y el orden restaurado. Inmediatamente se iniciará un período de plegarias y sanciones.

«Los ghettos de Minnesota han sido cerrados y todos los parias locales serán alojados de nuevo en las reservas de Wyoming y Montana a fin de prevenir futuros disturbios. Dejemos que esto sirva de advertencia a todos los impíos de cualquier lugar que pretendan disputar el divino papel del Profeta Encarnado.

«Estas escenas, tomadas en directo por el Servicio de

Noticias La Santa Paloma, llegan hasta ustedes bajo el patrocinio de la Asociación de Comerciantes del Reino, que les ofrecen los más delicados presentes para la santificación del hogar. Sea el primero de su parroquia en poseer una estatuilla del Profeta que milagrosamente *¡brilla en la oscuridad!* Envíe un dólar a esta emisora...

Desconecté los auriculares y volví a dejarlos en su sitio. ¿Por qué acusaban a los parias? Aquella multitud no estaba formaba por parias.

Pero mantuve los labios cerrados y dejé que mi compañero hablara el primero... cosa que hizo con vehemencia.

—¡Les está bien empleado, malditos idiotas! Imagínese, cargar contra una posición fortificada con sus manos desnudas. —Su voz era muy baja, y hablaba casi en mi oído.

—Me pregunto por qué se habrán sublevado —fue todo lo que respondí.

—¿Eh? Nadie puede comprender las acciones de un herético. Están locos.

—Puede cantarlo usted en la iglesia —acepté firmemente—. Además, incluso un hereje en su sano juicio... si es que hay alguno, quiero decir... debería darse cuenta de que el gobierno está haciendo un buen trabajo en llevar adelante el país. Los negocios son buenos —palmeé satisfecho mi cartera—. Para mí al menos, alabado sea el Señor.

Hablamos de negocios y de cosas así durante un rato. Mientras lo hacíamos, aproveché para estudiarlo detenidamente. Parecía ser el tipo habitual de ciudadano importante, convencional y conservador, aunque algo en él me hacía sentir intranquilo. ¿Eran simplemente mis nervios culpables? ¿O algún sexto sentido de las personas perseguidas?

Mis ojos se posaron en sus manos y tuve la vaga sensación de que notaba algo raro en ellas. Pero no había nada que pudiera calificarse como especial. Finalmente observé un pequeño detalle, casi insignificante... un círculo calloso en torno a la parte baja del tercer dedo de su mano izquierda, el tipo de señal dejado por un pesado anillo, que se haya llevado durante años, como la que me quedó a mí cuando me quité el anillo de clase de West Point. No significaba nada, por supuesto, ya que muchos hombres acostumbran a llevar pesados anillos de sello en ese dedo. Yo mismo estaba llevando uno... no el de West Point, naturalmente, sino uno perteneciente a Reeves.

¿Pero por qué ese tipo de aire tan convencional había llevado normalmente un anillo así, y de repente se lo había quitado? Era una tontería, pero me preocupó; un animal perseguido vive gracias a observar cosas triviales. En West Point nunca fui considerado brillante en psicología; no conseguí el galón de cadete precisamente debido a ello. Pero ahora parecía un buen momento para utilizar lo poco que había aprendido... así que dejé correr mi mente sobre todo lo que había observado en él.

Lo primero que él había observado, lo que había comentado, era la locura de cargar contra una posición fortificada. Aquello denotaba una orientación militar de su pensamiento. Pero eso no probaba que hubiera pasado por West Point. Por el contrario, un hombre de la Academia llevaría su anillo todo el tiempo, incluso a la tumba, incluso de permiso y llevando ropas de paisano... a menos que por alguna buena razón no deseara ser identificado.

Seguíamos charlando intrascendentemente, y yo estaba devanándome los sesos sobre cómo evaluar los insuficientes datos de que disponía, cuando la azafata sirvió té. El aparato estaba en aquel momento iniciando el descenso en las fronteras del espacio para iniciar el largo planeo que lo conduciría a Kansas City; el movimiento fue algo brusco, y algo del té se derramó sobre su muslo. El hombre gruñó algo por lo bajo. No creo que la azafata llegara a entender lo que dijo.

Pero yo sí lo entendí... y pensé furiosamente en ello mientras le ayudaba a limpiarse con un pañuelo. «¡Chupatintas idiota!» era una expresión que se utilizaba dentro del más estricto lenguaje coloquial de West Point.

En consecuencia, la callosidad del anillo no era una coincidencia; aquel hombre procedía de West Point, era un oficial del ejército pretendiendo ser un civil. Corolario: lo más seguro era que estuviera realizando una misión secreta. ¿Era yo esa misión?

¡Oh, vamos, John! Su anillo podía estar en una joyería,

siendo reparado; podía estar volviendo a casa con un permiso de treinta días. Pero en el transcurso de la larga charla me había dado a entender que era un hombre de negocios. No, era un agente secreto.

Pero aunque no fuera tras de *mí*, había cometido dos grandes errores en mi presencia. Pero ni siquiera el más estúpido bisoño (como yo mismo, digamos) comete tales deslices manteniendo una identidad asumida... y el servicio secreto del ejército no era estúpido; estaba regido por algunos de los cerebros más sutiles de todo el país. Muy bien, entonces... no eran deslices accidentales, sino actos calculados; se pretendía que yo los observara y *pensara* que eran accidentes. ¿Por qué?

No era simplemente porque no estuviera seguro de que yo era el hombre al que buscaba. En tal caso, según el viejo y comprobado principio de que un hombre es culpable hasta que no demuestra ser inocente, bastaba con arrestarme y ponerme bajo Investigación.

Entonces, *¿por qué?*

Sólo podía ser porque desearan dejarme circular libremente durante un cierto tiempo más... pero asustándome lo suficiente como para que corriera a buscar refugio, llevándoles así hasta mis compañeros conspiradores. Era una hipótesis descabellada, pero la única que parecía cubrir todos los hechos.

Cuando llegué a la conclusión de que mi compañero debía ser un agente tras mis huellas me sentí invadido por ese frío terror que te retuerce el estómago y que sólo puede ser comparado con el mareo del mar. Pero cuando imaginé sus motivos me calmé. ¿Qué hubiera hecho Zebadiah? «El primer principio de toda intriga es no hacer nunca nada que pueda parecer no habitual...» Permanecer sentado y con la boca cerrada. Si aquel policía deseaba seguirme, lo llevaría a todas las tiendas de ropas y tejidos de Kansas City, y lo dejaría esperando mientras yo ofrecía mis metros de telas.

Sin embargo, mi estómago estaba apretado cuando salimos del cohete en Kansas City. Esperaba aquel suave toque en el hombro que es más aterrador que un puñetazo en pleno rostro. Pero no ocurrió nada. Me lanzó un indiferente

Vaya con Dios, pasó delante mío, y se dirigió hacia el ascensor que conducía a la plataforma de taxis mientras yo aún me quedaba esperando a que me sellaran el pase. Aquello no me tranquilizó, porque podía haberme señalado de media docena de maneras a algún relevo. Me dirigí en el tubo hasta New Muehlbach tan naturalmente como me fue posible.

Pasé toda una semana en Kansas City, superé mi cuota, y conseguí un nuevo cliente de bastante importancia. Intenté descubrir cualquier sombra que hubiera podido ser puesta tras de mí, pero no pude localizar el menor indicio de ser seguido. Si lo fui, alguien se pasó una semana tremendamente aburrida. Pero, aunque había llegado a la conclusión de que el incidente no era más que imaginaciones mías y nervios, me sentí finalmente feliz de abordar el cohete de Denver y comprobar que mi compañero de hacía una semana no figuraba entre los pasajeros.

Aterrizamos en el nuevo campo situado al este de Aurora, a varios kilómetros del centro de Denver. La policía comprobó mis papeles y tomó mis huellas dactilares de una forma rutinaria, y ya estaba a punto de volver a guardarme mis documentos en el bolsillo cuando el sargento del mostrador dijo:

—Descubra su brazo izquierdo, señor Reeves, por favor.

Me subí la manga mientras intentaba exhibir el grado exacto de irritado fastidio. Un auxiliar con bata blanca tomó una muestra de sangre.

—Sólo una precaución normal —explicó el sargento—. El Departamento de Salud Pública está intentando erradicar el tifus.

Era una débil excusa, como sabía por mis propios conocimientos de medicina... pero Reeves, un representante de productos textiles, no tenía por qué saberlo. Sin embargo, la excusa se hizo aún más inconsistente cuando me pidieron que aguardara en una habitación lateral de la terminal mientras mi muestra de sangre era analizada. Me senté inquieto, intentando imaginar el daño que podían hacerme con diez centímetros cúbicos de mi sangre... y qué podía hacer yo aunque lo supiera.

Tuve tiempo suficiente para pensar. La situación tenía apariencia de serlo todo menos halagüeña. Mi tiempo se estaba probablemente pasando mientras yo permanecía sentado allí... la excusa que habían dado para tenerme en aquel lugar era apenas plausible como para impedir que echara a correr; quizás eso fuera lo que desearan. Así que permanecí sentado, sudando.

El edificio era una estructura provisional, y la pared entre yo y la oficina del sargento era un delgado laminado; podía oír voces a través de ella, sin ser capaz de captar las palabras. No me atreví a aplicar mi oído contra ella por miedo a ser sorprendido haciéndolo. Por otro lado, tenía la sensación de que eso era lo que debía hacer. Así que moví mi silla hacia la pared, me senté de nuevo, y la empujé hacia atrás de tal modo que la silla quedara apoyada sobre dos de sus patas y mis hombros y la parte baja de mi cuello se apoyaran en la pared. Luego tomé un periódico y lo abrí frente a mi rostro, y apliqué el oído contra la pared.

Entonces pude oír claramente. El sargento estaba contando una historia a su ayudante, que le hubiera valido un mes de castigo si la oyera un censor de moral... De todos modos, yo ya había oído la misma historia, sólo ligeramente cambiada, allá en Palacio, así que realmente no me chocó, y además no estaba de humor como para preocuparme acerca de la moral de los demás. Escuché varios informes de rutina y una pregunta de algún estúpido que andaba buscando el lavabo de caballeros, pero ni una palabra sobre mí. Conseguí pillar una tortícolis gracias a la posición.

Exactamente frente a mí había una ventana abierta que daba al campo de cohetes. Una pequeña nave apareció en el cielo, frenó con los cohetes del morro, y efectuó un aterrizaje perfecto a unos cuatrocientos metros de distancia. El piloto hizo avanzar el aparato hacia el edificio de administración y lo estacionó fuera de la ventana, a menos de veinticinco metros de distancia de ésta.

Era la versión correo del *Gavilán*, un estratorreactor con cohetes de impulso y frenada, una de las mejores naves que habían sido construidas. Lo conocía bien; había pilotado uno exactamente igual, logrando el segundo puesto en los campeonatos de polo aéreo del Ejército... fue el año en que vencimos a la Marina y a Princeton.

El piloto salió y se alejó. Calculé la distancia que me separaba del cohete. Si el contacto no había sido cortado... ¡Infiernos!, ¿y si lo estaba? Miré hacia la ventana abierta: a lo mejor había un circuito en ella. Podía estar equipada con vibrorrayos; si era así, jamás llegaría a saber qué me había golpeado. Pero no pude descubrir por ningún lado una conexión eléctrica o un cable conductor, y la endeble construcción del edificio hacía difícil ocultarlos. Probablemente no había más que alarmas de contacto; no creo que hubiera mucho más que un circuito de selenio.

Mientras estaba pensando en ello oí de nuevo voces cerca de la puerta; apreté mi oído contra la pared y me esforcé en escuchar.

—¿De qué tipo es la sangre?

—Del tipo uno, sargento.

—¿Concuerda?

—No, Reeves es del tipo tres.

—¡Hey! Telefonee al laboratorio principal. Lo llevaremos a la ciudad para que le practiquen un retinal.

Había sido atrapado, y lo sabía. Sabían positivamente que yo no era Reeves. Una vez hubieran fotografiado el esquema de los vasos sanguíneos en la retina de cada ojo sabrían exactamente quién era yo realmente, en un tiempo no superior al que necesitarían para enviar por radio una foto a la Oficina de Moral e Investigación... menos aún si habían enviado copias a Denver o a cualquier otra parte de mi descripción.

Salté por la ventana.

Caí sobre mis manos, rodé varias veces como una pelota, y me puse en pie sin el menor rasguño. Estaba demasiado ocupado como para detenerme a escuchar si se había disparado alguna alarma. La portezuela del cohete estaba abierta, y la ignición no estaba desconectada... ¡la suerte estaba a mi favor! No me molesté en buscar una pista libre: puse los cohetes en marcha allí mismo, sin preocuparme de que pudieran chamuscar a mis perseguidores. Saltamos sobre el suelo, mi querido aparato y yo, luego alzamos la nariz y partimos velozmente hacia el este.

8

Dejé que su proa apuntara al cielo, buscando altura y velocidad para que ios estratocohetes pudieran trabajar adecuadamente. Me sentí exultante por tener una buena nave conmigo y a aquellos policías atrás y muy lejos. Pero aparté de mí aquel estúpido optimismo cuando me nivelé para proseguir horizontalmente el vuelo.

Si un gato escapa subiéndose a un árbol, deberá quedarse allí hasta que el perro se haya marchado. Esta era exactamente mi situación, pero en mi caso el perro no se iría, y yo no podría quedarme allá arriba indefinidamente. La alarma sería dada inmediatamente; tras de mí, por todos lados, pilotos de la policía estarían en el aire en cuestión de minutos, quizá de segundos. Podía estar seguro de que estaba siendo ya localizado, y el blip de mi aparato en varias pantallas sería introducido como dato en una computadora que trazaría inmediatamente mi situación y mi rumbo, fuera a donde fuese. Después de aquello... bueno, o aterrizaba o me volatilizarían en el aire.

El milagro de mi fuga empezó a parecerme un poco menos milagroso. ¿O *demasiado* milagroso, quizá? ¿Desde cuándo la policía era tan torpe como para dejar a un prisionero en una habitación con una ventana sin custodiar? ¿No era demasiada coincidencia el que una nave que yo sabía manejar llegara hasta aquella ventana y fuera dejada allí, con la ignición sin desconectar, justo en el momento en que el sargento decía en voz alta lo que sabía que yo intentaría escuchar?

Quizá se tratara de un segundo y exitoso intento de sumergirme en el pánico. Quizás alguien conocía mi predilección por el *Gavilán* correo, la conocía porque tenía mi dossier extendido sobre su mesa ante él y sabía de mi récord en el polo aéreo tanto como yo mismo. En cuyo caso quizá no me dispararían aún; quizá contaran con que yo les condujera directamente a mis camaradas.

O quizá sólo como una posibilidad, se trataba de una fuga real... si podía sacar partido de ella. De cualquier forma, no estaba dispuesto a que me atraparan de nuevo, ni tampoco a conducirles hasta mis hermanos... ni tampoco a morir. Llevaza un mensaje importante, me dije a mí mismo; tenía demasiadas ocupaciones como para complacerles muriendo precisamente ahora.

Conecté el comunicador de la nave en la frecuencia de la policía y tráfico y escuché. Había una conversación entre el cohetepuerto de Denver y un transporte en el aire, pero nadie me estaba gritando todavía que aterrizara o en caso contrario sería derribado. Quizá más tarde... Lo dejé conectado y reflexioné.

El localizador de ruta me indicaba que estaba a unos ciento veinte kilómetros de Denver y dirigiéndome al noroeste; me sorprendí al ver que llevaba en el aire menos de diez minutos... el flujo de adrenalina era tan grande que mi sentido del tiempo resultaba sin duda distorsionado. Los tanques de combustible estaban casi llenos; tenía para casi diez horas y diez mil kilómetros de vuelo en crucero de economía... pero por supuesto a esa velocidad podrían asaetarme con proyectiles cohete.

Un plan, estúpido y quizás imposible, y seguramente nacido de la desesperación, pero pese a todo mejor que la inexistencia de cualquier plan, estaba empezando a formarse en mi cerebro. Consulté el gran círculo indicador y tracé un rumbo hacia la República de Hawaii; mi chico enfiló el morro ligeramente hacia el sudoeste. Luego elaboré un esquema carburante-velocidad-distancia y planteé un problema... 5.000 kilómetros, a una media de 1.300 por hora, terminando con los tanques vacíos y dependiendo del impulso de los cohetes y de las unidades de morro para frenar en un aterrizaje a motor parado. Arriesgado.

No me importaba. En algún lugar allá abajo, poco después de que conectara el piloto automático en la velocidad y rumbo indicados, los analizadores de la red cibernética les estarían diciendo a sus operadores humanos que estaba intentando escapar al Estado Libre de Hawaii, en tal rumbo, a tal altitud, y con una tal velocidad máxima... y que pasaría sobre la costa del Pacífico entre San Francisco y Monterrey dentro de sesenta minutos escasos a menos que fuera interceptado. Pero la intercepción era segura. Aunque estuvieran jugando conmigo al gato y al ratón, los proyectiles tierra-aire surgirían del valle de Sacramento. Si fallaban (cosa bastante improbable), naves tripuladas tan rápidas o más que mi pequeño, con los depósitos llenos y sin necesidad de conservar ningún radio, me esperarían a mi misma altitud en la costa. No tenía ninguna posibilidad de eludir ese obstáculo.

Ni tampoco lo pretendía. *Deseaba* que destruyeran al pequeño amigo que estaba conduciendo, lo destruyeran completamente en el aire... porque no tenía intención de estar a bordo cuando esto ocurriera.

Operación Cabezota, fase dos: ¡cómo salir de esta maldita cosa! Abandonar un avión cohete en vuelo propulsado es algo que ha sido calculado por eminentes ingenieros; tiras de la palanca de eyección y rezas; el resto se hace solo. La cápsula de supervivencia se cierra herméticamente sobre ti, y luego la cápsula contigo dentro es eyectada de la nave. En su momento, a la presión y velocidad del aire adecuadas, es soltado el paracaídas; frena tu caída, y ahí estás, flotando confortablemente hacia la buena tierra de Dios, con tu botella de oxígeno de emergencia por compañía.

Sólo hay un inconveniente: tanto la cápsula como el cohete abandonado empiezan a enviar señales de radio, puntos para la cápsula, rayas para el aparato, y, para mayor seguridad, la cápsula posee una boya señalizadora para el radar. El conjunto es tan llamativo como una vaca en una iglesia.

Permanecí allí, mordisqueándome el pulgar y mirando al frente. Me parecía que la distancia se veía más agreste y azul que de costumbre... mi propio estado de ánimo sin duda, ya que sabía que más de veinte kilómetros de terreno se estaban deslizando debajo mío a cada minuto, y que ya era demasiado tarde para que yo tomara mi sombrero y me fuera a casa. Por supuesto, tenía una puerta directamente al lado mío; podía simplemente abrirla y saltar. Pero uno no puede abrir la puerta en un estratocohete en pleno vuelo; aligerar de este modo el peso haría que el aparato se comportara como un cachorrillo retozón. Tampoco se puede ignorar la brisa que reina a una velocidad de mil trescientos kilómetros por hora, incluso a 18.000 metros de altitud; me vería cortado a rodajas como mantequilla apenas se asomara.

La respuesta dependía de lo bueno que fuera el piloto automático de aquel cacharro. Los mejores pilotos automáticos podían hacer cualquier cosa excepto cantar himnos; algunos de los más sencillos podían mantener el rumbo, la velocidad y la altitud, pero ahí terminaban sus talentos. En particular deseaba saber si este piloto automático poseía un circuito de emergencia para casos de incendio, porque intentaba parar el aparato, saltar fuera, y dejar que el cohete siguiera por sí mismo en dirección a Hawaii... si podía.

Un estratocohete no puede operar en absoluto excepto a gran velocidad; es por eso por lo que llevan los cohetes de propulsión, ya que de otro modo no podrían ni despegar. Si desciendes por debajo de la velocidad crítica de tus motores estos se paran, y entonces tienes que ponerlos en marcha, ya sea con ayuda de los cohetes, o picando para ganar velocidad. Es una maniobra delicada, y un cierto número de estratopilotos han ido directamente al cielo tras haber sufrido una inesperada «parada de motores».

Mi experiencia anterior con el correo *Gavilán* no me decía nada, pues no se utiliza piloto automático en el polo aéreo. Creánme, no se necesita. Así que busqué en el manual de instrucciones en la guantera, no lo encontré, y empecé a revisar el propio piloto. La placa de datos no me dijo nada. Sin duda, con un destornillador y tiempo suficiente, podría haberlo abierto, revisado los circuitos y determinado el hecho... digamos en un día y medio; esos pilotos automáticos eran una masa de transistores y spaghetti.

Así que tomé el paracídas personal de su alojamiento y empecé a ajustármelo, mientras murmuraba:

—Compañero, *espero* que tengas en tus circuitos lo que deseo de ti. —El piloto automático no respondió, aunque no me hubiera sorprendido que lo hubiera hecho. Luego me eché hacia atrás en mi asiento y procedí a programar manualmente el piloto automático. No tenía demasiado tiempo; estaba ya casi sobre la cuenca del Deseret, y podía ver el sol poniente reflejándose en las aguas del Gran Lago Salado, allá delante y a mi derecha.

Primero perdí altura, porque a 18.000 metros el aire es frío y tenue... y hay demasiada poca presión de oxígeno para los pulmones humanos. Luego inicié una suave curva ascendente que no arrancara las alas del avión ni me llevara hasta el velo negro. Tenía que hacerlo ascender bastante, puesto que pretendía desconectar completamente los motores cohete y forzar a mi chica a poner en marcha sus toberas en busca de velocidad, obligándola entonces con una pérdida de velocidad en vertical a que creara una «parada de motores»... en cuyo momento saltaría apresuradamente. Por obvias razones, no deseaba que los motores cohete estuvieran funcionando en el momento en que yo dijera mi adiós.

Seguí trazando mi curva ascendente hasta que estuve tendido con mi espalda vuelta contra la tierra de abajo y mirando directamente al cielo. Entonces paré los motores, con la intención de entrar en picado con los motores parados a nueve mil metros... lo suficiente bajo como para saltar en una zona no demasiado distante del aire respirable, y lo suficiente alto como para darle a mi dama una oportunidad de seguir su rumbo sin estrellarse contra la meseta de Utah. A los nueve mil metros tuve esa loca e inevitable sensación que experimentas cuando los controles se vuelven reacios a obedecer. De repente, una luz roja se encendió en el tablero de instrumentos, y ambas toberas se apagaron. Era el momento de saltar.

Casi olvidé la botella del asiento. Estaba todavía batallando con la boquilla, intentando insertarla entre mis dientes, mientras me colocaba el respirador sobre la nariz, mientras con la otra mano intentaba abrir la portezuela... todo ello grandemente impedido por el hecho de que la nave y yo estábamos descendiendo juntos en caída libre; el tenue aire que había en la parte superior de la trayectoria en picado hacía que mi peso fuera de unos pocos kilos, no más.

La portezuela no quería abrirse. Finalmente recordé accionar la válvula de emergencia, y entonces se abrió y casi fui arrancado fuera del aparato. Colgué allí durante un segundo o dos, mientras el suelo giraba vertiginosamente sobre mi cabeza, luego la portezuela volvió a cerrarse con fuerza... y me encontré alejándome lentamente del parato. No salté...

Quizá golpeara con mi cabeza contra un ala. En cualquier caso, hay un corto lapsus en mi memoria antes de que me descubriera sentado en el espacio, a unos veinticinco metros del aparato. Este caía lentamente girando en picado, y la tierra y el cielo giraban también locamente a mi alrededor. Había un ligero y gélido viento mientras caía, pero no era consciente aún del frío. Permanecimos bajando puntos durante unos breves instantes —u horas; el tiempo se había detenido para mí—; luego la nave se enderezó, recuperó su rumbo, y se alejó de mí.

Intenté seguirla con la vista, y fui consciente del helado viento de mi caída. Me dolían los ojos, y recordé haber leído algo acerca de la congelación de los globos oculares; me los cubrí con ambas manos. Sentí alivio.

Repentinamente me estremecí, aterrado ante la idea de que había retrasado demasiado el salto y estaba a punto de estrellarme contra el suelo del desierto. Destapé los ojos y eché una mirada.

No, el suelo estaba aún muy lejos, tres o cuatro kilómetros quizá. No podía estar muy seguro de mis conjeturas, ya que allá abajo estaba oscureciendo. Intenté ver el cohete, no lo conseguí, luego repentinamente lo descubrí cuando sus motores se ponían de nuevo en marcha. Me arriesgué a que se me congelaran los ojos y miré, sintiendo que mi corazón latía alegremente. El piloto automático llevaba integrado el circuito de emergencia para la «parada de motores», y todo estaba saliendo de acuerdo con mi plan. Mi amorcito estaba nivelándose, poniendo rumbo al oeste, y empezaba a ganar altura en dirección al techo que le había marcado. Recé para que pudiera pasar hasta el Pacífico y no fuera derribado antes de alcanzarlo.

Sus resplandecientes toberas de popa desaparecieron de mi vista mientras yo seguía cayendo.

El triunfo de mi pequeño avión hizo que olvidara mis temores. Cuando salté sabía que debería realizar un salto prolongado. Mi propio cuerpo, al abandonar el aparato, daría un blip secundario en la pantalla de cualquier radar que estuviera siguiendo la trayectoria de la nave; mi única esperanza de convencer a mis rastreadores de que mi maniobra era una auténtica emergencia —una «parada de motores»— residía en alejarme rápidamente de la nave y luego no ser detectado durante la caída. Aquello significaba que debía caer con rapidez directamente fuera de escena, y no tirar de la cuerda del paracaídas hasta que estuviera cerca del suelo, en plena oscuridad visual y por debajo del alcance del radar.

Pero nunca antes había hecho un salto retardado; de hecho, había saltando tan sólo dos veces, los dos sencillos saltos de prácticas bajo la supervisión de un profesor que se le exigen a cualquier cadete para poder graduarse. No me sentía especialmente incómodo mientras mantuviera los ojos cerrados pero empecé a notar una auténtica urgencia irrefrenable de tirar de aquella cuerda. Mi mano encontró la anilla y la aferró. Me dije a mí mismo que debía esperar, pero no podía contenerme. Todavía estaba demasiado alto, mortalmente seguro de ser detectado si abría sobre mí aquel llamativo artefacto y flotaba tranquilamente el resto del camino.

Mi idea había sido abrir el paracaídas entre los trescientos y los ciento cincuenta metros de altura sobre el suelo, pero mis nervios jugaban su parte y no pude esperar tanto. Había una gran ciudad debajo de mí... Provo, Utah, como había podido comprobar desde arriba. Me convencí a mí mismo de que debía tirar de la cuerda para evitar caer directamente sobre la ciudad.

Recordé justo a tiempo retirar la mascarilla de oxígeno del rostro, evitando así la posibilidad de un puñado de dientes rotos, puesto que no había tenido tiempo de sujetar la botella de oxígeno a mi cuerpo; la había estado llevando durante todo el descenso en mi mano izquierda. Supongo que incluso entonces hubiera tenido tiempo de asegurarla, pero en lugar de ello la arrojé más o menos en dirección a una granja, esperando que fuera a caer en un campo arado antes que sobre el cráneo de algún honesto ciudadano. Luego tiré de la anilla.

Durante la clásica fracción de segundo pensé que el paracaídas estaba mal empaquetado. Luego se abrió y el tirón me hizo desvanecerme... a menos que fuera el miedo. Recuperé el sentido colgado de los correajes, con el suelo oscilando y girando lentamente debajo de mí. Estaba aún demasiado alto, y parecía estar flotando hacia las luces de Provo. Así que inspiré profundamente —el auténtico aire sabía bien después del aire embotellado—, sujeté un doble puñado de cuerdas, y expulsé algo del viento que me sustentaba.

Empecé a descender más aprisa, y me las arreglé para conseguir el soporte necesario para una caída suave. No podía ver bien el suelo en la oscuridad del atardecer pero supe que estaba cerca; doblé las rodillas tal como dice el manual, y luego topé con el suelo cuando menos lo esperaba, vacilando, cayendo, y enredándome con las cuerdas en la caída. Se supone que fue algo parecido a una caída libre desde cinco metros; todo lo que puedo decir es que pareció mucho más.

Luego me encontré sentado sobre mis posaderas en un campo de remolachas frotándome el tobillo izquierdo.

Los espías siempre entierran sus paracaídas, así que supongo que yo también hubiera debido enterrar el mío. Pero no me sentía con ánimos para hacerlo y además no tenía herramientas; lo escondí en una alcantarilla que atravesaba la carretera que delimitaba el campo, luego eché a andar penosamente por aquella carretera en dirección a las luces de Provo. Mi nariz y mi oreja derecha habían sangrado, y la sangre se había secado en mi rostro; iba cubierto de suciedad, mis pantalones estaban rotos, el Señor sabe donde estaba mi sombrero —en Denver quizá, o en algún lugar por encima de Nevada—, mi tobillo izquierdo parecía haber sufrido una ligera torcedura, mi mano derecha estaba bastante despellejada, y eso que había sufrido un accidente infantil. Me sentía entumecido.

Apenas pude contener el echarme a silbar mientras andaba, tan bien me sentía. Seguía estando perseguido, pero los censores del Profeta pensaban que aún estaba allá arriba en el cielo y volando hacia Hawaii. Al menos esperaba que lo creyeran, y en cualquier caso aún estaba libre, vivo, y razonablemente intacto. Si uno debía ser perseguido, Utah era el mejor sitio para ello; había sido el centro de la herejía y del cisma desde la supresión de la iglesia mormónica, allá en los lejanos días del Primer Profeta. Si conseguía mantenerme fuera de la vista directa de la policía del Profeta, era poco probable que alguno de los nativos me denunciara.

Sin embargo, me tendí en la cuneta cada vez que pasó un camión o un coche, y abandoné la carretera y seguía a campo través antes de entrar en la ciudad propiamente dicha. Di un amplio rodeo y entré por una callejuela lateral débilmente iluminada. Faltaban dos horas para el toque de queda; necesitaba llevar a cabo la primera parte de mi plan antes de que las patrullas nocturnas ocuparan las calles.

Vagabundeé por las calles residenciales menos iluminadas y evité cualquier contacto directo con la gente durante más de una hora antes de encontrar lo que buscaba... algún tipo de aparato volador que yo pudiera robar. Resultó ser un aerocoche Ford familiar, estacionado en un solar. La casa que había a su lado estaba a oscuras.

Me acerqué a él, manteniéndome en las sombras, y destrocé mi cortaplumas forcejeando con la puerta... pero conseguí abrirla. La ignición estaba desconectada, pero no esperaba tener tanta suerte por segunda vez. Yo había recibido una educación extremadamente práctica a expensas de los contribuyentes, que incluía un conocimiento detallado de los motores I. C., y esta vez nada me apresuraba; me tomó veinte minutos, trabajando en la oscuridad, establecer un puente en el contacto.

Tras un rápido reconocimiento de la calle, subí al vehículo y puse en marcha la electricidad auxiliar, y me deslicé suavemente hasta la calle y giré una esquina antes de conectar las luces del coche. Luego conduje tan tranquilamente como un granjero regresando de una reunión de plegarias en la ciudad. No obstante, tenía miedo a encontrarme con un puesto de control de la policía en los límites de la ciudad, así que tan pronto como las casas empezaron a hacerse raras lancé el vehículo a campo través y me alejé de la carretera; luego, inesperadamente, una de las ruedas delanteras se hundió en un canal de riego, y aquello determinó mi despegue.

El motor principal tosió y se puso en marcha; el rotor desplegó sus aspas con un fuerte chirrido. Le costó despegar, con una rueda metida en el canal, pero lo consiguió. El suelo fue alejándose hacia abajo.

9

El coche que había robado era destartalado, viejo, con el motor no muy bien conservado, una válvula que sonaba de un modo extraño, y una vibración en el rotor que no me gustaba en absoluto. Pero funcionaba y tenía más de la mitad del depósito de combustible lleno, lo suficiente como para llevarme hasta Phoenix. No podía quejarme.

Lo peor era una completa falta de cualquier tipo de equipo de navegación, excepto un descompensado robot Sperry viejo estilo y un puñado de mapas plegables del año pasado de los que suelen regalar las compañías petrolíferas más importantes. Había una radio, pero no funcionaba.

Bueno, Colón lo hizo con mucho menos. Phoenix estaba hacia el sur y a unos ochocientos kilómetros de distancia. Estimé el rumbo cruzando los ojos y rezando, situé el robot en su lugar y le dejé que ganara una altitud real de doscientos metros. Una altitud mayor podría ponerme al alcance de la cibernetired; una altitud menor podía hacer que algún agente local me creara problemas. Decidí que era más seguro ir con luces que sin ellas, pero las conecté en la posición «débiles». Luego eché un vistazo a mi alrededor.

Ninguna señal de persecución por el norte... aparentemente mi último hurto aún no había sido advertido. En cuanto al primero... bueno, mi amorcito debía estar por aquel entonces o derribado o volando lejos sobre el Pacífico. Se me ocurrió que estaba batiendo todo un récord para cualquier hijo de madre... cómplice primero y luego instigador de asesinato, perjurio ante el Gran Inquisidor, traición, suplantación de personalidad, y dos veces ladrón. Quedaba además incendio premeditado, y baratería, fuera lo que fuese, y rapto. Decidí que podía eludir el rapto, pero con la baratería sí que no podía hacer nada, si conseguía llegar a saber lo que significaba. Tuve la sensación de que la nariz me estaba sangrando de nuevo.

Se me ocurrió que el hecho de casarme con una sagrada diaconisa podía ser considerado como violación de menores según la ley, y aquello me hizo sentir mejor; no quería perderme nada.

Observé los controles, vigilando el piloto y eludiendo las poblaciones, hasta que estuvimos a más de ciento cincuenta kilómetros al sur de Provo. De allí hacia el sur, pasado el Gran Cañón y hasta casi las ruinas de la vieja ciudad-carretera 66, la gente es muy escasa; decidí que podía arriesgarme a dormir un poco. De modo que conecté el piloto a doscientos cincuenta metros de altitud, le dije firmemente que vigilara árboles y picachos, me tumbé en el asiento de atrás, y me dormí inmediatamente.

Soñé que el Gran Inquisidor estaba intentando destrozar mis nervios comiendo un jugoso rosbif en mi presencia. «¡Confiesa!», me decía, mientras daba un mordisco y masticaba ostentosamente. «Hará las cosas más fáciles. ¿Lo quieres poco hecho o muy asado?» Estaba a punto de confesar cuando desperté.

La luna brillaba en el cielo y nos estábamos aproximando al Gran Cañón. Acudí rápidamente a los controles y anulé la orden de altitud... temía que el pequeño y simple robot tuviera una crisis nerviosa y empezara a derramar capacitancias en vez de lágrimas si intentaba mantener el aparato exactamente a doscientos cincuenta metros de altura sobre la gigantesca serie de cimas y depresiones y picachos.

Me quedé contemplando con tanto deleite el panorama que olvidé que me estaba muriendo de hambre. Si una persona no ha visto nunca el Cañón, no tiene objeto el describírselo... pero le recomiendo encarecidamente que lo contemple desde el aire a la luz de la luna.

Lo cruzamos en unos veinte minutos, y volví a dejar el aparato en automático y empecé a registrar la cabina, buscando en el compartimiento del panel de mandos y en las gavetas. Encontré una barra de chocolate de almendras y unos cuantos cacahuetes, con lo que organicé un festín, puesto que estaba dispuesto a comer incluso mofeta cruda... la última vez que había comido algo había sido en Kansas City. Acabé con todo ello y volví a dormirme.

No recuerdo haber puesto la alarma del piloto, pero debí hacerlo puesto que me desperté justo antes del amanecer. El amanecer sobre el desierto es otro estimado don para el turista, pero tenía que ocuparme tanto de la navegación que apenas pude echarle una mirada. Giré el volante en ángulos rectos durante unos pocos minutos para comprobar el rumbo y la velocidad, y luego volví a poner morro al sur, y finalmente hice una señal en el borde de uno de los mapas plegables. Con suerte, y suponiendo que mis cálculos sobre el viento fueran correctos, Phoenix debería aparecer a la vista en aproximadamente media hora.

La suerte me acompañó. Crucé una zona muy escabrosa y luego, bruscamente, extendiéndose hacia la derecha, apareció un amplio y llano valle desierto, con el color verde de las huertas de regadío y una gran ciudad en él... el Valle del Sol y Phoenix. Hice un pésimo aterrizaje en un pequeño y encajonado arroyo seco que conducía hacia el cañón del río Salado; rompí una rueda y destrocé el rotor, pero no me importó... lo importante era que no debían descubrir muy pronto el aparato, así como mis huellas dactilares... las huellas dactilares de Reeves, quiero decir. Media hora más tarde, tras abrirme camino entre enormes cactus y todavía más enormes peñascos rojizos, llegué a la carretera principal que conduce por el cañón hasta Phoenix.

Iba a ser una larga caminata hasta Phoenix, especialmente con un tobillo dolorido, pero decidí no arriesgarme a parar un coche. El tráfico era escaso, y durante la primera hora me salía de la carretera y me ocultaba cada vez que pasaba algún vehículo. Luego llegó un momento en que me encontré en medio de una larga recta y fui atrapado por un enorme camión de transporte; no me quedó otro remedio que hacerle al conductor un signo casual mientras me apoyaba en una pared de roca y pretendía adoptar un aire aburrido. El conductor paró suave y rápidamente su trasto.

—¿Subes, amigo?

Tomé una rápida decisión.

—¡Sí, gracias!

Descolgó una escalerilla de duraluminio sobre el enorme neumático, y trepé a la cabina. Me miró de arriba a abajo.

—¡Hermano! —dijo, admirado—. ¿Fue un puma o un oso?

Había olvidado mi aspecto. Bajé la vista y me miré a mí mismo.

—Ambas cosas —respondí solemnemente—. Estragulé a uno con cada mano.

—Lo creo.

—El hecho —añadí— es que estaba conduciendo un uniciclo y me salí de la carretera. Afortunadamente fue por el lado alto, pero lo destrocé.

—¿Un uniciclo? ¿En *esta* carretera? ¿Todo el camino desde Globe?

—Bueno, a veces tuve que bajarme y empujar. Fue la cuesta abajo lo que me mató.

Agitó la cabeza.

—Será mejor que volvamos a la teoría del puma y el oso. Me gusta más. —Dejó de hacerme preguntas, de lo cual me alegré. Estaba empezando a darme cuenta de que las fricciones improvisadas conducen a ramificaciones insospechadas; nunca había viajado por la carretera que venía de Globe.

Tampoco había estado nunca en un gran camión de transporte antes, y estaba interesado en ver en cuántas cosas se parecía por dentro, a un crucero de superficie del Ejército... la misma cabina y tablero de mandos universal y los mismos mecanismos que controlaban la tracción y velocidad de las ruedas motrices, muchos de los mismos instrumentos señalando la velocidad del motor, transmisión, relación de torsores y cosas así. Podía apreciarlo por mí mismo.

Pero me hice el tonto y le animé a que hablara.

—Nunca he estado antes en uno de estos chicarrones. Cuéntame como funciona, ¿quiere?

Lo hizo, y yo escuché con media oreja mientras pensaba en cuánto tardaríamos en llegar a Phoenix. Me demostró cómo aplicaba la potencia del motor y la dirección a las ruedas simplemente con inclinar las dos palancas de velocidad, una en cada mano, y luego discutió la economía de dejar que el diesel rodara a una velocidad constante mientras él aplicaba la potencia a cada uno de los dos lados según la necesitara. Le dejé hablar... mi primera necesidad era un baño y un afeitado y un cambio de ropas, de eso estaba seguro; de lo contrario sería detenido por supuesta vagancia apenas fuera observado.

De pronto me di cuenta de que me habían hecho una pregunta.

—Creo que entiendo —respondí—. Los waterburies impulsan las ruedas.

—Sí y no —respondió—. Se trata de un sistema de transmisión electrodiesel. Los waterburies sólo actúan como un sistema de engranajes, aunque no llevan dientes; sin hidráuicos. ¿Me sigues?

Dije que creía que sí (hubiera podido dibujárselos)... y se me ocurrió la idea de que, si la Cábala necesitaba alguna vez con urgencia pilotos para sus cruceros, los conductores de estos grandes camiones de transporte podían ser entrenados para ese trabajo en muy poco tiempo.

Estábamos deslizándonos suavemente colina abajo incluso después de haber abandonado el cañón; los kilómetros pasaban rápidamente. Mi anfitrión se salió de la carretera y aparcó ante un restaurante y una estación de combustible.

—Todos fuera —gruñó—. Desayuno para nosotros y bebida para el amiguito.

—Eso suena bien —dije. Consumimos cada cual una buena ración de huevos con tocino y un gran y dulce racimo de uvas de Arizona. No me dejó pagar su consumición, e intentó pagar la mía. Cuando regresamos al camión se detuvo junto a la escalerilla y me miró fijamente.

—El control de la policía está a un poco más de un kilómetro de aquí —dijo suavemente—. Supongo que harán las mismas comprobaciones que en cualquier otro. —Desvió la vista hacia otro lado.

—Hummm... —dije—. Creo que iré andando el resto del camino, para digerir mejor el desayuno. Gracias por el viaje.

—No tiene importancia. Esto, hay una carretera secundaria a unos doscientos metros más atrás. Gira hacia el sur y luego de nuevo hacia el oeste para dirigirte a la ciudad. Es mejor para ir andando. Hay menos tráfico.

—Oh, gracias.

Retrocedí andando hasta la carretera secundaria, preguntándome si mi carrera criminal sería tan evidente para todo el mundo. Una cosa sí era segura: *tenía* que cambiar mi apariencia antes de entrar en la ciudad. La carretera secundaria conducía a través de ranchos, y pasé varias casas sin haber conseguido dominar mis nervios. Pero finalmente llegué a una casita ocupada por una familia hispanoindia con la habitual colección de niños y perros. Corrí el riesgo; muchas de aquellas gentes eran católicos clandestinos, lo sabía, y probablemente odiaban a los censores tanto como yo.

La señora estaba en casa. Era gorda y bonachona, y muy probablemente india a juzgar por su apariencia. No podíamos hablar mucho debido a que mi español es estrictamente académico, pero pude pedirle *agua,* y la obtuve, tanto para beber como para lavarme. Me remendó los pantalones mientras yo permanecía tontamente en calzoncillos con los niños haciendo comentarios; me dio una buena cepillada, e incluso me dejó utilizar la navaja de su marido. Protestó cuando intenté pagarle, pero me mantuve firme en aquello. Cuando abandoné el lugar mi apariencia era pasable.

La carretera giraba de nuevo para penetrar en la ciudad tal como había dicho el conductor del camión... y sin ningún policía. Finalmente encontré un centro comercial de barriada y en él una pequeña sastrería. Allí aguardé mientras se completaba el resto de mi transformación en una persona respetable. Con mis ropas recién planchadas, sin manchas, una camisa nueva y un sombrero, era capaz de ir andando hasta el centro de la ciudad e intercambiar bendiciones con cualquier censor con el que pudiera encontrarme mientras le miraba tranquilamente a los ojos. Un listín telefónico me dio la dirección del Tabernáculo del Barrio Sur; un mapa en la pared de la sastrería me orientó sin necesidad de tener que hacer preguntas. Estaba a una distancia que podía recorrer andando.

Me apresuré calle abajo y llegué a la iglesia justo en el momento en que empezaban los servicios de las once. Con un suspiro de alivio me deslicé en un banco de la parte de atrás y disfruté con los servicios, como cuando era un muchacho, antes de que aprendiera lo que había detrás de todo aquello. Me sentí en paz y seguro; pese a todo lo que me había pasado, había llegado hasta allí. Dejé que la música familiar empapara mi alma mientras pensaba en la forma de presentarme luego al sacerdote y dejar que él hiciera lo demás.

A decir verdad, me dormí durante el sermón. Pero me desperté a tiempo, y dudo de que nadie se diera cuenta de ello. Luego me quedé por allí, aguardando una oportunidad de hablar con el sacerdote, y le dije cuánto me había gustado su sermón. Nos estrechamos las manos y le di el apretón de reconocimiento de la hermandad.

Pero él no me lo devolvió. Me quedé tan sorprendido por aquello que casi me perdí lo que me estaba diciendo.

—Gracias, muchacho. Siempre es una buena noticia para un nuevo pastor oír que sus sermones son apreciados.

Creo que mi rostro perdió todo su color. Añadió:

—¿Hay algo que no va bien?

—Oh, no, reverendo —balbuceé—. Entienda, yo también soy forastero. Entonces, ¿no es usted el reverendo Baird? —Sentí un frío pánico. Baird era mi único contacto con la hermandad desde mi salida de Nueva Jerusalén; sin nadie que pudiera ocultarme, sería atrapado en cuestión de horas. Incluso mientras respondía estaba haciendo ya alocados planes de robar otro aparato aquella noche y luego intentar esquivar las patrullas fronterizas y penetrar en México.

Su voz cortó mis pensamientos como llegando desde una gran distancia.

—No, me temo que no, hijo mío. ¿Deseas ver al reverendo Baird?

—Bueno, no es algo tan terriblemente importante, señor. Es un viejo amigo de mi tío. Deseaba verle, puesto que estoy de paso por aquí, y presentarle mis respetos. —¿Tal vez aquella amable india pudiera ocultarme hasta que anocheciera?

—Eso no será difícil. Está aquí en la ciudad. Yo tan sólo estoy supliéndole en el púlpito mientras él no puede.

Mi corazón dio un completo giro; intenté disimularlo.

—Quizá, si está enfermo, sea mejor no molestarle.

—Oh, en absoluto. Sólo se ha roto un hueso del pie... le gustará un poco de compañía. Mira —el sacerdote rebuscó bajo sus ropas, extrajo un trozo de papel y un lápiz, y escribió la dirección—. Está dos calles más adelante y media manzana más abajo. No tiene pérdida.

Por supuesto me perdí, pero volví hacia atrás y la encontré, una vieja casa con una enredadera en la fachada y un estilo que recordaba al de Nueva Inglaterra. Quedaba casi oculta por un amplio y descuidado jardín... eucaliptus, palmeras, arbustos y flores, todo ello en una placentera confusión. Toqué el timbre y escuché el graznido de un viejo interfono; una voz preguntó:

—¿Sí?

—Un visitante que desea ver al reverendo Baird, si es posible.

Hubo un corto silencio mientras la pantalla se iluminaba y él me miraba desde allí; luego:

—Deberás entrar por ti mismo. Mi ama de llaves se ha ido al mercado. Sigue recto hasta el jardín de atrás. —La puerta hizo un clic y se abrió.

Parpadeé ante la oscuridad, luego seguí el pasillo central y salí por la puerta trasera. Un hombre anciano estaba medio tendido en una mecedora, con un pie apoyado sobre almohadones. Bajó su libro y me miró por encima de sus gafas.

—¿Qué es lo que deseas de mí, hijo?

—La luz.

Una hora más tarde terminaba con la última de las soberbias enchiladas acompañadas con leche fría y azucarada. Mientras tomaba un racimo de uvas moscatel, el padre Baird terminó de darme sus instrucciones.

—No hay nada que podamos hacer hasta que se haga de noche. ¿Alguna pregunta?

—Creo que no, señor. Sánchez me saca de la ciudad y me pone en manos de algunos otros hermanos que me harán llegar hasta el Cuartel General. El final será sencillo.

—Cierto. Pero no va a ser confortable.

Abandoné Phoenix oculto en un fondo falso de una pequeña camioneta de verduras. Iba almacenado como una carga más, con la nariz pegada contra el fondo. Fuimos detenidos en el control de la policía a la salida de la ciudad; pude oír voces bruscas con esa nota de autoridad, y el apasionado español de Sánchez respondiéndoles. Alguien rebuscó encima de mi cabeza, y las rendijas del doble fondo se inundaron de luz.

Finalmente, una voz dijo:

—Todo está bien, Ezra. Es el chico que ayuda al padre Baird. Cada noche o así hace un viaje al rancho del padre.

—Bueno, ¿por qué no lo dijo?

—Está excitado y no se aclara con su inglés. Está bien. Adelante, *chico. Vaya usted con Dios.*

—*Gracias, señores. Buenas noches.*

En el rancho del reverendo Baird fui transferido a un helicóptero, pero esta vez no era un trasto desvencijado, sino un aparato nuevo, silencioso y bien equipado. Era manejado por dos hombres, que intercambiaron conmigo la contraseña del apretón de manos pero no me dijeron otra cosa excepto que me sentara en el compartimiento de pasajeros y no me moviera de allí. Despegamos inmediatamente.

Las ventanillas del espacio reservado a pasajeros habían sido cubiertas; no supe qué dirección tomamos, ni a qué distancia fuimos. Fue un viaje agitado, porque el piloto parecía empeñado en volar rozando las margaritas. Era una precaución razonable para evitar ser detectados, pero esperaba que supiera lo que estaba haciendo... yo no me hubiera atrevido a pilotar un heli de aquella forma ni a plena luz del día. Debió asustar a un buen número de coyotes... al menos me asustó a mí.

Finalmente noté la sacudida del tren de aterrizaje. Nos deslizamos sobre él, y botamos varias veces hasta detenernos suavemente. Cuando salí me encontré mirando la boca del cañón de un desintegrador montado sobre un trípode, a cuyo lado había dos hombres alertas y suspicaces.

Pero mi escolta dio la contraseña, cada uno de los guardias me interrogó separadamente, e intercambiamos las señales de reconocimiento. Tuve la impresión de que en cierto modo se sentían decepcionados de que no pudieran pillarme en nada; parecían terriblemente ansiosos. Cuando se sintieron satisfechos, echaron sobre mi cabeza una capucha que me cubría los ojos, y fui conducido hacia adelante. Cruzamos una puerta, anduvimos quizá cincuenta metros, y penetramos en un compartimiento. El suelo se hundió.

Mi estómago dio un vuelco, y gruñí algo para mí mismo porque no me habían advertido que se trataba de un ascensor, pero mantuve la boca cerrada. Dejamos el ascensor, seguimos por un pasillo, fui empujado por el codo hacia una plataforma de algún tipo, y me dijeron que me sentada y esperase... tras lo cual partimos a una velocidad de vértigo. Parecía como una montaña rusa... lo cual no resulta agradable cuando uno va con los ojos vendados. Hasta entonces no me había sentido realmente asustado. Empecé a pensar que la novatada era intencional, puesto que podían haberme advertido.

Bajamos nuevamente por otro ascensor, anduvimos varios cientos de pasos, y me quitaron la capucha. Tuve mi primera visión del Cuartel General.

No lo reconocí como tal; simplemente solté un jadeo. Uno de mis guardias sonrió.

—Todos hacen lo mismo —dijo secamente.

Era una caverna de piedra caliza tan enorme que uno se creía en el exterior antes que bajo tierra, y tan magníficamente espléndida en sus formaciones que hacía que uno se creyera en el país de las hadas, o en el palacio del Rey de los Gnomos. Yo había supuesto que nos hallábamos bajo tierra por los descensos que había realizado, pero nada me había preparado para lo que estaba viendo.

Había visto fotografías de lo que eran las cavernas de Carlsbad, antes de que el terremoto del 96 las destruyera; el Cuartel General era algo parecido, aunque no podía llegar a creer que las cavernas de Carlsbad fueran tan grandes o la mitad de magníficas. Al primer momento no pude captar la inmensidad de la estancia en la cual me encontraba; bajo tierra no hay ninguna referencia que te permita juzgar las dimensiones, y la visión humana, acostumbrada a trabajar en sistemas de referencias, se encuentra desamparada en un lugar de más de veinte metros sin nada en la distancia que le proporcione una escala... una casa, un hombre, un árbol, incluso el propio horizonte. Puesto que una caverna natural no contiene absolutamente nada que sea conocido o habitual, el ojo humano no puede medirla.

Así, aunque me daba cuenta de que la estancia en la cual me encontraba era grande, no podía determinar cuán grande era; mi cerebro establecía una escala de acuerdo con mis prejuicios. Estábamos de pie más arriba del nivel general del suelo y a un extremo de la cavidad; toda ella estaba ligeramente iluminada. Yo giraba mi cuello de un lado para otro y soltaba *ohs* y *ahs;* miré hacia abajo, y vi un pueblecito de juguete a una cierta distancia debajo nuestro. Los pequeños edificios parecían tener unos treinta centímetros de altura.

Luego vi a gente menuda andando por entre los edificios... y de repente todo aquello adoptó una escala. El pueblecito de juguete estaba al menos a cuatrocientos metros de distancia; toda la enorme cavidad no tendría menos de mil quinientos metros de largo y algunos ciento de alto. En vez del miedo de sentirse encerrados que normalmente experimentan las personas cuando se hallan en una caverna, me vi repentinamente asaltado por el otro miedo, el miedo al espacio abierto, la agorafobia. Deseé escabullirme pegado a las paredes, como un ratón tímido.

El guía que había hablado tocó mi brazo.

—Tendrá todo el tiempo que quiera para verlo más tarde. Ahora sigamos.

Me condujeron por un camino descendente que serpenteaba entre estalagmitas, cuyo tamaño iba del dedo de un niño hasta una pirámide de Egipto, contorneando lagunas de negras aguas con macizos de lirios creciendo entre rocas vivientes, cruzando oscuros domos húmedos que eran ya viejos cuando el hombre aún era nuevo, bajo cremosas cortinas translúcidas de ónice y aguzadas estalactitas de color rojo y rosáceo y gris oscuro. Mi capacidad de maravilla empezó a verse abrumada, y finalmente renuncié a intentar comprender.

Desembocamos en el nivel del suelo, completamente lleno de excrementos de murciélagos, y emprendimos el camino hacia el poblado. Los edificios, pude apreciar a medida que nos acercábamos, no eran tales en el sentido que se les da en el exterior, sino que eran meras divisiones hechas con ese plástico horadado que se utiliza para insonorizar... separaciones de espacio efectuadas para lograr una mayor eficiencia y conveniencia. La mayoría de ellas no tenían techo. Nos detuvimos frente al mayor de aquellos cubículos; el cartel que había encima decía: ADMINISTRACIÓN. Entramos, y fui conducido a la oficina de personal. De hecho, aquella habitación casi me produjo nostalgia, tan profesionalmente militar era en su fea y eficiente disposición. Incluso había allí el tipo de burócrata viejo con sus nerviosos sorbidos que parece ser inevitable en tales lugares desde los tiempos de César. La placa en su escritorio lo anunciaba como el Suboficial R. E. Giles, y con toda evidencia había regresado a su oficina tras haber estado trabajando horas enteras tan sólo para recibirme.

—Encantado de conocerle, señor Lyle —dijo, dándome la mano e intercambiando la clave de reconocimiento. Luego se rascó la nariz y sorbió—. Llega casi con una semana de antelación, y sus aposentos no están preparados. ¿Qué le parece si pasa la noche en un saco de dormir en el salón de oficiales, y mañana arreglamos las cosas?

Dije que aquello sería perfectamente satisfactorio, y pareció aliviado.

10

Supongo que de algún modo había esperado ser tratado a mi llegada como algún tipo de héroe conquistador... ya saben, con mis nuevos camaradas escuchando boquiabiertos cada palabra del modesto relato de mis aventuras y milagrosas escapadas y dándole las gracias al Gran Arquitecto que me había permitido salir victorioso y llegar hasta allí con mi tan importante mensaje.

Estaba equivocado. El ayudante de personal me envió a buscar antes incluso de que pudiera terminar dignamente mi desayuno, pero ni siquiera le vi; me encontré con el señor Giles. Me sentí en cierto modo decepcionado, y le interrumpí para preguntarle cuándo considerarían conveniente que diera mi informe formal al oficial al mando.

Sorbió una vez más.

—Oh, sí. Bueno, señor Lyle, el general le envía sus saludos y le ruega que considere como realizada la visita de cortesía, no sólo por su parte sino también por la de todos los jefes de departamento. Vamos más bien escasos de tiempo, ¿sabe? Le mandará llamar apenas disponga de un momento libre para usted.

Sabía muy bien que el general no me había enviado ningún mensaje de aquella índole y que aquel subalterno estaba siguiendo simplemente una costumbre previamente establecida. Aquello no me hizo sentirme mejor.

Pero no había nada que pudiera hacer al respecto; el sistema me tenía en sus manos. Al mediodía ya estaba alojado definitivamente, me habían aporreado el pecho y todo lo demás, y había rendido mis informes. Sí, tuve la oportunidad de relatar mi historia... a un máquina grabadora. Hombres de carne y hueso recibieron el mensaje que llevaba, pero la cosa no fue en absoluto divertida; permanecí bajo hipnosis todo el tiempo, exactamente como cuando grabaron el mensaje en mí.

Aquello ya era demasiado; le pregunté al psicotécnico que operaba sobre mí qué decía el mensaje que había llevado. Me respondió rígidamente:

—No se nos permite decirles a los correos los mensajes que transportan. —Sus ademanes sugerían que mi pregunta era muy improcedente.

Perdí un poco los estribos. No sabía si aquel hombre era superior a mí en grado o no, puesto que no llevaba uniforme, pero no me importaba en abosluto.

—¡Por el amor del cielo! ¿Qué ocurre aquí? ¿Acaso la hermandad no *confía* en mí? He arriesgado el cuello...

Me cortó con un ademán mucho más conciliador.

—No, no, no se trata de eso en absoluto. Es para su protección.

—¿Eh?

—El reglamento. Cuanto menos sepa usted de lo que necesita saber, menos podrá revelar si alguna vez es capturado... y más seguro será para usted y para todos los demás. Por ejemplo, ¿sabe usted dónde estamos ahora? ¿Puede usted señalar nuestra localización en un mapa?

—No.

—Yo tampoco. No necesitamos saberlo, así que no se nos dice. De todos modos —prosiguió—, no me importa decirle, en líneas generales, el mensaje que llevaba usted... simplemente informes de rutina, confirmación de hechos que ya sabíamos en su mayor parte a través de los circuitos sensitivos. Ya que venía usted para aquí, arovecharon el viaje para llenarlo con todos esos informes. Hemos grabado tres cintas enteras con la información.

—¿Sólo informes de rutina? ¡Hey, el Maestro de la Logia me dijo que llevaba un mensaje de vital importancia! ¡El viejo chistoso!

El técnico ocultó una sonrisa.

—Me temo que le tomó... ¡oh!

—¿Eh?

—Entiendo lo que le quiso decir. Sí, traía usted un mensaje de vital importancia... para usted. Llevaba consigo sus propias credenciales hipnóticas. Si no las hubiera traído, nunca le hubiéramos permitido volver a despertarse.

Ante aquello no tenía nada que decir. Me fui discretamente.

Mis recorridos a la oficina médica, a la oficina psico, al oficial de servicio, etc., habían empezado a darme una cierta noción del tamaño de aquel lugar. El «pueblecito de juguete» que había visto desde lejos era simplemente la agrupación administrativa. La planta de energía, un edificio aislado, se hallaba en una caverna separada, con varios metros de pared de roca como escudo secundario. Las parejas casadas se instalaban donde les parecía —casi un tercio de nosotros eran mujeres—, y normalmente elegían levantar sus casas (o compartimentos) lejos del agrupamiento central. La armería y depósito de municiones estaban localizados en un pasadizo lateral, a una distancia segura de las oficinas y residencias.

Había agua fresca en abundancia, aunque bastante dura, y los mismos pasadizos que traían las corrientes subterráneas proporcionaban también al parecer la ventilación necesaria... al menos el aire nunca estaba viciado. Se mantenía a una temperatura de 21 grados y a una humedad relativa de un 32 %, invierno y verano, noche y día.

A la hora de la comida ya estaba integrado en la organización, y me encontré trabajando duramente en un empleo temporal inmediatamente después de comer... en la armería, reparando y ajustando desintegradoras, pistolas, armas pesadas y de asalto. Pude haberme mostrado enojado cuando me pidieron, u ordenaron, hacer un trabajo que correspondía realmente a un sargento armero, pero todo aquel lugar parecía funcionar con un mínimo de protocolo... por ejemplo, cada cual se limpiaba sus platos tras la comida. Y realmente era agradable sentarse de nuevo en un banco de la armería, seguro y cómodo, y trajinar de nuevo con calibres y galgas y brocas... un trabajo bueno y útil.

Poco antes de cenar, aquel primer día, vagabundeé un poco por el salón de oficiales en busca de alguna silla libre. De pronto oí una familiar voz de barítono a mis espaldas:

—¡Johnnie! ¡John Lyle! —Me giré en redondo y allí estaba, corriendo hacia mí, Zebadiah Jones... el buen viejo Zeb, ancho como la vida y con su feo rostro partido por una sonrisa.

Nos palmeamos mutuamente la espalda e intercambiamos insultos.

—¿Cuándo llegaste aquí? —le pregunté finalmente.

—Oh, hace un par de semanas.

—¿De veras? Aún estabas en Nueva Jerusalén cuando yo me fui. ¿Cómo te las arreglaste?

—Sin ningún problema. Simplemente fui facturado como un cadáver... bajo trance profundo. En un ataúd sellado y rotulado «contagioso».

Le conté las incidencias de mi propio viaje, y Zeb pareció impresionado, lo cual me levantó un poco la moral. Luego la pregunté qué estaba haciendo.

—Estoy en la oficina de Psico & Propaganda —me dijo—, a las órdenes del coronel Novak. Precisamente ahora estoy escribiendo una serie de profundamente respetuosos artículos sobre la vida privada del Profeta y sus acólitos y sacerdotes, cuántos sirvientes tienen, cuánto cuesta mantener el Palacio, todo lo relativo a las fantasiosas ceremonias y rituales, y todo ese tipo de cosas. Todo ello es perfectamente cierto, por supuesto, y dicho con el grado justo de respetuosa aprobación. Pero lo envuelvo en una densa nube. El énfasis está puesto en las joyas y en los sólidos adornos de oro y en todo lo que cuesta todo ello, y les digo a los paletos qué privilegio es para ellos el que se les permite pagar por tales fruslerías y lo orgullosos que deberían sentirse de que el representante de Dios en la tierra les permita que cuiden de él.

—Creo que no estoy de acuerdo contigo —le dije, frunciendo el ceño—. A la gente le gusta todo ese carnaval circense. Mira como los turistas que llegan a Nueva Jerusalén se apiñan para comprar las entradas para las ceremonias del Templo.

—Seguro, seguro... pero yo no redacto todo esto para la gente que va de vacaciones a Nueva Jerusalén; lo sindicamos hacia pequeños periódicos locales en pequeñas y pobres comunidades rurales del valle del Mississippi, y en el Profundo Sur, y en la zona negra de Nueva Inglaterra. Es decir, lo esparcimos entre algunos de los más pobres y puritanos elementos de la población, gente que está emocionalmente convencida de que pobreza y virtud son la misma cosa. Eso raspa en sus nervios; a su debido tiempo los ablandará y hará que las dudas nazcan en ellos.

—¿Esperas seriamente iniciar una rebelión con cosas tan insignificantes como eso?

—No son cosas insignificantes, porque actúan directamente sobre las emociones de la gente, por debajo del nivel lógico. Podrás influir en el ánimo de un millar de hombres apelando a sus prejuicios mucho más rápidamente de lo que podrás convencer a un solo hombre utilizando la lógica. Tampoco es necesario apelar a los prejuicios cuando se trata de algo importante. Johnnie, tú sabes como emplear los índices de connotación, ¿verdad?

—Bueno, sí y no. Sé lo que son; se supone que miden los efectos emocionales de las palabras.

—Exactamente, en la medida de sus posibilidades. Pero el índice de una palabra no es algo tan fijo como los cien centímetros de un metro; es una función variable compleja que depende del contexto, edad, sexo y ocupación del oyente, la localización, y otra docena de cosas. Un índice es una solución particular de la variable que te dice si una palabra en particular utilizada de una forma en particular sobre un lector o tipo de lector en particular afectará a esa persona favorablemente, desfavorablemente, o simplemente la dejará fría. Tomar las medidas adecuadas del grupo al que quieres dirigirte puede resultar algo tan matemáticamente exacto como cualquier rama de la ingeniería. Pero nunca tenemos todos los datos que necesitamos, y por eso sigue siendo un arte... pero un arte muy preciso, especialmente si empleamos la «realimentación» a través de los muestreos de campo. Cada artículo que escribo es un poco más enojoso que el anterior... y el lector nunca sabe por qué.

—Suena bien, pero no comprendo cómo funciona.

—Te pondré un ejemplo vulgar. ¿Qué es lo que preferirías tener ante ti? ¿Un hermoso, grueso, jugoso, tierno bistec... o un segmento de tejido muscular extraído del cadáver de un toro castrado e inmaduro?

Le hice una mueca.

—No vas a engañarme. Lo tomaré le des el nombre que le des... siempre que no esté demasiado hecho. Espero que nos avisen pronto para ir al comedor; estoy muerto de hambre.

—Tú crees que no te sientes afectado porque sabes que estoy hablando de la misma cosa. ¿Pero cuánto tiempo duraría un restaurante si utilizara ese tipo de terminología? Tomemos otro ejemplo vulgar, esas palabrotas que los chicos desvergonzados escriben por las paredes. Tú no puedes usarlas en compañía de gente educada sin ofender, pero existen circunloquios y sinónimos para cada una de ellas que sí pueden ser usados en cualquier compañía.

Asentí mi acuerdo.

—Supongo que sí. Seguro que sé como se puede actuar sobre la demás gente. Pero personalmente creo que soy inmune a todo ello. Esas palabras tabúes no significan nada para mí... excepto que soy lo suficientemente razonable como para cuidarme de no ofender a los demás con ellas. Soy un hombre educado, Zeb... «Piedras y bastones pueden quebrantar mis riñones, etcétera». Pero me doy cuenta de como puedes actuar sobre los ignorantes.

Ahora comprendo mejor que no debo bajar nunca mi guardia con Zeb. El buen Dios sabe las veces que me ha vencido de esta forma. Me sonrió tranquilamente, e hizo una corta afirmación que incluía algunas de esas palabras tabúes.

—*¡Deja a mi madre fuera de todo eso!*

Fui yo quien grité, saltando de mi silla como un perro cargando en una lucha callejera. Zeb debió anticipar exactamente lo que yo haría, pues se echó a un lado inmediatamente después de hablar, de modo que en vez de golpearle la barbilla descubrí que mi muñeca había sido agarrada por su puño y su otro brazo me rodeaba, sujetándome en una presa que detuvo la batalla antes incluso de que empezara.

—Tranquilo, Johnnie —susurró en mi oído—. Te pido disculpas. Te ofrezco mis más humildes disculpas, y solicito tu perdón. Créeme, no te estaba insultando.

—¡Eso es lo que dices!

—De veras, y con toda humildad. ¿Me perdonas?

A medida que me calmaba me di cuenta de que mi estallido había sido más bien notorio. Aunque habíamos escogido un rincón tranquilo para charlar, había como mínimo una docena o más de personas en el salón, aguardando a que se anunciara la cena. Pude darme cuenta del terrible silencio y sentir la interrogación en las mentes de los demás sobre si iba a ser o no necesaria su intervención. Empecé a enrojecer, más de turbación que de cólera.

—De acuerdo. Suéltame.

Lo hizo, y nos sentamos de nuevo. Yo aún me sentía dolido y no del todo inclinado a perdonarle a Zeb su imperdonable infracción de los buenos modales, pero la crisis había pasado. Pero él dijo suavemente:

—Johnnie, créeme, no te estaba insultando ni a ti ni a ningún miembro de tu familia. Se trataba de una demostración científica de la dinámica de los índices de connotación, eso es todo.

—Bueno... pero no hacía falta que lo hubieras hecho de una forma tan personal.

—Oh, no había otro remedio. Estábamos hablando de la psicodinámica de la emoción... y las emociones son cosas personales, subjetivas, que deben ser experimentadas para ser comprendidas. Tú eras de la creencia de que tú, como hombre educado, te hallabas inmune a esta forma de ataque...

así que acudí a un test de laboratorio para demostrarte que no eres inmune. Ahora, ¿qué fue exactamente lo que te dije?

—Me dijiste... bueno, no importa. De acuerdo, fue un test. Pero no deseo que se repita. Ya has demostrado lo que querías: no me gusta.

—¿Pero qué fue lo que dije? Todo lo que dije, de hecho, fue que tú eras la descendencia legítima de un matrimonio legal. ¿Correcto? ¿Qué hay de insultante en ello?

—Pero... —me interrumpí, y pasé mentalmente revista a las injuriosas, insultantes y degradantes cosas que había dicho... con todos sus significados. Gruñí tímidamente—. Fue la *forma* en que lo dijiste.

—¡Exacto, exacto! Para decirlo técnicamente, seleccioné términos con altos índices negativos, para esta situación y para este auditorio. Que es precisamente lo que hacemos con esa propaganda, excepto que los índices emocionales son menos cuantitativos para evitar el despertar sospechas y evadir a los censores... un veneno lento más bien que una patada en la barriga. Lo que escribimos gira todo en torno al Profeta, ensalzándole hasta los cielos... de tal modo que la irritación producida en el lector es transferida a él. El método actúa por debajo de los pensamientos y actos conscientes del lector sobre los tabúes y fetiches que infectan su subconsciente.

Recordé amargamente mi propia irrazonable cólera.

—Estoy convencido. Suena como un montón de buena medicina.

—Lo es, muchacho, lo es. Hay magia en las palabras, magia negra... si sabes cómo invocarla.

Tras la cena, Zeb y yo fuimos a su cubículo y seguimos charlando. Me sentía a gusto y cómodo y muy, muy satisfecho. El hecho de que formábamos parte un complot revolucionario, un proyecto que tenía muy pocas posibilidades de éxito y que muy probablemente terminaría con nosotros muertos en una batalla o quemados por traición, no me afectaba en absoluto. ¡El buen viejo Zeb! ¿Qué hubiera pasado si me hubiera golpeado por debajo de mi guardia y dado allá donde más me dolía? El era mi «familia»... toda la familia que tenía. Estar ahora con él me hacía sentir como me sentía cuando mi madre me hacía sentar en la cocina y me daba pastelillos y leche.

Hablamos sobre esto y aquello, y durante el transcurso de la conversación aprendí más cosas sobre la organización, y descubrí —fue una gran sorpresa el descubrirlo— que no todos nuestros camaradas eran hermanos. Hermanos de logia, quiero decir.

—Pero, ¿no es eso peligroso?

—¿Y qué no lo es? ¿Y qué esperabas, muchacho? Algunos de nuestros más valiosos camaradas no pueden unirse a la Logia; su propia fe religiosa se lo prohíbe. Pero nosotros no poseemos el monopolio de odiar la tiranía y amar la libertad, y necesitamos toda la ayuda que podamos conseguir. Cualquiera que vaya en nuestra misma dirección es un compañero de viaje. Cualquiera.

Pensé en aquello. La idea era lógica, aunque en cierto modo vagamente desagradable. Decidí aceptarla rápidamente.

—Supongo que sí. Imagino que incluso los parias nos serán de alguna utilidad, cuando se inicie la lucha, aunque no puedan ser aceptados como miembros.

Zeb me dirigió una mirada que yo conocía demasiado bien.

—¡Oh, por el amor del cielo, John! ¿Cuándo dejarás de llevar pañales?

—¿Eh?

—¿Todavía no se te ha metido en la cabeza el que la propia noción de «paria» es el mecanismo de chivo expiatorio de esta tiranía que cualquier tiranía necesita?

—Sí, pero...

—Cállate. Quítale el sexo a la gente. Decláralo prohibido, malvado, limítalo a la reproducción ritualista. Oblígalo a retroceder a un suprimido sadismo. Luego dale a la gente un chivo expiatorio a quien odiar. Déjale que ocasionalmente mate a alguno de esos chivos expiatorios como desahogo catártico. El mecanismo tiene siglos de antigüedad. Los tiranos lo utilizaban cientos de años antes de que fuera inventada la palabra «psicología». Y funciona. Mírate a ti mismo.

—Mira, Zeb, yo no tengo nada contra los parias.

—Es mejor que no lo tengas. Descubrirías unas cuantas docenas de ellos aquí en la Gran Logia. Y por supuesto, olvida esa palabra «paria». Posee, diríamos, un muy elevado índice negativo.

Se calló, y yo hice lo mismo; de nuevo necesitaba tiempo para poner en orden mis pensamientos. Por favor, compréndanme... es fácil sentirse libre cuando uno ha sido educado en la libertad; *no* es fácil de otro modo. Un tigre de un zoo, si se escapa, a menudo volverá por su propio pie a la paz y seguridad de sus barrotes. Si no puede volver, pueden estar seguros de que paseará arriba y abajo dentro de los límites de los barrotes de la jaula que ya no está a su alrededor. Supongo que yo también estaba paseando arriba y abajo por la jaula imaginaria de mis esquemas condicionados.

La mente humana es una cosa tremendamente compleja; hay en ella compartimentos que ni su propio dueño sospecha. Yo creía que había conseguido limpiar mi mente de todas las sucias supersticiones que había sido empujado a creer. Estaba aprendiendo que la «limpieza» no había sido más que un barrido en el que había metido el polvo y la suciedad debajo de las alfombras... deberían pasar años antes de que la limpieza fuera completa, antes de que el fresco aire de la razón soplara en todas las habitaciones.

De acuerdo, me dije a mí mismo, si me encuentro con uno de esos par... no, «camaradas», intercambiaré el reconocimiento con él y seré educado... ¡tanto como él sea educado conmigo! En aquel momento no vi nada hipócrita en mi reserva mental.

Zeb se echó hacia atrás, fumando, y me dejó cocerme a fuego lento. Yo sabía que él estaba fumando y él sabía que yo lo desaprobaba. Pero era un pecado menor y, cuando compartíamos la misma habitación en los alojamientos de Palacio, nunca se me había ocurrido delatarlo por ello. Incluso sabía que la sirvienta de la habitación era quien le suministraba el tabaco.

—¿Quién te suministra el tabaco ahora? —le pregunté, deseando cambiar de tema.

—¿Eh? Bueno, puedes comprarlo en el economato, por supuesto. —Mantuvo en alto aquella porquería y la miró—. Estos cigarrillos mexicanos son más fuertes de lo que me gusta. Sospecho que ponen en ellos auténtico tabaco, en lugar de las barreduras de puente a las que estaba acostumbrado. ¿Quieres uno?

—¿Eh? ¡Oh, no, gracias!

Sonrió sarcásticamente.

—Vamos, adelante, échame tu habitual reprimenda. Hará que te sientas mejor.

—Mira, Zeb, no estaba criticándote. Supongo que simplemente es otra de las muchas cosas sobre las que estoy equivocado.

—Oh, no. Es un hábito sucio y asqueroso que arruina mi aparato respiratorio y mancha mis dientes y finalmente me matará de un cáncer de pulmón. —Inspiró profundamente, dejó que el humo brotara por las comisuras de su boca, y pareció profundamente satisfecho—. Pero simplemente resulta que me *gustan* las costumbres sucias y asquerosas.

Lanzó otra bocanada.

—Pero no es ningún pecado, y mi castigo por ello está aquí y ahora, en el mal sabor que tengo en la boca cada mañana. El Gran Arquitecto no va a enviarme al infierno por ello. ¿Quieres uno, muchacho? No hay nadie observándonos.

—No hay necesidad de ser sacrílego.

—No lo estaba siendo.

—¿No, eh? Te estás burlando de una de las más fundamentales, quizá la más fundamental, proposiciones de la religión: ¡la certeza de que Dios lo está viendo todo!

—*¿Quién* te lo *dijo?*

Por un momento todo lo que puede hacer fue farfullar.

—No es necesario que me lo diga nadie. Es una certeza axiomática. Es...

—Te repito: *¿quién* te lo *dijo?* Mira, me retracto de lo que he dicho. Quizás el Altísimo esté observándome fumar. Quizás es un pecado mortal y debido a ello arderé por los siglos de los siglos. Quizá. Pero ¿quién te lo *dijo*? Johnnie, has alcanzado el punto en el que estás intentando derribar al Profeta y colgarlo del árbol más alto que encuentres. Sin embargo, estás intentando reafirmar tus propias convicciones religiosas y utilizarlas como piedra de toque para juzgar mi conducta. Así que te repito: ¿quién te lo dijo? ¿En qué montaña estabas inmóvil cuando el rayo bajó de los cielos y te iluminó? ¿Qué arcángel te trajo el mensaje?

No respondí inmediatamente. No podía. Cuando lo hice fue con una sensación de shock y de fría soledad.

—Zeb... creo que finalmente te comprendo. Eres... ateo, ¿verdad?

Zeb me miró fríamente.

—No me llames ateo —dijo con lentitud— a menos que realmente estés pretendiendo crearte problemas.

—¿Entonces no lo eres? —Sentí una oleada de alivio, aunque seguía sin comprenderle.

—No, no lo soy. Pero eso no es asunto tuyo. Mi fe religiosa es algo privado entre yo y mi Dios. Cuáles son mis creencias internas es algo que deberás juzgar por mis acciones... puesto que no eres invitado a preguntarme respecto a ellas. Ni tú ni nadie... ni el Maestro de la Logia... ni el Gran Inquisidor, si llegara el caso.

—¿Pero crees en Dios?

—Ya te lo dije, ¿no? Aunque no es asunto tuyo preguntármelo.

—¿Entonces debes creer en otras cosas?

—¡Por supuesto que sí! Creo que un hombre tiene obligación a ser compasivo con el débil... paciente con el estúpido... generoso con el pobre. Creo que está obligado a dar su vida por sus hermanos, si es requerido a ello. Pero no me propongo probar ninguna de esas cosas; se hallan más allá de toda prueba. Y tampoco te pido que creas en lo mismo en que creo yo.

Dejé escapar un suspiro.

—Me siento satisfecho, Zeb.

En lugar de mostrarse complacido, respondió:

—Es muy amable por tu parte, hermano, muy amable. Lo siento... no pretendía ser sarcástico. Pero no tenía intención de pedir tu aprobación. Me incitaste, accidentalmente, estoy seguro de ello, a entrar en materias de discusión que nunca he pretendido discutir. —Hizo una pausa para encender otro de aquellos apestosos cigarrillos, y siguió más tranquilamente—: John, supongo que yo mismo soy, a mi propia quisquillosa manera, un hombre intolerante. Creo muy firmemente en la libertad de religión... pero creo que esta libertad se expresa mejor como la libertad de permanecer callado. Desde mi punto de vista, una gran parte de la piedad abiertamente expresada no es más que un orgullo insufrible.

—¿Eh?

—No todos los casos... Yo he conocido al bueno y al humilde y al devoto. ¿Pero qué hay del hombre que clama saber lo que piensa el Gran Arquitecto? ¿El hombre que proclama estar informado de sus Ocultos Designios? A mí me suena como una presunción sacrílega de la peor especie... por parte de un tipo que probablemente no ha estado nunca más cerca de Su Mesa de Diseño de lo que podamos haberlo estado tú o yo. Pero le hace sentirse mejor el proclamarse en términos amistosos con el Altísimo, ensalza su ego, y le permite dictar la ley para ti o para mí. ¡Puaf! Llega un sujeto con una voz potente, un C. I. de alrededor de los 90, pelo en las orejas, ropa interior sucia, un montón de ambición. Es demasiado perezoso para ser granjero, demasiado estúpido para ser ingeniero, demasiado poco de fiar para ser banquero... ¡pero hermano, sabe rezar! Tras un poco de tiempo ha reunido en torno suyo a otros sujetos que no poseen su vívida imaginación ni su confianza en sí mismo, pero a quienes les gusta la idea de tener una línea directa a la Omnipotencia. De modo que ese sujeto ya no es más Nehemiah Scudder, sino el Primer Profeta.

Yo iba siguiendo su argumentación, sintiéndome impresionado pero también complacido, hasta que nombró al Primer Profeta. Quizá mi propio estado espiritual en aquel momento hubiera podido ser descrito como el de un «primitivo» seguidor del Primer Profeta... es decir, había decidido que el Profeta Encarnado era el propio diablo y que todas sus acciones eran malvadas, pero esa creencia no afectaba las bases de la fe que yo había aprendido de mi madre. Lo que había que hacer era expurgar y reformar la Iglesia, no destruirla. Menciono esto porque mi propio caso era paralelo a muy serios problemas militares que se iban a desarrollar más tarde.

Me di cuenta de que Zeb estaba estudiando mi rostro.

—Te he alcanzado de nuevo en lo sensible, ¿eh, compañero? No era mi intención.

—No, en absoluto —respondí envaradamente, e intenté explicar que, en mi opinión, la pecaminosidad de la actual pandilla de demonios que se habían apoderado de la Iglesia no invalidaban de ningún modo la verdadera fe—. Después de todo, no importa lo que pienses o la forma como prefieras exhibir tu cinismo, las doctrinas son un asunto de lógica necesidad. El Profeta Encarnado y sus cohortes pueden pervertirlas, pero no pueden destruirlas... y no importa si el auténtico Profeta lleva la ropa interior sucia o no.

Zeb suspiró como si estuviera ennormemente cansado.

—Johnnie, puedes estar seguro de que no tengo intención de iniciar ninguna discusión sobre religión contigo. No soy del tipo agresivo... Ya lo sabes, fui empujado hacia la Cábala. —Hizo una pausa—. ¿Dices que las doctrinas son asunto de lógica?

—Tú mismo me has explicado la lógica. Es una estructura perfecta, consistente.

—Así es. Johnnie, lo más hermoso de citar a Dios como una autoridad es que puedes probar cualquier cosa que tú desees probar. Es tan sólo cuestión de seleccionar los postulados adecuados, y luego insistir en que tus postulados son «inspirados». Luego nadie podrá probablemente demostrar que estás en un error.

—¿Estás afirmando que el Primer Profeta *no* estaba inspirado?

—No estoy afirmando nada. Por lo que sabemos, *yo* soy el Primer Profeta, que ha regresado para echar a los profanadores de mi templo.

—No seas... —me sentía herido en lo más profundo, e iba a rebatirle impetuosamente cuando alguien llamó a la puerta de Zeb. Callé, y él dijo:

—¡Adelante!

Era la Hermana Magdalene.

Hizo una inclinación de cabeza hacia Zeb, sonrió dulcemente ante mi boca abierta por la sorpresa, y dijo:

—Hola, John Lyle. Bienvenido. —Era la primera vez que la veía vestida con otras ropas distintas a las de sagrada diaconisa. Parecía tremendamente bonita y mucho más joven.

—¡Hermana Magdalene!

—No. Sargento de Estado Mayor Andrews. «Maggie» para mis amigos.

—¿Pero qué ha ocurrido? ¿Por qué está aquí?

—Precisamente en este momento estoy aquí porque oí en la cena que habías llegado. Cuando no te he encontrado en tus aposentos he llegado a la conclusión de que estarías con Zeb. Por lo demás, yo tampoco podía volver, como tú o Zeb... y nuestro escondite allá en Nueva Jerusalén se estaba atiborrando, así que me transfirieron.

—¡Bueno, me alegro mucho de verla!

—Yo también me alegro de verte a ti, John. —Me palmeó la mejilla y sonrió de nuevo. Luego se sentó en la cama de Zeb con las piernas cruzadas, mostrando una más bien impúdica porción de sus extremidades en el proceso. Zeb encendió otro cigarrillo y se lo tendió; ella lo aceptó, inspiró profundamente el humo en sus pulmones, y lo expelió como si hubiera estado fumando toda su vida.

Yo nunca había visto fumar a una mujer... nunca. Me di cuenta de que Zeb me estaba observando, el cielo lo confundiera... e hice todo lo posible por ignorarlo. Sonreí y dije:

—¡Esa sí es una *maravillosa* reunión! Si tan solo...

—Lo sé —asintió Maggie—. Si tan sólo Judith estuviera también aquí. ¿Has sabido algo de ella, John?

—¿Sabido de ella? ¿Cómo podría?

—Sí, es cierto, no puedes... todavía no. Pero ahora puedes escribirle.

—¿Eh? ¿Cómo?

—No sé de memoria su número de código, pero puedes dejar la carta en mi mesa... estoy en el G-2. No te preocupes de cerrarla; todo el correo personal debe ser censurado y parafraseado. Yo le escribí la semana pasada, pero aún no he obtenido respuesta.

Pensé en disculparme inmediatamente, marcharme, y escribirle una carta, pero no lo hice. Era maravilloso estar con ellos dos, y no deseé acortar la velada. Decidí que la escribiría antes de meterme en la cama... y me di cuenta, con sorpresa, que había estado tan atareado últimamente que, tan lejos como podía recordar, ni siquiera había tenido tiempo de pensar en Judith desde... bueno desde Denver como mínimo.

Pero tampoco iba a escribirle aquella noche más tarde. Eran pasadas las once y Maggie estaba diciendo algo acerca de levantarse temprano cuando apareció un ordenanza:

—El General en Jefe envía sus saludos y desea ver inmediatamente al oficial Lyle, señor.

Me cepillé apresuradamente el cabello con los útiles de Zeb y salí apresuradamente, mientras deseaba imperiosamente haber tenido algo mejor que ponerme que un simple traje de paisano difícil de lucir.

Los aposentos interiores estaban desiertos y oscuros excepto por una luz que pude ver en la oficina interior más alejada... ni siquiera el señor Giles estaba en su escritorio. Avancé solo, golpeé el marco de la puerta, entré, hice resonar mis tacones y saludé:

—El oficial Lyle presentándose al General en Jefe tal como le ha sido ordenado, señor.

Un hombre de edad avanzada, sentado de espaldas a mí al otro lado de un enorme escritorio, se giró y alzó la vista, y recibí otra sorpresa.

—Oh, sí, John Lyle —dijo suavemente. Se levantó y vino hacia mí, tendiéndome la mano—. Hace mucho tiempo que no nos veíamos, ¿verdad?

Era el coronel Huxley, jefe del Departamento de Milagros Aplicados cuando yo era cadete... y casi mi único amigo entre los oficiales por aquel entonces. Habían sido muchas las tardes de domingo que había pasado relajadamente en sus aposentos, con el cuello desabrochado, libre por el momento de las presiones de la disciplina.

Estreché su mano.

—Coronel... quiero decir General, señor... ¡creía que estaba usted muerto!

—Muerto como coronel y revivido como general, ¿eh? No, Lyle, aunque fui dado por muerto cuando pasé a la clandestinidad. Generalmente lo hacen así cuando un oficial desaparece; queda mejor. Y tú también estás muerto... ¿lo sabías?

—Esto, no, no lo sabía, señor. No de esta forma. ¡Eso es maravilloso, señor!

—Es bueno.

—Pero... quiero decir, ¿cómo es que usted...? Bueno... —interrumpí.

—¿Quieres decir cómo fui a parar aquí y me hice cargo de esto? He pertenecido a la Hermandad desde que tenía tu edad, Lyle. Pero no pasé a la clandestinidad hasta que me vi obligado a ello... ninguno de nosotros lo hace. En mi caso las presiones para que abrazara el sacerdocio empezaron a hacerse demasiado fuertes; el Superintendente estaba un poco preocupado teniendo a un oficial laico que sabía demasiado de las complejas ramas de la física y la química. Así que me tomé unas cortas vacaciones y me morí. Fue muy triste. —Sonrió—. Pero siéntate. He querido llamarte durante todo el día, pero ha sido un día muy ajetreado. Todos lo son. Hasta ahora no me ha sido posible escuchar las cintas de tu informe.

Nos sentamos y charlamos, y dejé que mi copa rebosara. Huxley había sido el oficial al que más había respetado de todos aquellos bajo cuyas órdenes había servido. Su sola presencia resolvió cualquier duda resilual que quedara en mí... si la Cábala era buena para él, era buena para mí, y al diablo las sutilidades de la doctrina.

Finalmente dijo:

—No te he mandado llamar a esa hora tan tardía tan sólo para charlar contigo, Lyle. Tengo un trabajo para ti.

—¿Sí, señor?

—No dudo que habrás observado ya la escasa calidad de la milicia que tenemos aquí. Esto es entre nosotros, y no estoy criticando a nuestros camaradas... cada uno de ellos ha dedicado su vida a nuestra causa, algo mucho más difícil para ellos que para ti o para mí, y todos se han sometido de buen grado a la disciplina militar, lo cual resulta aún más duro. Pero no dispongo de los suficientes soldados adiestrados como para llevar las cosas adecuadamente. Lo hacen lo mejor que pueden, pero estoy tremendamente impedido al intentar convertir la organización en una eficiente máquina de lucha. Me encuentro agobiado por los detalles administrativos. ¿Puedes ayudarme?

Me puse en pie.

—Me sentiré muy honrado de servir con mi General en la mejor medida de mis habilidades.

—¡Estupendo! De momento serás mi ayudante personal. Eso es todo por esta noche, capitán. Te veré por la mañana.

Estaba ya cruzando la puerta antes de que su designación al despedirme me golpeara... y decidí que habría sido un desliz de su lengua.

Pero no lo era. A la mañana siguiente encontré cuál era mi oficina porque en ella había sido colocada una placa que decía: «CAPITÁN LYLE». Desde el punto de vista de un militar profesional, las revoluciones tienen algo bueno: las oportunidades de promoción rápida son excelentes... aunque la paga suele ser más bien irregular.

Mi oficina estaba adjunta a la del general Huxley, y desde entonces casi viví en ella... finalmente me instalé un catre detrás del escritorio. El primer día estaba batallando aún a las diez de la noche con el montón de papeles que había en mi bandeja sobre el escritorio. Me había prometido a mí mismo que primero terminaría con ellos, y luego escribiría una larga carta a Judith. Pero tuve que conformarme con una nota muy corta, al encontrarme con un memorándum dirigido a mí personalmente, y no al general, en el fondo de la bandeja.

Iba dirigido al «Oficial J. Lyle», y alguien había tachado el «Oficial» y escrito encima «Capitán». Decía:

Memorándum para todo el personal recientemente incorporado.

OBJETO: Informe de Conversión del Personal.

1. Se le requiere e invita a expresar por escrito, tan ampliamente como le sea posible, todos los acontecimientos, pensamientos, consideraciones e incidentes que le empujaron en su decisión de unirse a nuestra lucha por la libertad. Esta relación deberá ser tan detallada como sea posible y tan subjetiva como sea posible. Un informe escrito con rapidez, demasiado breve, o demasiado superficial, será devuelto para ser ampliado y corregido, y podrá ser suplementado por un examen hipno.

2. Este informe será tratado confidencialmente en su totalidad, y cada parte de él podrá ser clasificada como secreta por su propio autor. Puede usted sustituir los nombres propios por letras o números si esto le ayuda a expresarse libremente, pero el informe debe ser completo.

3. No se destinará para este propósito ningún tiempo fuera de los deberes regulares, pero este informe debe ser tratado como una tarea extraordinaria de la más alta prioridad. Un borrador de su informe se espera sea entregado el (*aquí alguien había escrito una fecha y una hora a menos de cuarenta y ocho horas de distancia de aquel momento; dejé escapar para mí mismo algunas expresiones declaradamente profanas*).

Por orden del General en Jefe,
firmado: M. NOVAK, Coronel, Ej. EE. UU.
Jefe de Psicología

Me sentí considerablemente molesto por aquella demanda, y decidí escribir primero a Judith. La nota no me salió demasiado bien... ¿cómo puede escribir uno una carta de amor cuando sabe que uno o varios extraños van a leerla, y que cualquiera de ellos puede refrasear tus más tiernas palabras? Además, mientras le estaba escribiendo a Judith, mis pensamientos retrocedieron hasta aquella noche en la muralla del Palacio cuando la encontré por primera vez. Tenía la impresión de que mi propia conversión personal, como la llamaba el entrometido coronel Novak, había empezado entonces... aunque ya había empezado a tener algunas dudas antes de aquel momento. Finalmente terminé la nota, y decidí no irme a la cama inmediatamente sino empezar con aquel maldito informe.

Tras un rato me di cuenta de que era la una de la madrugada y aún no había llegado en mi relato al punto donde fui admitido por la Hermandad. Dejé de escribir con una cierta reluctancia (descubrí que aquello había despertado mi interés) y lo guardé bajo llave en mi escritorio.

En el desayuno del día siguiente me senté al lado de Zebadiah, le mostré el memorándum, y le pregunté acerca de él.

—¿A qué se debe esta gran idea? —dije—. Tú trabajas para esa rama en particular. ¿Siguen aún sospechando de nosotros, después de habernos admitido aquí?

Zeb apenas le echó una mirada.

—Oh, eso... Cáscaras, no. Aunque debo añadir que un espía suponiendo que alguno pudiera llegar hasta tan lejos, sería atrapado inmediatamente cuando su historia personal pasara a través del análisis semántico. Nadie puede contar una mentira tan larga y tan complicada.

—¿Pero para qué sirve entonces?

—¿Y a ti qué te importa? Escríbelo... y asegúrate de que haces un buen trabajo. Luego olvídalo.

Sentí que me encendía.

—No sé lo que voy a hacer. Pienso que antes le preguntaré al general al respecto.

—Hazlo, si quieres ponerte en el más espantoso de los ridículos. Mira, John, los psicomatemáticos que leerán esa sarta de imbecilidades que tú escribas no sienten el más mínimo interés hacia ti como individuo. Ni siquiera desearán saber quién eres... una chica tomará antes tu informe y tachará todos los nombres personales, incluido el tuyo, y los sustituirá por números... y todo ello antes de que cualquier analista pueda verlo. Eres simplemente un dato, nada más; el Jefe tiene algún gran proyecto en plena ebullición... ni yo mismo sé de qué se trata, y está intentando reunir un gran abanico estadístico que sea significativo.

Me ablandé un poco.

—Bueno, pero entonces, ¿por qué no lo dicen claramente? Este memorándum es simplemente una orden directa... irritante.

Zeb se alzó de hombros.

—Eso es debido a que fue preparado por la división semántica. Si lo hubiera escrito la división de propaganda, te hubieras levantado más temprano y hubieras terminado el trabajo antes del desayuno. A propósito —añadió—, he oído decir que habías sido promocionado. Felicidades.

—Gracias. —Sonreí sarcástico—. ¿Cómo te sientes siendo inferior a mí, Zeb?

—¿Eh? ¿Tan rápido te han proclamado? Creí que eras capitán.

—Lo soy.

—Bueno, entonces perdona la inmodestia... pero yo soy mayor.

—Oh. Felicitaciones.

—No te preocupes mucho por ello. Aquí tienes que ser como mínimo coronel, o tienes que seguir haciéndote tú mismo la cama.

La mayoría de las veces yo estaba demasiado ocupado como para hacerme mi propia cama. Casi la mitad de las veces dormía en el camastro de mi oficina, y en una ocasión me pasé una semana sin bañarme. Muy pronto se me hizo evidente que la Cábala era mucho mayor y tenía unas ramificaciones mucho más complicadas de las que hubiera podido llegar a soñar nunca, y que además todo el conjunto crecía sin parar. Estaba demasiado cerca de los árboles como para ver el bosque, pese a que todos los documentos marcados como «máximo secreto» y «destrúyase una vez leído» pasaban por mi escritorio.

Yo simplemente me ocupaba de que el general Huxley no se viera inundado por montañas de papeles... y quien se veía inundado por ellas era yo. Mi trabajo era imaginar lo que él haría, si tuviera tiempo, y entonces hacerlo yo por él. Una persona que ha sido adiestrada en los principios de la autoridad y la obediencia doctrinal puede hacerlo; el truco estriba en hacer que tu mente funcione como la de tu jefe en todos los asuntos rutinarios, y ser capaz de reconocer lo que es rutinario y lo que debe pasársele a él. Cometí mi porcentaje de errores, pero aparentemente no fueron tantos puesto que no me despidió, y tres meses más tarde era mayor, con el fascinante título de jefe ayudante de Estado Mayor. No es necesario decir que buena parte de ello se lo debí a mi anillo de West Point, por supuesto... un profesional tiene grandes ventajas.

Debo añadir que por aquel entonces Zeb formaba en la cola del escalafón de coroneles, y actuaba como jefe de propaganda, habiendo sido transferido la jefatura de su sección a un cuartel general regional que yo sólo conocía por su nombre clave de JERICÓ.

Pero me estoy adelantando a mi historia. Había tenido noticias de Judith hacía dos semanas... una nota agradable pero con el jugo exprimido por el rebraseo. Quise contestarle inmediatamente pero en realidad me retrasé una semana... era tan engorrosamente duro no saber qué decir. Posiblemente no pudiera decirle otra cosa más que el que me encontraba bien y muy ajetreado. Si le decía tres veces que la amaba en una sola carta algún idiota de criptografía lo examinaría atentamente en busca de algún «esquema» y finalmente la rechazaría enteramente cuando fracasara en intentar hallar alguno.

El correo iba hasta México a través de un largo túnel, parcialmente artificial pero natural en su mayor parte, que pasaba exactamente por debajo de la frontera internacional. Un pequeño ferrocarril eléctrico del tipo usado en las minas recorría el túnel y llevaba no sólo mis quebraderos de cabeza diarios en la valija del correo oficial sino también una gran cantidad de carga para aprovisionar a nuestra ciudad de respetable tamaño. Había una docena de otras entradas al Cuartel General en la parte fronteriza de Arizona, pero nunca llegué a saber dónde estaban... y tampoco me importaba. Toda aquella zona tenía una profunda capa de rocas paleozoicas y podía ser transformada en una auténtica colmena subterránea de California hasta Texas. La zona conocido como Cuartel General había sido utilizada durante más de veinte años como escondite para hermanos refugiados. Nadie conocía la extensión de las cavernas en las que nos encontrábamos; simplemente iluminábamos y utilizábamos aquellas que necesitábamos. Nosotros los trogloditas poseíamos un deporte favorito —los residentes permanentes éramos «troglos»; los transeúntes eran «murciélagos», puesto que volaban por la noche—: nos gustaba ir a picnics «de aficionados» que incluían pequeñas excursiones espeleológicas por las zonas inexploradas.

Estas excursiones estaban permitidas por las reglas, pero tan sólo de tanto en tanto y sujetas a las más estrictas precauciones de seguridad, ya que uno podía romperse fácilmente una pierna en aquellos agujeros. Pero el General lo permitía porque era necesario; eran la única diversión que teníamos, y algunos de nosotros llevábamos años sin ver la luz del día.

Zeb y Maggie y yo realizamos un buen número de esas salidas, cuando a mí me lo permitía mi trabajo. Maggie siempre traía consigo alguna otra chica. Yo al principio protestaba, pero ella me indicó que era necesario para evitar los chismorreos... vigilancia mutua. Me aseguró que estaba segura de que a Judith no le importaría, bajo las circunstancias. Cada vez era una chica diferente, y la cosa parecía funcionar, ya que Zeb siempre le prestaba más atención a la otra chica mientras yo charlaba con Maggie. Antes había pensado que Maggie y Zeb terminarían casándose, pero ahora empezaba a preguntármelo. Parecían hacer una pareja tan ideal como los huevos y el jamón, pero Maggie no parecía mostrarse celosa, y yo tan sólo podría describir honestamente a Zeb como un desvergonzado... es decir, bajo el supuesto de que Maggie estuviera interesada por él.

Un sábado por la mañana Zeb asomó su cabeza por mi cuchitril y dijo:

—Espeleología. A las dos en punto. Traéte una toalla.

Miré por encima de un montón de papeles.

—Dudo que pueda ir —respondí—. ¿Y por qué una toalla?

Pero ya se había ido. Maggie pasó más tarde por mi oficina para traerle el informe semanal consolidado de inteligencia al Viejo, pero ni siquiera traté de preguntarle, puesto que Maggie era toda eficiencia durante las horas de trabajo... la perfecta sargento de oficina. Comí en mi despacho, con la esperanza de terminar el trabajo pero sabiendo que era imposible. A eso de la una y cuarto fui a que el general Huxley firmara un documento que debía salir aquella noche por correo hipno y por lo tanto debía estar aquella misma tarde en el departamento psico para que el correo pudiera ser operado. Le echó un vistazo y lo firmó, y luego dijo:

—La sargento Andy me ha dicho que tienes una cita.

—La sargento Andrews está en un error —dije rígidamente—. Aún están por revisar los informes semanales de Jericó, Nod y Egipto.

,—Déjalos sobre mi escritorio y vete. Es una orden. No quiero que te hagas viejo por exceso de trabajo.

No le dije que él llevaba más de un mes sin ir a sus aposentos; me fui.

Dejé el mensaje con el coronel Novak y me apresuré hacia el lugar donde nos reuníamos siempre, cerca del comedor de mujeres. Maggie estaba allí con otra chica... una rubia llamada Miriam Booth que era una de las empleadas del almacén del Cuartel General. La conocía de vista, pero nunca había hablado con ella. Llevaba nuestra comida para el picnic, y Zeb llegó mientras estábamos siendo presentados. Traía consigo, como siempre, la luz portátil que usaríamos cuando encontráramos un lugar adecuado, y una manta para sentarnos encima y utilizarla como mesa.

—¿Dónde está tu toalla? —preguntó.

—¿Hablabas en serio? La he olvidado.

—Corre a buscarla. Nosotros adelantaremos camino por la vía Apia. Puedes alcanzarnos. Vamos, chicas.

Echaron a andar, y a mí no me quedó otra cosa que hacer más que obedecer. Tras tomar una toalla de mi habitación, aceleré el paso hasta que los tuve de nuevo a la vista, y entonces retardé un poco el paso, resoplando. El trabajo de oficina había arruinado mi resuello. Me oyeron y esperaron.

Todos íbamos vestidos igual, las mujeres también llevaban pantalones, y todos con una cuerda de seguridad enrollada en la cintura y una linterna colgada del cinturón. Yo había llegado a acostumbrarme a ver a las mujeres con ropas de hombre, aunque no me gustara... y, después de todo, no resulta práctico y hasta es en cierto modo indecente practicar la espeleología, aunque sea en plan aficionado, con faldas.

Abandonamos la zona iluminada tomando un recodo que parecía conducir a una pared ciega; sin embargo conducía hasta un túnel completamente escondido pero fácilmente practicable. Zeb desenrolló su cuerda e hizo que todos nos sujetáramos a ella mientras pasábamos por las zonas marcadas como peligrosas, tal como requerían las órdenes; Zeb era siempre muy cuidadoso con las cosas que realmente eran importantes.

Durante quizás un millar de pasos pudimos ver restos de

hogueras y otras indicaciones de que otras personas habían utilizado antes aquel mismo camino, tales como un lugar donde alguien había ensanchado un angosto paso a golpes de pico. Luego dejamos aquel sendero frecuentado y giramos hacia una pared ciega. Zeb puso la luz en el suelo y la encendió.

—Sacad vuestras linternas. Vamos a trepar por aquí.

—¿Adónde vamos?

—A un lugar que conoce Miriam. Hazme pie, Johnnie.

No había mucho que trepar. Zeb subió con facilidad, y las chicas hubieran podido hacerlo también sin problemas, pero preferimos utilizar las cuerdas, para mayor seguridad. Cada cual volvió a cargar con su equipo, y Miriam nos condujo hacia adelante, utilizando todos nuestras linternas.

Cruzamos al otro lado, y allí había otro pasadizo tan bien oculto que hubiera podido quedar olvidado por otros diez mil años. Nos detuvimos otra vez mientras Zeb hacía otro nudo en su cuerda. De pronto Miriam dijo:

—Ahora todos hacia arriba, despacio. Creo que es aquí.

Zeb paseó su linterna alrededor, luego colocó la luz portátil en el suelo y la encendió. Lanzó un silbido.

—¡Huau! ¡Esto es estupendo!

—Es maravilloso —dijo Maggie suavemente. Miriam se limitó a sonreír, triunfante.

Estuve de acuerdo con todos ellos. Era una pequeña caverna en forma de domo perfecto, de quizás unos treinta metros de ancho y mucho más larga. No pude decir cuán larga, ya que se curvaba suavemente allá delante perdiéndose en la oscuridad. Pero lo más característico de aquel lugar era un tranquilo estanque negro como la tinta que llenaba la mayor parte del suelo. Frente a nosotros había una pequeña playa de auténtica arena que a juzgar por las apariencias debía estar allá desde hacía un millón de años.

Nuestras voces creaban agradables ecos a lo largo de la cámara, rotas y distorsionadas por las estalactitas que colgaban como cortinajes del techo. Zeb se dirigió hacia el borde del agua, se inclinó, y la probó con la mano.

—No es demasiado fría —anunció—. Bien, el último es un soplón de los censores.

Reconocí el viejo reto de los bañistas, aunque la última vez que lo había oído, cuando aún era un niño, era: «El último es un sucio paria.» Pero aquí nadie se lo creería.

Zeb estaba ya desabotonándose la camisa. Di rápidamente unos pasos hacia él y le dije en privado:

—¡Zeb! ¿Un baño todos juntos? ¿Estás bromeando?

—En absoluto. —Observó mi rostro—. ¿Por qué no? ¿Qué ocurre contigo, chico? ¿Temes que alguien te ponga una penitencia? Sabes que no lo van a hacer. Nadie va a enterarse.

—Pero...

—¿Pero qué?

No supe qué responder. La única forma en que podía argumentar era en los términos que me habían sido enseñados en la Iglesia, y sabía que Zeb iba a reírse de mí... delante de las mujeres. Probablemente ellas también se echarían a reír, puesto que ellas sabían y yo no.

—Pero Zeb —insistí—, no *puedo*. Tú no me dijiste... y ni siquiera he traído traje de baño.

—Yo tampoco. ¿Temes que te regañen como a un crío... y recibir unas cuantas palmadas por ello? —Se giró sin esperar mi respuesta a aquella enormidad y dijo—: ¿Sois frágiles barquitas aguardando algo?

—Sólo que vosotros dos terminéis vuestra discusión —respondió Maggie, acercándose—. Zeb, creo que Mimí y yo vamos a utilizar el otro lado de esa roca. ¿De acuerdo?

—De acuerdo. Pero aguardad un segundo. Nada de zambullirse, ¿entendéis las dos? Y alguien vigilando desde la orilla durante todo el rato... John y yo nos turnaremos en ello.

—¡Puah! —dijo Miriam—. Yo me zambullí la última vez que estuve aquí.

—Porque no estabas conmigo, eso seguro. Nada de zambullidas... u os calentaré las posaderas allá donde están más rellenas.

Ella se alzó de hombros.

—De acuerdo, coronel Cascarrabias. Vamos, Mag. —Pasaron junto a nosotros y rodearon una piedra del tamaño de media casa. Miriam se detuvo, me miró directamente a mí, y agitó un dedo.

—¡Y ahora, nada de mirar! —Enrojecí hasta las orejas.

Desaparecieron, y no oímos más de ellas excepto risitas. Dije apresuradamente:

—Mira. Tú haz lo que quieras... es asunto tuyo. Pero yo no me meto en el agua. Me quedaré sentado aquí en la orilla y seré el vigilante.

—Haz lo que quieras. Pensaba pedirte que hicieras el primer turno, pero nadie te está retorciendo el brazo para que lo aceptes. Prepara una cuerda, de todos modos, por si hay que echársela a alguien. No creo que la necesitemos; las dos chicas son estupendas nadadoras.

Dije desesperadamente:

—Zeb, estoy seguro de que el General prohibiría bañarse en estos estanques subterráneos.

—Por eso precisamente no los mencionamos. «No preocupar nunca innecesariamente al General en Jefe»... órdenes vigentes en el Ejército de Josué, aproximadamente 1400 años A. de C. —Fue quitándose las ropas.

No sé por qué Miriam me advirtió que no mirara —¡nunca me hubiera atrevido!—, porque cuando estuvo desvestida salió directamente de detrás de aquella roca, no hacia nosotros sino hacia el agua. Pero la luz era la suficiente como para iluminarla por completo, e incluso se giró hacia nosotros un instante, para luego gritar:

—¡Vamos, Maggie! ¡Si te apresuras, Zeb va a ser el último!

Yo no deseaba mirar, pero no podía apartar mis ojos de ella. Nunca había visto nada en mi vida que se pareciera a la visión que ella me ofrecía... tan sólo en una ocasión un grabado, perteneciente a un chico de la escuela de mi parroquia, y en esa ocasión tan sólo había visto un asomo, y lo había informado inmediatamente.

Pero ahora no podía dejar de mirar, ardiendo de vergüenza al mismo tiempo.

Zeb empujó a Miriam al agua... y no creo que a ella le preocupara. Luego se metió rápidamente en el agua, él también contraviniendo casi sus propias órdenes acerca de zambullirse. Sus poderosas brazadas le hicieron alcanzar pronto a Miriam, que había empezado a nadar hacia el otro extremo.

Luego salió Maggie de detrás de la roca y se dirigió hacia

el agua. No hizo las espectaculares evoluciones que había desplegado Miriam, sino que simplemente anduvo rápidamente y se metió en el agua con una tranquila gracia. Cuando el agua le llegó a la cintura se dejó caer hacia adelante con un intenso chapoteo, y luego empezó a bracear y siguió a los otros, a los que aún podía oír pero difícilmente ver en la distancia.

De nuevo me fue imposible apartar mis ojos, aunque mi alma eterna hubiera dependido de ello. ¿Qué es lo que tiene el cuerpo de una mujer que lo convierte en la visión más terriblemente hermosa de la tierra? ¿Será, como proclaman algunos, tan sólo un instinto necesario que nos asegure de que cumplimos con los designios de Dios de repoblar el mundo? ¿O es algo mucho más extraño, mucho más maravilloso?

Me descubrí a mí mismo citando:

—¡Qué bello y qué delicioso arte eres, oh amor, para el deleite! Tu figura es como la palmera, y tus pechos dos racimos de uvas.

Entonces me callé, avergonzado, recordando que el Cantar de los Cantares de Salomón era tan sólo una casta y sagrada alegoría que no tenía nada que ver con estas cosas.

Me senté en la arena e intenté componer mi alma. Tras un cierto tiempo me sentí mejor y mi corazón dejó de latir tan fuerte. Cuando regresaron nadando con Zeb a la cabeza, seguido por Miriam, apenas conseguí esbozar una sonrisa. La cosa ya no me parecía tan terrible, y mientras estuvieran en el agua las mujeres no se exhibían tan impresionantemente. Quizás el demonio estuviera realmente en los ojos del espectador... en cuyo caso lo que debía hacer era arrojarlo de los míos.

—¿Listo para ser relevado? —gritó Zeb en voz alta.

—No —respondí firmemente—. Seguid divirtiéndoos.

—De acuerdo. —Se giró como un delfín y empezó a nadar hacia el otro lado. Miriam lo siguió. Maggie siguió hacia donde el agua era menos profunda, clavó sus dedos en el fondo, y se me quedó mirando, con tan sólo su cabeza y sus marfileños hombros surgiendo de las negras aguas, mientras su cabellera que le llegaba hasta la cintura flotaba a su alrededor.

—Pobre John —dijo suavemente—. Ahora voy a relevarte.

—¡Oh, no, de veras!

—¿Estás seguro?

—Absolutamente seguro.

—De acuerdo. —Se giró, dando una vuelta sobre sí misma y siguió a los otros. Por un fantasmagórico y mágico instante, estuvo parcialmente fuera del agua.

Maggie regresó a mi extremo de la caverna unos diez minutos más tarde.

—Tengo frío —dijo brevemente, saliendo del agua y dirigiéndose rápidamente a la protección de la roca. De alguna forma, no estaba desnuda, sino simplemente desvestida, como la Madre Eva. Era una diferencia... Miriam estaba simplemente desnuda.

Con Maggie fuera del agua y ninguno de nosotros hablando, me di cuenta por primera vez de que no había ningún otro sonido. No hay nada más silencioso que una caverna; en cualquier otro lugar siempre hay algún sonido, pero los completos cero decibelios que se obtienen bajo tierra si uno permanece inmóvil y no dice nada es algo muy distinto.

El problema era que yo tendría que ser capaz de oír a Zeb y a Miriam nadando. El nadar no tiene por qué ser ruidoso, pero no puede ser tan silencioso como una caverna. Me levanté bruscamente y eché a andar hacia adelante... luego me detuve con la misma brusquedad pues no quería invadir el vestidor de Maggie, lo cual hubiera hecho con una docena más de pasos.

Pero estaba realmente preocupado, y no sabía qué hacer. ¿Echar una cuerda? ¿Dónde? ¿Meterme en el agua y buscarlos? Si era necesario... Llamé suavemente:

—Maggie.

—¿Qué ocurre, John?

—Maggie, estoy preocupado.

Salió inmediatamente de detrás de la roca. Se había puesto ya los pantalones, pero llevaba enrollada la toalla de modo que le cubriera el pecho; tuve la impresión de que se había estado secando el pelo.

—¿Por qué, John?

—Estate quieta y escucha.

Lo hizo.

—No oigo nada.

—Eso es precisamente. Deberíamos oír algo. Podía oíros a todos nadando incluso cuando estabais lejos, fuera de mi vista. Ahora no hay ningún sonido, ni un chapoteo. ¿Crees posible que ambos se hayan podido golpear la cabeza contra el fondo al mismo tiempo?

—Oh. Deja de preocuparte John. Todo está bien.

—Pero *estoy* preocupado.

—Simplemente están descansando, estoy segura. Hay otra playa pequeña al otro lado más o menos como la mitad de esta. Están allí. Yo estuve con ellos, pero me volví porque tenía frío.

Tomé una decisión, dándome cuenta de que mi recato me había impedido cumplir completamente con mi deber.

—Date la vuelta. No, ve detrás de la roca... quiero desnudarme.

—¿Qué? Te digo que no es necesario. —No se movió.

Abrí mi boca para gritar. Antes de que pudiera hacerlo Maggie me había tapado la boca con una mano, lo cual hizo que su toalla se desajustara y cayera.

—¡Oh, cielos! —dijo secamente—. Mantén cerrada esa bocaza. —Se giró bruscamente y volvió a colocarse la toalla; luego, cuando se giró de nuevo, vi que se la había colocado como una estola, cubriendo lo suficiente su busto, supuse, pero sin necesariamente ocultarlo.

—John Lyle, ven aquí y siéntate. Siéntate a mi lado. —Se sentó en la arena y palmeó un lugar para sentarme... y lo dijo con una tal firmeza que hice lo que me indicaba.

—A mi lado —insistió—. Acércate más. No deseo tener que gritar. —Me acerqué, centímetro a centímetro, hasta que mi manga rozó su brazo desnudo—. Eso está mejor —admitió, manteniendo su voz lo suficientemente baja como para que no resonara en la caverna—. Ahora escúchame. Hay dos personas allá, que han ido por su propia voluntad. Se hallan completamente a salvo... las he visto. Y ambas son excelentes nadadores. Lo que tú tienes que hacer, John Lyle, es meterte en tus propios asuntos y refrenar esa insana tendencia que tienes a entrometerte.

—Me temo que no te comprendo. —Y, realmente, me temo que era cierto.

—¡Oh, por los cielos! Mira, ¿significa Miriam algo para ti?

—Bueno, no, no especialmente.

—Eso es lo que he creído, puesto que no le has dirigido más de seis palabras desde que nos encontramos. Muy bien, entonces, puesto que no tienes ninguna razón para sentirte celoso, si dos personas escogen estar solas, ¿por qué deberías meter la nariz en ello? ¿Me comprendes ahora?

—Oh, me parece que sí.

—Entonces simplemente quédate quieto.

Me quedé quieto. Ella tampoco se movió. Yo era muy consciente de su desnudez —porque estaba desnuda, pese a ir tapada—, y deseé que ella no fuera consciente de que yo era consciente de ello. Además, yo era profundamente consciente de ser casi un participante en... bueno, no sabía en qué. Me dije rabiosamente a mí mismo que no tenía derecho a suponer lo peor, como un censor de moral.

Al cabo de un rato dije:

—Maggie...

—¿Sí, John?

—No te comprendo.

—¿Por qué no, John? Aunque no es realmente necesario.

—Oh, se trata de que no parece importarte que Zeb esté ahí, con Miriam... solos.

—¿Debería importarme?

¡Dios confunda a la mujer! Ella me estaba confundiendo a mí deliberadamente.

—Bueno... mira, en cierto modo yo tenía la impresión de que tú y Zeb... quiero decir... bueno, supongo que de algún modo esperaba que vosotros dos os casaráis, cuando pudiérais.

Ella se echó a reír con una risita baja que implicaba muy poca alegría.

—Supongo que puedes haber recibido esta impresión. Pero créeme, el asunto está zanjado, y para bien.

—¿Eh?

—No me interpretes mal. Quiero mucho a Zebadiah, y sé que él también me quiere lo mismo. Pero los dos somos lo que psicológicamente se llama un tipo dominante... deberías ver el esquema de mi perfil; ¡se parece a las Montañas Rocosas! Dos personas de este tipo no deben casarse. Estos matrimonios *no* se realizan en el cielo, créeme. Afortunadamente, lo descubrimos a tiempo.

—Oh.

—Oh, por supuesto.

A partir de entonces no sé exactamente lo que ocurrió a continuación. Estaba pensando en que ella parecía más bien desamparada... y lo siguiente que recuerdo es que la estaba besando. Ella yacía entre mis brazos y me devolvía el beso con un fervor que yo nunca hubiera creído posible. En cuanto a mí, la cabeza me zumbaba y mis globos oculares estaban entrechocando y no hubiera sido capaz de decir si estaba a trescientos metros bajo tierra o en una revista de uniformes.

Luego todo pasó. Ella levantó la vista por un breve momento para mirarme directamente a los ojos y susurró:

—Querido John... —luego se puso bruscamente en pie, se inclinó hacia mí, sin preocuparse de su toalla, y me palmeó la mejilla—. Judith es una chica muy afortunada. Me pregunto si ella lo sabe.

—¡Maggie! —dije.

Ella se giró y dijo, sin mirar hacia atrás:

—Realmente debo terminar de vestirme. Tengo frío.

A mí no me pareció que lo tuviera.

Regresó al poco tiempo, completamente vestida y secándose vigorosamente el pelo con la toalla. Yo tomé mi toalla seca y la ayudé. No creo que yo lo sugiriera; la idea simplemente apareció por sí sola. Su pelo era espeso y hermoso y disfruté secándoselo.

Zeb y Miriam regresaron mientras estaba haciéndolo, no apresurándose sino nadando lentamente; pudimos oírles reírse mucho antes de que estuvieran a la vista. Miriam salió del agua tan despreocupadamente como una ramera de Gomorra, pero apenas le presté atención. Zeb me miró directamente a los ojos y dijo agresivamente:

—¿Listo para tu baño, compañero?

Empecé a decir que no creía que valiera la pena, y estaba buscando alguna excusa como el que mi toalla estaba ya mojada... cuando observé que Maggie me estaba mirando... sin decir nada, simplemente mirando. Respondí:

—Seguro, ¿cómo no? Vosotros os habéis tomado un buen rato. —Llamé—. ¡Miriam! ¡Sal pronto de detrás de esa roca! Deseo utilizarla.

Ella soltó un gritito y se rió y salió, aún arreglándose las ropas. Fui detrás de la roca con tranquila dignidad.

Confío en que conservé la misma tranquila dignidad cuando salí. En cualquier caso encajé los dientes, y anduve tranquilamente en dirección al agua. Estaba penetrantemente fría al principio, pero sólo por un momento. Nunca pertenecí a ningún equipo en la universidad, pero nadé con el equipo de mi clase y estuve en el Hudson el Día de Año Nuevo. Me gustó el estanque negro, una vez estuve en él.

Simplemente nadé hasta el otro extremo. Sí, había una pequeña playa allí. Pero no la utilicé.

En mi camino de regreso intenté zambullirme hasta el fondo. No lo conseguí, pero debía estar a más de ocho metros de profundidad. Me gustó aquella profundidad... negra y tremendamente tranquila. De haber podido respirar allí, o tenido branquias, creo que me hubiera gustado quedarme en aquel lugar, lejos de Profetas, lejos de Cábalas, y papeleos, y preocupaciones, y problemas demasiado sutiles para mí.

Salí del agua jadeando, y corrí hacia la playa donde ya estaban listas las cosas. Las chicas habían preparado la comida, y Zeb me gritó que me apresurara. Zeb y Maggie no levantaron la vista cuando salí del agua, pero descubrí a Miriam mirándome. No creo que me ruborizara. De todos modos, nunca me han gustado las rubias. Creo que Lilith debió ser rubia.

11

El Consejo Supremo, consistente en los jefes de departamento, el General Huxley, y unos pocos más, se reunía semanalmente, o más a menudo, para asesorar al General, intercambiar puntos de vista, y considerar los informes de campo. Aproximadamente un mes después de nuestra escapada al estanque subterráneo se reunieron en sesión y yo estaba con ellos, no como miembro sino como registrador. Mi propia secretaria estaba enferma y yo pedí que me cedieran temporalmente a Maggie de la C-2 para operar la parloescritora, puesto que ella estaba facultada para trabajar con altos secretos. Siempre andábamos terriblemente escasos de personal competente. Mi jefe nominal, por ejemplo, era el general de brigada Penoyer, que ostentaba el título de Jefe de Estado Mayor. Pero raramente lo veía, porque también era Jefe de Artillería. Huxley era su propio jefe de estado mayor, y yo era una especie de glorioso ayudante... «guardiamarina, contramaestre, y tripulación, del esquife del capitán». Incluso me preocupaba de que Huxley tomara regularmente su medicina para el estómago.

Aquella reunión era más importante que lo habitual. Los jefes regionales de Gath, Canaan, Jericó, Babilonia y Egipto estaban presentes en persona; Nod y Damasco estaban representados por delegados... cada distrito de la Cábala de los Estados Unidos excepto Edén y nosotros mantenían una conexión sensitiva con Lousville para esa ocasión, utilizando un código ideográfico que ni los propios sensitivos podían comprender. Podía sentir la presión de algo grande acercándose, que ni siquiera Huxley me había confiado. El lugar estaba tan controlado que ni siquiera un ratón se hubiera podido introducir en él.

Empezamos con los habituales informes de rutina. Se registró debidamente que en aquel momento poseíamos ocho mil setencientos nueve miembros aceptados, ya fueran hermanos de logia o miembros probados o de la organización militar paralela. Habían sido alistados y reclutados e instruidos más de diez veces ese número de compañeros externos con los que podía contarse para que se levantaran contra el

Profeta, pero que no habían sido instruidos en el conocimiento de la conspiración real.

Las cifras en sí no eran alentadoras. Seguíamos estando en las fauces de un dilema; cien mil hombres eran apenas un puñado para conquistar un país tan grande como un continente, mientras que un poco menos de nueve mil formando parte de la propia conspiración eran demasiados como para mantener el secreto. Teníamos que confiar necesariamente en el antiguo sistema de células en las cuales ningún hombre sabía más de lo que debía saber y no podía poner al descubierto demasiadas cosas por mucho que se esforzara un inquisidor en hacerle confesar... ni siquiera aunque él hubiera sido un espía. Pero teníamos nuestras pérdidas semanales pese a este estadio pasivo.

Toda una logia había sido sorprendida en sesión y arrestada en Seattle hacía cuatro días; era una seria pérdida, pero sólo tres de los altos cargos poseían información crítica y todos tres lograron suicidarse con éxito. Serían rezadas plegarias por todos ellos en una gran sesión aquella misma noche, pero allí era tan sólo un informe de rutina. Aquella semana habíamos perdido también cuatro asesinos profesionales, pero se habían realizado veintitrés asesinatos... uno de ellos el Inquisidor Mayor de todo el valle inferior del Mississippi.

El Jefe de Comunicaciones informó que la hermandad estaba preparada para utilizar el 91 % (según la cobertura de población) de las estaciones de radio y TV del país, y que con la ayuda de grupos de asalto podíamos esperar razonablemente dar cuenta del resto... con excepción de la estación de la Voz de Dios en Nueva Jerusalén, que constituía un problema especial.

El Jefe de Ingeniería de Combate informó de que estaban preparados para sabotear el suministro de energía de las cuarenta y seis mayores ciudades, de nuevo con la excepción de Nueva Jerusalén, cuyo abastecimiento de energía se obtenía directamente de la pila localizada bajo el Templo. Incluso allí podía lograrse una importante interrupción en las estaciones distribuidoras si se garantizaba la operación con el suficiente número de hombres. Las principales rutas de transporte y carga podían ser suficientemente saboteadas con los actuales planes y personal para reducir el tráfico a un 12 % de lo normal.

Los informes se fueron prolongando uno tras otro... periódicos, grupos de acción estudiantil, captura o sabotaje de campos de cohetes, milagros, propagación de rumores, reservas de agua, incitación a incidentes, contraespionaje, predicción del tiempo a largo plazo, distribución de armas. La guerra es un asunto sencillo comparado con la revolución. La guerra es una ciencia aplicada, con principios bien definidos probados por la historia; pueden hallarse soluciones análogas desde la ballesta hasta la bomba H. Pero cada revolución es un fenómeno distinto, un mutante, una monstruosidad, cuyas condiciones nunca se repiten y cuyas operaciones son realizadas por aficionados e individualistas.

Mientras Maggie registraba los datos yo los ordenaba y transmitía a la sala del calculador para su análisis. Estaba con mucho demasiado ocupado como para intentar siquiera una evaluación rápida en mi cabeza. Hubo una corta espera mientras los analistas terminaban su programación y dejaban que el «cerebro» la engullera... luego la impresora a control remoto que tenía ante mí tecleó brevemente y se detuvo. Huxley se inclinó hacia mí y arrancó la hoja de papel antes de que yo tuviera tiempo de alcanzarla.

La miró, luego carraspeó y aguardó a que se produjera el silencio.

—Hermanos —empezó—, camaradas... desde hace tiempo acordamos nuestra doctrina de procedimiento. Cuando todos los factores predecibles, calculados, descontados los probables errores, sopesados y correlacionados con todos los demás factores significativos, dieran un riesgo calculado de dos a uno a nuestro favor, atacaríamos. La solución de hoy a la ecuación de probabilidades, sustituyendo los datos de esta semana por las variables, dan una respuesta de dos punto uno tres. Propongo que fijemos la hora de la ejecución. ¿Qué dicen ustedes?

Fue un shock retardado; nadie dijo nada. Las esperanzas demasiado tiempo retardadas hacen que la realidad sea difícil de creer... y todos aquellos hombres habían estado esperando durante años, algunos la mayor parte de sus vidas. Luego estuvieron todos de pie, gritando, sollozando, maldiciendo, dándose mutuamente golpes en la espalda.

Huxley permaneció sentado hasta que se apaciguaron, con una extraña sonrisita en su rostro. Luego se puso en pie y dijo sosegadamente:

—No creo que necesitemos poner a votación nuestros sentimientos. Fijaré la hora después de que...

—¡General! ¡Por favor! Yo no estoy de acuerdo. —Era el jefe de Zeb, el general del sector Novak, Jefe de Psicología. Huxley dejó de hablar, y el silencio se hizo impresionante. Yo estaba tan sorprendido como los demás.

Luego Huxley dijo calmadamente:

—Normalmente este consejo actúa por consenso unánime. Hace tiempo acordamos el método de fijar la fecha... pero sé que no estaría usted en desacuerdo si no tuviera una buena razón. Escucharemos ahora al Hermano Novak.

Novak avanzó lentamente e hizo frente a todos.

—Hermanos —empezó, recorriendo con la mirada los asombrados y hostiles rostros—, todos me conocéis, y sabéis que deseo esto tanto como vosotros. He dedicado mis últimos deicisiete años a ello... y me ha costado mi familia y mi hogar. Pero no puedo dejar que sigáis adelante sin advertiros, porque estoy seguro de que el tiempo aún no ha llegado. Creo... no, *sé* con certeza matemática que aún no estamos preparados para la revolución. —Tuvo que aguardar y levantar ambas manos reclamando silencio; no querían escucharle—. ¡Oídme! Admito que todos los planes militares están listos. Admito que si nos levantamos en armas ahora tenemos bastantes posibilidades de ser capaces de dominar el país. Sin embargo, no estamos preparados...

—¿Por qué no?

—...porque la mayoría de la gente cree todavía en la religión establecida, creen en la autoridad Divina del Profeta. Podemos conseguir el poder, pero no podremos mantenerlo.

—¡Infiernos no podremos!

—*¡Escuchadme!* Ningún pueblo fue sometido nunca durante largo tiempo sin su propio consentimiento. Durantes tres generaciones el pueblo americano ha sido condicionado desde la cuna hasta la tumba por los psicotécnicos más hábiles y competentes del mundo. ¡Ellos *creen*! Si hacemos que pierdan la fe, sin una preparación psicológica adecuada, regresarán a sus cadenas... como un caballo regresa a la granja que está ardiendo. Podemos ganar la revolución, pero esta se verá seguida por una larga y sangrienta guerra civil... ¡que vamos a perder!

Se detuvo, pasó una temblorosa mano sobre sus ojos, y luego le dijo a Huxley:

—Eso es todo.

Varios se pusieron en pie al mismo tiempo. Huxley martilleó reclamando orden, luego reconoció al general de brigada Penoyer.

Penoyer dijo:

—Me gustaría hacer al Hermano Novak algunas preguntas.

—Adelante.

—¿Puede su departamento decirnos qué porcentaje de la población es sinceramente devota?

Zebadiah, que estaba presente como ayudante de su jefe, levantó la vista; Novak asintió y fue él quien respondió:

—Sesenta y dos por ciento, con un error de más menos un tres por ciento.

—¿Y el porcentaje de aquellos que secretamente se oponen al gobierno, estén alistados o no con nosotros?

—Un veintiún por ciento, más menos el error proporcional. El resto puede ser clasificado como conformistas, no devotos pero razonablemente contentos.

—¿Por qué medios son obtenidos estos datos?

—Hipnosis sorpresiva sobre tipos representativos.

—¿Puede indicar la tendencia?

—Sí, señor. El gobierno perdió terreno rápidamente durante los primeros años de la actual depresión, luego la curva se equilibró. La nueva ley tributaria y en cierto modo los decretos sobre vagancia se hicieron impopulares, y el gobierno perdió de nuevo terreno antes de que la curva se equilibrara de nuevo a un nivel inferior. Por aquel tiempo los negocios subieron un poco, pero nosotros empezamos simultáneamente nuestra actual campaña publicitaria intensificada;

el gobierno ha ido perdiendo terreno lenta pero constantemente durante los últimos quince meses.

—¿Y qué muestra la primera derivada?

Zeb vaciló, y Novak tomó el relevo:

—Tendrá que imaginar la segunda derivada —respondió con voz forzada—; el índice se está acelerando.

—¿Y bien?

El Jefe de Psicología respondió firme pero reluctantemente:

—Extrapolando, habrán de pasar tres años y ocho meses antes de que podamos arriesgarnos a actuar.

Penoyer se giró hacia Huxley.

—Esta es mi respuesta, señor. Con mi más profundo respeto hacia el general Novak y su meticuloso trabajo científico, digo... ¡ganemos mientras podamos! Quizá nunca tengamos otra oportunidad.

Tenía a todos los demás con él.

—¡Penoyer tiene razón! Si esperamos, seremos traicionados...

—No podemos mantener eternamente una campaña como ésta...

—Hemos permanecido durante diez años en la clandestinidad; no deseo ser enterrado aquí...

—Venzamos... y ya nos preocuparemos de hacer conversos cuando controlemos las comunicaciones...

—¡Ataquemos ahora! ¡Ataquemos ahora!

Huxley les dejó que se desahogaran, el rostro inexpresivo, hasta que hubieron sacado todo lo que llevaban dentro. Yo me mantuve inmóvil, puesto que era demasiado novato como para tener voz en aquel asunto, pero estaba del lado de Penoyer; no me veía aguardando otros cuatro años.

Vi a Zeb hablando intensamente con Novak. Parecían estar discutiendo acerca de algo y no prestaban atención al alboroto. Pero cuando finalmente Huxley levantó una mano reclamando silencio, Novak abandonó su lugar y se acercó apresuradamente a Huxley. El general escuchó por un instante, pareció casi disgustado, luego indeciso. Novak llamó a Zeb con un dedo, y éste acudió corriendo. Los tres hablaron durante unos momentos en voz baja, mientras el consejo aguardaba.

Finalmente Huxley se dirigió de nuevo a los demás:

—El general Novak ha propuesto un esquema que puede cambiar toda la situación. El consejo queda aplazado hasta mañana.

El plan de Novak (o de Zeb, aunque este nunca admitió su autoría) requería un retraso de casi dos meses, hasta la fecha del Milagro anual de la Encarnación. Porque de lo que se trataba era ni más ni menos que de manipular directamente el propio Milagro. Bien mirado, era una estratagema obvia y probablemente esencial; el jefe de psico estaba en lo cierto. En esencia, la fuerza de un dictador no depende de sus armas sino de la fe que su pueblo tiene puesta en él. Aquello había sido cierto con César, con Napoleón, con Hitler, con Stalin. Era necesario socavar primero los cimientos del poder del Profeta, la creencia popular de que gobernaba por autoridad directa de Dios.

Las generaciones futuras considerarían indudablemente imposible el creer en la importancia, en la extrema importancia tanto para la fe religiosa como para el poder político, del Milagro de la Encarnación. Para comprenderlo incluso intelectualmente es necesario darse cuenta de que el pueblo literalmente creía que el Primer Profeta regresaba real y físicamente de los cielos una vez al año para juzgar la conducta de su sucesor nombrado por orden Divina y para confirmarlo en su oficio. El pueblo *creía* en eso... y la minoría de dudosos no se atrevían a discutirlo abiertamente por miedo a ser descuartizado lentamente... y estoy hablando literalmente, no como una figura retórica. Ser empalado resultaba algo mucho más suave.

Yo mismo había creído en ello, durante toda mi vida; nunca se me hubiera ocurrido dudar de un artículo tan básico de fe... y yo era lo que puede llamarse un hombre instruido, uno de los que habían podido iniciarse en los secretos y había sido entrenado en la producción de los milagros menores. Yo creía en ello.

Los dos meses siguientes estuvieron llenos con aquella interminable tensión del período de espera hasta que se entra en acción y se da la voz de «¡Fuego!»... pese a lo cual estábamos tan ocupados que cada día y cada hora eran demasiado cortos. Además de preparar la aún-más-milagrosa intervención en el Milagro, aprovechábamos el tiempo para afinar aún más nuestras armas habituales. Zeb y su jefe, el general de sector Novak, fueron destacados casi inmediatamente. Las órdenes de Novak decían: «...avance hasta BEULAHLAND y hágase cargo de la OPERACIÓN FUNDAMENTOS». Yo mismo preparé las órdenes, no confiando en dárselas a ningún subordinado, pero nadie me dijo dónde podía hallar Beulahland en un mapa.

El propio Huxley se fue también, y estuvo ausente durante más de una semana, dejando a Penoyer como Jefe Accidental. No me dijo para qué se iba, por supuesto, ni dónde, pero podía adivinarlo. La Operación Fundamentos era una maniobra psicológica pero los medios a emplear debían ser físicos... y mi jefe había sido antiguamente jefe del Departamento de Milagros Aplicados en West Point. Era probable que fuera el mejor físico de toda la Cábala; en cualquier caso podía suponer que seguramente su intención era asegurarse por sí mismo de que los medios eran adecuados y las técnicas a prueba de imprudencias. Por lo que pude saber, se pasó toda aquella semana utilizando el soldador y el destornillador y el micrómetro electrónico por sí mismo... al general no le importaba ensuciarse las manos si era necesario.

Personalmente eché de menos a Huxley. Penoyer tenía inclinación a revocar mis decisiones en asuntos de poca importancia, y malgastaba mi tiempo y el suyo en detalles en los que un alto jefe no puede ni debe entretenerse. Pero él también estaba ausente la mayor parte del tiempo. Había muchas entradas y salidas, y más de una vez tuve que cazar al vuelo al oficial de mayor graduación presente en aquel momento en el departamento, decirle que en aquel momento actuaba como jefe accidental, y hacerle firmar allá donde yo había puesto ya la antefirma. Terminé garabateando yo mismo «P. Juantonto, General de Brigada del Ejército de los EE. UU., accidental», de la forma más indescifrable posible, en todos los papeles internos de rutina... no creo que nadie llegara a darse cuenta nunca de ello.

Antes de que Zeb se fuera, ocurrió otra cosa que realmente no tiene nada que ver con el pueblo de los Estados Unidos ni con la lucha por recobrar sus libertades... pero mis propios asuntos personales están tan ligados a este relato que debo mencionarla. Quizás el aspecto personal sea realmente el importante; realmente, la orden bajo la cual se inició este diario indicaba que debía ser «personal» y «subjetivo»... sin embargo yo retuve una copia y la añadí a él debido a que consideré que me ayudaba a poner en orden mis confusos pensamientos mientras pasaba por una metamorfosis tan drástica como la de pasar de oruga a polilla. Quizá yo sea típico, un representante de la gran mayoría, el tipo de persona que necesita darse de narices con algo antes de darse cuenta de que este algo existe, mientras que Zeb y Maggie y el general Huxley pertenecían a la minoría de élite de almas naturalmente libres... los pensadores originales, los líderes.

Estaba en mi escritorio, intentando ganarle al habitual montón de papeles, cuando recibí una llamada para que acudiera a ver al jefe de Zeb lo antes posible. Puesto que él también tenía sus órdenes, dejé un aviso al ordenanza de Huxley y salí apresuradamente.

Prescindió de formalidades.

—Mayor, tengo aquí una carta para usted que Comunicaciones me ha enviado para análisis a fin de determinar si debe ser refraseada o simplemente destruida. De todos modos, bajo la urgente recomendación de uno de mis jefes de división, tomo la responsabilidad de dejársela leer sin parafrasearla. Deberá leerla aquí y ahora.

—Sí, señor —dije, sintiéndome más bien desconcertado.

Me la entregó. Era bastante larga, y supongo que hubiera podido contener media docena de mensajes codificados, incluso ideas codificadas que hubieran podido escapar al parafraseado. No recuerdo mucha cosa de ella... sólo el impacto que me produjo. Era de Judith.

«Querido John... Siempre pensaré en ti con cariño y nunca olvidaré lo que hiciste por mí... El señor Mendoza ha sido muy considerado... Sé que me olvidarás... él me necesita; debió ser el destino el que nos unió... si alguna vez visitas Ciudad de México, recuerda que nuestra casa es la tuya... siempre pensé en ti como en mi fuerte y listo hermano mayor, y siempre seré tu hermana...» Había más, mucho más, todo del mismo estilo... creo que el proceso es lo que se podría llamar una «ruptura amistosa».

Novak se me acercó y me tomó la carta de la mano.

—La intención no es que tenga tiempo de aprendérsela de memoria —dijo secamente, echándola directamente al incinerador. Me miró de nuevo—. Quizá será mejor que se siente, mayor. ¿Quiere fumar?

No me senté, pero estaba tan desconcertado que acepté el cigarrillo y dejé que me lo encendiera. Luego el humo del tabaco me hizo toser de tal modo y me sentí tan mal que aquello me ayudó a volver a la realidad. Le di las gracias y me fui... me dirigí directamente a mi habitación, llamé a mi oficina, y dejé el recado de dónde podía ser hallado si el general realmente me necesitaba. Pero le dije a mi secretario que me había puesto repentinamente enfermo y que no me molestaran si no era imprescindible.

Puede que estuviera allí durante una hora —no lo sé—, tendido boca abajo y sin hacer nada, ni siquiera pensar. Luego alguien llamó suavemente a la puerta, y esta se abrió; era Zeb.

—¿Cómo te sientes? —dijo.

—Aturdido —respondí. No se me ocurrió preguntarme cómo lo sabía, y en aquel momento había olvidado que el «jefe de división», había prevalecido sobre Novak para que me la dejara leer tal cual.

Entró, se dejó caer en una silla, y se me quedó mirando. Yo me giré y me senté en el borde de la cama.

—No te lo tomes así, John —dijo suavemente—. Todos terminaremos muertos y los gusanos se nos comerán... pero que no sea por culpa del amor.

—¡Tú no sabes!

—No, no lo sé —admitió—. Cada hombre es su propio prisionero, en un confinamiento solitario durante toda su vida. Sin embargo, en esta cuestión en particular, las estadísticas son bastante fidedignas. Intenta algo por mí. Visualiza a Judith en tu mente. Mira sus rasgos. Escucha su voz.

—¿Eh?

—Hazlo.

Lo intenté, realmente lo intenté... y, ¿saben?, no me fue posible. Nunca había tenido una foto de ella; su rostro, ahora, me eludía.

Zeb estaba mirándome fijamente.

—La olvidarás —dijo firmemente—. Ahora mira, Johnnie... debí habértelo dicho. Judith es un tipo de mujer realmente hembra, todo gónadas y nada de cerebro. Y es muy atractiva. Al quedar sola, estaba predestinada a encontrar a otro hombre, tan seguro como que el naciente oxígeno volverá a combinarse. Pero es una tontería hablarle a un hombre enamorado.

Se puso en pie.

—Johnnie, tengo que irme. Odio como la mentira el tener que irme y dejarte en el estado en que te encuentras, pero el Hermano Mayor Novak está a punto de marcharse y debo acompañarle. Va a hacerme picadillo por dejarle solo tanto tiempo. Pero déjame darte otro consejo antes de irme...

Aguardé.

—Sugiero —prosiguió— que te veas mucho con Maggie mientras yo estoy fuera. Ella es una buena medicina.

Empezó a levantarse; dije bruscamente:

—Zeb... ¿qué os ocurrió a ti y a Maggie? ¿Fue algo como esto?

Se giró y me dijo secamente:

—¿Eh? No. No, en absoluto. No fue... bueno, no fue nada similar.

—No te comprendo... creo que simplemente no comprendo a la gente. Me aconsejas que vea mucho a Maggie... y yo pensaba que era tu chica. Esto, ¿no vas a sentirte celoso?

Se me quedó mirando, se echó a reír, y me dio una palmada en el hombro.

—Ella es un ciudadano libre, Johnnie, créeme. Si alguna vez haces algo que dañe a Maggie, te arrancaré la cabeza y te golpearé con ella hasta matarte. ¿Pero celoso? No. Eso no entra en el esquema. Creo que es la chica más grande que jamás calzó zapatos... pero antes me casaría con un puma que con ella.

Tras lo cual se fue, dejándome de nuevo con la boca abierta. Pero seguí su consejo, o más bien Maggie lo siguió por mí. Maggie lo sabía todo al respecto —sobre Judith, quiero decir—, y supuse que Zeb se lo habría dicho. No lo había hecho; al parecer, Judith la había escrito antes a ella. En cualquier caso no tuve que ir a buscarla; ella me vino a buscar a mí inmediatamente después de cenar, aquella misma noche. Charlé un poco con ella y me sentí mucho mejor, tanto que después volví a mi oficina y recuperé el tiempo perdido de aqulla tarde.

Maggie y yo convertimos en una costumbre el dar un paseo juntos, charlando, después de cenar. Ya no volvimos a hacer más excursiones espeleológicas; no sólo no teníamos tiempo para tales cosas durante aquellos últimos días, sino que ninguno de nosotros se sentía con ánimos para ello después del intenso trabajo y con Zeb fuera. Algunas veces sólo podía aprovechar veinte minutos o incluso menos antes de tener que volver a mi escritorio... pero era lo mejor del día; lo esperaba siempre con ansia.

Incluso sin abandonar la iluminada caverna principal, sin abandonar los senderos trazados, había montones de maravillosos paseos por efectuar. Si podíamos disponer de una hora como mínimo, había un lugar en particular al que nos gustaba ir... en la parte norte de la gran oquedad, a casi un kilómetro de distancia de los edificios. El sendero serpenteaba entre helados hongos de piedra caliza, grandes columnas, domos, y fantásticas formas que no tenían nombres y se parecían a almas atormentadas o a grandes flores exóticas, según el humor en que estuviera uno. En un punto a casi treinta metros de altura con respecto al suelo general habíamos descubierto un lugar, a sólo unos pocos metros del sendero autorizado, donde la naturaleza había ingeniado un banco de piedra natural. Podíamos sentarnos allí y contemplar la ciudad de juguete allá abajo, charlar, y Maggie podía fumar. Yo me había acostumbrado a encenderle sus cigarrillos, tal como había visto hacer a Zeb. Era una pequeña atención que a ella le gustaba, y yo aprendí a evitar que el humo se me metiera por la garganta.

Unas seis semanas después de que Zeb se hubiera ido, y sólo unos días antes de la hora-M, estábamos allí charlando acerca de cómo serían las cosas después de la revolución y de lo que haríamos nosotros. Yo dije que seguramente me quedaría en el ejército regular, suponiendo que siguiera existiendo ejército y que fuera aceptado en él.

—¿Y tú qué vas a hacer, Maggie?

Exhaló lentamente el humo.

—No he llegado a pensar hasta tan lejos, John. No tengo ninguna profesión... es decir, estamos intentando hacer todo lo posible por eliminar la única que he tenido. —Sonrió irónicamente—. No he sido educada en nada útil. Puedo cocinar y puedo coser y puedo llevar una casa; supongo que buscaré algún trabajo como ama de llaves... las sirvientas competentes son siempre escasas, dicen.

La idea de la valerosa y hábil Hermana Magdalene, tan rápida con la vibrohoja cuando era necesario, pasando de una oficina de empleo a otra en busca de un trabajo servil para ganarse el sustento, fue una idea que inmediatamente me desagradó... «Ama de llaves y cocinera, todo estar, se busca; libres jueves por la tarde y domingos alternos; se exigen referencias.» ¿Maggie? ¿Maggie que había salvado al menos dos veces mi probablemente inútil vida sin preocuparse de las consecuencias? ¡No Maggie!

—Mira, no tienes por qué hacer *eso* —dije bruscamente.

—Es lo que sé hacer.

—Sí, pero... Bueno, ¿por qué no cocinas y cuidas de la casa para *mí*? Ganaré lo suficiente para que podamos vivir los dos, aunque tenga que volver a mi antigua rango. Quizá no sea mucho, pero, ¡qué diablos!, serás bienvenida.

Me miró.

—Oh, John, eres muy generoso. —Aplastó el cigarrillo y lo echó a un lado—. Te lo agradezco... pero no podría hacerlo. Imagino que habrá los mismos prejuicios una vez hayamos ganado que los que había antes. A tu coronel no le gustaría.

Enrojecí y casi grité:

—¡No es eso en absoluto lo que quería decir!

—¿Qué? Entonces, ¿qué es lo que querías decir?

Realmente no lo había sabido hasta que las palabras salieron de mi boca. Pero ahora que lo sabía no hallaba la forma de expresarlo.

—Quiero decir... Mira, Maggie, parece que tú y yo nos llevamos bien... y podemos seguir llevándonos bien juntos. Siendo así, ¿por qué no...? —me detuve, notando que me faltaban las palabras.

Ella se puso en pie y se me quedó mirando.

—John, ¿están proponiendo casarte... *conmigo*?

—Bueno, esta es la idea general —dije rudamente. Me molestaba tenerla de pie frente a mí, así que yo también me levanté.

Ella me miró gravemente, escrutando mi rostro, luego dijo humildemente:

—Me siento muy honrada... y agradecida... y profundamente emocionada. Pero... *¡oh, no, John!* —Las lágrimas empezaron a brotar de sus ojos, y se echó a llorar. Dejó de hacerlo rápidamente, secándose el rostro con la manga, y dijo con voz quebrada—: Has conseguido hacerme llorar. Hace años que no lloraba.

Quise rodearla con mis brazos; me rechazó.

—¡No, John! Escúchame primero. Aceptaré ese trabajo como ama de llaves tuya, pero no me casaré contigo.

—¿Por qué no?

—«¿Por qué no?» Oh, cariño, cariño... porque soy una mujer vieja y cansada, por eso.

—¿Vieja? No puedes tener más de uno o dos años más que yo... tres como máximo. Eso no importa.

—Soy mil años más vieja que tú. Piensa en lo que soy, en lo que he sido, en lo que he conocido. Primero fui la «novia», si quieres llamarlo así, del Profeta.

—¡No fue culpa tuya!

—Quizá. Luego fui la amante de tu amigo Zebadiah. ¿Lo sabías?

—Bueno... estaba casi seguro de ello.

—Eso no es todo. Hubo otros hombres. Algunos porque era necesario y una mujer tiene pocos sobornos que ofrecer.

Algunos debido a la soledad, o incluso el aburrimiento. Después de que el Profeta se ha cansado de ella, una mujer no parece tener un gran valor, ni siquiera para sí misma.

—No me importa. ¡No me importa! ¡No tiene la menor importancia!

—Eso es lo que dices ahora. Más tarde te importará, terriblemente. Creo que te conozco, querido.

—Entonces no me conoces. Empezaremos de nuevo.

Suspiró profundamente.

—¿Crees que me quieres, John?

—¿Eh? Sí, estoy seguro que sí.

—Querías a Judith. Ahora te sientes herido... así que crees que me quieres a mí.

—Pero... ¡Oh, no sé lo que es el amor! Lo único que sé es que quiero casarme contigo y que vivamos juntos.

—Yo tampoco lo sé —dijo ella, tan bajo que casi no la oí. Luego se echó a mis brazos con tanta naturalidad y facilidad como si siempre hubiera vivido entre ellos.

Cuando terminamos de besarnos dije:

—¿Te casarás conmigo, entonces?

Ella echó la cabeza hacia atrás y me miró como aterrada.

—¡Oh, no!

—¿Eh? Pero yo pensé...

—¡No, querido, no! Cuidaré de tu casa y cocinaré tu comida y te haré la cama... y dormiré en ella, si tú lo deseas. Pero no necesitas casarte conmigo.

—Pero... ¡infiernos! Maggie, no te quiero de esa forma.

—¿No? Ya lo veremos. —Se liberó de mis brazos pese a que yo no la dejaba marcharse—. Nos veremos esta noche. A la una... cuando todo el mundo esté durmiendo. Deja tu puerta sin cerrar.

—¡Maggie! —grité.

Pero ya estaba lejos por el camino, corriendo como si volara. Intenté alcanzarla, tropecé con una estalagmita y caí. Cuando me levanté de nuevo ya estaba fuera de mi vista.

Y hay un detalle extraño... siempre había pensado que Maggie era más bien alta, imponente, casi tan alta como yo. Pero cuando la tuve entre mis brazos, era bajita. Tuve que inclinarme para besarla.

12

La noche del Milagro todos los que nos habíamos quedado nos reunimos en la sala principal de comunicaciones... mi jefe y yo, el jefe de comunicaciones y su equipo técnico, unos cuantos oficiales del estado mayor. Un puñado de hombres y una docena escasa de mujeres, demasiados para el atestado cubículo de comunicaciones, se habían reunido en el comedor principal, donde se había instalado una pantalla para que pudieran seguir los acontecimientos. Nuestra ciudad subterránea era en aquel momento una ciudad fantasma, con sólo una escasa guarnición para mantener las comunicaciones con el general en jefe; todos los demás habían ido a las estaciones de combate. Los pocos que habíamos quedado no teníamos estación de combate en esa fase. La estrategia había sido trazada: la hora de ejecución coincidiría para todos nosotros con el Milagro. Las decisiones tácticas para todo un continente no podían tomarse desde el cuartel general, y Huxley era un general demasiado bueno como para intentarlo. Sus tropas habían sido dispuestas y sus mandos subordinados deberían tomar sus propias decisiones; todo lo que él podía hacer ahora era esperar y rezar.

Era todo lo que podíamos hacer también nosotros... yo ya no tenía uñas que morder.

La pantalla principal frente a nosotros mostró, en un brillante color y una perfecta perspectiva, el interior del Templo. Los servicios ocupaban todo el día: procesiones, himnos, plegarias y más plegarias, sacrificios, genuflexiones, cantos, la interminable monotonía de un vistoso ritual. Mi antiguo regimiento estaba desplegado en dos inmóviles filas, los cascos brillando, las lanzas alineadas como las púas de un peine. Pude ver a Peter van Eyck, Maestro de mi primera logia, con la barriga encorsetada, inmóvil frente a su pelotón.

Sabía, por haber manejado yo mismo el despacho, que el Maestro Peter había robado una copia del film que íbamos a ver. Su presencia en la ceremonia era tranquilizadora; si tan sólo se hubiera sospechado aquel robo, nuestros planes no hubieran podido tener éxito. Pero allí estaba.

En las otras tres paredes de la sala de comunicaciones

había una docena de pantallas más pequeñas, transmitiendo escenas de las otras ciudades más importantes... multitudes en Rittenhouse Square, el Hollywood Bowl abarrotado, gentíos en los templos locales. En cada caso los ojos de todo el mundo estaban clavados en una gigantesca pantalla de televisión que mostraba la misma escena en el Gran Templo que estábamos viendo nosotros. A través de toda América debía ser lo mismo, cualquier alma mortal que pudiera concebirse estaba mirando alguna pantalla de televisión en algún lugar... esperando, esperando, esperando el Milagro de la Encarnación.

Detrás nuestro un psicoperador estaba inclinado sobre un sensitivo que trabajaba bajo hipnosis. El sensitivo, una chica de unos diecinueve años, se agitó y murmuró; el operador se le acercó.

Luego se giró hacia Huxley y el jefe de comunicaciones.

—La estación de la Voz de Dios ha quedado asegurada, señor.

Huxley se limitó a asentir; sentí deseos de dar una pirueta, y lo hubiera hecho si no me temblaran tanto las rodillas. Aquella era la táctica clave, y no podía ser ejecutada más que unos pocos minutos antes del Milagro. Puesto que la televisión sólo se mueve a lo largo de su línea de visión o de su propio cable especial, la única forma posible de interferir aquel programa de ámbito nacional era en la estación de origen. Sentí un loco estallido de exultación ante el éxito... seguido por un idéntico estallido de pena, puesto que sabía que ninguno de aquellos que lo habían conseguido podían esperar sobrevivir a aquella noche.

No importaba... si conseguían mantenerse con vida unos pocos minutos más. Encomendé sus almas al Gran Arquitecto. Teníamos hombres para tales trabajos allá donde eran necesarios, la mayor parte de ellos hermanos cuyas esposas habían tenido que enfrentarse al inquisidor.

El jefe de comunicaciones tocó la manga de Huxley.

—Está empezando, señor.

La escena giró lentamente hacia la parte más alejada del Templo, pasó por encima del altar, y enfocó un primer plano de una arcada color marfil por encima y por detrás del altar... la entrada al Sancta Sanctorum. Estaba cubierta por unos pesados cortinajes de tejido dorado.

El objetivo de la cámara quedó fijo, con la entrada cubierta por la cortina llenando exactamente la pantalla.

—Pueden tomar el control en cualquier momento desde ahora, señor.

Huxley giró la cabeza hacia el psicoperador.

—¿Eso es nuestro ya? Vea si puede obtener algún informe de la Voz de Dios.

—Nada, señor. Se lo comunicaré apenas lo consiga.

Yo no podía apartar mis ojos de la pantalla. Tras una interminable espera, las cortinas se corrieron lentamente hacia ambos lados, separándose y recogiéndose hacia arriba a cada lado... y allí, de pie ante nosotros, casi del mismo tamaño y tan real que parecía que iba a salir de la pantalla, ¡se hallaba el Profeta Encarnado!

Giró su cabeza, dejando que su mirada errase de lado a lado, luego me miró directamente a mí, con sus ojos clavados en los míos. Deseé ocultarme. Jadeé y dije involuntariamente:

—¿Quieren decir que nosotros podemos duplicar *eso*?

El jefe de comunicaciones asintió.

—Hasta el milímetro, o me comeré la diferencia. Nuestro mejor imitador, preparado por nuestros mejores cirujanos plásticos. Puede que incluso sea ya nuestro film.

—Pero es tan real.

Huxley me dirigió una mirada.

—Habla un poco más bajo, Lyle, por favor. —Era la primera vez que me reprochaba algo; me callé y estudié la pantalla. Aquel rostro poderoso, totalmente carente de escrúpulos, aquella ardiente mirada... ¿un actor? ¡No! Yo conocía aquel rostro; lo había visto el número suficiente de veces en demasiadas ceremonias. Algo había fallado y aquel era el Profeta Encarnado en persona. Empecé a secretar ese maloliente sudor del miedo. Mucho me temo que si él hubiera gritado mi nombre a través de aquella pantalla yo hubiera confesado mis traiciones y me hubiera puesto de rodillas pidiendo su clemencia.

Huxley dijo ceñudamente:

—¿Puede conseguir Nueva Jerusalén?

—No, señor —respondió el psicoperador—. Lo siento, señor.

El Profeta inició su invocación.

Aquella compulsiva voz, parecida al sonido de un órgano, resonó a través de magníficos períodos. Luego pidió las bendiciones del Eterno Dios para el pueblo durante todo el año que empazaba. Hizo una pausa, me miró de nuevo directamente a mí, luego giró sus ojos hacia el Cielo, levantó sus manos y comenzó su petición al Primer Profeta, pidiéndole que confiriese a su pueblo la inapreciable bondad de verle y oírle en carne y hueso, y ofreciéndose él mismo como instrumento para tal propósito. Aguardó.

La transformación empezó... y se me pusieron los pelos de punta. Ahora sabía que habíamos perdido; algo había ido mal... y sólo Dios sabía cuántos hombres habían muerto por aquel error.

Los rasgos del Profeta empezaron a cambiar; creció cuatro o cinco centímetros en estatura; sus ricos ropajes se oscurecieron... y ahí estaba, de pie en su lugar, vestido con una levita de una era ya pasada, el reverendo Nehemiah Scudder, Primer Profeta y fundador de la Nueva Cruzada. Sentí que mi estómago se encogía de miedo y pavor y fui de nuevo un niño, contemplando aquello por primera vez en mi iglesia parroquial.

Primero nos habló con su habitual mensaje anual de amor y preocupación por su pueblo. Gradualmente fue exaltándose, y su rostro empezó a sudar y sus manos se retorcieron al estilo que había adquirido allá en miles de mitines en los campos de valle del Mississippi; mi corazón empezó a latir más aprisa. Estaba predicando contra el pecado en todas sus formas... las prostitutas cuya boca es como la miel, los pecados de la carne, los pecados del espíritu, los cambistas.

En la cúspide de su pasión derivó hacia un nuevo tema en una forma que me tomó por sorpresa:

—Pero no he vuelto esta vez hasta vosotros para hablaros de los pequeños pecados de la pequeña gente. ¡No! He venido a contaros algo realmente infernal y a pediros que os ciñáis vuestras armaduras y luchéis. ¡El Armageddon está sobre vosotros! ¡Levantaos, mis huestes, y luchad en la Batalla del Señor! ¡Porque Satán está sobre vosotros! ¡Está aquí! ¡Aquí junto a vosotros! ¡Aquí, esta noche, en carne y hueso! ¡Con el disfraz de la serpiente se ha instalado entre vosotros, adoptando la apariencia del Vicario del Señor! ¡Sí! ¡Se ha disfrazado falsamente, tomando la forma del *Profeta Encarnado*!

¡Destruidlo! ¡Destruid a sus secuaces! ¡En el Nombre de Dios, destruidlos a todos!

13

—Bruehler, de la Voz de Dios —dijo calmadamente el psicoperador—. La estación ha dejado de emitir y la demolición tendrá lugar en aproximadamente treinta segundos. Se hará un intento de batirse en retirada antes de que el edificio se desmorone. Buena suerte. Fin del mensaje.

Huxley murmuró algo y abandonó la gran pantalla, ahora a oscuras. Las pantallas pequeñas, mostrando escenas de todas partes del país, eran confusas pero alentadoras. Había luchas y tumultos por todas partes. La contemplé, aturdido, e intenté imaginar quiénes eran amigos y quiénes enemigos. En el Hollywood Bowl la multitud invadía el estrado y arrollaba y pisoteaba a los oficiales y clérigos allí sentados. Había un gran número de guardias apostados alrededor del escenario y las cosas no debieran haber ocurrido así. Pero en lugar de la sangrienta ráfaga de disparos que cualquiera hubiera esperado se produjo una única y corta ráfaga procedente de un trípode montado en el flanco de la colina al nordeste del escenario, y los guardias empezaron a caer... abatidos aparentemente por otros guardias.

Al parecer el arriesgado tour de force contra el propio Profeta había obtenido un éxito más allá de todas las expectativas. Si las fuerzas gubernamentales estaban en los demás lugares tan desorganizadas como lo estaban en el Hollywood Bowl, la tarea no sería la de luchar sino la de consolidar un hecho ya establecido.

El monitor de Hollywood se apagó, y desvié mi atención a otra pantalla, Portland, Oregon. Más luchas. Pude ver hombres con brazaletes blancos, el único uniforme que nos habíamos permitido para la Hora-M... pero no toda la violencia procedía de nuestros hermanos de los brazaletes. Vi a un censor armado caer abatido ante unos puños desnudos y no volver a levantarse.

Empezaron a llegar los primeros mensajes de prueba e informes, ahora que era factible utilizar nuestra propia radio... cosa que habíamos estado esperando desde hacía tanto tiempo. Dejé de mirar y acudí a ayudar a mi jefe a sintonizarlos. Estaba aún aturdido y veía aún mentalmente el increíble rostro del Profeta... de los dos Profetas. Si yo había resultado emocionalmente demolido por aquello, ¿qué estaría pensando el pueblo? ¿Los devotos, los creyentes?

El primer informe claro que nos llegó, entre todos los mensajes de contacto, procedía de Lucas en Nueva Orleans:

HEMOS TOMADO CONTROL DEL CENTRO DE LA CIUDAD, ESTACIONES DE COMUNICACIÓN Y ENERGÍA. ESCUADRONES DE LIMPIEZA OCUPAN ESTACIONES DE POLICÍA. GUARDIAS FEDERALES DESMORALIZADOS AQUÍ POR ESTÉREOIMAGEN. LUCHAS ESPORÁDICAS ENTRE LOS PROPIOS GUARDIAS. PEQUEÑA RESISTENCIA ORGANIZADA. RESTABLECIDO ORDEN BAJO LEY MARCIAL. ¡OCUPAREMOS EL PODER! LUCAS.

Luego empezaron a llegar más informes: Kansas City, Detroit, Filadelfia, Denver, Boston, Minneapolis... todas las principales ciudades. Variaban entre sí, pero todos contaban la misma historia; nuestro Profeta sintético llamando a las armas, seguido inmediatamente por una interrupción de todos los sistemas regulares de comunicación, habían convertido a las fuerzas gubernamentales en un cuerpo sin cabeza, moviéndose sin orden ni concierto y luchando entre sí. El poder del Profeta estaba fundado en la superstición y el fraude; nosotros habíamos vuelto la superstición contra él para que lo destruyera.

La logia de aquella noche fue la más grande a la que nunca haya asistido. La celebramos en la propia sala de comunicaciones, con el comandante en jefe sentado como secretario y pasando los mensajes que iban llegando al general Huxley, sentado como Maestro en el sitial de honor. Yo fui llamado para ocupar también una silla como Celador Menor, un honor que nunca antes había gozado. El general tuvo que pedir prestado un sombrero y resultó ridículamente pequeño para él, pero no importaba... nunca había visto un ritual tan grande, y creo que nunca lo veré. Todos pronunciamos las antiguas palabras directamente desde nuestros corazones, como si estuviéramos diciéndolas por primera vez. Si la ceremonia era interrumpida para escuchar que Lousville era también nuestra, ¿qué mejor interrupción? Estábamos edificando de nuevo; tras un tiempo interminable de edificar especulativamente, por fin estábamos edificando operativamente.

14

La capital provisional fue fijada en St. Louis, por su localización central. Piloté yo mismo el avión de Huxley hasta allí. Tomamos posesión de la base del censor del Profeta allí, devolviéndole su antiguo nombre de Cuarteles Jefferson. Hicimos lo mismo con los edificios de la Universidad, y los bautizamos de nuevo con el nombre de Washington. Si bien el pueblo ya no recordaba el auténtico significado de esas nombres, muy pronto lo harían, y aquel era un buen lugar para empezar. (Supe por primera vez que Washington había sido uno de los nuestros.)

De todos modos, una de las primeras acciones de Huxley como gobernador militar —no aceptó ser llamado ni siquiera «Presidente Provisional»— fue separar toda conexión oficial entre la Logia y el Ejército Libre de los Estados Unidos. La Hermandad había cumplido con su propósito, había mantenido vivas las esperanzas de los hombres libres; ahora era tiempo de volver a sus antiguos métodos y dejar que los asuntos públicos fueran manejados públicamente. La orden no fue hecha pública, puesto que la gente no tenía conocimiento real de nosotros, que siempre habíamos sido una sociedad secreta y durante tres generaciones completamente clandestina. Pero fue leída y registrada en todas las logias y, por lo que sé, honrada.

Había una necesaria excepción: mi logia natal de Nueva Jerusalén, y la cooperativa orden femenina de la cual Maggie había sido miembro. Porque, aunque todo el país era ya nuestro, no habíamos conseguido conquistar Nueva Jerusalén.

Era algo más serio de lo que parece. Aunque teníamos el país bajo control militar, con todos los centros de comunicación en nuestras manos, con las Fuerzas Federales desmoralizadas, desorientadas y muy dispersadas o desarmadas y capturadas, aún no teníamos el corazón del país en nuestras manos. Más de la mitad de la población no estaba con nosotros; simplemente se hallaba aturdida, confusa y desorganizada. Mientras el Profeta siguiera vivo, mientras el Templo siguiese siendo un punto de reunión, le seguiría siendo concebiblemente posible arrebatarnos la victoria de las manos.

Un fraude como el que utilizamos nosotros posee tan sólo un efecto temporal; el pueblo vuelve a sus antiguos hábitos de pensamiento. El Profeta y sus cohortes no eran estúpidos; incluían algunos de los más afamados expertos en psicología aplicada que aquel cansado planeta había visto nunca. Nuestro propio contraespionaje fue preocupantemente consciente de que estaban perfeccionando rápidamente su propia clandestinidad, utilizando a los aún devotos y a aquella numerosa minoría, devota o no, que había engordado con el antiguo régimen y que se veía enflaquecer bajo el nuevo. No podíamos detener aquella contrarrevolución... ¡infiernos!, el Profeta no había sido capaz de detenernos a *nosotros,* y habíamos estado trabajando bajo condiciones mucho más duras. Los espías del Profeta podían trabajar casi abiertamente en las pequeñas ciudades y en el campo; nosotros teníamos apenas los hombres suficientes para custodiar las estaciones de televisión... no podíamos poner a un escucha debajo de cada mesa.

Muy pronto fue un secreto a voces que habíamos falseado la llamada al Armageddon. Uno pensaría que este hecho en sí sería suficiente para demostrar a cualquiera que *todos* los Milagros de la Encarnación habían sido fraudes... trucos televisivos y nada más. Se lo mencioné a Zebadiah, y se echó a reír ante mi ingenuidad. La gente cree lo que quiere creer, y la lógica no tiene nada que ver con ello, me aseguró. En este caso deseaban creer en su vieja religión tal como la habían aprendido en el regazo de su madre; devolvía la seguridad a sus corazones. Yo podía simpatizar con aquella idea, la comprendía.

De cualquier modo, Nueva Jerusalón debía caer... y el tiempo estaba contra nosotros.

Mientras nos preocupábamos sobre aquello, estaba teniendo lugar una convención constitucional provisional en el gran auditorio de la universidad. Huxley la abrió, rechazó de nuevo el título, ofrecido por aclamación, de presidente... luego les dijo claramente que todas las leyes promulgadas desde la toma de posesión del presidente Nehemiah Scudder carecían de fuerza, validez, y que la vieja constitución y la carta de derechos eran efectivas a partir de ahora, sujetas a las exigencias del control militar temporal. Su único propósito, dijo, era elaborar unos métodos adecuados para restaurar los antiguos procesos democráticos libres; cualquier cambio permanente en la constitución, si era necesario, debería esperar hasta después de unas elecciones libres.

Luego entregó el mazo a Novak y se fue.

Yo no tenía tiempo para ocuparme de política, pero más de una vez lo saqué de mi trabajo para acudir a más de una sesión de tarde, porque Zebadiah me había dicho confidencialmente que se estaban preparando unos significativos fuegos artificiales. Me deslicé a un asiento de la parte de atrás y escuché. Uno de los brillantes jóvenes de Novak estaba presentando un film. Vi tan sólo el final, pero parecía ser más o menos un film de instrucción standard, revisando la historia de los Estados Unidos, discutiendo las libertades civiles, explicando los deberes de un ciudadano en una democracia libre... no el tipo de cosas que solían verse en las escuelas del Profeta, pero sí utilizando las mismas técnicas que se habían usado durante mucho tiempo en todas las escuelas del país. El film terminó, y el brillante joven... nunca conseguí recordar su nombre, quizá porque no me gustaba; ¿tal vez Stokes?; bueno, llamémosle Stokes de todos modos. Pues bien, Stokes empezó a hablar.

—Este film de reorientación —dijo— carece por supuesto de toda utilidad en volver a canalizar a un adulto. Sus hábitos de pensamiento están demasiado arraigados como para ser afectados por algo tan simple como esto.

—Entonces, ¿por qué perdemos nuestro tiempo en ello? —dijo alguien.

—¡Por favor! Sin embargo, este film fue preparado para adultos... a condición de que tales adultos estuvieran situados en un estadio mental receptivo. He aquí el prólogo... —la pantalla se iluminó de nuevo. Era una sencilla y hermosa escena pastoral con una música muy relajante. No podía llegar a imaginarse qué es lo que estaba pretendiendo con todo aquello, pero era sedante; recordé que no había dormido mucho durante las últimas cuatro noches... pensando en ello, no podía recordar cuándo había sido la última noche que había dormido a gusto. Me eché hacia atrás y me relajé.

No me di cuenta de que la escena cambió a esquemas abstractos. Creo que la música continuó, pero iba unida a una voz, cálida, sedante, monótona. Los esquemas giraron y giraron y empecé a sentirme absorbido... directamente... hacia la... pantalla...

Luego Novak se levantó de su asiento y apagó el proyector con una maldición. Me desperté con un sobresalto, sintiendo esa horrible sensación impresionante que hace que uno casi se eche a gritar. Novak estaba hablándole seca pero calmadamente a Stokes... luego se giró hacia nosotros.

—¡De pie! —ordenó—. Hagan siete extensiones. Inspiren profundamente. Dénse la mano con sus vecinos. ¡Palméense las espaldas, fuerte!

Así lo hicimos, sintiéndonos ridículos. Y también irritados. Me había sentido tan bien hasta hacía exactamente un instante, y ahora recordaba los montones de trabajo que tenía que hacer si quería disponer de diez minutos para ver a Maggie aquella noche. Pensé en irme, pero Stokes empezó a hablar de nuevo.

—Como ha apuntado el doctor Novak —prosiguió, no pareciendo muy seguro de sí mismo—, no es necesario utilizar el prólogo en este auditorio, puesto que ustedes no necesitan reorientación. Pero este film, utilizado con la técnica preparatoria y posiblemente en algunos casos con una ligera dosis de una de las drogas hipnóticas, puede ser dirigido a producir un óptimo temperamento político en un 83 % de la población. Eso ha quedado demostrado satisfactoriamente en un grupo de prueba. El propio film representa varios años de trabajo analizando los informes personales de conversión de casi todos aquellos... ¡seguramente de todos los de este auditorio! que se unieron a nuestra organización mientras era aún clandestina. Ha sido eliminado todo lo irrelevante; lo esencial se ha compendiado. Lo que queda convertirá a un devoto seguidor del Profeta en un hombre libre... a condición de que se halle en estado receptivo a la sugestión en el momento de ser expuesto a ella.

Así que para *eso* nos habían pedido que desnudáramos nuestras almas. Me parecía lógico. Dios sabía que estábamos sentados sobre una bomba de tiempo, y no podíamos esperar a que cada tipejo se enamorara de una sagrada diaconisa y aquello fuera para él un shock tan grande que lo sacara de su rutina de pensamiento; no había tiempo. Pero un hombre ya anciano al que no conocía se puso en pie al otro lado del salón... se parecía a los retratos de Mark Twain, un irritado Mark Twain.

—¡Señor presidente!

—¿Sí, camarada? Diga su nombre y distrito.

—Usted sabe cuál es mi nombre, Novak... Winters, de Vermont. ¿Dio usted su visto bueno a este esquema?

—No. —Fue una simple declaración.

—El es uno de sus muchachos.

—Es un ciudadano libre. Yo supervisé la preparación del propio film y la investigación que le precedió. La utilización de técnicas no voluntarias de sugestión surgió del grupo de investigación que él encabeza. Yo desaprobé la propuesta, pero admití que fuera presentada en su momento. Repito, es un ciudadano libre, libre de hablar, como todos ustedes.

—¿Puedo hablar yo ahora?

—Puede hacerlo desde ahí mismo.

El hombre pareció crecerse un poco cuando se irguió en toda su estatura.

—¡Lo haré! Caballeros... señoras... ¡camaradas! Llevo en

esto más de cuarenta años... más años que los que tiene ese joven. Tengo un hermano, tan buen hombre como yo, pero no nos hemos hablado en muchos años... porque él es un honesto devoto de la fe establecida y sospecha en mí la herejía. Y ahora este cachorro, con su frente despejada y sus grandes luces, pretende «condicionar» a mi hermano para convertirlo en alguien «confiable políticamente».

Se detuvo para toser asmáticamente, y prosiguió:

—¡Los hombres libres no son «condicionados»! Los hombres libres son libres debido a que son normales y obstinados y prefieren llegar a sus propios prejuicios a su propia manera... ¡no que se los dé a cucharadas ningún joven pensador engreído! No hemos luchado, nuestros hermanos no han derramado su sangre y muerto, sólo para cambiar de jefes, no importa lo justificables que sean sus motivos. Os digo que si hemos llegado a la situación a la que habíamos llegado fue gracias a los esfuerzos de esos mismos pensadores engreídos. Hemos estado estudiando durante años como influir sobre un hombre y dirigirle. Empezaron con anuncios y propaganda y todas esas cosas, y lo perfeccionaron hasta tal punto que pasó a ser, de una simple y honesta arma que cualquier comerciante podía utilizar, una ciencia matemática que dejaba al hombre ordinario indefenso. —Apuntó un dedo hacia Stokes—. Os digo que los ciudadanos americanos no necesitan protección contra nada... excepto contra cosas de este tipo.

—Esto es ridículo —restalló Stokes, con voz excesivamente alta—. Usted no dejaría explosivos de alta potencia en manos de los niños. Eso es lo que sería ahora una completa libertad.

—El pueblo americano no es ningún niño.

—¡Hay niños en él!... muchos más de lo que parece.

Winters paseó su mirada por toda la sala.

—¿Entienden lo que quiero decir, amigos? Está pretendiendo jugar a Dios como hizo el Profeta. Yo digo: démosles su libertad, démosles sus justos derechos como hombres, y que sean hombres libres y niños libres bajo la mirada de Dios. Si se equivocan de nuevo, es su problema... pero no tenemos derecho a influir en sus mentes. —Se detuvo y tuvo que esforzarse de nuevo para recuperar el aliento; Stokes parecía despectivo—. Nosotros *no podemos* hacer que el mundo sea seguro para los niños, ni siquiera para los hombres... y Dios no nos ha llamado a hacerlo.

—¿Ha terminado, señor Winters? —dijo Novak suavemente.

—He terminado.

—Y *usted* ya ha dicho también todo lo que tenía que decir, Stokes. Siéntese.

Yo tenía que marcharme ya, así que me deslicé fuera... y me perdí la parte más realmente dramática para quien le gusten esa clase de dramatismos; yo no. El viejo señor Winters se derrumbaba muerto cuando yo aún no había alcanzado las escaleras exteriores.

Novak no permitió que aquello siguiera adelante. Proclamó dos resoluciones; que ningún ciudadano podía ser sometido a hipnosis o a cualquier otra técnica psicomanipulativa sin su propio consentimiento por escrito, y que ningún test religioso o político podría ser usado como privilegio en las primeras elecciones.

No sé quién tenía razón. Seguramente la vida hubiera sido mucho más fácil en las semanas siguientes si hubiéramos sabido que el pueblo estaba sólidamente de nuestra parte. Puede que fuéramos los gobernantes temporales del país, pero difícilmente nos atrevíamos a ir por la calle de noche con nuestros uniformes en grupos de menos de seis.

Oh, sí, ahora teníamos uniformes... al menos casi un uniforme para cada uno de nosotros, hechos del material más barato posible y en tallas standard del ejército, es decir o demasiado grandes o demasiado pequeños. El mío era demasiado estrecho. Habían estado depositados a lo largo de la frontera canadiense, y vestimos a nuestra gente con uniformes tan pronto como nos fue posible. Un pañuelo atado en torno al brazo no es suficiente.

Además de nuestros propios y simples overoles de color verdeazulado, había algunos otros uniformes a nuestro alrededor: brigadas de voluntarios de fuera del país y algunas indumentarias nativas americanas. Los Batallones Mormones llevaban sus propias prendas, y además todos se dejaban la barba... y entraban en acción cantando la largo tiempo prohibida *¡Venid, venid, oh vosotros Santos!* Utah era un estado del que no teníamos que preocuparnos, ahora que los Santos habían recuperado su amado templo. La Legión Católica tenía su uniforme distintivo, lo cual resultaba conveniente ya que apenas ninguno de ellos hablaba inglés. Los Soldados Cristianos Progresistas vestían de diferente forma debido a que constituían una organización clandestina rival y casi nos odiaban por nuestro golpe de estado... lo cual era casi de esperar. El Ejército de Josué de las reservas de parias del noroeste (más los voluntarios de todas las demás partes del mundo) llevaban una indumentaria que simplemente podía calificarse tan sólo de extranjera.

Huxley ejercía el mando táctico de todos ellos. Pero no se trataba de un ejército; era únicamente una chusma.

Lo único esperanzador al respecto era que el ejército del Profeta nunca había sido muy grande, menos de doscientos mil hombres, siendo más una policía interna que un ejército, y de todo aquel número tan sólo unos pocos habían conseguido abrirse camino hasta Nueva Jerusalén para aumentar la guarnición del Palacio. Además, puesto que los Estados Unidos no se habían enzarzado en ninguna guerra externa durante más de un siglo, el Profeta no pudo reclutar soldados veteranos entre los devotos que le quedaban.

Como tampoco podíamos nosotros. La mayor parte de nuestros efectivos eran empleados únicamente para custodiar las estaciones de comunicación y otras instalaciones clave por todo el país, y apenas si teníamos bastantes para todo ello. Montar un asalto a Nueva Jerusalén requería rascar el fondo del barril.

Y eso fue lo que hicimos, mientras nos asfixiábamos bajo el peso del papeleo, que hizo que los días del viejo Cuartel General nos parecieran ahora tranquilos y sin complicaciones. Yo tenía actualmente a treinta oficinistas bajo mis órdenes, y ni siquiera sabía lo que hacían la mitad de ellos. Perdí una gran parte de mi tiempo simplemente recibiendo a Muy Importantes Ciudadanos que deseaban ver a Huxley para Ofrecer Su Ayuda.

Recuerdo un incidente que, aunque no demasiado importante, no fue exactamente rutinario y sí fue importante para mí. Mi secretaria jefe vino a mí con una expresión muy extraña en su rostro.

—Coronel —dijo—, su hermano gemelo está ahí fuera.

—¿Eh? Yo no tengo hermanos.

—Un tal sargento Reeves —amplió.

Entró, nos estrechamos las manos, y cambiamos intrascendencias. Realmente me sentía feliz de verle, y le hablé de todos los pedidos que había hecho en su nombre y que luego había perdido. Le pedí disculpas, apelé a las exigencias de la guerra, y luego añadí:

—Conseguí un nuevo cliente en Kansas City... Emery, Bird, Trayer. Tendría que ir usted por allí algún día.

—Lo haré. Gracias.

—No sabía que fuera usted soldado.

—En realidad no lo soy. Pero practico un poco cada vez que me lo permitan los viajes, esto... mientras los demás pierden los pedidos por mí.

—Siento lo que pasó.

—Oh, no tiene importancia. Ahora he aprendido a manejar una desintegradora, y las granadas no tienen secretos para mí. He sido elegido para la Operación Pateadura.

—¿Eh? Esta palabra clave se supone que es secreta.

—¿Lo es? Mejor dígaselo a los muchachos; ellos no parecen saberlo. De todos modos, estoy metido en ello. ¿Usted también? ¿O no debería preguntárselo?

Cambió de tema.

—¿Cómo le prueba ser soldado? ¿Planea hacer una carrera de ello?

—Oh, está bien... pero no *tan* bien. Pero he venido a preguntarle algo coronel. *¿Puedo?*

—¿Eh?

—¿Piensa usted seguir luego en el ejército? Supongo que podrá hacer una buena carrera, con sus antecedentes... mientras que yo no tengo un porvenir muy brillante en él, cuando acabe la diversión. Pero si por cualquier razón no piensa usted seguir, ¿qué le parece el negocio textil?

Estaba desconcertado, pero respondí:

—Bueno, a decir verdad, me gustó... al menos cuando conseguía rematar una venta.

—Estupendo. Dejé el empleo que tenía, por supuesto... y he pensado seriamente en establecerme por mi cuenta, un negocio de representación de productos manufacturados. Necesito un socio. ¿Qué le parece?

Me lo pensé.

—No sé —dije lentamente—. No he pensado en nada más allá de la Operación Pateadura. Podría quedarme en el ejército... aunque la vida militar ya no tiene para mí el atractivo que tenía antes... demasiadas copias que hacer y certificar. Pero no lo sé. Creo que lo que realmente deseo es simplemente sentarme bajo mi propia parra y mi propia higuera.

—«...y nada tendrás que temer» —terminó por mí—. Un buen pensamiento. Pero no hay ninguna razón para que no pueda desenrollar unos cuantos metros de tela mientras está sentado allí. La cosecha de higos puede fallar. Piense en ello.

—Lo haré. Seguro que lo haré.

15

Maggie y yo nos casamos el día antes del asalto a Nueva Jerusalén. Tuvimos una luna de miel de veinte minutos, apretandonos las manos en la salida de emergencia contra incendios de mi oficina, y luego conduje en avión a Huxley al área de partida. Yo iba en la nave insignia durante el ataque. Había pedido permiso para pilotar un reactor cohete durante el combate, pero me fue denegado.

—¿Para qué, John? —me dijo Huxley—. Esta lucha no vamos a ganarla en el aire; tendremos que decidirla en tierra.

Estaba en lo cierto, como siempre. Teníamos pocos aparatos, y aún menos pilotos en los que pudiéramos confiar. Parte de las fuerzas aéreas del Profeta habían sido saboteadas en tierra; un buen número habían escapado a Canadá y a otros lugares y habían sido internadas. Con los aviones de que disponíamos tuvimos que bombardear regularmente el Palacio y el Templo simplemente para que permanecieran con las cabezas agachadas.

Pero no podíamos dañarles seriamente con ello, y ambas partes lo sabíamos. El Palacio, adornado como estaba por encima del suelo, era probablemente el edificio a prueba de bombas más fuerte jamás construido. Había sido diseñado para resistir el impacto directo de una bomba de fisión sin que el personal oculto en sus más profundos túneles sufriera daño... y allí era donde pasaba los días el Profeta, podíamos estar seguros de ello. Incluso la parte situada por encima del suelo era relativamente inmune a las convencionales bombas de helio como las que estábamos usando.

No utilizábamos bombas atómicas por tres razones: no disponíamos de ellas; se suponía que los Estados Unidos no tenían ninguna desde el Tratado de Johannesburgo tras la Tercera Guerra Mundial; no podíamos conseguir ninguna. Hubiéramos podido negociar un par de bombas de la Federación que quizá nos las hubiera concedido si hubiéramos sido el gobierno legal de los Estados Unidos, pero, aunque Canadá nos había reconocido, Gran Bretaña no lo había hecho, como tampoco la Confederación Norteafricana. Brasil estaba indeciso; había enviado a St. Louis a su encargado de asuntos exteriores. Pero aunque hubiéramos sido admitidos en la Federación, era probable que nos hubieran denegado el empleo de armas potentes para solucionar un asunto interno.

Finalmente, tampoco las hubiéramos usado si nos las hubieran puesto entre las manos. No, no éramos unos cobardes. Pero una bomba atómica, tirada directamente sobre el Palacio, seguramente hubiera matado a unos cien mil o más de nuestros propios ciudadanos en la ciudad que lo rodeaba... y casi seguramente no hubiera matado al Profeta.

Era necesario entrar y sacarlo fuera, como a un tejón de su madriguera.

El punto de reunión se fijó en la orilla este del río Delaware. Un minuto después de la medianoche avanzamos hacia el este, treinta y cuatro cruceros terrestres, trece de ellos modernos carros de combate, el resto carros ligeros y tanquetas anticuadas... todo ello restos de la poderosa flota del

Profeta del Mississippi Este; el resto había sido destruido por sus anteriores mandos. Los carros pesados serían usados para abrir brechas en las paredes; los ligeros escoltaban a diez transportes armados acarreando a las tropas de choque... cinco mil aguerridos hombres tomados de todos lados del país. Algunos de ellos poseían algún entrenamiento militar además del que habían podido recibir en las últimas semanas; todos ellos habían tomado parte en las luchas callejeras.

Pudimos oír ya el bombardeo contra Nueva Jerusalén apenas iniciamos la marcha, el sordo *¡crrump!*, el temblor de la onda de concusión que ponía la carne de gallina, el bajo retumbar de la conmoción del suelo. El bombardeo había sido continuo durante las últimas treinta y seis horas; esperábamos que nadie en el Palacio hubiera dormido últimamente, mientras que nuestras tropas recién acababan de despertarse de un sueño reparador de doce horas consecutivas.

Ninguno de los carros de combate había sido diseñado como insignia, así que improvisamos un puesto de mando justo detrás de la torreta blindada, desalojando el televisor de largo alcance para hacer sitio al rastreador de batalla y al plano de concentración. Yo estaba sudando sobre mi rastreador provisional, rogándole al cielo que los amortiguadores fueran lo suficientemente buenos como para que respondieran bien cuando llegara el momento. Apiñados a mis espaldas estaban un psicoperador y su equipo de sensitivos, ocho mujeres y un muchacho neurótico de catorce años. Cada uno de ellos debía manejar cuatro circuitos. Me preguntaba si podrían conseguirlo. Una muchacha rubia, delgada, tenía una seca tos crónica y un gran bulto tiroideo en la garganta.

Avanzamos traqueteantes en una aproximación en zigzag. Huxley iba de un lado para otro, calmado como un caracol, mirando por encima de mi hombro, leyendo despachos sin inmutarse, observando nuestra aproximación en las pantallas.

El montón de despachos fue creciendo a mi lado. Al *Querubín* se le había encallado la oruga izquierda; se había salido de la formación, pero regresó a ella en treinta minutos. Penoyer informó que sus columnas estaban extendidas y listas para desplegarse. Debido a la aguda falta de talentos de mando, estábamos utilizando una organización de mando conjunto; Penoyer mandaba el ala izquierda y su propio carro de combate; Huxley tenía el mando de las fuerzas, mandaba el ala derecha, y su propio carro insignia.

A las 12:32 los televisores se apagaron. El enemigo había analizado nuestro esquema de variación de frecuencia, lo había interferido, y había hecho estallar todas las lámparas de nuestros circuitos. Es algo teóricamente imposible, pero lo hicieron. A las 12:37 las radios enmudecieron.

Huxley parecía imperturbable.

—Pasemos a los circuitos telefónicos ligeros —fue todo lo que dijo.

El oficial de comunicaciones se le había anticipado; nuestros circuitos audio trabajaban ahora mediante rayos infrarrojos, de carro a carro. Tuve a Huxley colgado sobre mi hombro la mayor parte de la siguiente hora, observando el progreso de las líneas de localización. Finalmente dijo:

—Creo que deberíamos desplegarnos ahora, John. Algunos de esos pilotos no están demasiado seguros de sí mismos; creo que debemos darles tiempo para afianzarse en sus posiciones antes de que ocurra algo más.

Pasé la orden, y dejé mi rastreador fuera de circuito durante quince minutos; no había sido construido para tantas variables a tan altas velocidades, y no tenía sentido sobrecargarlo. Diecinueve minutos más tarde el último transporte se identificaba telefónicamente, y yo hice una comprobación preliminar, le di al botón de puesta en marcha, y dejé que los datos de corrección fueran entrando. Durante un par de minutos estuve muy ocupado equilibrando datos, mis manos moviéndose entre clavijas y mandos; luego la máquina pareció satisfecha con sus propias predicciones e informé:

—Localizados todos, señor.

Huxley se asomó por encima de mi hombro. La línea era un poco irregular, pero yo me sentía orgulloso de todos ellos. Algunos de aquellos pilotos habían sido conductores de camiones de transporte hacía menos de cuatro semanas.

A las tres a. m. dimos la señal de precaución, «Entramos en zona de alcance», y nuestra propia torreta retumbó al ser cargada.

A las 3:31 Huxley dio la orden:

—Plan de Concentración III, abran fuego.

Nuestro propio grandullón fue el primero. El disparo levantó un montón de polvo que me hizo lloriquear. El carro retrocedió sobre sus orugas por el efecto de retroceso y estuve a punto de caerme de mi asiento. Nunca había cabalgado en uno de aquellos enormes artilleros antes, y no había esperado un retroceso tan intenso. Nuestro gran cañón iba provisto de cámaras de fuego secundarias a todo lo largo del cañón principal, sincronizadas electrónicamente con el avance del proyectil; mantenían el máximo de presión durante todo el camino, y conseguían así una mayor velocidad y potencia para la granada. Pero también proporcionaba un retroceso descoyuntahuesos. Aunque la segunda vez ya no me pilló desprevenido.

Huxley ocupaba el periscopio entre disparo y disparo, intentado observar los efectos de nuestro fuego. Nueva Jerusalén había respondido a él, pero aún no nos tenía a tiro. Nosotros teníamos la ventaja de disparar contra un blanco estacionario cuyo alcance conocíamos al metro; por otra parte, ni siquiera el más pesado crucero terrestre ofrecía el blanco que presentaba la enorme masa del Palacio.

Huxley se apartó del periscopio y observó:

—Humo, John.

Me giré hacia el oficial de comunicaciones.

—¡Preparados, sensitivos; todas las unidades!

La orden no llegó a partir. Mientras aún la estaba dando el oficial de comunicaciones informó pérdida de contacto. Pero el psicoperador estaba trabajando, y supe que lo mismo estaba ocurriendo en todos los carros; era un accidente normal de rutina.

De nuestros nueve sensitivos, tres —el chico y dos mujeres— eran despiertos; los otros seis eran hipnos. El técnico conectó primero al muchacho con uno de los de la unidad de Penoyer. El chico estableció comunicación casi inmediata y Penoyer dio su informe:

CEGADOS POR HUMO. HE CAMBIADO FLANCO IZQUIERDO A PSICO. ¿CÓMO CONECTAMOS? PENOYER.

—Mantenga la línea —respondí. La doctrina permitía dos tipos de conexión telepática: relevos, en el cual un mensaje pasaba de contacto en contacto hasta que alcanzaba su destino; y mando engranado, en el cual había una conexión directa del carro insignia con cada uno de los aparatos a sus órdenes, además de un carro-a-carro para las unidades adyacentes. En el primer caso cada sensitivo se ocupaba únicamente de un circuito, es decir, se hallaba en contacto tan sólo con otro telépata; en el segundo debía hacerse cargo al menos de cuatro circuitos. Yo deseaba evitar que se sobrecargaran tanto tiempo como fuera posible.

El técnico conectó a los otros dos despiertos a nuestro carro de flanco en la línea de batalla, luego volvió su atención a los hipnos. Cuatro de ellos requirieron hipodérmicas; los otros dos respondieron a la sugestión. Al poco tiempo estábamos conectados con los transportes y carros de segunda línea, así como con los bombarderos y el reactor cohete que supervisaba los impactos. El reactor informó visibilidad cero y se quejó de que no obtenía casi nada que fuera inteligible por el radar. Le dije que siguiera allí; la brisa matutina podía despejar el humo en poco tiempo.

De todos modos no dependíamos de él; conocíamos nuestras posiciones casi al milímetro. Habíamos partido de un punto preciso de referencia y nuestra posición era comprobada por toda la línea de batalla cada vez que cualquier jefe de carro identificaba una referencia señalada en el mapa. Además, los conductores de los cruceros oruga son sorprendentemente precisos; las orugas miden literalmente cada metro de terreno por sobre el que pasan, y cualquier pequeña diferencia que capte el mecanismo es comparada para mantener la regularidad del rumbo. El humo no tenía por qué preocuparnos realmente, y podíamos seguir disparando con precisión aunque fallara el radar. Por otra parte, si el jefe militar del Palacio nos mantenía bajo el humo, él también dependía completamente del radar.

Aparentemente su radar funcionaba; su fuego caía a nuestro alrededor. Aún no habíamos sido alcanzados pero podíamos notar las concusiones cuando las granadas estallaban cerca de nosotros, y algunos de los informes no eran alegres precisamente. Penoyer informó que el *Mártir* había sido alcanzado; la granada había reventado el alojamiento del motor de la izquierda. Su piloto intentó efectuar un cruce de conexiones y avanzar a media velocidad, pero el tren de transmisión había quedado bloqueado; quedó definitivamente fuera de la acción. El *Arcángel* había sobrecalentado su cañón. Se hallaba en formación pero era inofensivo hasta que el capitán de torreta consiguiera arreglarlo.

Huxley ordenó entonces cambiar a Formación E, un plan que utilizaba cambios de velocidades y rumbos aparentemente al azar... cuidadosamente planeados sin embargo para evitar la colisión entre carros. Su intención era confundir el control de fuego del enemigo.

A las 4:11 Huxley ordenó a los bombarderos que regresaran a la base. Estábamos dentro de la ciudad ahora, y las paredes del Palacio estaban justo delante de nosotros... demasiado cerca del blanco para sentirnos tranquilos; no deseábamos perder unidades bajo nuestras propias bombas.

A las 4:17 fuimos atacados. La protección superior de las orugas resultó hendida, el blindaje del cañón dañado de tal modo que este quedó fuera de uso, y la torreta se resquebrajó a lo largo de la superficie trasera. El piloto resultó muerto en sus controles.

Ayudé al psicoperador a colocar mascarillas antigás sobre las cabezas de los hipnos. Huxley se levantó por sí mismo del suelo, se puso su propio casco, y estudió la situación en mi rastreador de combate, bloqueado desde el mismo instante en que la granada nos alcanzó.

—El *Bendición* debe pasar por este punto dentro de tres minutos, John. Dile que lo haga muy lentamente, se acerque por nuestra izquierda, y nos recoja. Dile a Penoyer que estoy cambiando mi insignia.

Hicimos el transbordo sin ningún problema. Huxley, yo mismo, el psicoperador, y sus sensitivos. Una sensitiva estaba muerta, alcanzada por un fragmento de metralla. Otra cayó en un trance profundo y no conseguimos moverla. La dejamos en el carro de combate inutilizado; allí estaba tan segura como podría estarlo en cualquier otro lugar.

Arranqué los planos de localizaciones de mi rastreador y me los llevó conmigo. Tenían la predicción de localizaciones para la Formación E. Tuve que forcejear con ellos para desprenderlos, pero el rastreador no podía transportarse y además estaba probablemente más allá de cualquier posible reparación. Huxley estudió los planos.

—Cambia a mando engranado, John. Vamos a atacar dentro de muy poco.

Ayudé al psicoperador a establecer sus circuitos. Dejando al margen completamente al *Mártir,* y utilizando el relevo con los auxiliares de Penoyer, podíamos compensar la pérdida de dos sensitivos. Todos se hicieron cargo de cuatro circuitos, excepto el chico, que tomó cinco, y la chica de la tos, que se las apañó con seis. El psicoperador estaba preocupado, pero no había otra cosa que pudiéramos hacer.

Me giré hacia el general Huxley. Se había sentado y al primer momento pensé que estaba ensimismado en sus pensamientos; luego vi que estaba inconsciente. No fue hasta que intentó levantarlo y no lo conseguí que vi la sangre chorreando a lo largo del respaldo de su silla y manchando el suelo. Lo moví suavemente y descubrí, clavado entre sus costillas, cerca de su columna vertebral, un trozo de metralla.

Sentí que alguien me tocaba el codo. Era el psicoperador.

—Penoyer informa que se hallará dentro del radio de asalto en cuatro minutos. Pide permiso para cambiar la formación y pregunta el momento de la ejecución.

Huxley estaba fuera de combate. Muerto o herido, ya no iba a luchar más en aquella batalla. Según todas las reglas, el mando pasaba a Penoyer, y debía decírselo inmediatamente. Pero el tiempo apremiaba terriblemente, aquello podía implicar un cambio drástico de estrategia, y nos habíamos visto obligados a enviar a Penoyer a la batalla con tan sólo tres sensitivos. Era una imposibilidad física.

¿Qué debía hacer? ¿Entregar la insignia al comandante del *Bendición?* Conocía a aquel hombre, impasible, sin imaginación, un artillero por carácter. Ni siquiera estaba en el cuarto de derrota, sino luchando en la estación de control de fuego de la torreta. Si lo hacía bajar, necesitaría varios minutos para comprender la situación... y luego daría las órdenes equivocadas.

Con Huxley fuera de combate, yo no tenía ni un gramo de autoridad real. Sólo era un coronel honorario a la cola del escalafón, ascendido de mayor hacía pocos días, y un simple asistente por derecho; era lo que era gracias a ser el lacayo de Huxley. ¿Debía pasarle el mando a Penoyer... y perder la batalla de acuerdo con el adecuado protocolo militar? *¿Qué me habría hecho hacer Huxley, si él hubiera tomado la decisión?*

Me pareció estar rumiando aquel problema durante horas. El cronógrafo señalaba trece segundos entre la recepción del despacho de Penoyer y mi respuesta:

—Cambie formación a discreción. Aguarde la señal de ejecución en seis minutos. —Una vez dada la orden, envié un mensaje a la estación sanitaria de campaña para que acudieran a atender al general.

Cambie el ala derecha al escalón de asalto, luego llamé al transporte *Dulce Cuádriga*:

—Subplan D; abandone la formación y proceda según las órdenes. —El psicoperador me miró, pero transmitió mis órdenes. El subplan D significaba que quinientos hombres de infantería ligera penetrarían en el Palacio a través de los sótanos de los almacenes que estaban conectados con la habitación de la logia. A partir de la habitación de la logia se dividirían en escuadras y procederían a realizar tareas asignadas. Todos nuestras tropas de choque tenían los planos del Palacio grabados en sus mentes; aquellos quinientos hombres habían recibido además un adiestramiento adicional para que supieran específicamente dónde tenían que ir y lo que debían hacer.

La mayoría de ellos resultarían muertos, pero deberían ser capaces de crear confusión durante el asalto. Zeb los había entrenado y ahora los mandaba.

Estábamos dispuestos.

—Todas las unidades, preparadas para el asalto. Ala derecha, flanco exterior del bastión derecho; ala izquierda, flanco exterior del bastión izquierdo. Zigzag de emergencia a plena velocidad hasta entrar en distancia de asalto. Despliegue para fuego completo de concentración, una salva, y asalto. Listos para la ejecución. Den el enterado.

Los enterados fueron llegando, y yo estaba observando mi cronómetro preparándome para dar la orden de ejecución, cuando el muchacho sensitivo se interrumpió en mitad de un informe y se derrumbó. El técnico sujetó su muñeca y buscó el pulso; el muchacho se sacudió.

—Algo nuevo —dijo—. No acabo de captarlo. —Luego comenzó a hablar casi en un canturreo—: Al general en jefe, del Maestro de la Logia Peter van Eyck: asalten bastión central con todas sus fuerzas. Yo crearé una diversión.

—¿Por el centro? —pregunté.

—Está mucho más dañado.

Si aquello era auténtico, era crucialmente importante. Pero tenía mis sospechas. Si el Maestro Peter había sido detectado, podía ser una trampa. Y yo no podía comprender cómo, en su posición, había sido capaz de montar un circuito sensitivo en medio de la batalla.

—Déme la contraseña —dije.

—No, démela usted.

—No, no lo haré.

—Voy a deletrearla, la mitad de ella.

—Deletréela entonces.

Lo hizo. Quedé satisfecho.

—Cancele la última comunicación. Cruceros pesados asalten el bastión central, el ala izquierda por el flanco izquierdo, el ala derecha por el flanco derecho. Los auxiliares con números impares efectúen ataques de diversión en los bastiones derecho e izquierdo. Los números impares permanezcan en los transportes. Den el enterado.

Diecinueve segundos más tarde di la orden de ejecución, luego perdimos contacto. Era como conducir un avión cohete con una cámara de combustión sucia y sobrecalentada. Impactamos contra las paredes de ladrillos, dimos terribles bandazos, estuvimos a punto de volcar cuando golpeamos contra los cimientos de algún enorme edificio demolido, y estuvimos al otro lado. La batalla estaba ahora fuera de mis manos, dependiendo de cada jefe de unidad.

Mientras nos situábamos en posición de fuego, vi que el psicoperador cerraba los párpados del muchacho.

—Me temo que está muerto —dijo, sin entonación—. He tenido que sobrecargarlo demasiado en esta última conexión—. Dos de las mujeres se habían derrumbado también.

Nuestro gran cañón se preparaba para la salva final; aguardamos durante un período interminable... diez segundos en total. Luego estuvimos de nuevo en movimiento, ganando velocidad a medida que avanzábamos. El *Bendición* golpeó la pared del Palacio con un estruendo que pensé que iba a derribarla, pero no fue así. Pero el piloto había bajado sus gatos hidráulicos tan pronto como impactamos; el morro del carro fue elevándose lentamente. Alcanzamos un ángulo tan elevado que parecía que íbamos a volcar de espaldas como una tortuga, pero las orugas hicieron presa, avanzamos de nuevo, y penetramos a través de la brecha en la pared.

Nuestro cañón rugió de nuevo, a quemarropa, directamente al interior del Palacio. Un pensamiento cruzó rápidamente por mi cabeza... aquel era el lugar exacto en el que había visto por primera vez a Judith. Había dado la vuelta al círculo.

El *Bendición* avanzaba estruendosamente, destruyendo con su simple peso todo lo que encontraba ante él. Aguardé hasta que el último carro hubo tenido tiempo de entrar, entonces di la orden:

—Transportes, al asalto.

Hecho esto, llamé a Penoyer, y le informé que Huxley estaba herido, y que él estaba ahora al mando.

Y ya todo terminó para mí. No tenía ningún trabajo concreto, ningún puesto en la batalla. La batalla se producía a mi alrededor, pero yo no formaba parte de ella... yo, que hacía dos minutos había usurpado todo el mando de la misma.

Me detuve para encender un cigarrillo y me pregunté qué hacer. Lo tiré tras una profunda y gratificante chupada, y trepé a la torre de control de fuego de la torreta, y observé por las mirillas. Se había levantado una brisa que había despejado el humo; el transporte *Escala de Jacob* estaba en aquellos momentos penetrando por la brecha. Sus lados cayeron, e hileras de infantería se esparcieron por todos lados, los desintegradores preparados. Fueron recibidos por un esporádico fuego; algunos cayeron, pero la mayoría devolvieron el fuego y cargaron hacia el interior del Palacio. El *Escala de Jacob* dejó libre la brecha, y el *Arca* tomó su lugar.

El jefe de las tropas del *Arca* tenía órdenes de apresar

vivo al Profeta. Corrí escaleras abajo, abandonando la torreta, recorrí el pasillo entre los motores, y localicé la trampilla de escape en el suelo, en la parte de atrás del *Bendición*. De algún modo logré soltar el cierre, la abrí, y asomé la cabeza al exterior. Pude ver, más allá de las orugas, a hombres corriendo. Saqué mi desintegradora, salté al suelo, e intenté unirme a ellos, saliendo de entre las enormes orugas.

Eran hombres del *Arca*, en gran número. Me incorporé por iniciativa propia a un pelotón, y troté con ellos. Nos esparcimos por el interior del Palacio.

Pero la batalla había terminado; no encontramos resistencia organizada. Descendimos y descendimos y descendimos, y encontramos el refugio a prueba de bombas del Profeta. La puerta estaba abierta, y él estaba allí.

Pero no lo arrestamos. Las Vírgenes lo habían encontrado antes; ya no parecía tan imponente. Apenas habían dejado lo suficiente de él como para identificarlo en una investigación.

COVENTRY

—¿Tiene usted algo que decir antes de que sea pronunciada la sentencia contra usted? —Los apacibles ojos del Juez Decano estudiaron el rostro del acusado. Su pregunta recibió como respuesta un obstinado silencio.

—Muy bien... el jurado ha determinado que ha violado usted una norma básica aceptada por el Convenio, y que a través de su acción ha dañado usted a otro ciudadano libre. Es opinión del jurado y de la corte que realizó usted esa acción conscientemente, y con conocimiento de la probabilidad de daño hacia un ciudadano libre. Por ello, es usted sentenciado a elegir entre las Dos Alternativas.

Un observador experto quizás hubiera detectado un rastro de desaliento surgiendo a través de la máscara de indiferencia con la cual el joven acusado se enfrentaba a su juicio. El desaliento no tenía razón de ser; considerando el delito, la sentencia era inevitable... pero los hombres razonables no admiten la sentencia.

Tras aguardar un prudente intervalo de tiempo, el juez se giró hacia el alguacil.

—Lléveselo.

El prisionero se puso bruscamente en pie, dando un puñetazo sobre su silla. Miró salvajemente a su alrededor, al público reunido, y rompió su silencio.

—¡Un momento! —gritó—. ¡Primero tengo algo que decir!

—Pese a sus rudos modales, había en él la noble dignidad de un animal salvaje acorralado. Miró a los que le rodeaban, respirando agitadamente, como si fueran perros acechando el momento de echársele encima.

—¿Bien? —preguntó—. ¿Bien? ¿Puedo hablar, o no tengo derecho? ¡Seria el mejor chiste de toda esta comedia, si un hombre condenado no pudiera decir su última palabra!

—Puede usted hablar —le dijo el Juez Decano, en el mismo tono reposado con que había pronunciado la sentencia—. David MacKinnon, puede hacerlo durante todo el tiempo que quiera, y de la forma que quiera. No hay límite a tal libertad, ni siquiera para aquellos que han roto el Convenio. Por favor, hable a la grabadora.

MacKinnon miró con desagrado al micrófono que había cerca de su rostro. La seguridad de que cada palabra que dijera iba a ser grabada y analizada le inhibió.

—No hablo para las grabadoras —restalló.

—Pero debe hacerlo —respondió el juez pacientemente—, a fin de que otros puedan determinar si procedimos o no correctamente con usted, en relación al Convenio. Se lo suplico, por favor.

—Oh... muy bien —accedió reluctantemente, y dirigió su voz hacia el instrumento—. No tiene el menor sentido el que hable ahora... pero no importa, estoy dispuesto a hablar, y ustedes están dispuestos a escucharme... Hablan de su precioso «Convenio» como si se tratara de algo sagrado. No estoy de acuerdo y no lo acepto. Actúan ustedes como si lo hubieran recibido directamente del cielo en un destello de luz. Mis abuelos lucharon en la Segunda Revolución, pero lucharon para abolir la superstición... no para dejar que unos estúpidos borregos implantaran otras nuevas.

«¡Aquellos sí eran hombres, en aquellos días! —Miró despectivamente a su alrededor—. ¿Qué es lo que queda hoy de ellos? Unos mequetrefes cautelosos, tímidos y preocupados por la «seguridad», con agua en las venas. Han planeado ustedes su mundo tan cuidadosamente que han desterrado de él la alegría y el júbilo. Ya nadie pasa hambre, ya nadie sufre daño. Sus naves no pueden averiarse y sus cosechas no pueden fracasar. Han conseguido incluso domesticar el clima hasta el punto de hacer que llueva suavemente... y tan solo después de la medianoche. ¿Por qué esperar hasta la medianoche, me pregunto... si todos ustedes se van a dormir a las nueve en punto?

«Si uno cualquiera de ustedes, saludable gente pequeña, *cree* que sufre alguna emoción desagradable, ¡Dios no lo permita!, echa a correr directamente hacia la más próxima clínica psicodinámica y hace que le reajusten su blanda y pequeña mente. Gracias al cielo, yo nunca he sucumbido a tan narcótico hábito. Mantengo mis propios sentimientos, gracias, no importa su mal sabor.

«Ni siquiera hacen el amor sin consultar antes a un psicotécnico... ¿es la mente de ella tan llana e insípida como la mía? ¿Hay alguna inestabilidad emocional en su familia? Todo eso basta para asquear a cualquiera. En cuanto a luchar por una mujer... si es que alguien tiene las tripas de hacerlo, en dos minutos se encontrará con un agente a su lado, buscando el lugar más apropiado para paralizarle y preguntándole con enfermiza humildad: «¿Puedo servirle en algo, señor?»

El alguacil se acercó a MacKinnon. Este se giró hacia él.

—Retírese. Aún no he terminado. —Se giró de nuevo y añadió—: me han pedido que elija entre las Dos Alternativas. Bueno, la elección no es difícil para mí. Antes que someterme a tratamiento, antes que entrar en una de sus aseadas, seguras, planceteras casitas de reorientación y dejar que mi mente sea manipulada por un montón de doctores de suaves dedos... antes que hacer cualquiera de estas cosas eligo una hermosa y tranquila muerte. Oh, no... hay tan sólo una elección para mí, no dos. Elijo ir a Coventry... y muy contento además. ¡Espero no oír hablar nunca más de los Estados Unidos!

«Pero hay una cosa que desearía preguntarles antes de irme... ¿por qué se molestan en seguir viviendo? Creo que sería mejor para cualquiera de ustedes terminar con sus estúpidas y futiles vidas antes que languidecer en el aburrimiento. Esto es todo. —Se giró hacia el alguacil—. Acérquese.

—Un momento, David MacKinnon —el Juez Decano levantó una mano para retenerle—. Le hemos escuchado. Aunque la costumbre no me obliga a ello, desearía responder a algunas de sus afirmaciones. ¿Quiere escuchar?

De mala gana, aunque no deseando tampoco aparecer grosero frente a una petición tan obviamente razonable, el joven asintió.

El juez empezó a hablar con palabras suaves, académicas, propias de una sala de conferencias.

—David MacKinnon, ha hablado usted de una forma que indudablemente a usted le parece juiciosa. Sin embargo, sus palabras son incivilizadas, y pronunciadas con apresuramiento. Me veo obligado a corregir sus obvias deformaciones de los hechos. El Convenio no es una superstición, sino un simple contrato temporal aprobado por aquellos mismos revolucionarios por razones pragmáticas. Ellos quisieron asegurar el máximo posible de libertad para todas las personas.

«Usted mismo ha gozado de esa libertad. Ningún posible acto, ninguna forma de conducta, le fue prohibida, mientras sus acciones no dañaran a otros. Ni siquiera un acto específicamente prohibido por la ley le ha podido ser imputado, a menos que el estado sea capaz de probar que su acto en particular ha dañado, o ha causado un evidente peligro de daño, a un individuo en particular.

»Incluso si alguien daña intencionadamente y con pleno conocimiento a otra persona, como ha hecho usted, el estado no pretende establecer juicios morales sobre el hecho, ni castigar. Nosotros no poseemos la sabiduría suficiente como para hacer esto, y la cadena de injusticias que siempre siguieron a tales coerciones moralistas dañaron la libertad de todos. En vez de ello, al convicto se le ofrece la elección de someterse a un reajuste psicológico para corregir su tendencia que le impulsa a dañar a los demás, o a hacer que el estado se desentienda absolutamente de él... enviándolo a Coventry.

»Se lamenta usted de que nuestra forma de vivir es torpe y prosaica, e implica que le hemos privado de la excitación de sentirse completamente vivo. Es usted libre de sostener y expresar su opinión estética de nuestra forma de vivir, pero no puede esperar que todos nosotros vivamos de acuerdo con sus gustos. Es usted libre de buscar el peligro y la aventura si lo desea... hay peligro también en los laboratorios experimentales; hay privaciones en las montañas de la Luna, y muerte en las junglas de Venus... pero no es usted libre de exponernos a la violencia de su naturaleza.

—¿No cree usted que está exagerando? —protestó desdeñosamente MacKinnon—. Habla como si yo hubiera cometido un asesinato... ¡lo único que hice fue pegarle un puñetazo en la nariz a un hombre que me había ofendido injuriosamente!

—Estoy de acuerdo con su juicio estético sobre aquel individuo —prosiguió el juez calmadamente—, y personalmente me siento más bien satisfecho de que le pegara usted aquel puñetazo... pero sus pruebas psicométricas muestran que usted se cree capaz de juzgar moralmente a sus conciudadanos, y cree justificado el corregir y castigar personalmente sus faltas. Es usted un individuo peligroso, David MacKinnon, un peligro para todos nosotros, porque no podemos predecir qué daños puede cometer a continuación. Desde un punto de vista social, su modo de ver las cosas lo hace tan peligroso como el peor de los locos.

»Usted rechaza nuestro tratamiento... y en consecuencia nosotros le negamos nuestra sociedad, le echamos de ella, renegamos de usted. Lo enviamos a Coventry. —Se giró hacia el alguacil—. Lléveselo.

MacKinnon echó una mirada por la ventanilla delantera del gran helicóptero de transporte con una excitación contenida en su corazón. ¡Ahí estaba! Aquello debía ser... aquella franja negra en la distancia. El helicóptero se fue acercando, y entonces estuvo seguro de que estaba viendo la Barrera... la misteriosa, impenetrable muraila que separaba los Estados Unidos de la reserva conocida como Coventry... el Lugar de Ostracismo.

Su guardián levantó la mirada de la revista que estaba leyendo y siguió la dirección de sus ojos.

—Veo que nos estamos acercando —dijo con satisfacción—. Bueno, no vamos a tardar mucho.

—¡Para mí, cuanto antes mejor!

El guardián lo miró irónicamente, pero con tolerancia.

—Ansioso por llegar allí, ¿eh?

MacKinnon irguió su cabeza.

—¡Nunca han llevado a un hombre a través de esa Puerta que estuviera más ansioso por cruzarla que yo!

—Hummm... quizá. Todos dicen lo mismo, ya sabe. Nadie cruza la Puerta contra su propia voluntad.

—¡Yo digo la verdad!

—Todos lo hacen. Pero algunos regresan luego.

—Oiga... quizás usted pueda decirme algo de las condiciones que hay ahí dentro.

—Lo siento —dijo el guardia, agitando la cabeza—, pero eso no concierte a los Estados Unidos, ni a ninguno de sus empleados. Muy pronto lo sabrá por usted mismo.

MacKinnon frunció ligeramente el ceño.

—Parece extraño... he intentado preguntar, pero no he encontrado a nadie que quisiera admitir que tiene alguna noción de lo que hay ahí dentro. Y sin embargo usted dice que algunos vuelven. Seguramente algunos de ellos deben haber hablado...

—Es sencillo —sonrió el guardián—: parte de su reorientación consiste en una compulsión subconsciente a no discutir sus experiencias.

—Eso es un truco mezquino. ¿Por qué el gobierno conspira deliberadamente para impedirme a mí, y a otra gente como yo, el saber lo que vamos a encontrar ahí?

—Escuche, compañero —respondió el guardián, con una suave exasperación—, usted nos ha mandado al diablo a todos nosotros. Nos ha dicho que podía arreglárselas perfectamente sin nosotros. Le estamos llevando a un sitio que es una de las mejores tierras de este continente, y le dejamos traerse consigo todo lo que desee, todo lo que pueda comprar con su dinero. ¿Qué más demonios espera de nosotros?

El rostro de MacKinnon se frunció con una serie de obstinadas arrugas.

—¿Qué seguridad tengo de que allí voy a encontrar algo de tierra para mí?

—Ese es su problema. El gobierno vela para que haya la suficiente tierra para toda la población. La forma de dividir esta tierra es algo que ustedes, ariscos individualistas, deben arreglar entre ustedes mismos. Usted ha rechazado voluntariamente nuestro tipo de cooperación social; ¿cómo espera que nuestra organización le salvaguarde? —El guardia volvió a su lectura y lo ignoró.

Aterrizaron en un pequeño campo situado junto a la lisa muralla negra. No se veía ninguna puerta, pero había una caseta de guardia en un ángulo del campo. MacKinnon era el único pasajero. Mientras su escolta se dirigía hacia la caseta de guardia, descendió del compartimiento de pasajeros y se dirigió hacia la compuerta de carga. Dos miembros de la tripulación estaban bajando una rampa desde la compuerta. Cuando le vieron aparecer, uno de ellos le miró y dijo:

—Hey, ahí están sus cosas. Tómelas.

MacKinnon pensó en lo que llevaba consigo y dijo:

—Es mucha cosa, ¿no? Necesitaré algo de ayuda. ¿Por qué no me echan una mano con ello?

El miembro de la tripulación al que se había dirigido hizo una pausa para encender un cigarrillo antes de responder.

—Son sus cosas. Si las quiere, tómelas. Nosotros despegamos en diez minutos. —Los dos hombres dieron un rodeo en torno a él y volvieron a entrar en el aparato.

—Hey, ustedes... —MacKinnon se calló y se guardó el resto de su cólera para sí mismo. ¡Aquellos arrogantes patanes! El último rastro de tristeza por abandonar la civilización desapareció de él. ¡Iban a ver! Podía arreglárselas perfectamente sin ellos.

Pero habían pasado más de veinte minutos antes de que hubiera acabado de descargar sus cosas y contemplara junto a ellas como despegaba el aparato. Afortunadamente el capitán no había sido muy exigente con respecto al límite de tiempo. Se giró y comenzó a cargar su tortuga de acero. Bajo la influencia romántica de la literatura clásica de lejanos días pasados, había considerado el utilizar una reata de burros, pero no había sido capaz de encontrar ningún zoo que quisiera vendérselos. De todos modos no importaba... desconocía por completo la resistencia, debilidades, hábitos, vicios, enfermedades y cuidados de aquellas útiles pequeñas bestias, y desconocía incluso su propia ignorancia. Dueño y sirvientes hubieran competido en hacerse infelices mutuamente.

El vehículo que había elegido no era un irrazonable sustituto de los burros. Era extremadamente resistente, fácil de operar, y casi a prueba de impericias. Tomaba su energía de seis metros cuadrados de pantallas solares en su curvado techo. De allí se alimentaba su motor de carga continua, o cuando estaba parado pasaba a recargar las baterías para cuando estuviera nublado o se viajara de noche. La transmisión era «eterna», y todas las partes móviles, a excepción de las orugas y los controles, estaban selladas, a buen recaudo de manos inexpertas.

Podía mantener una velocidad constante de diez kilómetros por hora en una superficie llana y regular. Cuando se enfrentaba con colinas, o terreno accidentado, no se detenía, sino que simplemente reducía su marcha hasta que la tarea exigida se igualaba con la potencia de su motor.

La tortuga de acero le proporcionaba a MacKinnon un sentimiento de independencia a lo Crusoe. No se le ocurrió pensar que sus bienes eran el resultado final del esfuerzo acumulativo y la inteligente cooperación de centenares de miles de hombres, vivos y muertos. Había estado utilizando durante toda su vida el infalible servicio de una maquinaria mucho más intrincada, y consideraba honestamente a su tortuga como una pieza de equipo del mismo primitivo nivel que un hacha de leñador o un cuchillo de caza. En el pasado había dedicado sus talentos a la crítica literaria más bien que a la ingeniería, pero aquello no le impedía creer que su inteligencia nativa y la ayuda de unos pocos libros de referencia iban a ser todo lo que realmente necesitase para duplicar la tortuga si era necesario.

Sabía que iba a necesitar metales, pero no veía ningún obstáculo en ello, puesto que su conocimiento de las dificultades de la prospección, la minería y la metalurgia eran tan incompletos como su conocimiento de los burros.

Sus bienes ocupaban todos los compartimientos del compacto y pequeño transporte. Comprobó el último artículo con su inventario y paseó una mirada satisfecha a lo largo de la lista. Cualquier explorador o aventurero del pasado se hubiera sentido satisfecho con tal equipo, pensó. Podía imaginarse mostrándole a Jack London su cabina desmontable. Mira, Jack, le diría, es a prueba de cualquier inclemencia climática, con las paredes y el suelo perfectamente aislados, y nunca podrá oxidarse. Es tan ligera que puedes montarla tú mismo en cinco minutos, pero pese a ello tan fuerte que puedes dormir dentro sin oír ningún ruido pese a que la más terrible tormenta del mundo esté soplando al otro lado de tu puerta.

Y London se rascaría la cabeza, y diría: Dave, eres una maravilla. ¡Si la hubiera tenido yo en el Yukon, vaya ganga!

Comprobó nuevamente la lista. Suficientes alimentos concentrados y desecados y vitaminas concentradas como para seis meses como mínimo. Aquello le daría tiempo suficiente como para construir invernaderos para cultivos hidropónicos, y permitir que sus semillas se desarrollaran. Un buen suministro médico... no esperaba necesitarlo, pero siempre era mejor prevenir. Libros de consulta de todas clases. Un rifle deportivo ligero... antiguo: del siglo pasado. Su rostro se ensombreció un tanto al pensar en ello. El Departamento de Guerra se había negado rotundamente a venderle un desintegrador portátil. Cuando reclamó el derecho a la herencia social común, le proporcionaron a regañadientes los planos y especificaciones de uno, y le dijeron que se lo construyera él mismo. Bueno, lo haría, en el primer momento que tuviera libre.

Todo lo demás estaba en orden. MacKinnon subió a la cabina, sujetó los dos controles manuales, y apuntó el morro de la tortuga hacia la caseta de guardia. Había sido olímpicamente ignorado desde que el helicóptero había aterrizado; deseaba que le abrieran la puerta y abandonar todo aquello.

Algunos soldados estaban reunidos en torno a la caseta. Dirigió su atención al oficial, a juzgar por el galón plateado que lucía en el lado de su falda escocesa.

—Estoy listo para ir. ¿Será tan amable como para abrir la Puerta?

—De acuerdo —respondió el oficial, y se giró hacia un soldado que llevaba la simple falda escocesa gris del uniforme de campaña—. Jenkins, dígale a la central de energía que dilate... una abertura de tres, dígale —añadió, observando las dimensiones de la tortuga.

Se giró hacia MacKinnon.

—Es mi deber decirle que puede regresar a la civilización, incluso ahora, con sólo aceptar ser hospitalizado para curar su neurosis.

—¡No sufro ninguna neurosis!

—Muy bien. Si cambia de opinión en cualquier momento del futuro, regrese al lugar por donde ha entrado. Hay una alarma allí que indicará a la guardia que desea usted que le abran la puerta.

—No puedo imaginar que necesite saber eso.

El oficial se alzó de hombros.

—Quizá no... pero estamos enviando refugiados a la cuarentena todo el tiempo. Si fuera yo quien establece las reglas, haría mucho más difícil el poder volver.

Fue interrumpido por el sonar de una alarma. Los soldados que estaban junto a él se movieron rápidamente, tomando sus desintegradoras de sus fundas mientras corrían. La fea boca de un desintegrador montado sobre el techo de la caseta apareció y apuntó directamente hacia la Barrera.

El oficial respondió a la pregunta que se leía en el rostro de MacKinnon.

—La central de energía está lista para abrir. —Hizo un gesto hacia el edificio y luego se giró de nuevo—. Conduzca directamente hacia el centro de la abertura. Se necesita mucha energía para dejar de mantener la estasis; si toca usted el borde, lo único que podremos hacer será recoger los pedazos.

Un pequeño punto brillante apareció al pie de la barrera, frente a donde estaban aguardando. Se amplió hasta formar medio círculo a través de la negra nada. Al poco rato fue lo suficientemente amplio como para que MacKinnon pudiera ver el paisaje al otro lado del arco que había formado. Lo observó ansiosamente.

La abertura creció hasta tener seis metros de ancho, luego se detuvo. Enmarcaba una escena de abruptas y yermas colinas. Las miró fijamente, y se giró irritadamente hacia el oficial.

—¡He sido engañado! —exclamó—. Este no es el tipo de tierra que pueda mantener a un hombre.

—No se apresure —le dijo el otro a MacKinnon—. Hay buena tierra más allá. Además... no tiene usted por qué entrar. Pero si lo desea, adelante.

MacKinnon enrojeció de rabia, y empujó con las dos manos los controles. Las orugas mordieron la tierra, y la tortuga avanzó pesadamente en dirección a la Puerta y hacia Coventry.

Cuando estuvo a varios metros más allá de la Puerta, miró hacia atrás. La Barrera se vislumbraba a sus espaldas, sin nada que evidenciara el lugar donde había estado la abertura. Había un pequeño cobertizo de metal adyacente al punto a través del cual había pasado. Supuso que contendría la alarma que le había mencionado el oficial, pero no le interesaba, de modo que volvió a fijar sus ojos en la conducción.

Extendiéndose ante él, serpenteando por entre colinas rocosas, había una especie de carretera. No estaba pavimentada y la superficie no había sido reparada recientemente, pero no presentaba grandes pendientes y la tortuga era capaz de mantener una respetable velocidad. Siguió adelante, no porque le gustara, sino simplemente porque era la única carretera que lo sacaba de aquellos alrededores obviamente impropios a sus necesidades.

La carretera estaba solitaria. Aquello le convenía; no sentía deseos de encontrar a otros seres humanos hasta que hubiera localizado algún lugar deseable donde establecerse y reclamar para sí. Pero las colinas no estaban desprovistas de vida; en varias ocasiones vio atisbos de pequeñas formas oscuras escurriéndose entre las rocas, y ocasionalmente brillantes y diminutos ojillos clavados en él.

Al primer momento no se le ocurrió que aquellos tímidos animalillos, que corrían a ocultarse a su aproximación, pudieran llenar su despensa cuando fuera necesario... simplemente se sentía divertido y reconfortado por su presencia. Cuando se le ocurrió pensar que podían ser utilizados como alimento, su primer pensamiento fue de repugnancia... la costumbre de matar por «deporte» había desaparecido desde hacía mucho tiempo; y puesto que el desarrollo de la fabricación económica de proteínas en la segunda mitad del siglo anterior había llevado a la ruina el negocio de criar animales para carne, era dudoso que hubiera comido carne animal alguna vez en su vida.

Pero una vez considerado, lo encontró algo lógico. Esperaba vivir por sus propios medios; aunque tenía comida más que suficiente para el futuro inmediato, sería juicioso conservarla utilizando lo que le ofreciera el terreno. Eliminó su repugnancia estética y sus recelos éticos, y decidió matar uno de aquellos pequeños animales a la primera oportunidad.

En consecuencia, sacó el rifle, lo cargó, y lo colocó a mano. Con la habitual perversidad de las cosas de la vida, ninguna pieza se puso en evidencia durante la siguiente media hora. Estaba cruzando un pequeño promontorio rocoso cuando vio a su presa. Estaba mirándole fijamente desde detrás de un pequeño peñasco, con sus solemnes ojos recelosos pero imperturbables. Detuvo la tortuga y tomó puntería cuidadosamente, afirmando el rifle a un lado de la cabina. Su presa le puso las cosas más fáciles saliendo a plena vista.

Apretó el gatillo, tensando involuntariamente los músculos y cerrando los ojos al hacerlo. Naturalmente, el tiro salió alto y desviado a la derecha.

Pero estaba demasiado atareado en aquel momento como para darse cuenta de ello. Le pareció que todo el mundo había estallado. Su hombro derecho estaba dolorido, su boca le escocía como si le hubieran dado un puñetazo en plenos labios, y sus oídos le zumbaban de una forma extraña y desagradable. Se sorprendió al descubrir que el arma estaba intacta en sus manos y que aparentemente el incidente no había producido ningún desastre.

La dejó a un lado, salió del vehículo, y corrió hacia donde debería estar la pequeña criatura. No había señales de ella por ningún lado. Buscó por las inmediaciones, pero no consiguió descubrirla. Desconcertado, regresó a la tortuga, llegando a la conclusión de que de alguna forma el rifle debía ser defectuoso, y que debía inspeccionarlo atentamente antes de intentar disparar de nuevo.

Su fallido blanco espiaba cautelosamente sus acciones desde un lugar seguro a varios metros de distancia, hasta donde había retrocedido asustado al sonido del disparo. Estaba tan desconcertado como su cazador por los sorprendentes acontecimientos, puesto que sabía menos de armas de fuego que el propio MacKinnon.

Antes de poner de nuevo la tortuga en marcha, MacKinnon se dio cuenta de que tenía el labio superior hinchado, y de que le dolía y sangraba a causa de un profundo rasguño. Aquello aumentó su convicción de que el arma era defectuosa. En ningún lugar de la literatura romántica de los siglos diecinueve y veinte, a la cual era aficionado, había encontrado ninguna advertencia acerca de que, cuando uno dispara un rifle lo suficientemente potente como para tumbar a un hombre de espaldas, no es conveniente sujetarlo con la mano derecha de tal forma que el retroceso haga que el dedo pulgar y su uña golpeen contra la boca del tirador.

Aplicó un antiséptico y una gasa, y siguió su camino, un tanto apaciguado. El arroyo por el que había entrado a las colinas había aumentado de caudal, y las propias colinas eran más verdes. Giró por una pronunciada curva de la carretera, y se encontró frente a un fértil valle que se abría ante él. Se extendía a lo lejos hasta perderse de vista en la cálida neblina del día.

Buena parte del valle estaba cultivado, y pudo descubrir viviendas humanas. Siguió adelante con encontrados sentimientos. La gente significaba menos riesgos, pero veía que reclamar un terreno para sí no iba a ser tan sencillo como había esperado. Sin embargo... Coventry era un lugar grande.

Había alcanzado el punto en que la carretera llegaba al nivel del suelo del valle cuando dos hombres surgieron y se cruzaron en su camino. Llevaban armas de algún tipo, y parecían preparadas para disparar. Uno de ellos gritó:

—¡Alto!

MacKinnon se detuvo, y cuando se colocaron a sus lados preguntó:

—¿Qué desean?

—Inspección de aduanas. Sal de ahí y pasa por la oficina —señaló hacia un pequeño edificio situado a pocos metros de la carretera, que MacKinnon no había visto antes. Miró el edificio y luego al que había hablado, y sintió que un lento e irrazonable calor se expandía por sus vísceras. Aquello desestabilizó aún más su ya inestable juicio.

—¿De qué demonios están hablando? —restalló—. Apártense y déjenme pasar.

El que había permanecido silencioso levantó su arma y apuntó directamente al pecho de MacKinnon. El otro lo agarró del brazo y apartó el arma.

—No le dispares a ese loco estúpido, Joe —dijo irritadamente—. Siempre eres demasiado impaciente. —Luego se dirigió a MacKinnon—: Te estás resistiendo a la ley. Sal... ¡y aprisa!

—¿La ley? —MacKinnon se echó a reír amargamente y alargó una mano para coger su rifle de sobre el asiento. Nunca llegó a apoyarlo en su hombro... el tipo que había llevado todo el peso de la conversación disparó como por casualidad, sin tomarse aparentemente tiempo para apuntar. El rifle de MacKinnon fue arrancado de su mano y voló por los aires, yendo a aterrizar en la cuneta detrás de la tortuga.

El hombre que había permanecido en silencio siguió el vuelo del arma con un despegado interés y observó:

—Buen tiro, Blackie. Ni siquiera lo has tocado.

—Oh, pura suerte —respondió el otro modestamente, pero sonrió complacido ante la alabanza—. Pero me alegro de no haberle acertado... así me evito tener que redactar un informe. —Adoptó otra vez un aire oficial y habló de nuevo a MacKinnon, que había permanecido sentado con aire desconcertado, frotándose las doloridas manos—. ¿Y bien, amigo? ¿Sales de ahí, o tenemos que sacarte por la fuerza?

MacKinnon transigió. Condujo la tortuga hasta donde le dijeron, y aguardó hoscamente nuevas órdenes.

—Sal y empieza a descargar —le dijeron.

Obedeció, puesto que no le quedaba otro remedio. A medida que iba apilando sus preciosas posesiones en el suelo, el llamado Blackie fue separando las cosas en dos montones, mientras Joe las iba relacionando en un formulario impreso. Finalmente se dio cuenta de que Joe relacionaba tan sólo los artículos apilados en el primer montón. Lo comprendió cuando Blackie le dijo que volviera a cargar la tortuga con los artículos de aquella pila, y comenzó a llevar él mismo las cosas del otro montón hacia el edificio. Empezó a protestar...

Joe le dio un puñetazo en la boca, fríamente y sin ningún rencor. MacKinnon cayó hacia atrás, pero volvió a levantarse, dispuesto a pelear. Estaba dominado por una rabia tal que hubiera embestido contra un rinoceronte histérico. Joe esquivó su primer golpe, y volvió a darle otro puñetazo. Esta vez MacKinnon no se levantó inmediatamente.

Blackie se dirigió hacia una pileta en un rincón de la oficina. Tomó una toalla húmeda, y se la tiró a MacKinnon.

—Límpiate la cara con eso, amigo, y vuelve a subir a tu trasto. Tenemos que irnos.

MacKinnon tuvo tiempo de pensar seriamente en todo aquello mientras conducía a Blackie a la ciudad. Excepto una escueta respuesta de «al Tribunal de Presas» a la pregunta de MacKinnon sobre su destino, Blackie no dio ninguna conversación, ni MacKinnon lo apremió a ello, pese a lo ansioso que se sentía por recibir información. Su boca le dolía por el repetido castigo, le zumbaba la cabeza, y no sentía el menor deseo de precipitar las cosas hablando fuera de tiempo.

Evidentemente, Coventry no era en absoluto el límite de la anarquía que había esperado que sería. Aparentemente había alguna especie de gobierno, pero no se parecía en nada al que siempre había estado acostumbrado. Había visualizado un país de espíritus nobles e independientes, que ofrecía a todos el más amplio acomodo basado en la práctica del respeto mutuo. Habría villanos, por supuesto, pero serían tratados por una justicia sumaria y probablemente letal tan pronto como demostraran su malvada naturaleza. Abrigaba una fuerte, aunque subconsciente, convicción de que la virtud triunfa siempre necesariamente.

Pero habiendo descubierto un gobierno, esperaba que siguiera los esquemas generales que habían sido usados durante toda su vida... honestidad, consciencia, una racional eficiencia, y una invariable preocupación por los derechos y libertades de los ciudadanos. Era consciente de que el gobierno no siempre había sido así, pero nunca lo había experimentado... la idea era tan remota y poco plausible como el canibalismo, o la esclavitud del vasallaje.

Si se hubiera detenido a pensar en ello, probablemente

hubiera llegado a la conclusión de que los servidores públicos de Coventry seguramente nunca habían sido examinados psicológicamente para determinar sus aptitudes temperamentales para cumplir con su deber, y, puesto que todos los habitantes de Coventry estaban allí —como él mismo— por violar una costumbre básica y negarse a recibir el tratamiento subsiguiente, una conclusión inevitable era que la mayoría de ellos serían erráticos y arbitrarios.

Basaba sus esperanzas en la convicción de que estaba siendo llevado a un tribunal. Todo lo que pedía era una oportunidad de contar su historia al juez.

Su confianza en el procedimiento judicial podía parecer inconsistente visto lo recientemente que había renunciado a confiar en un gobierno organizado, pero si bien podía renunciar verbalmente al gobierno, no podía prescindir de toda una vida de condicionamiento ambiental. Podía maldecir a la corte que lo había humillado condenándole a las Dos Alternativas, pero seguía esperando que los tribunales dispensaran justicia. Podía afimar su propia arisca indepenencia, pero esperaba que las personas a las que encontrara se comportaran como si estuvieran ligadas por el Convenio... nunca había conocido a nadie que no lo estuviera. Era tan incapaz de prescindir de su historia pasada como de prescindir de las necesidades de su cuerpo.

Pero aún no se daba cuenta de ello.

MacKinnon estuvo a punto de seguir sentado cuando el juez entró en la sala de justicia. Los asistentes del tribunal le hicieron ponerse rápidamente en pie, pero no antes de provocar una furibunda mirada del tribunal. El aspecto y modales del juez no eran tranquilizadores. Era un hombre rechoncho, de tez rubicunda, cuyo temperamento sádico era evirente en su rostro y porte. Aguardaron mientras despachó drásticamente a varios acusados menores. Mientras lo escuchaba, MacKinnon tuvo la impresión de que casi todo iba contra la ley.

Sin embargo, se sintió aliviado cuando fue pronunciado su nombre. Subió al banquillo e inmediatamente empezó a contar su historia. El mazo del juez lo cortó en seco.

—¿De qué va este caso? —preguntó el juez, frunciendo el

rostro en una serie de torvas arrugas—. Aparentemente, embriaguez y escándalo. ¡Acabaré con esta lacra entre la juventud mientras le quede un gramo de fuerza a mi cuerpo! —Se giró hacia el alguacil—. ¿Alguien antecedente delictivo?

El alguacil susurró algo en su oído. El juez lanzó a MacKinnon una mirada mezcla de aburrimiento y suspicacia, luego llamó al guardia de aduanas para que se acercara. Blackie hizo un rápido y detallado relato, con la facilidad de un hombre acostumbrado a dar testimonio. A MacKinnon se le atribuía el resistirse a un oficial en la ejecución de su deber. Presentó el inventario que había preparado su colega, pero no mencionó la enorme cantidad de mercancías que habían sido sustraídas antes de efectuar aquel inventario.

El juez se giró hacia MacKinnon.

—¿Tiene usted algo que decir en su defensa?

—Por supuesto, doctor —empezó a hablar furiosamente—. No se ha dicho una palabra de...

¡Bang! El mazo le cortó en seco. Un asistente del tribunal acudió apresuradamente al lado de MacKinnon e intentó explicarle la forma correcta que debía utilizar para dirigirse a la corte. La explicación lo dejó confuso. Según su experiencia, la palabra «juez» implicaba naturalmente a un médico... un psiquiatra especializado en problemas sociales. Nunca había oído tampoco ninguna forma especial apropiada de dirigirse a un tribunal. Pero corrigió su lenguaje tal como le habían indicado.

—Con la venia del Honorable Tribunal, este hombre está mintiendo. El y su compañero me asaltaron y robaron. Yo simplemente estaba...

—Generalmente los contrabandistas piensan que están siendo robados cuando los oficiales de aduanas los atrapan —dijo despectivamente el juez—. ¿Niega usted que intentó resistirse a la inspección?

—No, su señoría, pero...

—Eso es suficiente. Se le añade una penalización de un cincuenta por ciento sobre la escala de multas establecida. Pague al secretario.

—Pero, su señoría, yo no puedo...

—¿No puede usted pagarla?

—No tengo ningún dinero. Sólo mis posesiones.

—¿Ah, sí? —Se giró al secretario—. Procedimiento de embargo. Confisque sus bienes. Diez días por vagancia. La comunidad no puede permitir a esos inmigrantes indigentes que anden vagando a sus anchas, molestando a los ciudadanos observantes de la ley. ¡El siguiente caso!

Lo sacaron de allí. Fue el sonido de una llave chirriando en una puerta de barrotes tras él lo que le hizo darse cuenta de su situación.

—Hey, compadre, ¿qué tiempo hace ahí fuera? —La celda tenía otro inquilino, un hombre bajito y recio que levantó la vista del solitario que estaba haciendo para dirigirse a MacKinnon. Permanecía sentado a horcajadas en un banco sobre el cual había etxendido sus cartas, y estudio al recién llegado con unos ojos tranquilos, brillantes y pequeños.

—Afuera está sereno... pero en el tribunal está más bien tormentoso —respondió MacKinnon, intentando adoptar el mismo tono burlón y no consiguiéndolo demasiado. Su boca le dolía y le impedía completar su mueca.

El otro levantó una pierna por encima del banco y se le acercó con un paso suave y silencioso.

—¿Sabes, compadre? Parece que te hayas hecho esto con una caja de cambios —comentó, inspeccionando la boca de MacKinnon—. ¿Duele?

—Como el mismísimo infierno —admitió MacKinnon.

—Bueno, tendremos que hacer algo al respecto. —Se dirigió a la puerta de la celda e hizo sonar los barrotes—. ¡Hey! ¡Zurdo! ¡La casa se está quemando! ¡Ven corriendo!

El guardia avanzó pesadamente y se detuvo al otro lado de la puerta de la celda.

—¿Qué demonios quieres, Difuso? —dijo recelosamente.

—Mi viejo compadre de escuela se ha dado en el rostro con una llave inglesa, y le duele mucho. ¿Hay alguna posibilidad de que te pongas a bien con el cielo y nos traigas de la enfermería unas gasas y unos cinco gramos de neoanodina?

La expresión del guardia no era alentadora. El prisionero pareció agraviado.

—Vamos, Zurdo —dijo—. Pensaba que ibas a saltar sobre la primera ocasión que se te ofrece de hacer una pequeña obra de caridad como sea. —Aguardó un instante, luego añadió—: Mira... hazlo, y te enseñaré como resolver ese rompecabezas de «¿Cuán vieja es Ann?» ¿De acuerdo?

—Enséñamelo primero.

—Llevaría mucho tiempo. Te lo escribiré y te lo daré.

Cuando el guardia regresó, el compañero de celda de MacKinnon curó sus heridas con delicada habilidad mientras hablaba.

—Me llaman Difuso Magee. ¿Cuál es tu nombre, compadre?

—David MacKinnon. Lo siento, pero no capté tu nombre de pila.

—Difuso. No es —explicó con una risita— el nombre que me puso mi madre. Es más bien un tributo profesional a mi naturaleza tímida y discreta.

MacKinnon pareció desconcertado.

—¿Tributo profesional? ¿Cuál es tu profesión?

Maggie pareció dolido.

—Bueno, Dave —dijo—, yo no te he preguntado *a ti* tanto. —Luego continuó—: probablemente sea la misma que la tuya... la autopreservación.

Magge era un buen oyente, y MacKinnon agradeció la oportunidad de contarle a alguien sus problemas. Relató la historia de cómo había decidido entrar en Coventry antes que someterse a la sentencia de la corte, y cómo apenas llegar había sido expoliado y llevado al tribunal. Magge asintió.

—No me sorprende —observó—. Un hombre ha de llevar el latrocinio en su corazón, o de otro modo no sería guardia de aduanas.

—¿Pero qué pasa con mis pertenencias?

—Las confiscan para pagar tu multa.

—¿Y puede saberse cuánto me van a dejar?

Magge se le quedó mirando fijamente.

—¿Dejarte? No te van a dejar absolutamente nada. Probablemente tengas que pagar un fallo de deficiencia.

—¿Eh? ¿Y eso qué es?

—Es un sistema por el cual el condenado paga por la ejecución —explicó sucintamente Magge, aunque de una forma un tanto nebulosa—. Lo cual significa que cuando termine tu condena de diez días, aún estarás en deuda con el tribunal. Entonces empezará tu verdadera condena, compadre... deberás trabajar para ellos por un dólar diaro.

—Difuso... me estás tomando el pelo.

—Espera y verás. Tienes mucho que aprender, Dave.

Coventry era un lugar mucho más complejo de lo que MacKinnon había imaginado hasta entonces. Magee le explicó que en realidad había tres jurisdicciones soberanas e independientes. La cárcel donde se hallaban prisioneros correspondía a la autollamada Nueva América. Tenía las formas de un gobierno democrático, pero el tratamiento que hasta entonces había recibido era un claro ejemplo de la manera en que era administrado.

—Pero este lugar es el mismo cielo comparado con el Estado Libre —sostuvo Magee—; yo he estado allí. —El Estado Libre era un absoluta dictadura; el cabecilla de la camarilla gobernante era designado como el «Libertador». Sus santos y señas eran Deber y Obediencia; una disciplina arbitraria era impuesta con una tal severidad que no dejaba sitio a ninguna libertad de opinión. La teoría gubernamental derivaba vagamente de las viejas doctrinas funcionalistas. El estado era concebido como un solo organismo con una sola cabeza, un solo cerebro, y un solo propósito. Cualquier cosa no obligatoria era prohibida—. Créeme honestamente —proclamó Magee—, allí no puedes irte a la cama sin encontrar a uno de sus malditos policías secretos entre las sábanas.

«Pero pese a todo —continuó—, es un lugar mejor para vivir que con los Angeles.

—¿Los Angeles?

—Seguro. Aún los tenemos. Deben haber unos dos o tres mil de esos fanáticos que prefirieron ir a Coventry después de la Revolución... ya sabes. Aún hay una colonia en lo alto de las colinas del norte, completa con el Profeta Encarnado y sus instalaciones. No son malos hombres, pero te matan a plegarias.

Todos tres estados tenían una curiosa característica en común... cada uno proclamaba ser el único gobierno legal de todos los Estados Unidos, y cada uno esperaba la llegada de un cierto día futuro en el que reclamarían la porción «irredenta», es decir, lo que había más allá de Coventry. Para los Angeles, eso se produciría cuando el Primer Profeta regresara a la tierra para convertirse de nuevo en su guía. En Nueva América era simplemente un recurso propagandístico para la campaña, que se olvidaba después de cada elección. Pero en el Estado Libre era una política fija.

Siguiendo esta finalidad se habían producido toda una serie de guerras entre el Estado Libre y Nueva América. El Liberador sostenía, muy lógicamente, que Nueva América era una sección irredenta, y que era necesario traerla de nuevo al seno del Estado Libre antes de que las ventajas de su cultura pudieran extenderse al exterior.

Las palabras de Magee derribaron el sueño de MacKinnon de hallar una utopía anarquista dentro de la barrera, pero no pudo dejar que su querida ilusión muriera sin una protesta.

—Pero mira, Difuso —insistió—, ¿acaso no hay ningún lugar en el que un hombre pueda vivir tranquilamente por sus propios medios sin toda esta insufrible interferencia?

—Bueno... quizá pudieras conseguirlo. Pero si realmente deseas irte y convertirte en un ermitaño, sería mejor que lo intentaras en el Exterior, donde no te pondrán tantas objeciones.

—No —MacKinnon envaró de repente su columna vertebral—, no, nunca lo haré. Nunca me someteré a una reorientación psicológica tan sólo para tener una posibilidad de ser dejado solo. Si pudiera regresar allá donde estaba hace un par de meses, antes de ser arrestado, quizá me fuera posible irme a las Rocosas, o buscar alguna granja abandonada en algún sitio... Pero con ese diagnóstico frente a mí... después de que me dijeran que era un inadaptado en medio de la sociedad humana hasta que dejara que mis emociones fueran remodeladas para adaptarlas a sus melindrosos esquemas, no puedo enfrentarme a ello. No si eso significa el sanatorio...

—Entiendo —admitió Difuso, asintiendo—, deseas ir a Coventry, pero no deseas la Barrera que te separa del resto del mundo.

—No, no es eso exactamente... Bueno, quizá sí, en un cierto modo. Dime, ¿crees que soy realmente un topo insociable?

—A mí me pareces normal —lo tranquilizó Magee con una sonrisa—, pero yo también estoy en Coventry, recuérdalo. Quizá no sea el más indicado para juzgar.

—No hablas como si esto te gustara. ¿Por qué estás aquí?

Magee adelantó un dedo suavemente amonestador.

—¡Silencio! ¡Chitón! Esta es la pregunta que nunca debes hacerle aquí a nadie. Debes presumir que quienquiera que esté aquí es simplemente porque le gusta estar aquí.

—Pero... a ti no parece gustarte.

—Nunca he dicho que no me gustara. Me gusta; tiene sabor. Sus pequeñas incongruencias son una fuente de inocente regocijo. Y cada vez que nos retiran el calor siempre puedo regresar a través de la Puerta y pasarme una temporada en un hermoso y tranquilo hospital, hasta que las cosas se arreglen.

MacKinnon se sintió de nuevo desconcertado.

—¿Retiran el calor? ¿Acaso también proporcionan aquí el clima?

—¿Eh? Oh, no me refería al control del clima... aquí no hay ningún clima, excepto el que se filtra desde el exterior. Simplemente estaba hablando en sentido figurado.

—¿Eso qué significa?

Magee sonrió para sí mismo.

—Ya lo descubrirás.

Tras la cena —pan, un guiso en un plato metálico, una manzana pequeña—, Magee introdujo a MacKinnon en los misterios del juego de naipes. Afortunadamente, MacKinnon no tenía ningún dinero para perder. De pronto, Magee puso las cartas boca abajo sin barajarlas.

—Dave —dijo—, ¿te gusta la hospitalidad que te ofrece esta institución?

—No mucho... ¿Por qué?

—Sugiero que nos vayamos.

—Una buena idea, pero ¿cómo?

—En eso es en lo que he estado pensando precisamente. ¿Crees que puedes soportar otro puñetazo en tu maltrada jeta, por una buena causa?

MacKinnon se palpó precavidamente el rostro.

—Supongo que sí... si es necesario. De todos modos, ya no puede hacerme mucho más daño.

—¡Eso sí es un tío con agallas! Ahora escucha... este guardia, Zurdo, además de un poco torpe, es un tipo muy sensible. Cuando apaguen las luces, tú...

—¡Déjenme salir de aquí! ¡Déjenme salir de aquí! —MacKinnon golpeó fuertemente los barrotes de la celda mientras gritaba. No obtuvo respuesta. Renovó el estruendo, dando a su voz un tono de histérico falsete. Zurdo acudió a investigar, refunfuñando.

—¿Qué maldita tripa se te ha roto? —preguntó, mirando por entre los barrotes.

MacKinnon cambió a una lastimera súplica.

—Oh, Zurdo, por favor, déjame salir de aquí. ¡Por favor! No soporto la oscuridad. Está oscuro aquí... por favor, no me dejes solo. —Se lanzó, sollozando, contra los barrotes.

El guardia maldijo para sí mismo.

—Otro chiflado. Eh, tú, escucha... cállate la boca, y duerme, o entraré aquí y voy a darte motivos para que llores. —Empezó a irse.

MacKinnon cambió instantáneamente a la rabia impredecible y vindicativa de un irresponsable.

—¡Hey, tú, feo, babuíno! ¡Idiota cara de rata! ¿De dónde has sacado esa narizota?

Zurdo se giró, con la furia en su rostro. Empezó a decir algo, pero MacKinnon le cortó.

—¡Jiah! ¡Jiah! ¡Jiah! —se regocijó, como niñito travieso—. ¡La madre de Zurdo se asustó de un jabalí, y vaya antojo...!

El guardia se lanzó hacia el lugar donde MacKinnon mantenía el rostro apretado contra los barrotes de la puerta. MacKinnon lo esquivó y lo agarró simultáneamente. Perdiendo el equilibrio al no encontrar resistencia, el guardia se tambaleó hacia adelante, metiendo el antebrazo entre los barrotes. Los dedos de MacKinnon se deslizaron por su brazo e hicieron una presa firme en la muñeca de Zurdo.

Se echó hacia atrás, tirando consigo del guardia, hasta que Zurdo quedó aplastado contra la parte exterior de la puerta de barrotes, con un brazo metido dentro, a cuya muñeca se agarraba MacKinnon firmemente.

El grito que se estaba formando en la garganta de Zurdo quedó ahogado; Magee actuó rápidamente. Surgiendo de la oscuridad, silencioso como la muerte, sus ágiles manos de deslizaron por entre los barrotes y atenazaron el carnoso cuello del guardia. Zurdo tiró hacia arriba, y casi estuvo a punto de soltarse, pero MacKinnon echó todo su peso hacia la derecha y retorció el brazo que tenía sujeto en una palanca que estuvo a punto de romperle los huesos.

MacKinnon tuvo la impresión de que en aquel momento se quedaban inmóviles, como un grotesco grupo de estatuas, durante un período interminable de tiempo. Su pulso retumbaba en sus oídos hasta tal punto que temió que fuera oído por los demás, que acudirían en ayuda de Zurdo. Finalmente Magge habló:

—Ya es bastante —susurró—. Registra sus bolsillos.

Lo hizo torpemente, pues sus manos estaban entumecidas y temblorosas por el esfuerzo realizado, y además resultaba complicado trabajar entre los barrotes. Pero las llaves estaban ahí, en el último bolsillo que miró. Se las pasó a Magge, que dejó que el guardia se deslizara al suelo y las cogió.

Magee trabajó rápidamente con ellas. La puerta se abrió con un inquietante chirrido. Dave saltó por encima del cuerpo de Zurdo, pero Magee se arrodilló, sacó la porra que llevaba el guardia en su cinturón, y le golpeó con ella detrás de la oreja. MacKinnon hizo una pausa.

—¿Lo has matado? —preguntó.

—Infiernos, no —respondió en voz baja Magee—. Zurdo es amigo mío. Vámonos.

Echaron a correr apresuradamente por el débilmente iluminado pasillo que había entre las celdas, en dirección a la puerta que conducía a las oficinas administrativas... su única vía de salida. Zurdo la había dejado descuidadamente entreabierta, y la luz brillaba por la rendija, pero cuando se acercaban silenciosamente a ella escucharon unas fuertes pisadas al otro lado. Dave buscó apresuradamente un escondite, pero lo mejor que pudo encontrar fue deslizarse al rincón que formaba el bloque de celdas y la pared. Miró a su alrededor en busca de Magee, pero éste había desaparecido.

La puerta se abrió de par en par; un hombre surgió por ella, hizo una pausa, y miró a su alrededor. MacKinnon vio que llevaba una linterna de luz infrarroja, así como su complemento... unas gafas correctoras. Se dio cuenta de que la oscuridad no le cubría. La linterna giró hacia él; se tensó para saltar...

Oyó un sordo «*¡clunk!*». El guardia lanzó un suspiro, se tambaleó ligeramente, luego se derrumbó como un fardo. Magee se irguió sobre él, de puntillas, y supervisó su trabajo, mientras acariciaba con las yemas de los dedos de su mano izquierda el extremo operativo de la porra.

—Con esto basta —decidió—. ¿Seguimos, Dave?

Cruzó la puerta sin aguardar respuesta; MacKinnon le siguió de cerca. El iluminado corredor giraba hacia la derecha y terminaba en una amplia doble puerta que daba a la calle. En la pared de la izquierda, cerca de la puerta de la calle, la puerta de una pequeña oficina estaba abierta.

Magge atrajo a MacKinnon hacia él.

—Eso ya está hecho —susurró—. Ahí no habrá nadie más que el sargento de la oficina. Pasaremos por delante de él, luego cruzaremos la puerta, y libres... —Hizo un gesto a Dave para que se mantuviera tras él, y reptó silenciosamente hacia la puerta de la oficina. Tras sacar un espejito de un bolsillo en su cinturón, se tendió en el suelo, colocó su cabeza cerca del marco de la puerta, y extendió cautelosamente el pequeño espejo uno o dos centímetros más allá de su borde.

Aparentemente se sintió satisfecho con el reconocimiento hecho a través de su improvisado periscopio, puesto que retrocedió poniéndose de rodillas y giró su cabeza para que MacKinnon pudiera leer las palabras articuladas por sus silenciosos labios:

—Todo va bien. Sólo queda...

Ochenta kilos de némesis uniformada aterrizaron sobre sus hombros. Una estruendosa alarma empezó a sonar por todo el corredor. Magee cayó luchando, pero estaba en inferioridad de condiciones y había sido pillado por sorpresa. Logró liberar su cabeza y gritó:

—¡Corre, muchacho!

MacKinnon pudo oír ruido de carreras por algún lugar, pero no podía ver nada más que las siluetas que estaban forcejeando ante él. Agitó cabeza y hombros como un animal aturdido, luego pateó al más fuerte de los dos contendientes en la cara. El hombre lanzó un grito y soltó su presa. MacKinnon agarró a su pequeño compañero por el cuello y lo levantó casi en vilo.

Los ojos de Magee seguían brillando alegremente.

—Bien hecho, chico —comentó con entrecortadas sílabas, mientras echaban a correr cruzando la puerta de la calle—... ¡aunque no muy limpio! ¿Dónde aprendiste *La Savate?*

MacKinnon no tuvo tiempo de contestar, estaba demasiado ocupado siguiendo el increíblemente veloz paso de Magee. Cruzaron la calle, se metieron por un callejón y entre dos edificios.

Los siguientes minutos, u horas, fueron una confusión para MacKinnon. Más tarde recordó haber reptado a lo largo de un tejado pero no pudo recordar cómo habían subido hasta aquel tejado. También recordó haber pasado un tiempo interminable solo, comprimido dentro del más desagradable bidón de desperdicios, y su terror cuando el ruido de unos pasos se acercó al bidón y una luz destelló a través de una rendija. Un golpe, y el sonido de pasos huyendo inmediatamente después, le hicieron suponer que Difuso había atraído la atención hacia él. Pero cuando Difuso regresó y abrió la tapa del bidón, MacKinnon estuvo a punto de estrangularlo antes de establecer su identificación.

Cuando consiguieron quitarse de encima la persecución activa, Magee le guió a través de la ciudad, evidenciando un sofisticado conocimientos de callejones secundarios y atajos, y un genio extremado para sacar la mayor ventaja de los escondrijos. Alcanzaron los suburbios de la ciudad en un barrio miserable, alejado del centro cívico. Magee se detuvo.

—Creo que este es el final del trayecto, muchacho —le dijo a Dave—. Si sigues esta calle, llegarás muy pronto a campo abierto. Eso es lo que deseabas, ¿no?

—Supongo que sí —respondió MacKinnon inseguro, y miró calle abajo. Luego se giró para hablarle de nuevo a Magee.

Pero Magee había desaparecido. Se había esfumado entre las sombras. No había ni el menor atisbo ni sonido de él.

MacKinnon echó a andar en la dirección sugerida, sintiendo un peso en el corazón. No había razón alguna para esperar que Magee se quedar con él; el servicio que le había hecho Dave con aquel afortunado puntapié había sido pagado con intereses... sin embargo había perdido al único compañero auténtico que había encontrado en aquel extraño lugar. Se sintió solo y deprimido.

Siguió adelante, ocultándose en las sombras y vigilando cuidadosamente las siluetas que pudieran ser policías de patrulla. Había andando unos pocos cientos de metros, y estaba empezando a preocuparse acerca de cuán lejos estaría el campo abierto, cuando se le puso carne de gallina al oír un siseo procedente de un oscuro callejón.

Hizo todo lo que pudo por reprimir el pánico que lo inundaba, y se dijo a sí mismo que los policías nunca sisean, cuando una sombra se destacó de la oscuridad y le tocó en el brazo.

—Dave —dijo suavemente.

MacKinnon sintió un alivio y un bienestar infantiles.

—!Difuso!

—He cambiado de opinión, Dave. Los gendarmes te atraparían antes del amanecer. Tú no conoces las reglas... así que he vuelto.

Dave se sintió al mismo tiempo complacido y abatido.

—Infiernos, Difuso —protestó—, no tendrías que haberte preocupado por mí. Me las hubiera arreglado.

Magee lo sacudió bruscamente por el brazo.

—No seas estúpido. Con lo verde que estás, empezarás a vociferar acerca de tus derechos civiles, o algo parecido, y lo único que conseguirías sería que te acariciaran otra vez el hocico.

«Ahora mira esto —continuó—. Voy a llevarte con unos amigos míos que te ocultarán hasta que estés lo suficientemente enterado de cómo funcionan las cosas por aquí. Pero están fuera de la ley, ¿comprendes? Así que tendrás que cumplir con tres mandamientos sagrados... no ver en absoluto, no oír en absoluto, no hablar en absoluto. ¿Crees que puedes hacerlo?

—Sí, pero...

—No hay peros que valgan. ¡Andando!

La entrada se hallaba en la parte trasera de un viejo almacén. Unas escaleras descendían hasta una especie de profundo pozo interior. Desde aquella especie de patio —repleto de detritus acumulados—, una puerta daba acceso a la parte posterior del edificio. Magee llamó suave pero acompasadamente, aguardó y escuchó. Casi en seguida susurró:

—¡Pssst! Aquí el Difuso.

La puerta se abrió rápidamente, y Magee se vio rodeado por dos enormes y gruesos brazos. Fue levantado en vilo, mientras la propietaria de aquellos brazos plantaba un sonoro beso en su mejilla.

—¡Difuso! —exclamó—. ¿Estás bien, muchacho? Te hemos echado de menos.

—Eso es lo que se dice un buen recibimiento, Mamá —respondió Magee, cuando fue dejado de nuevo sobre sus pies—, pero quiero presentarte a un amigo mío. Mamá Johnston, este es David McKinnon.

—¿Puedo servirla en algo? —dijo David con una automática formalidad, pero los ojos de Mamá Johnston se contrajeron con una instantánea suspicacia.

—¿Acaso es de los nuestros? —restalló.

—No, Mamá, es un nuevo inmigrante... pero respondo por él. Está huido, y he pensado que aquí estaría seguro.

Ella se ablandó un poco ante el persuasivo tono de Magee.

—Bueno...

Magee le pellizcó la mejilla.

—¡Eso se una buena chica! ¿Cuándo nos casamos?

Ella rechazó su mano con un manotazo.

—¡Aunque fuera cuarenta años más joven, no me casaría con un bribón como tú! Anda, pasa —le dijo a MacKinnon—, puesto que eres amigo del Difuso... ¡lo cual no es ninguna recomendación! —Abrió camino contoneándose entre ellos, bajó un tramo de escalones mientras llamaba en voz alta para que alguien abriera la puerta que había más abajo.

La habitación estaba escasamente iluminada y sus principales muebles eran una larga mesa y algunas sillas, en las cuales había sentada como una docena personas, bebiendo y hablando. A MacKinnon le recordaron algunos grabados que había visto de los viejos pubs ingleses en los días antes del Colapso.

Magee fue recibido con un parloteo de ruidosa bienvenida.

—¡Difuso!

—¡Es el chico en persona!

—Hey, ¿dónde has pasado todo ese tiempo, Difuso? ¿Arrastrándote por las cloacas?

—Diles que se pongan en pie, Mamá... ¡el Difuso ha vuelto!

Aceptó la ovación con un gesto de su mano y un grito de salud colectivo, luego se giró hacia MacKinnon.

—Muchachos —dijo, con su voz dominando la confusión—, quiero que conozcáis a Dave... el mejor compadre que nunca le haya pateado a un carcelero en el momento más adecuado. De no ser por Dave, yo no estaría ahora aquí.

Dave se encontró sentado a la mesa entre otros dos tipos, y una joven en absoluto fea depositó una jarra de cerveza en su mano. Fue a darle las gracias, pero ya se había ido a ayudar a Mamá Johnston a hacerse cargo del repentino flujo de pedidos. Sentado frente a él había un hombre joven de aspecto más bien arisco que había tomado muy poca parte en la bienvenida a Magee. Contempló a MacKinnon con rostro inexpresivo excepto un tic recurrente que hacía que su ojo derecho parpadeara espasmódicamente cada pocos segudos.

—¿A qué te dedicas? —preguntó.

—Déjalo tranquilo, Alec —cortó rápidamente Magee, aunque con tono amistoso—. Recién acaba de llegar dentro; ya te lo he dicho. Pero es un buen tipo —continuó, elevando la voz para incluir a los demás presentes—, lleva menos de veinticuatro horas aquí, y ya se ha largado de la cárcel, ha zurrado a dos entrometidos aduaneros, y se le ha insolentado al viejo juez Fleishacker en plena cara. ¿No creéis que está bien para un solo día?

Dave se convirtió en el centro de un aprobador interés, pero el tipo con el tic insistió:

—Todo esto está muy bien, pero le he hecho una pregunta: ¿a qué se dedica? Si es a lo mismo que yo, será mejor que se largue... hay demasiada competencia.

—Eso tuyo siempre tiene demasiada competencia, pero no es lo suyo. Olvídate de ello.

—¿Por qué no lo dice él mismo? —insistió Alec, suspicaz. Se alzó a medias—. No creo que sea de los nuestros.

Parecía como si Magee se estuviera limpiando las uñas con la punta de una estilizada navaja.

—Mete la nariz en tu vaso, Alec —observó en tono conversacional, sin levantar la vista—, o te la cortaré y la meteré yo mismo.

El otro estaba palpando nerviosamente algo que tenía en su mano. Magee pareció no repararlo, pero dijo:

—Si piensas que puedes usar contra mí un vibrador más rápido de lo que yo uso el acero, adelante... será un experimento interesante.

El hombre frente a él dudó durante un largo momento, agitado por su incesante tic. Mamá Johnston apareció detrás de él y lo empujó de nuevo en su silla apoyándose en sus hombres, mientras decía:

—Muchachos, muchachos, ¿esas son formas de comportarnos? ¡Y frente a un huésped! Difuso, guarda ese pincho... estoy avergonzada de ti.

El cuchillo desapareció de sus manos.

—Tienes razón como siempre, Mamá —sonrió—. Dile a Molly que vuelva a llenar mi vaso.

Un individuo viejo sentado a la derecha de MacKinnon había seguido todos los acontecimientos con vacilación alcohólica, pero pareció haber comprendido de qué iba la cosa, pues miró a Dave con ojos llenos de suero y preguntó:

—Muchacho, ¿estás mentido en esto? —Su fétido aliento abofeteó a MacKinnon cuando el viejo se inclinó hacia él y reforzó su pregunta con un tembloroso dedo de hinchadas articulaciones.

Dave miró a Magee pidiendo consejo. Magee respondió por él:

—No, no lo está... Mamá Johnston ya lo sabía cuando lo

dejó pasar. Está aquí buscando asilo... ¡como establecen nuestras costumbres!

Un estremecimiento de intranquilidad corrió a lo largo de la habitación. Molly hizo una pausa en su tarea de servir y escuchó abiertamente. Pero el viejo pareció quedar satisfecho.

—Cierto... muy cierto —admitió, y dio otro sorbo a su bebida—. Hay que prestar asilo cuando es necesario, sí... —sus palabras se perdieron en un murmullo.

La tensión nerviosa se relajó. La mayoría de los presentes se sintieron subconscientemente felices de seguir la opinión del viejo, evitando la intrusión en las motivaciones del otro. Magee se giró hacia Dave.

—Pensé que lo que no supieras no podría hacerte daño, ni a nosotros tampoco... pero la cuestión está abierta.

—¿Qué es lo que quiso decir?

—El Abuelo te preguntó si estabas metido en esto... si eras o no miembro de la antigua y honorable fraternidad de ladrones, navajeros y carteristas.

Magee miró directamente al rostro de Dave con aire de sardónica diversión. Dave miró desconcertado de Magee a los demás, vio como intercambiaban miradas, y pensó qué respuesta esperaban de él. Alec rompió la pausa.

—Bien —dijo con una risita—, ¿a qué estás esperando? Adelante, responde a su pregunta... ¿o acaso los amigos del gran Difuso tienen derecho a utilizar este club sin consentimiento de los demás miembros?

—Creo haberte dicho que cerraras el pico, Alec —dijo el Difuso tranquilamente—. Además... estás olvidando un requisito. Todos los camaradas aquí presentes deben decidir primero si debemos formular o no la pregunta.

Un hombrecillo tranquilo con una crónica expresión preocupada en los ojos respondió:

—No creo que esto sea necesario, Difuso. Si hubiera venido solo por sus propios medios, o hubiera caído en nuestras manos... en ese caso sí. Pero tú lo trajiste aquí. Creo hablar por todos si digo que debería responder a la pregunta. A menos que alguien ponga objeciones, la formularé yo mismo. —Hizo una pausa y dejó que pasara un cierto tiempo. Nadie dijo nada—. Bien, entonces... Dave, has visto mucho y has oído mucho. ¿Quieres marcharte ahora... o prefieres quedarte y pronunciar el juramento de nuestra cofradía? Debo advertirte que una vez convertido en uno de los nuestros lo serás toda tu vida... y que sólo hay un castigo para quien traiciona a los nuestros.

Se pasó el índice a través de la garganta, en el antiguo gesto de muerte. El Abuelo le añadió un apropiado efecto sonoro inspirando aire entre sus dientes cerrados y soltando una risita.

Dave miró a su alrededor. El rostro de Magee no le prestó ninguna ayuda.

—¿Qué es lo que tengo que jurar? —ganó tiempo.

La conferencia fue interrumpida por el sonido de unos golpes secos en el exterior. Hubo un grito, amortiguado por dos puertas cerradas y un tramo de escaleras.

—¡Abran ahí abajo!

Magee se puso rápidamente en pie e hizo un gesto a Dave.

—Eso es para nosotros, compadre —dijo—. Ven conmigo.

Se acercó a una vieja y pesada máquina de discos de antiguo diseño que había apoyada contra la pared, trasteó debajo de ella, manipuló algo, luego abrió uno de sus paneles laterales. Dave vio que el mecanismo había sido dispuesto de tal modo que un hombre podía ocultarse dentro de ella. Magee le apremió a que se metiera dentro, cerró de nuevo el panel, y lo dejó ahí.

Su rostro quedaba aplastado contra la repilla que se suponía cubría el altavoz. Molly había retirado los dos vasos extra de encima de la mesa, y estaba vertiendo un poco de bebida sobre esta para que borrara los redondeles que los dos vasos habían dejado.

MacKinnon vio al Difuso deslizarse debajo de la mesa y desaparecer. Aparentemente, se había pegado de alguna manera debajo del tablero.

Mamá Johnston estaba organizando un gran estruendo para abrir. La puerta interior se abrió inmediatamente, con mucho ruido. Luego taconeó fuertemente escaleras arriba, hizo una pausa, resopló, y se quejó en voz alta. La oyó abrir la puerta exterior.

—¡Vaya hora de despertar a la gente honesta! —protestó—. Ya es suficientemente duro hacer todo el trabajo que tengo que hacer sin tener que estar dando cuenta de lo que estoy haciendo cada cinco minutos, y...

—Ya basta de eso, vieja —respondió una voz de hombre—, y baja esas escaleras. Tenemos que hablar de negocios contigo.

—¿Qué tipo de negocios? —preguntó ella.

—Podría ser el vender licores sin licencia, pero no se trata de eso... esta vez.

—No los vendo... este es un club privado. Los miembros traen su propio licor; yo simplemente se lo sirvo.

—De esto se trata precisamente. Es a esos miembros a los que quiero hablar. Ahora salte de en medio, y aprisa.

Entraron en la habitación empujando a Mamá Johnston, que no dejaba de hablar, a través de la puerta. El que llevaba la voz cantante era un sargento de la policía; iba acompañado por un agente de patrulla. Siguiéndoles iban otros dos hombres uniformados, pero pertenecían al ejército. MacKinnon juzgó por los galones de sus uniformes que eran un cabo y un soldado... siempre que las insignias en Nueva América fueran similares a las utilizadas por el ejército de los Estados Unidos.

El sargento no prestó atención a Mamá Johnston.

—¡De pie todos los hombres! —gritó—. ¡Pónganse en fila!

Lo hicieron, a disgusto pero sin dilación. Molly y Mamá Johnston se quedaron observándolos, muy juntas la una de la otra. El sargento de policía gritó:

—Muy bien... ¡cabo, hágase cargo!

El muchacho que fregaba los cacharros en la cocina se había quedado mirando con los ojos muy abiertos. Se le escapó un vaso. Rebotó contra el duro suelo, sonando como una campana en medio del silencio.

El hombre que había interrogado a Dave habló:

—¿Qué significa todo esto?

—Reclutamiento... eso es —respondió el sargento con una burlona sonrisa—. Quedan ustedes alistados en el ejército por tiempo indefinido.

—¡Una patrulla de leva! —brotó un jadeo involuntario de algún lugar inidentificado.

El cabo dio un enérgico paso adelante.

—Formen columna de a dos —dirigió. Pero el hombrecillo de ojos preocupados no obedeció.

—No comprendo esto —objetó—. Hace tres semanas que firmamos un armisticio con el Estado Libre.

—Eso no es de su incumbencia —repuso el sargento—, ni de la mía. Estamos reclutando a todos los hombres útiles que no sean esenciales para la industria. Andando.

—Entonces no pueden llevárseme.

—¿Por qué no?

Levantó el muñón de una inexistente mano. El sargento le miró a él, luego al cabo, que asintió de mala gana, y dijo:

—De acuerdo... pero preséntese en la oficina mañana por la mañana, y regístrese.

Se dirigía ya hacia la salida cuando Alec se salió de la fila y retrocedió hasta la pared, gritando:

—¡No pueden hacerme esto! ¡No iré! —Su pequeño y mortal vibrador surgió en su mano, y el lado derecho de su rostro se contrajo en un rictus espasmódico que dejó al descubierto sus dientes.

—Steeves, redúzcalo —ordenó el cabo. El soldado avanzó, pero se detuvo cuando Alec blandió el vibrador apuntándolo hacia él. No sentía el menor deseo de que le metieran una vibrohoja entre sus costillas, y no había la menor duda de la incontrolada peligrosidad de su histérico oponente.

El cabo, con aire flemático, casi aburrido, levantó un pequeño tubo y apuntó con él a un punto de la pared por encima de la cabeza de Alec. Dave oyó un blando *¡pop!* y un débil tintineo. Alec se quedó inmóvil durante unos pocos segundos, con el rostro aún más contraído, como si estuviera luchando al borde de su voluntad contra una fuerza invisible, luego se derrumbó lentamente al suelo. El espasmo tetánico de su rostro se relajó, y sus rasgos se ablandaron hasta los de un muchachito cansado y petulante, y muy aturdido.

—Dos de vosotros, pajarracos, cargad con él —ordenó el cabo—. Y andando.

El sargento fue el último en irse. Ya en la puerta, se giró y se dirigió a Mamá Johnston.

—¿Has visto últimamente al Difuso?

—¿Al Difuso? —pareció asombrada—. Bueno, está en la cárcel, ¿no?

—Oh, sí... es verdad. —Se fue.

Magee rechazó la bebida que le ofrecía Mamá Johnston. Dave estaba sorprendido viéndole aparentemente preocupado por primera vez.

—No lo entiendo —murmuró Magee, a medias para sí mismo; y luego, dirigiéndose al hombre al que le faltaba una mano—: Ed... ponme al corriente.

—No hay muchas noticias desde que te echaron el anzuelo, Difuso. El armisticio fue antes de eso. Por los periódicos creí que las cosas iban a arreglarse de una vez por todas.

—Yo también. Pero el gobierno debe estar esperando una guerra si está efectuando un reclutamiento general. —Se puso en pie—. Necesito obtener más datos. ¡Al! —El chico de la cocina asomó su cabeza en la habitación.

—¿Qué quieres, Difuso?

—Sal y da un poco de palique a cinco o seis mendigos. Busca a su «rey». ¿Sabes dónde tiene su cuartel general?

—Seguro... sobre el auditorio.

—Averigua lo que te sea posible, pero que no sepan que te envío yo.

—De acuerdo, Difuso. Eso está hecho —alardeó el muchacho.

—Molly.

—Sí, Difuso?

—¿Quieres salir tú también, y hacer lo mismo con algunas de las chicas del oficio? Quiero saber lo que oyen de sus clientes. —Ella asintió con la cabeza. El añadió—: Mejor busca a esa pequeña pelirroja que recorre la Plaza de la Unión. Puede sacarle un secreto a un hombre muerto. Esto... —sacó un fajo de billetes de su bolsillo y le tendió unos cuantos—, será mejor que te lleves este engrase... Es probable que tengas que pagar a algún poli para que te deje salir del distrito.

Magge no estaba dispuesto a hablar, e insistió en que Dave durmiera un poco. Se dejó persuadir rápidamente, puesto que no había dormido desde que entrara en Coventry. Le parecía que había transcurrido una eternidad; estaba exhausto. Mamá Johnston le preparó una cama improvisada en una habitación oscura y sofocante en el mismo sótano. No poseía ninguna de las comodidades higiénicas a las que estaba acostumbrando: aire acondicionado, música ambiental, colchón hidráulico, insonorización... y echó en falta su habitual baño relajante y su automasaje, pero estaba demasiado cansado como para preocuparse demasiado por ello. Durmió sin desvestirse y bajo mantas por primera vez en su vida.

Se despertó con dolor de cabeza, un mal sabor de boca de mil diablos, y una sensación de inminente desastre. Al primer momento no consiguió recordar dónde estaba... pensó que aún estaba detenido en el Exterior. Lo que le rodeaba era inexplicablemente sórdido; estaba a punto de llamar al timbre para quejarse del encargado, cuando recordó los acontecimientos del día anterior. Entonces se levantó, para descubrir que sus huesos y músculos le dolían atrozmente y que, lo cual era peor, según sus estandares estaba asquerosamente sucio. Le picaba todo el cuerpo.

Entró en la habitación común, y descubrió a Magee sentado a la mesa. Saludó a Dave.

—Hey, compadre. Estaba a punto de despertarte. Has dormido casi todo un día. Tenemos un montón de cosas de que hablar.

—De acuerdo... inmediatamente. ¿Dónde está el refrescador?

—Ahí al lado.

No se correspondía a la idea que tenía Dave de una cabina de refrescamiento, pero se las arregló para tomar una ducha superficial pese al resbaladizo suelo. Luego descubrió que no había instalado secador de aire, y se vio obligado a secarse de modo insatisfactorio con su pañuelo. No tenía ninguna elección en cuanto a ropas: tenía que volver a ponerse las mismas que llevaba, o ir desnudo. Recordó que no había visto nudismo en ningún lugar de Coventry, ni siquiera en la práctica de los deportes... sin duda las costumbres eran muy distintas allí.

Se puso de nuevo sus ropas, sintiendo repeluznos en su piel ante el contacto de la tela sucia y usada.

Pero Mamá Johnston había preparado un apetitoso desayuno para él. Dejó que el café restaurara su ánimo mientras Magee hablaba. Según Difuso, la situación era seria. Nueva América y el Estado Libre habían zanjado sus diferencias y habían formado una alianza. Se proponían muy seriamente salir por la fuerza de Coventry y atacar a los Estados Unidos.

MacKinnon levantó la vista ante aquello.

—Esto es ridículo, ¿no? Serán abrumados por el número. Además, ¿qué pasa con la Barrera?

—No lo sé... todavía... Pero tienen algunas razones para pensar que pueden atravesar la Barrera... y hay rumores de que están en condiciones de utilizar un arma que, por muy reducido que sea el ejército que consigan formar, puede arrasar todos los Estados Unidos.

MacKinnon parecía perplejo.

—Bueno —observó—, no puedo dar ninguna opinión sobre un arma de la que no conozco nada, pero en cuanto a la Barrera... no soy un físico matemático, pero siempre se ha dicho que era teóricamente imposible traspasar la Barrera... que cualquier cosa que la tocara quedaba instantáneamente reducida a la nada. Por supuesto, uno puede volar por encima de ella, pero se supone que incluso esto resulta mortal.

—Suponte que han descubierto alguna forma de protegerse de los efectos de la Barrera —sugirió Magee—. De todos modos, esto no es lo que nos preocupa a nosotros. El asunto es: han llegado a un acuerdo; el Estado Libre proporciona las técnicas y la mayor parte de los oficiales; y Nueva América, con su mayor población, aporta la mayor parte de los hombres. Y eso significa para nosotros que no podemos atrevernos a asomar la jeta por ninguna parte, o nos veremos enrolados en el ejército antes de que podamos parpadear.

«Y esto me lleva a lo que quería sugerirte. Tengo la intención de salir de aquí tan pronto como se haga de noche, y dirigirme directamente hacia la Puerta, antes de que ellos envíen tras de mí a alguien que sea lo suficientemente listo como para mirar debajo de una mesa. Pensé que quizá tú quisieras ir conmigo.

—¿Directo a manos de los psicólogos? —MacKinnon estaba realmente estupefacto.

—Seguro... ¿por qué no? ¿Qué es lo que tienes que perder? Todo este maldito lugar va a ser dentro de un par de días exactamente igual al Estado Libre... y un tipo con tu temperamento estará allí como metido en agua hirviendo todo el tiempo. ¿Qué hay de malo en una encantadora y tranquila habitación de hospital como lugar para ocultarse hasta que las cosas amainen? Ni siquiera tienes que prestar atención a los chicos psicólogos... sólo debes producir sonidos animales cada vez que uno de ellos asome la nariz en tu habitación, hasta que se desanimen.

Dave agitó la cabeza.

—No —dijo lentamente—. No puedo hacer eso.

—Entonces, ¿qué harás?

—Todavía no lo sé. Ir a las colinas, supongo. Ir a vivir con los Angeles si se presenta la ocasión. No me importa que recen por mi alma mientras dejen mi mente tranquila.

Permanecieron en silencio durante un rato. Magee estaba ligeramente irritado por la testarudez de MacKinnon frente a lo que a él le parecía una oferta razonable. Dave seguía masticando concienzudamente su jamón a la parrilla, mientras consideraba su posición. Cortó otro pedazo.

—Esto está estupendo —observó, rompiendo el embarazoso silencio—. No recuerdo cuándo comí por última vez algo tan bueno... ¡Oye!

—¿Qué? —preguntó Magee, levantando la vista y viendo la preocupación escrita en el rostro de MacKinnon.

—Este jamón... ¿es sintético, o es *auténtica carne*?

—Bueno, es auténtico. ¿Qué tiene de malo?

Dave no respondió. Consiguió alcanzar la cabina de refrescamiento antes de echar lo que había comido.

Antes de irse, Magee le dio a Dave algo de dinero con el cual pudiera comprar las cosas que necesitaría para ir a las colinas. MacKinnon protestó, pero el Difuso le cortó en seco:

—Deja de hacer el maldito estúpido, Dave. No puedo utilizar dinero de Nueva América en el Exterior, y tú no podrás sobrevivir en las colinas sin un equipo adecuado. Quédate aquí oculto durante unos cuantos días mientras Al, o Molly, te compran lo que necesitas, y espera hasta que se te presente una oportunidad... a menos que cambies de opinión y te vengas conmigo.

Dave agitó negativamente la cabeza, y aceptó el dinero.

Se sintió solitario después de que Magee se hubiera marchado. Mamá Johnston y Dave estaban solos en el club, y las sillas vacías le recordaban deprimentemente los hombres que habían sido reclutados. Le hubiera gustado que el Abuelo o el hombre al que le faltaba una mano se dejaran ver por allí. Incluso Alec, con su detestable temperamento, le hubiera hecho compañía... se preguntó si Alec habría sido castigado por resistirse a su alistamiento.

Mamá Johnston le pinchaba para que jugara a las damas con ella a fin de animar un poco su decaído espíritu. Se sintió obligado a acceder a su amable conspiración, pero su mente estaba en otro lugar. Recordaba claramente al Juez Decano diciéndole que buscara aventuras en la exploración interplanetaria, pero sólo los ingenieros y los técnicos eran elegibles para tales misiones. Quizás hubiera debido inclinarse por la ciencia o la ingeniería, en lugar de por la literatura; de ese modo quizás ahora hubiera podido encontrarse en Venus, luchando contra las fuerzas de la naturaleza en una gran aventura, en lugar de esconderse de unos bravucones uniformados. No, no era agradable... No debía engañarse a sí mismo; no había lugar para una experto en historia de la literatura en la ruda frontera de los planetas; no era una injusticia humana, era una dura realidad de la naturaleza, y él debía hacerle frente.

Pensó amargamente en el hombre al que le había partido la nariz, y por cuya causa había ido a para a Coventry. Quizás él fuera realmente un «parásito acolchado» después de todo... pero el recuerdo de aquella frase despertó de nuevo la misma rabia irracional que lo había metido en aquellos problemas.

Se sentía *feliz* de haberle dado así y así a aquel tipo. ¿Qué derecho tenía a ir por el mundo diciéndole a la gente cosas como aquélla?

Se dio cuenta de que estaba pensando con el mismo espíritu vindicativo de sus padres, aunque no se sentía capaz de explicar la conexión. La conexión no era evidente superficialmente, puesto que su padre nunca hubiera respondido violentamente a unas palabras. En vez de ello, hubiera ofrecido la más dulce de las sonrisas, respondiendo con alguna cita nauseabunda dicha de la manera más suave y almibarada. El padre de Dave era uno de los peores pequeños tiranos que jamás dominara un hogar bajo el disfraz de la ternura. Era de la escuela del vale-más-sufrir-que-irritarse, del me-duele-más-que-a-ti, y toda su vida había sido invariablemente capaz de descubrir una racionalización altruista con el fin de salirse siempre con la suya. Convencido de su propia infalible rectitud, nunca había tenido en cuenta el punto de vista de su hijo sobre nada, sino que lo había dominado en todo... siempre por los más altos motivos moralistas.

Había ejercido dos principales efectos perniciosos sobre su hijo: la natural independencia del muchacho, aplastada en el hogar, se rebelaba ciegamente a todo tipo de disciplina, autoridad, o crítica con la que se tropezara en cualquier lugar, identificándola subconscientemente con la autoridad paterna que no admitía crítica. En segundo lugar, a través de años de convivencia, Dave imitaba el más peligroso vicio social de su padre... el de efectuar juicios morales críticos sobre las acciones de los demás.

Cuando Dave fue arrestado por infringir una costumbre básica, es decir, violencia atávica, su padre se lavó las manos al respecto con la afirmación de que él había intentado del mejor modo posible «hacer un hombre de él», por lo que no se le podía reprochar el fallo de su hijo si este no había sabido sacar provecho de sus enseñanzas.

Un ligero golpe en la puerta hizo que retiraran apresuradamente el tablero de damas. Mamá Johnston hizo una pausa antes de responder.

—No es nuestra contraseña —observó—, pero no es lo

suficientemente fuerte como para querer decir problemas. Prepárate para esconderte.

MacKinnon aguardó junto a la madriguera donde se había ocultado la noche anterior, mientras Mamá Johnston acudía a investigar. La oyó quitar la barra y el seguro de la puerta exterior, y luego la oyó llamarle en una voz baja pero urgente.

—¡Dave! ¡Ven aquí, Dave... aprisa!

Era Difuso, inconsciente, dejando tras de sí un reguero de sangre.

Mamá Johnston estaba intentando levantar el peso muerto de su cuerpo. MacKinnon la ayudó, y entre los dos consiguieron bajarlo por las escaleras y colocarlo tendido sobre la larga mesa. Volvió en sí un instante mientras estiraban sus miembros.

—Hey, Dave —susurró, consiguiendo esbozar el fantasma de su sonrisa habitual—. Alguien me ganó por la mano.

—¡Estáte quieto! —restalló Mamá Johnston; y luego, en voz baja, a Dave—: Oh, el pobre muchacho... Dave, tenemos que llevarlo al Doctor.

—No podéis... hacer... esto —murmuró el Difuso—. Debéis... ir... a la Puerta... —su voz se desvaneció. Los dedos de Mamá Johnston habían estado atareados mientras tanto, como movidos por alguna inteligencia independiente. Unas pequeñas tijeras, surgidas de algún oculto lugar de su persona, cortaron sus ropas, dejando al descubierto la extensión superficial de los daños. Examinó críticamente el traumatismo.

—Este no es un trabajo para mí —decidió—, y debe estar dormido mientras lo trasladamos. Dave, ve a buscar esa caja de hipodérmicas que hay en el botiquín del refrescador.

—¡No, Mamá! —era Magee, con voz fuerte y vibrante—. Tráeme una píldora de pimiento —prosiguió—. Está en...

—Pero Difuso...

El la cortó en seco.

—He de acudir al Doctor, de acuerdo, pero ¿cómo demonios voy a ir hasta allí si no puedo andar?

—Nosotros te llevaremos.

—Gracias, Mamá —dijo él, con voz más blanda—. Sé que

lo harías... pero la policía podría mostrarse curiosa. Dame esa píldora.

Dave la siguió hasta el refrescador, y le preguntó mientras ella trasteaba en el botiquín.

—¿Por qué no simplemente mandamos llamar a un doctor?

—Sólo hay un doctor en quien podamos confiar, y es *el* Doctor. Además, ninguno de los otros tiene maldita idea de su oficio.

Magee se había desvanecido de nuevo cuando regresaron a la habitación. Mamá Johnston palmeó su rostro hasta que volvió en sí, parpadeando y maldiciendo. Luego le dio la píldora.

El poderoso estimulante, improbable derivado del alquitrán de hulla, actuó casi instantáneamente. En su apariencia exterior Magee era un hombre completamente sano. Se sentó y comprobó su propio pulso, buscándolo en su muñeca izquierda con unos dedos firmes y sensitivos.

—Regular como un metrónomo —anunció—. Ese viejo reloj puede soportar perfectamente esta dosis.

Aguardó mientras Mamá Johnston aplicaba compresas estériles en sus heridas, luego dijo adiós. MacKinnon miró a Mamá Johnston. Ella asintió.

—Voy contigo —dijo MacKinnon a Difuso.

—¿Para qué? Eso lo único que conseguirá será duplicar el riesgo.

—No estás en condiciones de viajar solo... con estimulantes o sin estimulantes.

—Tonterías. Soy *yo* quien tendrá que cuidar de *ti.*

—Pero voy contigo de todos modos.

Magee se alzó de hombros y capituló.

Mamá Johnston secó su sudoroso rostro y les besó a ambos.

Hasta que no estuvieron fuera de la ciudad su avance le recordó a MacKinnon su pesadillesca huida de la otra noche. A partir de entonces continuaron hacia el norte-noroeste siguiendo una carretera que avanzaba hacia las colinas, abandonándola tan sólo cuando el escaso tráfico lo hacía necesario. En una ocasión casi fueron sorprendidos por un coche patrulla de la policía, equipado con luces ultravioleta y casi invisible, pero el Difuso lo advirtió a tiempo y se agazaparon tras una pequeña pared que separaba el campo contiguo de la carretera.

Dave le preguntó como se había dado cuenta de que el coche patrulla estaba cerca. Magee soltó una risita.

—Que me condene si lo sé —dijo—, pero creo que puedo oler a un poli apostado entre una manada de cabras.

El Difuso hablaba cada vez menos a medida que avanzaba la noche. Su habitualmente despreocupada expresión empezó a fruncirse y envejecer a medida que los efectos de la droga iban desvaneciéndose. Dave tuvo la impresión de que aquella desacostumbrada expresión le daba una más clara visión del carácter real de su amigo... que la máscara de dolor era su auténtico rostro en lugar de los despreocupados rasgos que Magee exhibía habitualmente al mundo. Se preguntó por enésima vez qué habría hecho el Difuso para que una corte lo considerara socialmente insano.

Esta pregunta abrumaba su mente con respecto a todas las personas que había conocido en Coventry. La respuesta era obvia en la mayoría de los casos; sus tipos de inestabilidad eran evidentes y se ponían de manifiesto en seguida. Mamá Johnston había sido un enigma hasta que ella misma se lo había explicado: había seguido a su marido a Coventry. Ahora era viuda, pero prefería quedarse allí con los amigos a los que conocía y las costumbres y condiciones a las que se había habituado, antes que cambiar por otro entorno probablemente menos agradable.

Magee se sentó al borde de la carretera.

—Es inútil, compadre —admitió—. No lo conseguiré.

—Infiernos no podremos. Te llevaré.

Magee sonrió débilmente.

—No, de veras —insistió Dave—. ¿Cuánto falta todavía?

—Unos tres o cuatro kilómetros, quizá.

—Sube a bordo. —Cargó a Magee a su espalda y echó a andar. Los primeros cientos de metros no fueron difíciles; Magee pesaba veinte kilos menos que Dave. Después, el peso de la carga adicional empezó a dejarse sentir. Sus brazos se agarrotaron de sostener las rodillas de Magee; su espalda se quejó del peso y su irregular distribución; y su respiración empezó a mostrarse dificultosa por la presa que hacían los brazos de Magee en torno a su cuello.

Tres kilómetros que recorrer... quizá más. Deja caer tu peso hacia adelante, y tus pies deberán seguirlo, o de otro modo caerás al suelo. Es algo automático... tan automático como masticar con los dientes. ¿Cuán largo es un kilómetro? Nada en una nave cohete, treinta segundos en un coche de turismo, diez minutos de arrastrarse en un caracol de acero, quince minutos para unas tropas entrenadas y en buenas condiciones. ¿Cuánto tiempo es con un hombre en tu espalda, por una mala carretera, cuando ya estás cansado apenas empezar?

Mil metros, cien mil centímetros... una cifra carente de significado. Pero cada paso son cincuenta centímetros menos del total. Lo que queda sigue siendo una cifra incomprensible... una infinidad. Cuéntalo. Cuéntalo hasta volverte loco... deja que las cifras hablen por sí mismas fuera de tu cabeza, y el plas... plas... de tus enormes e hinchados pies resuenen en tu cerebro. Cuéntalos entonces al revés, restando dos cada vez... no, eso es peor aún; cada pisada que queda por dar sigue siendo aún una cifra inalcanzable, inconcebible.

Aquel mundo se le cerraba, perdía su historia y carecía de futuro. No había nada, nada en abosluto, excepto la torturante necesidad de levantar de nuevo el pie y colocarlo más adelante. Ningún sentimiento excepto el agotador derroche de voluntad necesario para cumplir con aquel acto carente de significado.

Volvió repentinamente a la consciencia cuando los brazos de Magee se relajaron en torno a su cuello. Se inclinó hacia adelante, y se hincó sobre una rodilla para evitar que su carga se deslizara y cayera, y luego la depositó suavemente en el suelo. Por un momento pensó que Difuso estaba muerto... no consiguió localizar su pulso, y su rostro distendido y su cuerpo fláccido tenían toda la apariencia de los de un cadáver, pero apoyó su oído en el pecho de Magee, y pudo oír aliviado el rítmico *flub-dub* de su corazón.

Ató entre sí las muñecas de Magee con su pañuelo, y metió su cabeza en el círculo de sus brazos. Pero era incapaz en sus condiciones de agotamiento, de colocar aquel peso muerto en su posición correcta a su espalda. Difuso recuperó el conocimiento mientras MacKinnon estaba debatiéndose. Sus primeras palabras fueron:

—Tómatelo con calma, Dave. ¿Cuál es el problema?

Dave se lo explicó.

—Mejor suéltame las muñecas —le aconsejó el Difuso—. Creo que puedo caminar otro poco.

Y lo hizo, durante casi trescientos metros, antes de verse obligado a desistir de nuevo.

—Mira, Dave —dijo, una vez se hubo recuperado parcialmente—, ¿trajiste contigo alguna otra de esas píldoras de pimienta?

—Sí... pero no puedes tomar ninguna otra dosis. Te mataría.

—Sí, lo sé... eso dicen. Pero no es esa la idea... todavía. Estaba sugiriendo que podrías tomarla tú.

—¡Claro, por supuesto! Por los cielos, Difuso, qué estúpido soy.

Magee pareció no ser más pesado que un abrigo ligero, la estrella matutina brilló más fuertemente, y sus fuerzas parecían inagotables. Incluso cuando abandonaron la carretera y tomaron el camino de carro que conducía a la casa del Doctor al pie de las colinas, la marcha era tolerable y el peso no demasiado grande. MacKinnon sabía que la droga actuaba quemando los tejidos de su cuerpo mucho después de que sus propias reservas se hubieran agotado, y que necesitaría muchos días para recuperarse del temerario despilfarro, pero no le importaba. Ningún precio era demasiado alto para el momento en que finalmente llegaron a la puerta de la casa del Doctor... sobre sus pies, y con su carga viva y consciente.

A MacKinnon no se le dejó ver a Magee durante cuatro días. Mientras tanto, se le animó a que se comportara con la rutina de un semi inválido a fin de recuperar los diez kilos que había perdido en dos días y dos noches, y para reponerse del pesado esfuerzo al que había sometido a su corazón durante la última noche. Una dieta rica en calorías, baños de sol, descanso, y un entorno pacífico y agradable, además de su natural buen estado de salud, hicieron que recuperara el peso y las fuerzas rápidamente, pero gozó extremadamente de su «convalecencia» gracias a la compañía del propio Doctor... y de Perséfona.

La edad física de Perséfona era de quince años. Dave nunca supo si considerarla como mucho más mayor, o mucho más joven. Había nacido en Coventry, y había vivido toda su corta vida en la casa del Doctor, puesto que su madre había muerto en el parto en aquella misma casa. En muchos aspectos era absolutamente infantil, puesto que no poseía ninguna experiencia con respecto al mundo civilizado del Exterior, y había tenido muy pocos contactos con los habitantes de Coventry, excepto cuando los veía como pacientes del Doctor. Pero se le había permitido leer sin limitaciones en la biblioteca de un sofisticado y de mente versátil hombre de ciencia. MacKinnon se sentía constantemente sorprendido ante la extensión de su conocimiento académico y científico... mucho mayor que el suyo propio. Ella le hacía sentirse como si estuviera conversando con una omnisciente matriarca de edad avanzada, y luego de repente dejaba escapar algún concepto ingenuo acerca del mundo exterior, y él se sentía sorprendido entonces por la brusca realización de que, de hecho, no era más que una niña sin experiencia.

Se sentía ligeramente romántico en su relación con ella. No seriamente, por supuesto, vista su edad núbil, pero ella era agradable de ver, y él se sentía hambriento de compañía femenina. El era además lo suficientemente joven aún como para sentir un constante interés en las deliciosas diferencias, tanto mentales como físicas entre el hombre y la mujer.

Consecuentemente, fue un golpe para su orgullo tan duro como lo había sido la sentencia que lo llevó a Coventry el descubrir que ella lo clasificaba junto con los demás habitantes de Coventry, es decir un pobre desgraciado que necesitaba ayuda y simpatía debido a que su cabeza no le funcionaba del todo bien.

Se sintió furioso y, durante todo un día, estuvo solo y enfurruñado, pero la necesidad humana de autojustificación y aprobación le obligaron a ir en su busca e intentar razonar con ella. Le explicó cuidadosamente y con un candor emotivo las circunstancias que lo habían conducido a su juicio y condena, y embelleció el relato con su propia filosofía y evaluaciones, tras lo cual aguardó confiadamente su aprobación.

Esta no llegó.

—No comprendo tu punto de vista —le dijo ella—. Le partiste la nariz, mientras que él no te había causado daño de ninguna clase. ¿Esperas que yo apruebe eso?

—Pero Perséfona —protestó él—, ignoras el hecho de que él me llamó algo de lo más insultante.

—No veo la conexión —dijo ella—. Hizo un ruido con su boca... una etiqueta verbal. Si la etiqueta no iba contigo, el ruido carecía de todo signicado. Si la etiqueta era cierta en tu caso... si *eres* lo que decía el ruido que él profirió, entonces eres ni más ni menos lo que decía la etiqueta verbal, y por lo tanto tampoco podría dañarte.

«Pero lo que tú le hiciste a él ya es una cuestión completamente distinta. Le partiste la nariz. Esto es un daño. En su autoprotección, el resto de la sociedad deberá mantenerte alejado de ella, y determinar si eres o no tan desequilibrado como para dañar a alguien más en el futuro. Si lo eres, debes ser puesto en cuarentena para ser sometido a tratamiento, o bien abandonar la sociedad... lo que tú prefieras.

—Crees que estoy loco, ¿verdad? —acusó él.

—¿Loco? No de la forma en que tú lo entiendes. No sufres de paresis, ni de tumor cerebral, ni de ninguna otra lesión que el Doctor pueda descubrir. Pero desde el punto de vista de tus reacciones semánticas eres tan socialmente *insano* como cualquier fanático incendiario.

—Vamos... ¡eso no es justo!

—¿Qué es la justicia? —Ella tomó el gatito con el que había estado jugando—. Me voy dentro... está empezando a hacer frío. —Se dirigió hacia la casa, con sus pies descalzos no haciendo el menor ruido sobre la hierba.

Si la ciencia de la semántica se hubiera desarrollado tan rápidamente como la psicodinámica y sus artes complementarias de la propaganda y la psicología de masas, los Estados

Unidos nunca hubieran caído en una dictadura, viéndose forzados luego a pasar por una Segunda Revolución. Todos los principios científicos incorporados al Convenio que señaló el final de la revolución habían sido formulados allá por el primer cuarto del siglo veinte.

Pero el trabajo de los pioneros semánticos, C. K. Ogden, Alfred Korzybsky, y otros, sólo fue conocido por un puñado de estudiantes, debido a que la psicodinámica, bajo el ímpetu de repetidas guerras y el frenesí de la gran presión mercantil, progresaba a grandes saltos.

La semántica, «el significado del significado», proporcionó por primera vez un método de aplicar el método científico a cualquier hecho de la vida cotidiana. Debido a que la semántica consideraba la palabra escrita y hablada como un aspecto determinante del comportamiento humano, muchos pensaron al principio erróneamente que trataba *tan sólo* de palabras, y por ello de interés tan sólo para los manipuladores profesionales de la palabra, tales como escritores de anuncios publicitarios y profesores de etimología. Un puñado de psiquiatras no ortodoxos intentaron aplicarla a los problemas personales humanos, pero su trabajo fue borrado por la epidémica psicosis de masas que destruyó Europa y devolvió a los Estados Unidos a las Eras Oscuras.

El Convenio fue el primer documento social científico jamás redactado por el hombre, y todo el crédito hubo que atribuírsele a su principal autor, el doctor Micah Novak, el mismo Novak que sirvió como psicólogo de Estado Mayor en la revolución. Los revolucionarios apuntaban a establecer el máximo de libertad personal. ¿Cómo podían conseguirlo en un grado lo suficientemente alto de probabilidad matemática?

Primero desmenuzaron el concepto de «justicia». Examinado semánticamente, «justicia» no tenía referencia... no existe ningún fenómeno observable en el continuo espacio-tiempo-materia que uno pueda señalar y decir: «Esto es justicia.» La ciencia puede abordar tan sólo lo que puede ser observado y medido. La justicia no puede serlo; por lo tanto, nunca tendrá el mismo significado para uno que para otro; cualquier «sonido» que se diga sobre ella lo único que hará será añadir más confusión.

Pero el daño, físico o económico, puede ser anotado y medido. El Convenio prohibió a los ciudadanos dañar a los demás. Cualquier acto que no condujera a un daño, físico o económico, hacia alguna persona en particular, era declarado dentro de la ley.

Puesto que habían abandonado el concepto de «justicia», no había estandares racionales de castigo. La penología ocupó su lugar junto con la licantropía y otras brujerías olvidadas. Sin embargo, puesto que no resultaba práctico permitir que una fuente de peligro permaneciera dentro de los límites de la comunidad, los transgresores sociales eran examinados y a los reincidentes potenciales se les daba a elegir entre un reajuste psicológico o ser desterrados de la sociedad... ir a Coventry.

Los primeros esquemas del Convenio contenían el supuesto de que el socialmente insano debía ser por naturaleza propia hospitalizado y reajustado, particularmente puesto que la psiquiatría normal era infalible en curar todas las psicosis no derivadas de una lesión, y curar y aliviar las psicosis lesionales, pero Novak hizo frente a aquello.

—*¡No!* —protestó—. El gobierno nunca deberá permitir el manipular la mente de ningún ciudadano sin su consentimiento, o caeremos en una tiranía mayor que la que hemos sufrido antes. Todo hombre debe ser libre de aceptar, o rechazar, el Convenio, ¡aunque nosotros pensemos que no está cuerdo!

La siguiente vez que David MacKinnon vio a Persófona la encontró en un estado de extrema agitación. Su propio orgullo herido quedó inmediatamente olvidado.

—Hey, querida —dijo—, ¿qué es lo que te ocurre?

Gradualmente supo que ella había estado presente en la conversación entre Magee y el Doctor, y había oído, por primera vez, la noticia de la inminente operación militar contra los Estados Unidos. El palmeó su mano.

—Así que se trata sólo de eso —observó, con voz aliviada—. Pensé que era a ti a quien te ocurría algo.

—Sólo de eso... David MacKinnon, ¿me estás diciendo que lo sabías, y que no estás preocupado en absoluto?

—¿Yo? ¿Por qué habría de estarlo? Y además, ¿qué podría *yo* hacer?

—¿Qué podrías hacer? Podrías salir fuera y avisarles... eso es lo que podrías hacer... En cuanto a por qué habrías de hacerlo... ¡Dave, eres imposible! —estalló en sollozos y salió corriendo de la habitación.

El se quedó atrás, mirándola, con la boca abierta, luego desenterró una antigua observación de un lejano antepasado y la hizo suya: no había quien entendiera a las mujeres.

Perséfona no apareció en la comida. MacKinnon le preguntó al Doctor dónde estaba.

—Ya comió —le dijo el Doctor, entre bocado y bocado—. Ha ido a la Puerta.

—¿Qué? ¿Por qué la dejó marchar?

—Es una persona libre. De todos modos, no me hubiera hecho caso. Estará bien.

Dave no oyó la última observación: estaba ya fuera de la habitación, y corría fuera de la casa. La encontró en el momento en que ella estaba sacando su monociclo del garaje.

—¡Perséfona!

—¿Qué quieres? —preguntó ella con una helada dignidad por encima de sus años.

—¡No debes hacer eso! ¡Fue allí donde hirieron al Difuso!

—Me voy. Por favor, apártate.

—Entonces iré contigo.

—¿Por qué deberías hacerlo?

—Para cuidar de ti.

Ella resopló.

—Si es que alguien se atreve a tocarme.

Aquello era en cierto modo verdad. El Doctor, y todos los miembros de su casa, gozaban de una inmunidad personal, a diferencia de todos los demás en Coventry. Como una consecuencia natural de sus circunstancias, Coventry casi no disponía de médicos competentes. El número de médicos que cometían un daño social era pequeño. La proporción de aquellos que declinaban tratamiento psiquiátrico era despreciable, y los pocos que quedaban era casi seguro que eran unos chapuceros en su profesión, en quienes no se podía confiar. El Doctor era un curador nato, un exiliado voluntario que había querido aprovechar la oportunidad de practicar su arte en el campo más rico disponible. No le importaba la fútil investigación; lo que deseaba eran pacientes, cuanto más enfermos mejor, a quienes pudiera sanar de nuevo.

Estaba por encima de la costumbre y por encima de la ley. En el Estado Libre el Liberador dependía de él para la insulina que le preservaba de la mortal diabetes. En Nueva América sus beneficiarios eran igualmente poderosos. Incluso entre los Angeles del Señor el propio Profeta aceptaba sin hacer preguntas los dictados del Doctor.

Pero MacKinnon no se sentía satisfecho. Algún estúpido ignorante, temía, podía hacerle algún daño a la muchacha sin darse cuenta de su status de inmunidad. Pero no tuvo tiempo de protestar; ella puso en marcha repentinamente el pequeño vehículo, obligándole a saltar fuera de su camino. Cuando hubo recobrado el equilibrio, ella estaba ya lejos. No podía alcanzarla.

Estuvo de vuelta en menos de cuatro horas. El ya lo esperaba; si una persona tan elusiva como Difuso no había sido capaz de llegar hasta la Puerta de noche, no era probable que una chica joven pudiera hacerlo a plena luz del día.

Su primera sensación fue de simple alivio, luego aguardó ansiosamente la oportunidad de hablarle. Durante su ausencia había estado dándole vueltas en su cabeza a la situación. Era de esperar que ella fracasara; deseaba rehabilitarse ante sus ojos; por lo tanto, la ayudaría en el proyecto que tenía más metido en su corazón... ¡llevaría personalmente el aviso al Exterior!

Quizás ella misma se lo pidiera. De hecho, parecía probable. Cuando ella regresó él se había convencido a sí mismo de que seguro que acudiría a pedirle su ayuda. Aceptaría, con una sencilla dignidad, y partiría, quizá para ser herido, o muerto, pero convertido en una figura heroica, incluso si fracasaba.

Se pintó subconscientemente a sí mismo como una mezcla de Sydney Carton, el Caballero Blanco, el hombre que había llevado el mensaje a García... y sólo un toque de d'Artagan.

Pero ella no se lo pidió... de hecho, ni siquiera le dio una oportunidad de hablar con ella.

No apareció en la cena. Después de ella se encerró con el Doctor en su estudio. Cuando reapareció se fue directamente a su habitación. Finalmente, MacKinnon llegó a la conclusión de que lo mejor era que también él se fuera a la cama.

Ir a la cama, dormir, y levantarse de nuevo por la mañana... pero no resultó tan sencillo como eso. Las hoscas paredes le miraban fijamente, y la otra mitad crítica de su mente decidió permanecer ocupada aquella noche. ¡Estúpido! Ella no necesita tu ayuda. ¿Por qué habría de necesitarla? ¿Qué tienes tú que no tuviera Difuso... y mejor? Para ella, tú eres simplemente uno más de los muchos deficientes mentales que andan de un lado para otro en este lugar.

—¡Pero *yo* no estoy loco! Sólo porque elegía no someterse al dictado de otros, eso no me hace *loco*. No, ¿verdad? Todos los demás aquí eran unos chalados, pero ¿qué había de sorprendente en ello? Bueno, no todos... ¿qué había que decir del Doctor, y de...? No te engañes a ti mismo, cabeza de chorlito, el Doctor y Mamá Johnston están aquí por sus propias razones; ellos no fueron sentenciados. Y Perséfona nació aquí.

¿Y qué hay de Magee? Realmente estaba cuerdo... o al menos lo parecía. Se dio cuenta de que recelaba, con una ilógica amargura, de la aparente estabilidad de Magee. ¿Por qué tenía que ser diferente del resto de nosotros?

¿Del resto de nosotros? Se había clasificado a sí mismo junto con los demás habitantes de Coventry. De acuerdo, de acuerdo, admítelo, estúpido... eres simplemente como todos los demás; despreciado porque la gente decente no te quiera... y demasiado estúpidamente obcecado como para admitir que necesitas tratamiento.

Pero el pensar en el tratamiento hizo que se le enfriara la mente, y volvió a recordar a su padre. ¿Por qué tenía que hacerlo? Recordó algo que el Doctor le había dicho hacía un par de días: «Lo que necesitas, hijo, es plantarle cara a tu padre y echarlo fuera. Es una lástima que muy pocos hijos les digan a sus padres que se vayan al infierno.»

Encendió la luz e intentó leer. Pero no había forma. ¿Por

qué tendría que preocuparse Perséfona de lo que les ocurriera a las gentes del Exterior? Ella no las conocía; no tenía amigos allí. Si *ella* no tenía obligaciones hacia ellos, ¿cómo era posible que *ella* se preocupara? ¿Sin obligaciones? Has tenido una vida sencilla y fácil durante muchos años... todo lo que te pedían era que te comportaras debidamente. En cuanto a eso, ¿qué sería ahora de ti si el Doctor hubiera dejado de preguntar si te debía o no algo?

Seguía aún rumiando cansadamente sus amargas reflexiones sobre sí mismo cuando la primera fría y pálida luz de la mañana se filtró en su habitación. Se levantó, se echó algo por encima, y avanzó de puntillas hacia la habitación de Magee. La puerta estaba entornada. Asomó la cabeza y susurró:

—Difuso... ¿estás despierto?

—Entra, chico —respondió Magee suavemente—. ¿Qué te pasa? ¿No puedes dormir?

—No...

—Yo tampoco. Siéntate y compartiremos nuestras penas.

—Difuso, estoy pensando en tomar una decisión. Me voy al Exterior.

—¿Eh? ¿Cuándo?

—Inmediatamente.

—Es arriesgado, chico. Espera unos cuantos días, y lo intentaré contigo.

—No, no puedo aguardar hasta que tú estés bien. ¡Voy a ir a advertir a los Estados Unidos!

Los ojos de Magee se abrieron un poco más de lo habitual, pero su voz no cambió.

—¿No habrás dejado que esa largirucha muchacha te sorba el coco, Dave?

—No. No exactamente. Lo hago por mí mismo... porque es algo que necesito hacer. Mira, Difuso, ¿qué hay acerca de esa arma? ¿Han conseguido realmente algo que pueda amenazar a los Estados Unidos?

—Me temo que sí —admitió Magee—. No sé mucho acerca de ella, pero hace que los desintegradores parezcan un juguete. Mayor alcance... no sé lo que esperan que le haga a la Barrera, pero les vi preparar grandes líneas de fuerza antes de que me hirieran. Escucha, si consigues llegar afuera, hay un tipo al que tienes que buscar; de hecho, asegúrate de hablar con él. Tiene mucha influencia. —Magee garabateó algo en un trozo de papel, lo dobló, y se lo tendió a MacKinnon, que se lo metió distraídamente en el bolsillo y continuó:

—¿Cuán vigilada está la Puerta, Difuso?

—No podrás salir por la Puerta; esto está fuera de toda duda. Eso es lo que tienes que hacer... —tomó otro pedazo de papel, y comenzó a dibujar y a explicar.

Dave estrechó la mano de Magee antes de irse.

—Le dirás adiós de mi parte, ¿querrás? ¿Y le darás las gracias al Doctor? Prefiero irme antes de que nadie se despierte.

—Por supuesto que lo haré, chico —le aseguró el Difuso.

MacKinnon se agazapó tras unos arbustos y atisbó cautelosamente al pequeño grupo de Angeles que penetraba en una desolada y fea iglesia. Se estremeció, tanto a causa del miedo como del frío aire matutino. Pero su necesidad era mayor que su miedo. Aquellos fanáticos tenían comida... y él la necesitaba.

Los primeros dos días después que abandonara la casa del Doctor habían sido relativamente fáciles. Cierto, había cogido frío al dormir al raso; se le había metido en los pulmones y lo había abatido un tanto. Pero no le preocupaba mientras pudiera retener los estornudos y las toses hasta que la pequeña banda de feligreses se hubiera metido en el templo. Los observó pasar: hombres de aspecto duro, mujeres con faldas que arrastraban por el suelo y cuyos rostros ajados por el trabajo iban enmarcados por sus pañoletas... pálidos trabajadores serviles demasiado cargados de hijos. La luz había abandonado sus rostros. Incluso los niños estaban serios.

El último de ellos penetró en la iglesia, dejando tan sólo al sepulturero en el cementerio, ajetreado en su tétrico trabajo. Tras un tiempo interminable, durante el cual MacKinnon apretó un dedo contra su labio superior en un frenético intento de reprimir un estornudo, el sepulturero penetró en el siniestro edificio y cerró las puertas.

MacKinnon salió de su escondite y se apresuró hacia la casa que previamente había seleccionado, en el borde del claro, lejos de la iglesia.

El perro era suspicaz, pero lo tranquilizó. La casa estaba cerrada, pero la puerta trasera pudo ser forzada. Se sintió un poco aturdido a la vista de la comida que había encontrado... pan duro, y un trozo de dura mantequilla sin sal hecha con leche de cabra. Un paso en falso, dos días antes, había dado con sus huesos en las aguas de un arroyo de montaña. El percance no había parecido importante, hasta que descubrió que sus pastillas alimenticias se habían convertido en una pulpa informe. Las había comido durante el resto del día, pero luego el moho se apoderó de ellas y tuvo que tirar lo que quedaba.

El pan le duró otros tres días, pero la mantequilla se ablandó y fue incapaz de transportarla. Empapó todo lo que pudo de ella en el pan, luego lamió el resto, tras lo cual se sintió realmente sediento.

Algunas horas después de que el resto del pan hubiera desaparecido, alcanzó su primer objetivo... el río principal del que eran tributarios todos los demás cursos de agua de Coventry. En algún lugar, corriente abajo, fluía bajo la negra cortina de la Barrera, y seguía discurriendo hacia el mar. Con la puerta cerrada y custodiada, aquella corriente de agua constituía la única salida posible para un hombre abandonado a sus medios.

Pero era agua, y la sed volvía a apoderarse de él, y su resfriado estaba peor que nunca. Sin embargo, debía esperar hasta que se hiciera oscuro para beber; se veían siluetas humanas allá abajo en la orilla... algunas llevando uniforme, pensó. Una de ellas avanzó con un pequeño esquife y desembarcó. MacKinnon se fijó en la embarcación y no la perdió de vista con ojos codiciosos. Aún estaba allí cuando el sol se puso.

El sol de primera hora de la mañana picoteó su nariz y estornudó. Se despertó de golpe, levantó la cabeza, y miró a su alrededor. El pequeño esquife del que se había apropiado flotaba en medio de la corriente. No había remos. No pudo recordar si los había tenido antes o no. La corriente era bastante fuerte; parecía como si lo hubiera arrastrado directamente hasta la Barrera durante la noche. Quizás había pasado bajo ella... no, aquello era ridículo.

Entonces la vio, a poco más de un kilómetro de distancia, negra y ominosa... pero la visión más deseada en varios días. Estaba demasiado débil y febril como para alegrarse de ello, pero renovó la determinación que se había hecho de seguir adelante.

La pequeña embarcación rascó contra el fondo. Vio que la corriente trazaba una curva que lo había conducido hasta la orilla. Saltó torpemente fuera, sintiendo que todas sus congeladas articulaciones se quejaban, y arrastró la proa del esquife por la arena. Luego lo pensó mejor. La empujó de nuevo al agua, la lanzó en medio de la corriente con todas las fuerzas de que fue capaz, y la contempló desaparecer en el meandro. No era necesario dejar señal del lugar donde había desembocado.

Durmió durante la mayor parte del día, levantándose en una ocasión para apartarse del sol que le estaba quemando demasiado. Pero el sol había recalentado sus huesos, arrojando de ellos el frío, y al caer la noche se sentía mucho mejor.

Aunque la Barrera estaba tan sólo a un kilómetro o así más abajo, le tomó la mayor parte de la noche el alcanzarla siguiendo la orilla del río. Supo que la había alcanzado por las nubes de vapor que se elevaban del agua. Cuando salió el sol, estudió la situación. La Barrera se extendía cruzando el agua, pero lo unión entre esta y la líquida superficie quedaba oculta por ondulantes nubes. En algún lugar por debajo de la superficie del agua —ignoraba a qué profundidad—, la Barrera cesaba, y su extremo sumergido era lo que causaba la evaporación.

Lenta, reluctantemente y sin ninguna heroicidad, comenzó a desvestirse. Había llegado el momento, y no lo saboreó. Encontró el trozo de papel que le había dado Magee, e intentó examinarlo. Pero se había empapado en su remojón involuntario en el arroyo de montaña y era prácticamente ilegible. Hizo una pelota con él y lo tiró. No parecía tener mucha importancia.

Empezó a tiritar mientras permanecía de pie, vacilante, en la orilla, aunque el sol era cálido. Luego su mente tomó su decisión por él; divisó una patrulla en la otra orilla.

Quizá lo hubieran visto, quizá no. Se echó al agua.

Hacia abajo, hacia abajo, tanto como le permitieran sus fuerzas. Buceó e intentó tocar el fondo, para asegurarse de evitar aquella chamuscante, mortal base. Tocó cieno con sus manos. Ahora a nadar junto a él. Quizá fuera tan mortal pasar por debajo de ella como pasar por encima; pronto lo sabría. Pero ¿qué camino debía seguir? Allá abajo no había ninguna dirección.

Permaneció sumergido hasta que sus congestionados pulmones se negaron a seguir. Entonces subió, y sintió agua hirviente en su rostro. Durante un intervalo eterno se inenarrable dolor y soledad se dio cuenta de que estaba atrapado entre el calor y el agua... atrapado bajo la Barrera.

Dos soldados charlaban ociosamente sobre un pequeño muelle situado bajo la parte frontal de la Barrera. El río que discurría surgiendo de ella no les ofrecía el menor interés, llevaban vigilándolo demasiados aburridos turnos de guardia. Una alarma empezó a sonar tras ellos y los puso en estado de alerta.

—¿Qué sector, Jack?

—Esta orilla. ¡Ahí está... míralo!

Lo pescaron y lo tendieron sobre el muelle en el momento en que llegaba el sargento de guardia.

—¿Vivo o muerto? —preguntó.

—Muerto, creo —respondió el que le estaba practicando sin demasiado entusiasmo la respiración artificial.

El sargento se inclinó en una postura incongruente para observar aquel congestionado rostro y dijo:

—Demasiado mal aspecto. He pedido una ambulancia; llevadlo de todos modos a la enfermería.

La enfermera intentaba tranquilizarle, pero MacKinnon gritaba de tal modo que se vio obligada a llamar al médico de guardia.

—¡Vamos, vamos! ¿A qué viene todo este alboroto? —reprobó el médico, mientras buscaba su pulso. Dave consiguió convencerle de que no se tranquilizaría ni aceptaría ningún soporífero hasta tanto no hubiera contado su historia. Llegaron al acuerdo de que dejarían que MacKinnon hablara—. Pero sea breve, ¿entiende? —Y el doctor transmitió el relato a su inmediato superior, y a cambio Dave se sometió a una hipodérmica.

A la mañana siguiente otros dos hombres, sin identificar, fueron llevados por el médico hasta MacKinnon. Escucharon toda su historia y le interrogaron con todo detalle. Fue transferido con una ambulancia al cuartel general de la zona aquella misma tarde. Allí fue interrogado de nuevo. Iba recuperando rápidamente sus fuerzas. Pero empezaba a sentirse cansando de todo aquel galimatías, y deseaba asegurarse de que su advertencia estaba siendo tomada seriamente. El último de sus interrogadores le tranquilizó.

—Cálmese —le dijo a Dave—, esta misma tarde verá usted al oficial jefe.

El oficial jefe de la zona, un tipo bajito de modales rápidos como los de un pájaro y un aspecto no demasiado militar, escuchó gravemente mientras MacKinnon recitaba su historia por lo que según él era la quincuagésima vez. Asintió gravemente cuando Dave hubo terminado.

—Descanse tranquilo, David MacKinnon, todas las medidas necesarias están siendo tomadas.

—¿Pero qué hay de su arma?

—Estamos ocupándonos de ello... aunque nuestra Barrera puede que no sea tan fácil de romper como suponen nuestros vecinos. Pero sus esfuerzos son apreciados. ¿Puedo servirle en alguna cosa?

—Bueno, no... no para mí mismo, pero hay dos amigos míos ahí... —Pidió que se hiciera algo para rescatar a Magee, y que a Perséfona se le permitiera salir, si lo deseaba.

—Conozco a esa chica —observó el general—. Nos pondremos en contacto con ella. Si en cualquier momento desea convertirse en una ciudadana de nuestro país, podremos arreglarlo. En cuanto a Magee, es otro asunto... —Pulsó un botón del videofono de su escritorio—. Diga al capitán Randall que entre.

Una pulcra y atildada figura con el uniforme de capitán del ejército de los Estados Unidos entró con paso ligero. MacKinnon le echó una ojeada con un interés tan casual como educado, y luego su expresión se hizo pedazos.

—¡Difuso! —aulló.

El saludo mutuo no fue todo lo decoroso que requería el despacho de un general en jefe, pero al general pareció no importarle. Cuando se hubieron calmado, MacKinnon tuvo que formular la pregunta que bullía en su mente.

—Pero, Difuso, todo esto carece de sentido... —Hizo una pausa, asombrado, y luego lo apuntó acusadoramente con un dedo—. ¡Ya sé! ¡Estás en el servicio secreto!

El Difuso sonrió alegremente.

—¿Piensas —observó— que el ejército de los Estados Unidos iba a dejar un lugar como ese sin vigilancia?

El general carraspeó.

—¿Qué es lo que piensa hacer usted ahora, David MacKinnon?

—¿Eh? ¿Yo? Bueno, no tengo ningún plan... —Pensó por un momento, luego se giró hacia su amigo—. ¿Sabes, Difuso? Creo que después de todo volveré para recibir un tratamiento psicológico. Tú estás en el Exterior...

—No creo que sea necesario —interrumpió suavemente el general.

—¿No? ¿Por qué no, señor?

—Se ha curado usted mismo. Quizá no sea usted consciente de ello, pero cuatro psicotécnicos lo han entrevistado. Sus informes coinciden. Estoy autorizado a decirle que su status de ciudadano libre ha sido rehabilitado, si usted lo desea.

El general y el capitán «el Difuso» Randall consiguieron con táctica terminar la entrevista. Randall fue a la enfermería con su amigo. Dave deseaba oír al mismo tiempo la respuesta a un millar de preguntas.

—Pero Difuso —observó—, tuviste que salir de allí antes que yo.

—Un día o dos.

—Entonces, ¿mi trabajo fue innecesario?

—Yo no diría tanto —contradijo Randall—. Yo hubiera podido fracasar. De hecho, ellos tenían todos los detalles incluso antes de que yo rindiera mi informe. Hay otros, ¿sabes...? De todos modos —prosiguió, cambiando de tema—, ahora que estás aquí, ¿qué piensas hacer?

—¿Yo? Es demasiado pronto para decirlo... Lo que sí pienso hacer es seguir con la literatura clásica, eso puedo asegurarlo. Si no fuera tan torpe con las matemáticas, quizás intentara la carrera interplanetaria.

—Bueno podemos hablar de ello esta noche —sugirió Difuso, echando una mirada a su crono—. Ahora tengo que marcharme corriendo, pero tendré un rato libre más tarde, y nos veremos en el comedor a la hora de cenar.

Se dirigió hacia la puerta, con una rapidez que recordaba la elusividad de los hampones. Dave se quedó observándolo, y de pronto dijo:

—¡Hey! ¡Difuso! ¿Crees que yo podría valer para el servicio se...?

Pero el Difuso ya había desaparecido... tuvo que responderse él mismo.

INADAPTADO

«...con el objetivo de conservar y mejorar nuestros recursos interplanetarios, y proporcionar ocupaciones útiles y saludables a la juventud de este planeta.»

Extracto del acta de permiso, Cámara de Representantes 7118, estableciendo el Cuerpo de Construcción Cósmica.

—¡Atención a la revista! —la voz de un sargento primero de la Marina Espacial sonó en la plaza de armas, cortando la niebla y la llovizna de una sucia mañana de Nueva Jersey—. A medida que oigan sus nombres, respondan «Aquí», den un paso adelante con su equipaje, y embarquen. ¡Atkins!

—¡Aquí!

—¡Agustín!

—¡Aquí!

—¡Ayres!

—¡Aquí!

Uno a uno fueron saliendo de las filas, echándose al hombro los cincuenta kilos de pertenencias personales permitidas, y trepando penosamente por la escalerilla. Eran jóvenes, ninguno superaba los veintidós años, y en algunos casos el peso del equipaje superaba al de su propietario.

—¡Kaplan!

—¡Aquí!

—¡Keith!

—¡Aquí!

—¡Libby! —Un muchacho rubio y delgado se separó de la fila, se sonó apresuradamente y agarró sus pertenencias. Se echó al hombro un abultado saco de lona, lo aseguró, y levantó una maleta con su mano libre. Empezó a subir la escalerilla con paso inseguro. Al llegar al portalón su maleta le golpeó en las rodillas. Se tambaleó hacia alguien bajo y delgado vestido con el color verdeazulado de la Marina Espacial. Unos fuertes dedos sujetaron su brazo y evitaron que cayera.

—Tranquilo, hijo. Así es más fácil. —Otra mano reajustó el saco de lona.

—Oh, perdóneme, esto... —el azarado joven contó automáticamente los cuatro galones de cinta plateada bajo el cometa—, capitán. Yo no quería...

—Echa una mano y sube a bordo, hijo.

—Sí, señor.

El pasillo que conducía a las entrañas del transporte estaba escasamente iluminado. Cuando los ojos del muchacho se adaptaron vio a un artillero llevando el brazalete de sargento de la marina, que señaló con el pulgar hacia una compuerta de aire abierta.

—Ahí dentro. Busca tu taquilla y aguarda allí. —Libby se apresuró a obedecer. Dentro descubrió una confusión de equipajes y hombres en un compartimiento amplio de techo bajo. Una hilera de tubos fluorescentes se extendía junto a la unión del mamparo y el techo y dividía en tres este último; el suave rumor de los extractores de aire ponía un sonido de fondo a las voces de sus compañeros de nave. Se abrió camino por entre el esparcido equipaje y localizó su taquilla, la siete-diez, en la pared exterior más alejada. Rompió el sello de la cerradura de combinación, miró la combinación, y la abrió. La taquilla era muy pequeña, la central de una batería de tres. Estudió lo que debería guardar allí. Un altavoz acalló las voces a su alrededor y pidió su atención:

—¡Atención! Primera sección; aseguren todo el equipaje. Despegue en doce minutos. Cierren compuertas estancas. Cierre de los extractores a menos dos minutos. Ordenes especiales para los pasajeros; coloquen todos sus bultos en la cubierta, y tiéndanse cuando se encienda la luz roja. Permanezcan tendidos hasta que suene el aviso. Los sargentos de guardia comprobarán que se cumplan las órdenes.

El artillero entró en el compartimiento, echó una mirada a su alrededor, e inmediatamente comenzó a supervisar el reordenamiento del equipaje. Las cosas pesadas fueron amarradas. Las compuertas herméticas fueron cerradas. Cuando cada muchacho había encontrado un lugar en la cubierta y el sargento había comprobado el almohadón bajo sus cabezas, los tubos flourescentes se volvieron rojos y el altavoz atronó de nuevo.

—¡Todos listos... despegue! Preparados para aceleración. —El sargento se reclinó apresuradamente contra dos bolsas de viaje y echó un último vistazo a la habitación. Los extractores suspiraron y enmudecieron. Siguieron dos minutos de mortal silencio. Libby sintió que su corazón empezaba a batir fuertemente en su pecho. Los dos minutos se alargaron interminablemente. Luego la cubierta se estremeció y un rugido como el de vapor a alta presión escapándose martilleó sus tímpanos. Se sintió de pronto terriblemente pesado, como si un enorme peso se aplastara contra su pecho y corazón. Tras un período indefinido los tubos fluorescentes brillaron de nuevo blancos, y el altavoz bramó:

—Comprueben todos los detalles de procedimiento; primera sección, guardias regulares. —Los extractores de aire volvieron a la vida. El sargento se puso en pie, se frotó las nalgas y palmeó sus brazos, y luego dijo:

—De acuerdo, chicos. —Avanzó unos pasos y abrió la puerta estanca que conducía al pasillo. Libby se puso en pie y se precipitó contra una mampara, estando a punto de caer. Sus piernas y brazos estaban como adormecidos, y se sentía alarmantemente ligero, como si se hubiera quitado de encima al menos la mitad de su escaso peso.

Durante las siguientes dos horas estuvo demasiado ocupado como para pensar o sentir añoranza. Maletas, cajas y sacos debían ser llevados a la cala inferior y asegurados contra aceleración angular. Localizó y aprendió cómo utilizar un lavabo sin agua. Encontró la litera que le había sido asignada, y supo que sólo sería suya durante ocho horas de cada veinticuatro; otros dos muchachos tenían derecho a usarla los dos turnos restantes. Las tres secciones comían también en tres turnos, nueve turnos en total... veinticuatro jóvenes y un sargento en una larga mesa que casi llenaba el estrecho compartimiento de la cocina.

Después de comer, Libby reordenó su taquilla. Estaba de pie ante ella, contemplando una fotografía que intentaba colocar en la parte interior de la puerta, cuando una orden llenó el compartimiento:

—¡Atención!

De pie junto a la puerta se hallaba el capitán, flanqueado por el sargento. El capitán empezó a hablar:

—Descansen, muchachos. Siéntese. McCoy, llame a control y que acondicionen ese compartimiento para filtrar el humo. —El artillero se dirigió apresuradamente hacia el comunicador junto a la mampara y habló por él en voz baja. Casi inmediatamente el zumbido de los extractores subió media octava y se estabilizó—. Pueden fumar si lo desean. Quiero hablarles.

«Muchachos, están dirigiéndose a la misión más importante de todas sus vidas. A partir de ahora son ustedes hombres, con uno de los trabajos más duros con las que un hombre se haya enfrentado nunca. Lo que vamos a hacer forma parte de un plan mucho mayor. Ustedes, y centenares de miles de otros como ustedes, están actuando como pioneros para conseguir acondicionar el sistema solar de tal modo que los seres humanos puedan hacer el mejor uso de él.

»Igualmente importante es el hecho de que se les está dando la oportunidad de convertirse por iniciativa propia en ciudadanos útiles y felices de la Federación. Por una u otra razón, ninguno de ustedes se adaptó completamente allá abajo en la Tierra. Algunos de ustedes se encontraron con que los trabajos para los cuales habían sido preparados habían sido abolidos por nuevas invenciones. Algunos otros tuvieron problemas al no saber qué hacer con el tiempo de ocio de la época moderna. En cualquier caso, son ustedes inadaptados. Quizá habían sido calificados como muchachos inútiles y se habían visto marcados por un montón de epítetos denigrantes.

»Pero cada uno de ustedes empieza de nuevo hoy. El único historial que tienen en esta nave es su nombre en la cabecera de una hoja de papel en blanco. Son ustedes quienes llenarán a partir de ahora esa página.

»En cuanto a su trabajo... No vamos a gozar de uno de esos trabajos fáciles de reparación y reacondicionamiento en la Luna, con fines de semana en Luna City y todas las comodidades del hogar. Ni vamos a tirar de un planeta de alta gravedad en donde un hombre puede comer todo lo que quiera y esperar mantenerlo dentro. En lugar de ello, vamos a dirigirnos al Asteroide HS-5388 y convertirlo en la Estación Espacial E-M3. No tiene atmósfera en absoluto, y tan sólo un dos por ciento de la gravedad de la superficie de la Tierra. Vamos a jugar a ser moscas humanas en él durante al menos seis meses, sin chicas con las que concertar una cita, sin televisión, sin diversiones que no sean capaces de montarse ustedes mismos, y con un trabajo duro cada día. Pillarán el mal del espacio, y se sentirán tan añorados que casi podrán notar su sabor, y sufrirán agorafobia. Si no tienen cuidado, las radiaciones les quemarán. Su estómago les atormentará, y maldecirán a Dios por el instante en que se enrolaron.

»Pero si saben dominarse, y escuchan los consejos de los hombres del espacio veteranos, saldrán de eso fuertes y saludables, con una pequeña fortuna en su cuenta del banco, y un montón de conocimientos y experiencia que no hubieran podido adquirir en cuarenta años en la Tierra. Serán ustedes hombres, y lo sabrán.

»Una última palabra. Será más bien desagradable para aquellos que no estén acostumbrados. Sólo les pido que tengan para sus compañeros un poco de consideración, y así todo irá bien. Si tienen alguna queja que formular y no pueden arreglarlo de otro modo, vengan a verme. Creo que esto es todo. ¿Alguna pregunta?

Uno de los muchachos alzó una mano.

—¿Capitán? —preguntó tímidamente.

—Hable alto, muchacho, y dé su nombre.

—Rogers, señor. ¿Podremos recibir correo de casa?

—Sí, pero no muy a menudo. Quizás una vez al mes o así. El correo llegará con el capellán, y con todas las naves de inspección y aprovisionamiento.

El altavoz de la nave volvió a resonar.

—¡Atención todos los hombres! Vuelo libre en diez minutos. Prepárense a perder peso. —El sargento supervisó las sujecciones de todos los asideros. Aquellos que estaban flojos fueron asegurados rápidamente, y a cada hombre le fue entregada una pequeña bolsa de celulosa. Apenas acababa de recibir la suya cuando Libby sintió que perdía peso... una sensación exactamente igual a la experimentada cuando un ascensor ultrarrápido hace una brusca parada al final de un viaje ascendente, excepto que la sensación continuaba y se hacía más interna. Al principio era una agradable novedad, luego se convirtió rápidamente en algo incómodo. La sangre se agolpó en sus oídos, y sus pies se quedaron pegajosos y fríos. Empezó a segregar saliva de una forma anormal. Intentó tragarla, se atragantó, y tosió. Luego su estómago se estremeció y contrajo en un reflejo violento, doloroso, convulsivo, y sintió unas repentinas y espantosas náuseas. Tras el primer doloroso espasmo, oyó la voz de McCoy gritando:

—¡Hey! Utilicen sus bolsas para el mareo tal como les dije. No las dejen en el radio de acción de los extractores. —Vagamente, Libby se dio cuenta de que la advertencia iba también para él. Buscó a tientas su bolsa de celulosa justo en el momento en que el segundo temblor lo sacudía, pero consiguió colocar la bolsa delante de su boca antes de que se produjera la erupción. Cuando se recobró, se dio cuenta de que estaba flotando cerca del techo y mirando hacia la puerta. El sargento se deslizó por la puerta y se dirigió a McCoy.

—¿Cómo van aquí las cosas?

—Bastante bien. Algunos de los chicos olvidaron sus bolsas de mareo.

—Está bien. Límpienlo todo. Pueden utilizar la escotilla de estribor. —Se fue.

McCoy tocó a Libby en el brazo.

—Aquí, Pulgarcito, empieza a cazar mariposas. —Le alargó un puñado de algodón, tomó otro para él, y empezó a recoger con destreza los grumos de viscosa porquería que flo-

flotaban por todo el compartimento—. Asegúrate de que tu bolsa está bien cerrada. Cuando te sientas mal, simplemente párate y espera a que se te pase. —Libby lo imitó del mejor modo que le fue posible. En unos pocos minutos la habitación estaba libre de lo peor de las vomitonas.

McCoy miró a su alrededor y se dirigió a todos:

—Ahora quítense esas ropas sucias, y cambien sus bolsas. Tres o cuatro de ustedes, tómenlo todo y llévenlo a la compuerta de estribor.

En la compuerta de estribor, colocaron primero las bolsas, cerraron la puerta interior, y abrieron la exterior. Cuando la puerta interior fue abierta de nuevo, las bolsas habían desaparecido... arrojadas al espacio por el aire al expandirse. Pulgarcito se dirigió a McCoy:

—¿Debemos hacer lo mismo con nuestras ropas sucias?

—Hey, no, tan sólo les daremos una dosis de vacío. Métanlas en la compuerta y sujétenlas a esos ganchos de las mamparas. Asegúrenlas bien.

Esta vez la puerta interior permaneció cerrada durante unos cinco minutos. Cuando fue abierta de nuevo, las ropas estaban perfectamente secas... toda la humedad había sido absorbida por el vacío del espacio. Todo lo que quedaba de los desagradables vómitos era un residuo estéril pulverulento. McCoy asintió aprobadoramente.

—Listo. Llévenlo todo de vuelta al compartimento. Luego dénle una cepillada, fuerte, frente a los extractores.

Los siguientes días fueron una eternidad de miseria. La añoranza fue olvidada frente a los crecientes malestares del mal del espacio. El capitán garantizó quince minutos de suave aceleración para cada uno de los nueve períodos de comida, pero el respiro acentuaba la agonía. Libby acudía a comer, débil y rabiosamente hambriento. La comida sólo se mantenía en su estómago hasta que se reanudaba el vuelo libre, entonces las náuseas le golpeaban de nuevo con todas sus fuerzas.

Al cuarto día, estaba sentado apoyado contra una mampara, gozando del lujo de los últimos minutos que quedaban de peso mientras comía el último turno, cuando McCoy entró y se sentó junto a él. El maestro artillero se ajustó un filtro de humo sobre su rostro y encendió un cigarrillo. Inhaló profundamente y se puso a charlar.

—¿Cómo van las cosas, novato?

—Bien, supongo. Este mal del espacio... Dígame, McCoy, ¿cómo logró acostumbrarse a él?

—Es cuestión de tiempo. Tu cuerpo adquiere nuevos reflejos, al menos eso me dijeron. Una vez aprendas a tragar sin ahogarte, todo va bien. Incluso llega a gustarte. Es sosegado y relajante. Cuatro horas de sueño son tan buenas como diez.

Libby agitó tristemente su cabeza.

—No creo que llegue a acostumbrarme nunca.

—Sí, lo harás. Será mejor que lo hagas, en cualquier caso. A decir verdad, ese asteroide de ahí no va a tener ninguna gravedad superficial; el Jefe de Intendencia dice que no va a llegar ni al dos por ciento de la normal en la Tierra. Eso no será suficiente para curar el mal del espacio. Y allí no habrá ninguna forma de acelerar para las comidas.

Libby se estremeció y se sujetó la cabeza entre las manos.

Localizar un asteroide entre un par de miles no es tan fácil como encontrar Trafalgar Square en Londres... especialmente contra el telón de fondo salpicado de estrellas de la galaxia. Sales de la Tierra con una velocidad orbital de unos treinta kilómetros por segundo. Intentas establecerte en una curva conoide mixta que no sólo intersecte la órbita del pequeño cuerpo que se mueve rápidamente sino que nos lleve también a una cita exacta. El asteroide HS-5388, el «ochenta y ocho», se halla a dos coma dos unidades astronómicas del sol, un poco más de trescientos veinte millones de kilómetros; cuando el transporte emprendió su viaje se hallaba a más de cuatrocientos ochenta millones de kilómetros más allá del sol. El capitán Doyle dio instrucciones al oficial de derrota para que siguiera exactamente la elipsoide básica en vuelo libre alrededor del sol a través de una distancia media de unos quinientos cuarenta millones de kilómetros. El principio implicado es el mismo que el utilizado por un cazador para alcanzar a un pato en pleno vuelo «dejándole» que siga volando. Pero supongamos que tienes directamente el sol de cara cuando disparas; supongamos que el pájaro no puede ser visto desde donde tú estás, y no tienes ningún medio de localizarlo excepto el recuerdo de por dónde volaba cuando lo viste por última vez.

Al noveno día de viaje el capitán Doyle acudió a la sala de mapas y comenzó a pulsar teclas del voluminoso ordenador integral. Luego envió a su ordenanza a que presentara sus felicitaciones al oficial de derrota y a pedirle que acudiera a la sala de mapas. Unos pocos minutos más tarde una figura alta y delgada cruzó la puerta, se detuvo asegurándose en un asidero y saludó al capitán.

—Buenos días, capitán.

—Hola, Negruzco. —El viejo alzó la vista desde donde estaba asido en el asiento del integrador—. He estado comprobando sus correcciones para las aceleraciones durante el tiempo de las comidas.

—Es un engorro tener un puñado de marineros de agua dulce a bordo, señor.

—Sí, lo es, pero debemos darles a esos chicos una oportunidad de comer, o no serán capaces de trabajar cuando lleguemos allá. Ahora deseo iniciar la deceleración aproximadamente a las diez, tiempo de la nave. ¿Cuáles son su velocidad y coordenadas para las ocho?

El oficial de derrota extrajo un bloc de notas de su túnica.

—Quinientos sesenta y tres kilómetros por segundo; el rumbo es ascensión directa quince horas, ocho minutos, veintisiete segundos, declinación menos siete grados, tres minutos; distancia solar trescientos siete millones novecientos sesenta y ocho mil kilómetros. Nuestra posición radial es de doce grados por encima del rumbo, y casi ajustados en rumbo con el ecuador celeste. ¿Desea usted las coordenadas del Sol?

—No, ahora no. —El capitán se inclinó sobre el ordenador, frunció el ceño, y se mordió la punta de la lengua mientras manejaba los controles—. Deseo detener la aceleración aproximadamente a un millón seiscientos mil kilómetros de la órbita del Ochenta y ocho. Odio malgastar combustible, pero el anillo está lleno de chatarra y esta maldita roca es tan pequeña que probablemente tengamos que efectuar una curva de búsqueda. Utilice veinte horas de deceleración y empiece a cambiar el rumbo después de ocho horas. Utilice una aproximación asintótica normal. Debería tenerla en una trayectoria circular en torno al Ochenta y ocho, y paralela a su órbita, a las seis en punto de mañana por la mañana. Quiero que me llamen a las tres.

—De acuerdo, señor.

—Déjeme ver sus cálculos cuando los tenga. Le enviaré arriba el libro de órdenes más tarde.

El transporte aceleró según lo previsto. Poco después de las tres el capitán penetró en la sala de control y parpadeó ante la oscuridad. El sol seguía ocutlo por el casco del transporte y la negrura de medianoche estaba rota tan solo por el débil resplandor azul de los indicadores de los instrumentos, y el rectángulo de luz que brotaba de debajo de la carta de navegación. El oficial de derrota se giró hacia la silueta familiar.

—Buenos días, capitán.

—Buenos días, Negruzco. ¿Ya lo tenemos a la vista?

—Todavía no. Hemos topado con media docena de rocas, pero ninguna de ellas coincide.

—¿Estamos cerca de alguna de ellas?

—No peligrosamente. Tan solo hemos levantado un poco de arena de tanto en tanto.

—Esto no puede molestarnos... no si seguimos de este modo la estela. Si los pilotos entendieran simplemente que los asteroides se mueven en direcciones fijas a velocidades computables nadie podría tener nunca un accidente con ellos. —Hizo una pausa para encender un cigarrillo—. La gente dice que el espacio es peligroso. Seguro, acostumbra a serlo; pero no conozco ningún caso en los últimos veinte años que no pueda ser achacado a alguna imprudencia temeraria.

—Tiene razón, capitán. Por cierto, hay café debajo de la carta de navegación.

—Gracias; me he tomado una taza ahí abajo. —Anduvo por entre las pantallas de los estereoscopios y el radar y contempló la oscuridad moteada de estrellas. Tres cigarrillos más tarde, el operador que estaba más cerca de él llamó:

—¡Objeto a la vista!

—¿A qué distancia?

Su compañero leyó los diales exteriores del estereoscopio.

—Más cero punto dos, a popa uno punto tres, ligero desplazamiento hacia atrás. —Se giró hacia el radar y añadió—: Distancia siete nueve, esto, cuatro tres.

—¿Concuerda?

—Podría ser, capitán. ¿Cuál es su silueta? —llegó la apagada voz del oficial de derrota desde detrás de la carta de navegación. El primer operador empezó a mover apresuradamente los mandos de su instrumento, pero el capitán lo empujó a un lado.

—Ya lo haré yo, hijo. —Apoyó su rostro contra el doble ocular y examinó una pequeña esfera plateada, una pequeña luna. Cuidadosamente, centró dos tramas iluminadas hasta que estuvieron exactamente tangentes a los extremos superior e inferior del disco.

—¡Lectura!

La observación fue anotada y pasada al oficial de derrota, que por un instante se había apartado de la carta de navegación.

—Es nuestro pequeño, capitán.

—Estupendo.

—¿Debo efectuar una triangulación visual?

—Deje que lo haga el oficial de guardia. Usted vaya abajo y duerma un poco. Yo me encargaré de mantenerlo a la vista hasta que estemos lo suficientemente cerca como para utilizar el localizador óptico.

—Gracias. Lo haré.

En unos pocos minutos la noticia se había difundido por toda la nave: el Ochenta y ocho estaba a la vista. Libby, apretujado en la cubierta de estribor en medio de una excitada masa de compañeros, intentó localizar por la portilla lo que sería su futuro hogar. McCoy echó un jarro de agua fría sobre su excitación.

—En el momento en que esa roca sea lo suficientemente grande como para que puedas verla a simple vista, todos nosotros estaremos en nuestros puestos de aterrizaje. Tiene sólo ciento sesenta kilómetros de diámetro, ya sabes.

Y así fue. Varias horas después, el comunicador de la nave anunció:

—¡Todos los hombres! Ocupen sus puestos de aterrizaje. Cierren todas las compuertas estancas. Prepárense para desconectar los extractores a la señal.

McCoy les obligó a permanecer tendidos durante las siguientes dos horas. Las cortas deceleraciones de los cohetes se alternaron con nauseantes pérdidas de peso. Luego los extractores se pararon y las válvulas de seguridad chasquearon en sus asientos. La nave cayó libremente durante unos pocos instantes... un rápido chorro final de los cohetes... cinco segundos de caída, y un corto, ligero y chirriante golpe. Una simple nota de atención surgió de los altavoces, y los extractores volvieron a entrar en funcionamiento.

McCoy flotó ligeramente en pie y se tambaleó sobre sus talones hasta que consiguió mantener el equilibrio.

—Todos afuera, muchachos... este es el final del viaje.

Un muchacho bajo y regordete, un poco más joven que la mayoría, lo emuló torpemente, y saltó hacia la puerta, gritando mientras lo hacía:

—¡Adelante, compañeros! ¡Salgamos fuera y exploremos!

El sargento deshinchó su entusiasmo:

—No tan aprisa, muchacho. Teniendo en cuenta el hecho de que ahí fuera no hay aire, puedes salir si quieres. Te helarás y quemarás al mismo tiempo, y estallarás como un tomate maduro. Jefe de equipo, destaque a seis hombres para que repartan los trajes espaciales. El resto de ustedes quédense aquí y aguarden.

El grupo de trabajo regresó poco después cargado con un par de docenas de abultados paquetes. Libby soltó los cuatro que llevaba y los contempló flotar suavemente hacia la cubierta. McCoy rasgó el envoltorio de un traje, y empezó a darles instrucciones sobre ellos.

—Se trata de un modelo tipo standard, normal, Mark IV, Modificación 2. —Tomó el traje por los hombros y lo agitó de modo que colgara como una prenda interior de invierno con el casco colgando fláccidamente entre los hombros—. Tiene autonomía para ocho horas, y posee una reserva de oxígeno para ese período. Posee también un tanque reductor de nitrógeno y un cartucho filtrador de dióxido de carbono y vapor de agua.

Siguió hablando, repitiendo prácticamente al pie de la letra la descripción e instrucciones dadas en las normas de empleo. McCoy conocía aquellos trajes como su lengua conocía su paladar; aquel conocimiento le había salvado la vida en más de una ocasión.

—El traje está hecho de fibra de vidrio laminada con celulita de asbesto no volátil. La fibra resultante es flexible, muy duradera; y rechaza todas las radiaciones solares normales del espacio más allá de la órbita de Mercurio. Se utiliza encima de la ropa normal, pero observen esos grandes anillos en forma de acordeón en las principales articulaciones. Están diseñados así para mantener el volumen interno del traje casi constante cuando se mueven las piernas o los brazos. De otro modo la presión del gas en su interior tendería a mantener el traje hinchado en una posición erecta, y cualquier movimiento que se efectuara con el traje sería muy agotador.

«El casco ha sido moldeado con silicona transparente, previsto y polarizado contra una penetración demasiado intensa de radiaciones. Puede ser equipado con visores externos de cualquier tipo que se necesite. Las órdenes son las de llevar no menos de un ámbar número dos en él. Además, una placa de plomo cubre el cráneo y se extiende hacia abajo por toda la parte trasera del traje, cubriendo completamente la columna vertebral.

»El traje está equipado con un transmisor receptor. Si su radio deja de funcionar en algún momento, cosa que suele ocurrir bastante a menudo, pueden hablar entre sí poniendo en contacto sus cascos. ¿Alguna pregunta?

—¿Cómo se las arregla uno para comer y beber durante esas ocho horas?

—No vais a estar ocho horas seguidas con el traje puesto. Podéis llevar bolas de azúcar en un dispositivo del casco, pero siempre comeréis en la base. En cuanto al agua, hay una tetina en el casco cerca de la boca que pueden alcanzar girando su cabeza a la izquierda. Está conectada con un depósito. Pero no beban más agua de la necesaria cuando lleven el traje. Estos trajes no llevan ningún desagüe.

Los trajes fueron siendo pasados, y McCoy ilustró cómo colocárselo. Un traje fue tendido boca arriba en la cubierta, con la cremallera delantera abierta del cuello a la ingle y el sargento se sentó dentro de la abertura, y metió las piernas como si lo hiciera en unas medias. Luego retorció los brazos para meterlos en cada manga, y los pesados y flexibles guanteletes fueron ajustados en su lugar. Finalmente, un encogimiento del cuello, con los hombros encorvados, permitió que el casco fuera colocado sobre su cabeza.

Libby siguió los movimientos de McCoy y se puso en pie con su traje puesto. Examinó la cremallera que controlaba la única abertura del traje. Estaba montada sobre dos juntas blandas que quedaban apretadas la una contra la otra por la cremallera y selladas por la presión interna del aire. Dentro del casco una pieza bucal para la respiración llegaba hasta el filtro.

McCoy se paseó arriba y abajo, inspeccionando, apretando un cinturón aquí y allá, instruyéndolos en el uso de los controles externos. Satisfecho, informó a la sala de mandos que su sección había recibido la instrucción básica y estaba lista para desembarcar. Recibió el permiso para salir al exterior durante treinta minutos de aclimatación.

De seis en seis, los escoltó a través de la compuerta estanca, hasta la superficie del planetoide. Libby parpadeó ante el desacostumbrado relumbre del sol sobre la roca. Aunque el sol estaba a más de trescientos millones de kilómetros de distancia y bañaba al pequeño planeta con tan sólo una quinta parte de fuerza en sus radiaciones de la que enviaba a la Madre Tierra, la ausencia de atmósfera daba como resultado un resplandor que obligaba a mirar de reojo. Se alegró de llevar la protección de su visor ámbar. Sobre su cabeza, reducido al tamaño de una moneda pequeña, el sol destacaba sobre el profundo negro del cielo donde las estrellas, brillando sin parpadear, se arracimaban entre sí y contra el mismo sol.

La voz de un compañero de equipo sonó en los auriculares de Libby.

—¡Cáscaras! Ese horizonte está muy cerca. Apostaría a que está a menos de dos kilómetros.

Libby miró por encima de la plana llanura y estudió subconscientemente la cuestión.

—Está a menos —comentó— de quinientos metros de aquí.

—¿Y tú qué infiernos sabes de eso, Pulgarcito? Y además, ¿quién te lo ha preguntado?

—De hecho —respondió Libby, defensivamente—, está a quinientos nueve metros, teniendo en cuenta que mis ojos están a un metro setenta por encima del nivel del suelo.

—Cáscaras. Pulgarcito, simpre estás intentando demostrar lo mucho que sabes de todo.

—No, no es cierto —protestó Libby—. Si este cuerpo tiene ciento sesenta kilómetros de diámetro y es tan redondo como parece, lo más lógico es que el horizonte *esté* precisamente a esa distancia.

—¿Y *quién* lo dice?

—¡Ya basta! —interrumpió McCoy—. Libby tiene mucha más razón de la que puedas tener tú.

—Tiene toda la razón —dijo una voz extraña—. Se lo pregunté al oficial de derrota antes de dejar el control.

—¿Sí? —de nuevo la voz de McCoy—. Si el Jefe de Equipo dice que tienes razón, Libby, es que tienes razón. ¿Cómo lo supiste?

Libby enrojeció.

—Yo... no lo sé. Simplemente creí que tenía que ser así.

El sargento y el oficial de intendencia se lo quedaron mirando, pero dejaron a un lado el tema.

Al final del «día» (tiempo de la nave, puesto que el Ochenta y ocho tenía un período de ocho horas y trece minutos), el trabajo estaba ya bien encarrilado. El transporte había tomado tierra cerca de una hilera de bajas colinas. El capitán seleccionó una pequeña depresión en forma de cuenco entre las colinas, de unos trescientos metros de largo por la mitad de ancho, en el cual establecer un campamento permanente. Debía ser habilitado con un techo por encima, sellado, y aprovisionado con una atmósfera.

En la colina entre la nave y el valle debían ser excavadas

las habitaciones: dormitorios, comedores, salas de oficiales, enfermería, sala de diversiones, oficinas, almacenes, y todo lo demás. Había que horadar un túnel que atravesara la colina, conectando los emplazamientos de estas salas, y conectándolo todo con un tubo metálico hermético de unos tres metros a la compuerta estanca lateral de la nave. Tanto el tubo como el túnel debían ser equipados con una cinta transportadora apta tanto para pasajeros como para carga.

Libby fue asignado a la construcción del techo. Ayudó a un forjador a trepar a la colina con un cortador atómico portátil, difícil de manejar debido a su masa de casi cuatrocientos kilos, aunque allí tan sólo pesaba siete. El resto del equipo asignado al techo se extendió y se preparó para trasladar a mano la enorme tienda translúcida que iba a convertirse en el «cielo» del pequeño valle.

El forjador localizó una marca en la ladera interior del valle, preparó su cortador, y empezó a hacer una profunda incisión horizontal en la roca. Mantuvo siempre el mismo nivel, siguiendo una marca de tiza hecha a lo largo de la pared de roca. Libby preguntó cómo el trabajo había sido efectuado tan rápidamente.

—Muy fácil —respondió el otro—. Dos de los jefes de equipo instalaron un teodolito de tránsito, lo elevaron hasta quince metros por encima del suelo del valle, y le conectaron un proyector lumínico. Luego uno de ellos corrió rápidamente por la ladera, haciendo marcas de tiza a la altura que señalaba el rayo de luz.

—¿Entonces el techo tendrá tan sólo quince metros de altura?

—No, en su parte más alta quizás alcance los treinta. Se combará hacia arriba en su parte central debido a la presión del aire.

—¿La presión normal de la Tierra?

—La mitad de esta.

Libby se concentró por un instante, luego pareció desconcertado.

—Pero mire... Este valle tiene trescientos metros de largo y más de ciento cincuenta de ancho. A la mitad de un kilo por centímetro cuadrado, y descontando el arco del techo, la presión resultante será de unos cuatrocientos cincuenta millones de kilos. ¿Qué tejido puede resistir tanto peso?

—La tela de araña.

—¿La tela de araña?

—Sí, la tela de araña. El tejido más fuerte del mundo, más fuerte que el mejor acero. Seda de araña sintética. La que utilizaremos para el techo posee una resistencia a la tensión de setecientos kilos por centímetro.

Libby vaciló durante un segundo, luego respondió:

—Entiendo. Con un contorno de unos siete mil metros, la tensión máxima en el punto de anclaje será de unos cien kilos por centímetro. Un margen de seguridad suficiente.

El forjador se inclinó sobre su herramienta y asintió.

—Algo así. Eres rápido en aritmética, ¿eh, chico?

Libby pareció sorprendido.

—Sólo que me gusta tener las cosas claras.

Trabajaron rápidamente en torno a la ladera, cortando un surco liso y regular al cual pudiera ser anclada y sellada la «tela de araña». La caliente lava blancuzca resultante de la descarga resbalaba lentamente colina abajo. Un vapor amarronado brotaba de la superficie de la roca fundida, se elevaba unos pocos centímetros y se solidificaba casi inmediatamente en el vacío en un polvo blanco que caía al suelo. El forjador señaló al polvo.

—Eso podría ocasionarnos silicosis, si lo dejáramos aquí y lo respiráramos más tarde.

—¿Y qué harán con él?

—Simplemente eliminarlo con los extractores de la planta de aire acondicionado.

Libby aprovechó aquella ocasión para hacer otra pregunta.

—Señor...

—Mi nombre es Johnson. Lo de señor no es necesario.

—Bien, Johnson, ¿de dónde sacaremos el aire para todo este valle, sin mencionar los túneles? Imagino que necesitaremos setecientos cincuenta mil metros cúbicos o más. ¿Lo fabricaremos?

—No, es demasiado complicado. Lo trajimos con nosotros.

—¿En el transporte?

—Ajá, a cincuenta atmósferas.

Libby pensó en ello.

—Entiendo, de esa forma hemos podido traerlo en un espacio de veinticuatro metros de ancho.

—De hecho se halla en tres recipientes construidos especialmente... gigantescas botellas de aire. Este transporte llevó aire a Ganimedes. Yo iba en él entonces... como recluta, pero también en el equipo de exterior.

En tres semanas el campamento permanente estuvo listo para ser ocupado, y el transporte aligeró su carga. Los almacenes quedaron llenos con herramientas y suministros. El capitán Doyle trasladó sus oficinas administrativas bajo tierra, trasladó el mando a su primer oficial, y le dio permiso para proceder a la «tarea asignada»... en este caso regresar a la Tierra con una exigua tripulación de mantenimiento.

Libby contempló como despegaba desde un punto privilegiado en la falda de la colina. Una nostalgia irresistible se apoderó de él. ¿Volvería alguna vez a casa? En aquel momento creía honestamente que hubiera cambiado el resto de su vida por treinta minutos con su madre y otros tantos con Betty.

Empezó a bajar la colina en dirección a la compuerta del túnel. Al menos el transporte llevaba cartas para ellas, y con un poco de suerte el capellán estaría pronto allí con cartas de la Tierra. Pero mañana y los días que siguieran no iban a ser divertidos. Le había gustado estar en el equipo de superficie, pero mañana debería volver a su propio grupo. No le seducía aquello... los chicos de su grupo eran estupendos, suponía, pero simplemente él no parecía encajar.

Su Compañía del Cuerpo de Construcción Cósmica inició su trabajo más importante: llenar el Ochenta y ocho con cohetes de tal modo que el capitán Doyle pudiera empujar aquella bola de ciento sesenta kilómetros fuera de su órbita y conducirla hasta una nueva órbita entre la Tierra y Marte, para ser utilizada como estación espacial... un refugio para naves en dificultades, un puerto para naves salvavidas, una estación de combustible, una avanzadilla naval.

Libby fue asignado como fundidor al pozo H-16. Su trabajo consistía en horadar los emplazamientos cuidadosamente calculados en los cuales el equipo de voladura colocaría luego las diminutas cargas que realizarían la mayor parte de la excavación. Dos grupos fueron asignados al H-16, bajo la supervisión general de un artillero ya mayor. El artillero permanecía sentado en el borde del pozo, con los planos en la mano, y haciendo ocasionalmente cálculos con una regla circular que colgaba de una correa alrededor de su cuello.

Libby acababa de completar un taladro triple para una voladura en tres fases, y estaba aguardando a los dinamiteros, cuando sus auriculares captaron las instrucciones del artillero relativas al tamaño de la carga. Pulsó su botón de transmisión.

—¡Señor Larsen! ¡Ya ha cometido usted un error!

—¿Quién ha dicho eso?

—Soy Libby. Se ha equivocado usted en la carga. Si hace estallar usted esta carga, volará completamente el pozo, y a nosotros con él.

El artillero de la marina Larsen manejó los diales de su regla de cálculo antes de responder.

—Te estás calentando la cabeza por nada, hijo. Esta carga es correcta.

—No, no es cierto, señor —intervino Libby—. Ha multiplicado usted, cuando debería haber dividido.

—¿Tienes alguna experiencia en este tipo de trabajo?

—No, señor.

Larsen dirigió su siguiente observación al equipo de voladura.

—Coloquen la carga.

Empezaron a hacerlo. Libby tragó saliva, y se humedeció los labios con la lengua. Sabía lo que tenía que hacer, pero tenía miedo. Dos frenéticos saltos lo colocaron al lado de los barreneros. Los empujó a un lado y arrancó los electrodos del detonador. Una sombra pasó por encima suyo mientras lo hacía, y Larsen flotó bajando hasta su lado. Una mano sujetó su brazo.

—No deberías haber hecho esto, hijo. Es desobediencia directa a las órdenes. Tendré que informar. —Empezó a conectar de nuevo el circuito.

Las orejas de Libby ardían por el azaramiento, pero contestó de nuevo con el valor de la timidez acorralada.

—Tenía que hacerlo, señor. Sigue estando usted equivocado.

Larsen se detuvo y clavó sus ojos en aquel terco rostro.

—Bueno... es una pérdida de tiempo, pero no quiero que te quedes al lado de una carga que te da miedo. Hagamos los cálculos juntos.

El capitán Doyle estaba cómodamente sentado en sus dependencias, con los pies sobre el escritorio. Miró a un vaso vacío que tenía cerca.

—Es una buena cerveza, Negruzco. ¿Cree que podremos fabricarla nosotros cuando se termine?

—No sé, capitán. ¿Trajimos levadura?

—Averígüelo, ¿quiere? —Se giró hacia el masivo hombre que ocupaba la tercera silla—. Bien. Larsen, me alegro de que no fuera peor de lo que fue.

—Lo que me preocupa, capitán, es cómo pude cometer un tal error. Lo comprobé dos veces. Si hubiera sido un explosivo a base de nitro, me hubiera enterado demasiado tarde que me había equivocado. Si ese chico no hubiera tenido un presentimiento, lo hubiera hecho estallar.

El capitán Doyle palmeó en el hombro al viejo oficial.

—Olvídelo, Larsen. Nadie hubiera resultado herido; es por eso por lo que exijo que los pozos sean evacuados hasta con cargas pequeñas. Esos explosivos isotópicos son un peligro incluso en el mejor de los casos. Mire lo que ocurrió en el pozo A-9. Diez días de trabajo perdidos por una carga, y el propio oficial artillero la había aprobado. Pero deseo ver a ese chico. ¿Cómo dijo que se llamaba?

—Libby, A. J.

Doyle pulsó un botón en su escritorio. Sonaron unos golpecitos en la puerta. Un sonoro «¡Adelante!» hizo que se asomara a la puerta un muchacho con el brazalete de asistente del Cuerpo.

—Haga que el recluta Libby se presente a mí.

—A la orden, señor.

Pocos minutos más tarde Libby era introducido en la cabina del capitán. Miró nerviosamente a su alrededor, y observó la presencia de Larsen, un hecho que no contribuyó a su paz mental. Se presentó con una voz casi inaudible:

—El recluta Libby, señor.

El capitán alzó la vista hacia él.

—Bueno, Libby, he oído que tú y el señor Larsen habéis tenido una diferencia de opinión esta mañana. Cuéntame algo de eso.

—Yo... no pretendía causar problemas, señor.

—Por supuesto que no. No has causado ningún problema; al contrario, nos has hecho un buen favor esta mañana. Cuéntame cómo supiste que los cálculos estaban mal. ¿Tienes alguna experiencia en minería?

—No, señor. Sólo me di cuenta de que se había equivocado en sus cálculos.

—¿Pero cómo?

Libby se agitó inquieto.

—Bueno, señor, simplemente me parecieron equivocados... no encajaban.

—Un segundo, capitán: ¿Puedo hacerle a este muchachito un par de preguntas? —era el comandante «Negruzco» Rhodes quien hablaba.

—Por supuesto. Adelante.

—¿Eres el muchacho al que llaman «Pulgarcito»?

Libby enrojeció.

—Sí, señor.

—He oído algunos rumores acerca de este muchacho. —Rhodes extirpó su corpulenta figura de su silla, se dirigió hacia una estantería, y tomó un grueso libro. Lo hojeó, luego, con el libro abierto ante él empezó a preguntarle a Libby.

—¿Cuál es la raíz cuadrada de noventa y cinco?

—Nueve como siete cuatro siete.

—¿Cuál es su raíz cúbica?

—Cuatro coma cinco seis tres.

—¿Cuál es su logaritmo?

—¿Su qué, señor?

—Buen Dios, ¿puede hoy en día un chico salir de la escuela sin saber lo que es un logaritmo?

El nerviosismo del muchacho se hizo más intenso.

—No tuve mucha ocasión de ir a la escuela, señor. Los míos no aceptaron el Convenio hasta que papá murió, y hasta entonces no pude ir.

—Entiendo. Un logaritmo es el nombre que se da a una potencia a la que tú elevas un número determinado, llamado la base, para obtener el número cuyo logaritmo es esa misma base. ¿Está claro?

Libby pensó intensamente.

—No acabo de comprenderlo, señor.

—Lo intentaré de nuevo. Si tú elevas diez a la segunda potencia, es decir al cuadrado, obtienes cien. Por tanto, el logaritmo de cien con base diez es dos. Del mismo modo, el logaritmo de mil en base diez es tres. Ahora, ¿cuál es el logaritmo de noventa y cinco?

Libby pareció desconcertado por un instante.

—No puedo decirlo con exactitud. Es una fracción.

—Ha de serlo.

—Entonces es uno coma nueve siete ocho... aproximadamente.

Rhodes se giró al capitán.

—Creo que esto lo prueba, señor.

Doyle asintió pensativamente.

—Sí, el muchacho parece poseer un conocimiento intuitivo de las relaciones aritméticas. Pero veamos qué otras cosas posee.

—Me temo que deberemos enviarlo de vuelta a la Tierra para averiguarlo adecuadamente.

Libby captó el significado de aquella última observación.

—Por favor, señor, ¿no me mandarán de vuelta a casa? Mi madre se enfadaría terriblemente conmigo.

—No, no, nada de eso. Cuando llegue su momento, tengo intención de hacer que te examinen en los laboratorios psicométricos. Mientras tanto, no me desprendería de ti ni por el doble de mi paga. Preferiría primero dejar de fumar. Pero veamos qué otras cosas puedes hacer.

Durante la siguiente hora el capitán y el oficial de derrota escucharon a Libby: uno, deducción del teorema de Pitágoras; dos, deducción de las leyes del movimiento de Newton y de las leyes de la balística de Kepler a partir de las mismas condiciones en que ellos las obtuvieron; tres, calcular longitudes, áreas y volúmenes por apreciación visual sin ningún error medible. Habían saltado a la idea de la relatividad y del continuo espacio-tiempo no rectilíneo, y Libby estaba empezando a desarrollar ideas más rápido de lo que podía expresarlas con palabras, cuando Doyle levantó una mano.

—Ya es suficiente, hijo. Vas a coger fiebre. Ahora vete a la cama, y ven a verme mañana por la mañana. Fuera de tu trabajo normal, quiero decir.

—Sí, señor.

—Por cierto, ¿cuál es tu nombre completo?

—Andrew Jackson Libby, señor.

—No, los tuyos no habrían firmado el Convenio. Buenas noches.

—Buenas noches, señor.

Cuando se hubo ido, los dos hombres discutieron su descubrimiento.

—¿Qué opina de esto, capitán?

—Bueno, es un genio, por supuesto... uno de esos talentos salvajes que aparecen una vez cada siglo. Voy a meterlo de lleno entre mis libros y a ver lo que ocurre. No me sorprendería que fuera capaz de leer también una página en un parpadeo.

—Lo que me sorprende es que lo hayamos descubierto entre esos chicos... y no entre los que uno encuentra normalmente en la Tierra.

Doyle asintió.

—Este es el problema con esos chicos. No se sienten necesitados.

El Ochenta y ocho recorría su órbita alrededor del sol a algunos millones de kilómetros de distancia del astro. Su superficie fue moteándose cada vez más, y las perforaciones fueron llenándose con durita, ese extraño producto sintético de laboratorio que (normalmente) puede resistir incluso la desintegración atómica. Luego el Ochenta y ocho recibió una serie de suaves palmadas, siempre por el lado contrario a su trayectoria. En unas pocas semanas, los cohetes hicieron su efecto y el Ochenta y ocho empezó a caer en una órbita en dirección al sol.

Cuando alcanzara su posición a una y tres décimos veces la distancia del sol a la órbita de la Tierra, sería situado mediante otra serie de palmadas en una órbita circular. A partir de entonces sería conocido como T-M3, la Estación Espacial Fija Tierra-Marte Tres.

A centenares de millones de kilómetros de distancia, otras dos compañías del Cuerpo de Construcción Cósmica estaban induciendo a otros dos planetoides a abandonar sus viejos rumbos y deslizarse hacia la Tierra y Marte para situarse en la misma órbita que el Ochenta y ocho. Se suponía que uno de ellos debía alcanzar su órbita a ciento veinte grados por delante del Ochenta y ocho, y el otro a ciento veinte grados por detrás. Cuando T-M1, T-M2 y T-M3 estuvieran todos en posición, ninguna nave que recorriera las espaciorrutas entre la Tierra y Marte se hallaría nunca demasiado lejos de tierra o de rescate.

Durante los meses en los cuales el Ochenta y ocho cayó libremente hacia el sol, el capitán Doyle redujo las horas de trabajo de sus hombres y los dedicó a la comparativamente más ligera tarea de edificar un hotel y convertir el pequeño valle techado en un jardín. La roca que formaba el suelo fue triturada, se aplicaron fertilizantes, y se plantaron cultivos de bacterias anaerobias. Luego se sembraron plantas, acondicionadas por más de treinta generaciones de baja gravedad en Luna City, y recibieron los más tiernos cuidados. Excepto por su baja gravedad, el Ochenta y ocho empezó a parecerse al hogar.

Pero cuando el Ochenta y ocho se aproximó en tangente a la hipotética futura órbita de T-M3, la compañía regresó a la rutina de maniobra, guardia sí guardia no, con el capitán viviendo de café cargado y echando cabezadas en la sala de control.

Libby fue asignado al ordenador balístico, tres toneladas de metal pensante que dominaba la sala de control. Le gustaba aquella enorme máquina. El Jefe de Control de Fuego le dejó que le ayudara en los ajustes y que cuidara de él.

Subconscientemente, Libby pensaba en él como si fuera una persona... una persona parecida a él mismo.

El último día de la aproximación, las sacudidas fueron más frecuentes. Libby estaba sentado en el asiento de la derecha del ordenador, y anunciaba en voz alta las predicciones para la siguiente salva, mientras se deleitaba con la precisión con que operaba la máquina. El capitán Doyle iba arriba y abajo nerviosamente, deteniéndose ocasionalmente para mirar por encima del hombro del oficial de derrota. Por supuesto, las cifras eran correctas, pero ¿y si la cosa fallaba? Nadie había movido antes una masa tan enorme. Supongamos que sigue adelante, y adelante... y adelante. ¡Tonterías! No podía. Pero se sentiría muy feliz cuando hubieran rebasado la velocidad crítica.

Un ordenanza le tocó el codo.

—Un helio de la Nave Insignia, señor.

—Léalo.

—Insignia a Ochenta y ocho; mensaje privado, capitán Doyle; espero verle triunfar en toda la línea. Kearney.

Doyle sonrió. Un detalle de la vieja momia. Una vez estuvieran estables en su posición, invitaría al almirante a tierra para cenar juntos y mostrarle el parque.

Otra salva estremeció el planetoide, más fuerte que todas las anteriores. La sala tembló violentamente. En un momento empezaron a llegar los informes de los observadores de superficie.

—¡Tubo nueve, correcto! ¡Tubo diez, correcto!

De pronto, la voz de Libby cesó.

El capitán Doyle se giró hacia él.

—¿Qué ocurre, Libby? ¿Te has quedado dormido? Llama a la estación polar. Necesito tener un paralaje.

—Capitán... —la voz del muchacho era débil y temblorosa.

—¡Habla, hombre!

—Capitán... la máquina ha dejado de funcionar.

—¡Spiers! —la grisácea cabeza del Jefe Controlador de Fuego apareció de detrás del ordenador.

—Estoy en ello, señor. Déme un minuto de tiempo.

Desapareció de nuevo. Tras un par de largos minutos reapareció.

—Los giroscopios han saltado. Se necesitarán como mínimo doce horas de trabajo para calibrarlos de nuevo.

El capitán no dijo nada, pero se giró y anduvo hasta la parte más alejada de la sala. El oficial de derrota lo siguió con los ojos. Allí se giró, miró al cronómeno, y se dirigió al oficial de derrota.

—Bien, Negruzco, si no tenemos esos datos de fuego en siete minutos nos vamos a pique. ¿Alguna sugerencia?

Rhodes agitó la cabeza sin decir nada.

Tímidamente, Libby alzó la voz.

—Capitán...

Doyle se giró en redondo.

—¿Sí?

—Los datos de fuego son: tubo trece, siete punto seis tres; tuvo doce, seis punto nueve cero; tubo catorce, seis punto ocho nueve.

Doyle estudió su rostro.

—¿Estás seguro de eso, hijo?

—*Tiene* que ser así capitán.

Doyle permaneció un tiempo perfectamente inmóvil. Aquella vez no miró a Rhodes, sino directamente al frente. Luego dio una larga chupada a su cigarrillo, miró la ceniza, y dijo con voz firme:

—Apliquen los datos. Fuego a la señal.

Cuatro horas más tarde, Libby seguía desgranando datos de fuego, con el rostro grisáceo y los ojos cerrados. Se había desvanecido una vez, pero cuando lo reanimaron siguió murmurando cifras. De tanto en tanto el capitán y el oficial de derrota se relevaban, pero no había relevo para él.

Las salvas fueron sonando más seguidas, pero las sacudidas eran menores.

Tras una salva muy débil, Libby miró hacia arriba, con los ojos clavados en el techo, y dijo:

—Eso es todo, capitán.

—¡Llamen a las estaciones polares!

Los informes llegaron rápidamente:

—Paralaje constante, relación solar constante.

El capitán se dejó caer en una silla y se relajó.

—Bueno, Negruzco, lo hicimos... ¡gracias a Libby! —Entonces se dio cuenta de que una expresión pensativa y preocupada se extendía por el rostro de Libby—. ¿Qué ocurre, muchacho? ¿Lo hemos hecho mal?

—Capitán, ¿recuerda lo que dijo el otro día acerca de que le gustaría tener una gravedad terrestre normal en el parque?

—Sí. ¿Qué hay con ello?

—Si aquel libro de gravitación que me dejó usted no se equivoca, creo que sé la forma de conseguirlo.

El capitán se lo quedó mirando como si lo viera por primera vez.

—Libby, has dejado de sorprenderme. ¿Puedes dejar de hacer funcionar esa cabeza tuya el tiempo suficiente como para cenar con el almirante?

—¡Oh, capitán, eso sería maravilloso!

El círculo audio de Comunicaciones les interrumpió.

—Un helio de la Nave Insignia: «Bien, hecho, Ochenta y ocho.»

Doyle sonrió a todos los que le rodeaban.

—Es una agradable confirmación.

El audio sonó de nuevo.

—Helio de la Nave Insignia: «Cancelen último mensaje; aguarden corrección.»

Una expresión de sorpresa y preocupación ensombreció el rostro de Doyle... luego el audio continuó:

—Helio de la Nave Insignia: «Bien hecho, T-M3.»

LOS HIJOS DE MATUSALEN

PRIMERA PARTE

1

—¡Mary Sperling, eres una estúpida si no te casas con él!

Mary Sperling sumó sus pérdidas y extendió un cheque antes de contestar.

—Hay mucha diferencia de edad. —Le entregó a la otra el documento de crédito—. No volveré a jugar contigo... a veces pienso que eres una sensitiva.

—¡Tonterías! Estás simplemente intentando cambiar de tema. Debes estar rondando la treintena... y no vas a seguir siendo hermosa siempre.

Mary sonrió ligeramente.

—¡Eso ya lo sé!

—Bork Vanning no puede tener mucho más de cuarenta años, y además es un ciudadano notable. Deberías saltar sobre esa oportunidad.

—Salta tú sobre ella. Ahora debo irme. Servicio, Ven.

—Servicio —respondió Ven, luego frunció el ceño junto a la puerta cuando ésta se contrajo tras Mary Sperling. La intrigaba saber el porqué Mary no quería casarse con un partido tan de primera línea como el Honorable Bork Vanning, y se sentía casi tan curiosa o más por saber adónde se dirigía Mary ahora, pero el respeto a la intimidad la contuvo.

Mary no tenía intención de dejar que nadie supiera adónde se dirigía. Una vez fuera del apartamento de su amiga, se dejó caer por el tubo hasta el sótano, pidió su coche al robopark, lo condujo rampa arriba y dispuso los controles rumbo a la Playa Norte. El coche aguardó a que hubiera un hueco en el tráfico, luego penetró en el carril de gran velocidad y puso rumbo al norte. Mary se recostó para echar una cabezada.

Cuando hubo transcurrido el tiempo programado, el coche emitió un pitido pidiendo instrucciones; Mary despertó y miró afuera. El lago Michigan era una oscura franja de negrura a su derecha. Hizo señas al control de tráfico pidiendo permiso para entrar en la zona de tráfico local; este trasladó automáticamente el coche a la zona pedida, y luego dejó a su conductora que reasumiera el control. Mary rebuscó algo en la guantera.

El número de la licencia que había fotografiado automáticamente el control de tráfico cuando ella abandonó la zona de control no era el mismo que el coche había estado llevando antes.

Siguió una carretera secundaria sin controlar a lo largo de varios kilómetros, giró hacia un camino estrecho y polvoriento que conducía a la orilla del lago, y se detuvo. Aguardó allí, con las luces apagadas, y escuchó. Hacia el sur, las luces de Chicago brillaban; a unos pocos cientos de metros tierra adentro, los controles de carretera zumbaban, pero allá donde estaba ella ahora no se oía nada excepto los ruiditos tímidos de las criaturas nocturnas. Rebuscó de nuevo en la guantera, giró un conmutador; el panel de instrumentos resplandeció, descubriendo otros diales tras él. Los estudió mientras hacía algunos ajustes. Satisfecha de que el radar no la estuviera observando y de que no hubiera nada moviéndose cerca de ella, apagó los instrumentos, selló las ventanillas laterales y se puso de nuevo en marcha.

Lo que parecía ser un coche deportivo Camden standard se elevó silenciosamente, avanzó por encima del lago, levantando espuma bajo él... y luego penetró en el agua y se hundió. Mary aguardó hasta que estuvo a cuatrocientos metros de la orilla y a quince metros de profundidad, y entonces llamó a la estación.

—Responda —dijo una voz.

—«La vida es corta...»

—«...pero los años son largos.»

—«No» —respondió Mary— «mientras los días malos no lleguen».

—A veces me lo pregunto —respondió la voz en tono conversacional—. De acuerdo Mary. Te tenemos en control.

—¿Tommy?

—No... Cecil Hedrick. ¿Estás preparada?

—Sí. Adelante.

Diecisiete minutos más tarde el coche emergía en un estanque que ocupaba gran parte de una caverna artificial. Cuando el coche alcanzó la orilla, Mary salió, saludó a los guardias y penetró a través de un túnel en una amplia habitación subterránea donde se hallaban ya sentados unos cincuenta o sesenta hombres y mujeres. Charló con algunos de ellos hasta que un reloj anunció la medianoche, luego subió a un estrado y les hizo frente.

—Tengo —proclamó— ciento ochenta y tres años de edad. ¿Hay alguien aquí que sea más viejo?

Nadie habló. Tras una conveniente espera, prosiguió:

—Entonces, de acuerdo con nuestras costumbres, declaro abierta esta reunión. ¿Desean elegir un moderador?

Alguien dijo:

—Adelante, Mary.

Cuando comprobó que nadie más hablaba, Mary siguió:

—Muy bien. —Parecía indiferente al honor, y el grupo parecía compartir su actitud casual... un aire de no apresurarse nunca, de total libertad ante la tensión de la vida moderna—. Nos reunimos como de costumbre —anunció—, para discutir nuestro bienestar y el de nuestras hermanas y hermanos. ¿Trae algún representante de alguna familia un mensaje de los suyos? ¿O desea alguien hablar por sí mismo?

Un hombre llamó su atención y tomó la palabra.

—Ira Weatheral, hablando por la Familia Johnson. Nos

encontramos hará aproximadamente dos meses. Los depositarios tienen que tener alguna razón. Oigámosles.

Ella asintió y se giró hacia un hombrecillo de aspecto formal que se hallaba en la primera fila.

—Justin... si tiene la bondad, por favor.

El hombrecillo se levantó y se inclinó rígidamente. Sus flacos miembros se adivinaban claramente bajo su traje de corte vulgar. Tenía el aspecto y actuaba como un viejo y resabiado mayordomo, pero su cabello negro y el firme y saludable tono de su piel indicaban que era un hombre en plena juventud.

—Justin Foote —dijo con precisión—, informando en nombre de los depositarios. Hace once años desde que las Familias decidieron efectuar la experiencia de dejar que el público supiera que había, viviendo entre ellos, personas que poseían unas posibles expectativas de vida mucho más largas de lo que se suponía era el promedio humano, así como el hecho de que existían otras personas que habían probado la verdad científica de tales expectativas habiendo vivido más del doble de la vida normal de los seres humanos.

Aunque hablaba sin ninguna nota delante, sonaba como si estuviera leyendo en voz alta un informe cuidadosamente preparado. Todos sabían lo que estaba diciendo, pero nadie le insinuó que se lo saltara; su audiencia no tenía en absoluto la febril impaciencia tan común en otros lugares.

—Al decidir —prosiguió— eliminar la anterior política tanto tiempo mantenida de silencio y ocultación con respecto al aspecto peculiar por el cual nos diferenciamos de la genealidad de la raza humana, las Familias estaban movidas por varias consideraciones. La razón de la adopción original de esa política de ocultación debe ser anotada:

»Los primeros resultados aparecidos de las uniones asistidas por la Fundación Howard nacieron en 1875. No levantaron ningún comentario, puesto que no eran notables en ningún aspecto. La Fundación era una corporación abiertamente benéfica y sin beneficios de ninguna clase...

El 17 de marzo de 1874, Ira Johnson, estudiante de medicina, se sentó en las oficinas de los abogados Deems, Wingate, Alden & Deems y escuchó una proposición poco usual. Finalmente, interrumpió al más anciano de sus interlocutores.

—¡Un momento! ¿Debo entender que está usted intentando *alquilarme* para casarme con una de esas mujeres?

El abogado pareció sorprendido.

—Por favor, señor Johnson. En absoluto.

—Bueno, pues realmente suena así.

—No, no, un tal contrato sería nulo, iría contra las costumbres públicas. Simplemente le estamos informando, como administradores de un trust, que sería interesante *para usted* casarse con alguna de las jóvenes damas de esta lista, y que nosotros nos sentiríamos encantados de dotar a cada hijo nacido de esta unión con una suma de acuerdo con la escala que le hemos mostrado. Pero esto no involucra ningún tipo de contrato con nosotros, ni le hacemos ninguna clase de «proposición»... y naturalmente no le coaccionamos para que efectúe ninguna acción determinada. Simplemente le estamos informando de algunos hechos.

Ira Johnson frunció el ceño y se puso nerviosamente en pie.

—¿Entonces qué significa todo esto? ¿Por qué?

—Esta es la finalidad de la Fundación. Además, cuenta con la aprobación de los abuelos de usted.

—¿Han discutido este asunto con ellos? —dijo Johnson secamente. No sentía ningún afecto hacia sus abuelos. Dos parejas tacañas... si tenían la amabilidad de morirse a una edad razonable no tendría que preocuparse por el dinero hasta que terminara sus estudios de medicina.

—Hemos hablado con ellos, sí. Pero no acerca de usted.

El abogado dio por terminada cualquier posible discusión ulterior, y el joven Johnson aceptó de mala gana una lista de mujeres jóvenes, todas ellas desconocidas, con la intención de romperla desde el momento mismo en que estuviera fuera de aquella oficina. En vez de ello, sin embargo, aquella noche escribió siete borradores antes de redactar la carta definitiva con la cual tenía intención de empezar a enfriar las relaciones entre él y su novia allá en su ciudad natal. Se sentía feliz de no haber planteado nunca seriamente la cuestión del matrimonio con ella... las cosas hubieran sido extremadamente penosas.

Cuando finalmente se casó (con una de las chicas de la lista), le pareció una curiosa aunque no notable coincidencia que tanto él como su mujer vivieran una larga, saludable y activa vida como abuelos.

—...una corporación abiertamente benéfica, sin beneficios de ninguna clase —continuó Foote—, cuyo declarado propósito de estimular los nacimientos entre personas saludables de la gran reserva americana estaba en consonancia con las costumbres de aquel siglo. Por el simple expediente de mantener la boca cerrada acerca del verdadero propósito de la Fundación, no fueron necesarios métodos no habituales de ocultación hasta finales de aquel período, durante las Guerras Mundiales llamadas a veces comúnmente como «los años locos»...

Titulares seleccionados de abril a junio de 1969:

NIÑO HACE SALTAR LA BANCA
Un niño de dos años vencedor de un millón de dólares en un concurso de televisión
La Casa Blanca telefonea felicitándole

LOS TRIBUNALES ORDENAN LA VENTA DEL EDIFICIO DE LA CAMARA LEGISLATIVA
El Tribunal Supremo de Colorado decreta que las pensiones de los ancianos tienen prioridad sobre las propiedades del Estado

LA JUVENTUD DE NUEVA YORK EXIGE EN UN MITIN UNOS LIMITES SUPERIORES DE LOS DERECHOS POLITICOS

LOS INDICES DE NATALIDAD DE LOS ESTADOS UNIDOS DECLARADOS «ALTO SECRETO»

LA POLICIA DEL CONGRESO DE CAROLINA CORONA A UNA REINA DE BELLEZA
«Dispuesta a llegar a Presidente», anuncia ella mientras inicia una gira para exhibir sus calificaciones

IOWA ELEVA LA EDAD MINIMA PARA VOTAR A CUARENTA Y UN AÑOS
Tumultos en el campus de Des Moines

LOS COMEDORES DE TIERRA AVANZAN HACIA EL OESTE: UN PARROCO DE CHICAGO SE TOMA UN BOCADILLO DE ARCILLA EN EL PULPITO
«Hay que volver a las cosas sencillas», anuncia a su congregación

LA POBLACION ESTUDIANTIL DE LOS ANGELES DESAFIA AL CLAUSTRO UNIVERSITARIO
Mayores subvenciones, menos horas lectivas, no deberes en casa... Exigimos nuestro derecho a elegir a los profesores y catedráticos

EL INDICE DE SUICIDIOS AUMENTA POR NOVENO AÑO CONSECUTIVO
La Comisión de Energía Atómica niega que pueda culparse a precipitaciones radiactivas en la atmósfera

—...«los años locos». Los depositarios de aquel entonces decidieron, correctamente, creemos, que cualquier minoría durante aquel período de desorientación semántica e histeria de masas sería un blanco probable a la persecución, legislación discriminatoria, e incluso violencia revolucionaria. Más adelante, la alterada situación financiera del país y en particular el cambio de actitud del gobierno sobre las seguridades de los trust amenazaron la solvencia del trust.

«Fueron adoptados dos tipos de acción: las inversiones de la Fundación fueron convertidas en riqueza tangible y distribuidas ampliamente entre los miembros de las Familias para ser conservadas por ellos en usufructo; y la autodenominada «Mascarada» fue adoptada como política permanente. Fueron hallados medios de simular la muerte de cualquier miembro de las Familias que viviera hasta una edad socialmente embarazosa y de proporcionarle una nueva identidad en otra parte del país.

»La sabiduría de esta última política, aunque fastidiosa para algunos, se hizo evidente en el acto durante el Interregno de los Profetas. Las Familias, al principio del reinado del Primer Profeta, tenían el noventa y siete por ciento de sus miembros con edades públicamente declaradas de menos de cincuenta años. El registro público obligado por la policía secreta de los Profetas hizo que los cambios de identidad pública resultaran dificultosos, aunque unos pocos fueron realizados con ayuda de la Cábala revolucionaria.

»Así, una combinación de suerte y previsión salvó a nuestro secreto de ser divulgado públicamente. Eso fue bueno... podemos estar seguros de que las cosas hubieran ido bastante mal por aquellos tiempos para cualquier grupo que poseyera un bien más allá del poder de confiscación del Profeta.

»Las Familias no tomaron parte en los acontecimientos que condujeron a la Segunda Revolución Americana, pero varios miembros participaron y sirvieron con sus créditos en la Cábala y en la lucha que precedió a la caída de Nueva Jerusalén. Aprovechamos la ventaja del período de desorganización que siguió para el reajuste de las edades de algunos de nosotros, que habían aumentado sospechosamente. En ello fuimos ayudados por algunos miembros de las Familias que, como miembros de la Cábala, gozaban de puestos clave en la Reconstrucción.

»Se argumentó por parte de muchos, en la asamblea de las Familias de 2075, el año del Convenio, que deberíamos revelarlos por nosotros mismos, puesto que la libertad civil había sido firmemente restablecida. La mayoría no estuvo de acuerdo en aquel momento... quizá debido a largos hábitos de secreto y precaución. Pero el renacimiento de la cultura en los siguientes cincuenta años, el firme crecimiento de la tolerancia y las buenas maneras, el giro semántico de la orientación de la educación, el creciente respeto a la costumbre de la intimidad y a la dignidad del individuo... todo esto nos condujo a creer que finalmente había llegado el momento en que empezaba a ser seguro revelar nuestra condición y tomar nuestro lugar de derecho como una singular pero no obstante respetada minoría en la sociedad.

»Hubo razones compulsivas para realizar esto. El aumento del número de nosotros que consideraban la «Mascarada» socialmente intolerable en una nueva y mejor sociedad. No tan sólo era perturbador arrancarnos de nuestras raíces y buscar un nuevo entorno cada pocos años, sino que parecía casi un delito tener que mentirle a una sociedad que era francamente honesta y leal en sus relaciones con los demás. Por otro lado, las Familias, como grupo, habían aprendido muchas cosas a través de nuestras investigaciones en el campo de las ciencias biológicas, cosas que podían ser de un gran beneficio para nuestros pobres hermanos de corta vida. Necesitábamos libertad para poder ayudarles.

»Esas y parecidas razones fueron sujetas a discusión. Pero la reanudación de la costumbre de una positiva identificación física hizo la «Mascarada» casi insostenible. Bajo la nueva orientación, un ciudadano sano y pacífico recibe con agrado una identificación positiva bajo apropiadas circunstancias aunque siga estando celoso de su derecho a la intimidad en todas las demás circunstancias... así que no nos atrevimos a objetar; aquello hubiera despertado la curiosidad, señalándonos como un grupo excéntrico, puesto aparte, y como consecuencia hubiera frustrado toda la finalidad de la «Mascarada».

»Nos sometimos necesariamente a la identificación personal. En la época de la asamblea de 2125, hace once años, se había vuelto extremadamente difícil falsificar nuevas identidades por el número siempre en aumento de nuestras edades públicas incompatibles con nuestra apariencia personal; decidimos el experimento de dejar que voluntarios de nuestro grupo, hasta un diez por ciento del total de miembros de las Familias, se revelaran por su propia voluntad y observaran las consecuencias, mientras los demás mantenían todos los demás secretos de la organización de las Familias.

»Los resultados fueron lamentablemente distintos a nuestras expectativas.

Justin Foote hizo una pausa. El silencio se rompió durante un momento cuando un hombre fornido de mediana estatura tomó la palabra. Su cabello era ligeramente gris, algo poco habitual en aquel grupo, y su rostro estaba curtido por el espacio. Mary Sperling lo había observado ya y se había preguntado quién sería... sus vivas facciones y su personalidad la habían interesado. Pero cualquier miembro era libre de asistir a los cónclaves del consejo de las Familias; no había vuelto a pensar más en él.

Dijo:

—Vamos, hable ya, Jovencito. ¿Cuál es su informe?

Foote respondió desde su silla.

—Nuestro psicométrico más antiguo hará el balance del informe. Mis observaciones eran un preámbulo.

—Por el amor de... —exclamó el desconocido del pelo gris—. Jovencito, ¿pretende quedarse aquí y admitir que todo lo que tiene que decir son cosas que ya todos conocemos?

—Mis observaciones eran un fundamento... y mi nombre es Justin Foote, no «Jovencito».

Mary Sperling cortó fríamente la discusión.

—Hermano —le dijo al desconocido—, puesto que se está dirigiendo usted a las Familias, ¿será tan amable de dar primero su nombre? Lamento decir que no le reconozco.

—Lo siento, Hermana. Lazarus Long, hablando por sí mismo.

Mary agitó la cabeza.

—Sigo sin situarle.

—Lo siento de nuevo... es un nombre de «Mascarada» que tomé en tiempos del Primer Profeta... me gustó. Mi nombre de Familia es Smith... Woodrow Wilson Smith.

—Woodrow Wilson Sm... *¿qué edad tiene?*

—¿Eh? Bueno, pensaba decirlo más tarde. Cien... no, doscientos... treinta años. Sí, eso es, doscientos treinta.

Hubo un repentino y completo silencio. Luego Mary dijo suavemente:

—¿No me oyó preguntar si había alguien mayor que yo?

—Sí. Pero caramba, hermana, lo estaba haciendo usted tan bien. No he acudido a ninguna reunión de las Familias desde hace más de un siglo. Se han producido algunos cambios.

—Le pido que venga hasta aquí y ocupe mi lugar. —Se dispuso a abandonar la plataforma.

—¡Oh, no! —protestó él. Pero ella no le prestó atención y buscó una silla. El miró a su alrededor, se alzó de hombros y subió al estrado. Sentándose de lado sobre una esquina de la mesa, anunció:

—Bien, sigamos con lo que íbamos. ¿Quién es el siguiente?

Ralph Schultz, de la Familia Schultz, parecía más un banquero que un psicométrico. No tenía nada de tímido ni de despistado, y poseía una forma llana y directa de decir las cosas que despertaba un sentimiento de autoridad.

—Yo formé parte del grupo que propuso terminar con la «Mascarada». Estaba equivocado. Creía que la gran mayoría de nuestros conciudadanos, mejor preparados bajo los modernos métodos educacionales, podrían evaluar cualquier dato sin una excesiva alteración emocional. Anticipé que un cierto número de gente anormal podría mostrar su desagrado hacia nosotros, incluso odiarnos; hasta predije que la mayoría nos envidiaría... cualquiera que goza de la vida desearía vivir mucho tiempo. Pero no anticipé ningún problema serio. Las modernas actitudes han ido muy lejos con las fricciones interraciales; cualquiera que aún exhiba prejuicios raciales se siente avergonzado de proclamarlo. Creí que nuestra sociedad era lo suficientemente tolerante como para que nosotros pudiéramos vivir pacífica y abiertamente con los de corta vida.

»Estaba equivocado.

»El negro odiaba y envidiaba al hombre blanco tanto tiempo como el hombre blanco gozara de privilegios vedados a los negros por razones de su color. Era una reacción sana y normal. Cuando la discriminación fue extirpada, el problema se resolvió por sí mismo y se produjo una asimilación cultural. Hay una tendencia similar por parte de los de vida corta a envidiar a los de vida larga. Asumimos que esta reacción esperada no sería de una gran importancia social en la mayoría de la gente, una vez quedara claro que debíamos nuestra peculiaridad a nuestros genes... ni virtud ni defecto de nosotros mismos, sino tan sólo buena suerte en nuestros antepasados.

»Pero tan sólo fue un pensamiento bienintencionado. En retrospectiva es fácil ver que la correcta aplicación del análisis matemático a los datos nos hubiera proporcionado una respuesta muy diferente, hubiera puesto en evidencia la falsa analogía. No defiendo el error de apreciación, no hay defensa posible. Simplemente, confiamos demasiado en nuestras esperanzas.

»Lo que ocurrió realmente fue esto: mostramos a nuestros primos de corta vida el mayor don que le es posible imaginar a cualquier ser humano... y luego les dijimos que nunca sería para ellos. Eso les enfrentó con un dilema insoluble. Rechazaron los intolerables hechos, se negaron a creernos. Ahora su envidia se convierte en odio, con una convicción emocional de que nosotros les estamos privando de sus derechos... deliberadamente, maliciosamente.

»Este creciente odio se ha desarrollado ahora en una corriente que amenaza el bienestar e incluso las vidas de todos nuestros hermanos que se han revelado... y que es potencialmente peligrosa también para el resto de nosotros. El peligro es muy grande y muy urgente. —Se sentó con brusquedad.

Se lo tomaron con calma, con la costumbre de años de no apresurarse por nada. Casi inmediatamente una delegada se puso en pie.

—Eve Barstow, de la Familia Cooper. Ralph Schultz, tengo ciento diecinueve años, más, creo, de los que tiene usted. No poseo su talento para las matemáticas y el comportamiento humano, pero he conocido a un montón de gente. Los seres humanos son básicamente buenos y gentiles y amables. Oh, tienen sus debilidades, pero la mayoría de ellos son lo suficientemente decentes si una les proporciona la menor posibilidad. No puedo creer que me odien y quieran destruirme simplemente porque he vivido mucho tiempo. ¿Qué tiene que decir al respecto? Ha admitido ya un error... ¿por qué no admite dos?

Schultz la miró serenamente y se arregló sus ropas.

—Tiene razón, Eve. Puedo equivocarme fácilmente de nuevo. Este es el problema con la psicología; es una temática tan terriblemente compleja, con tantas incógnitas, tantas relaciones implicadas, que nuestros mejores esfuerzos parecen a veces estúpidos a la luz de los hechos posteriores. —Se puso en pie de nuevo, hizo frente a los demás, y habló de nuevo con llana autoridad—. Pero esta vez no estoy haciendo una predicación a largo término; estoy hablando de hechos, no suposiciones, no expectativas... y con esos hechos una predicción a corto término es como predecir que un huevo se romperá si uno ve que está cayendo en dirección al suelo. Pero Eve tiene razón... en cierto modo. Los individuos *son* considerados y decentes... como individuos y en relación a otros individuos. Eve no está en peligro por parte de sus vecinos y amigos, y yo no estoy en peligro por parte de los míos. Pero ella está en peligro por parte de *mis* vecinos y amigos... y yo por parte de los suyos. La psicología de masas no es simplemente una acumulación de las psicologías individuales; este es un teorema básico de la psicodinámica social... no tan sólo mi opinión; nunca se ha hallado ninguna excepción a este teorema. Es la regla de la acción social de las masas, la ley de la histeria colectiva, conocida y utilizada por los líderes militares, políticos y religiosos, por los publicistas y los profetas y propagandistas, por los agitadores y actores y jefes de bandas, a lo largo de generaciones, antes de que fuera formulada a través de símbolos matemáticos. Funciona. Está funcionando ahora.

»Mis colegas y yo empezamos a sospechar que se estaba desarrollando una tendencia hacia la histeria colectiva contra nosotros hace ya varios años. Nos trajimos nuestras sospechas al consejo para actuar porque no podíamos probar nada. Lo que observamos entonces podía haber sido simplemente el murmurar de la alocada minoría presente siempre incluso en la más sana sociedad. La tendencia era al principio tan pequeña que no podíamos estar seguros de que existiera, puesto que todas las tendencias sociales se hallan entremezcladas con otras tendencias sociales, enmarañadas todas juntas como un plato de spaghetti... peor que eso, puesto que toman un espacio topológico abstracto de muchas dimensiones (diez o doce no dejan de ser comunes y son difícilmente adecuadas) para describir matemáticamente la interrelación de las fuerzas sociales. No puedo exagerar la importancia de la complejidad del problema.

»Así que aguardamos y nos preocupamos e intentamos efectuar muestreos estadísticos, estableciendo nuestros universos estadísticos con el mayor cuidado.

»Cuando estuvimos seguros, ya era casi demasiado tarde. Las tendencias sociopsicológicas crecen o mueren según la ley del «crecimiento de la levadura», una compleja ley de poder. Continuamos esperando que otros factores favorables pudieran invertir la tendencia... el trabajo de Nelson en simbiótica, nuestras propias contribuciones geriátricas, el gran interés público en la apertura de los satélites jovianos a la inmigración. Cualquier pensamiento rupturista de una más larga vida y una mayor esperanza a los de vida corta podía terminar con el resentimiento latente contra nosotros.

»Sin embargo, ese rescoldo latente se ha convertido en una llamarada, en un incontrolable fuego forestal. Por lo que hemos podido medir, el índice se ha duplicado en los últimos treinta y siete días, y el propio índice se está acelerando. No puedo imaginar cuán lejos llegará o cuán rápido... y es por eso por lo que hemos solicitado esta sesión de emergencia. Porque podemos esperar problemas en cualquier momento. —Se sentó bruscamente, con aspecto cansado.

Eve no discutió nuevamente con él, ni nadie tomó su lugar en la discusión; Ralph Schultz no sólo estaba considerado como un experto en su propio campo, sino que todos ellos también, cada cual desde su propio punto de vista, habían visto los aspectos más evidentes de la tendencia elevándose contra sus allegados revelados. Pero, aunque su aceptación del problema era unánime, había muchas opiniones acerca de lo que había que hacer entre los presentes. Lazarus dejó que la discusión prosiguiera a lo largo de otras dos horas antes de levantar una mano.

—No estamos yendo a ningún lado —hizo notar—, y parece como si no fuéramos a llegar a ningún lado esta noche. Déjenme echarle un vistazo de conjunto al problema, resaltando las principales cosas que podemos hacer:

«Podemos... —empezó a llevar la cuenta con los dedos— no hacer nada, quedarnos quietos y ver lo que ocurre.

»Podemos terminar enteramente con la "Mascarada", revelar a todos nuestros miembros, y exigir políticamente nuestros derechos.

»Podemos permanecer quietos en la superficie y utilizar nuestra organización y dinero para proteger a nuestros hermanos revelados, quizás arrastrarlos de nuevo a la "Mascarada".

»Podemos revelarnos todos nosotros y pedir un lugar que colonizar donde podamos vivir por nuestros propios medios.

»O podemos hacer algo más. Sugiero que todos ustedes hagan sus propios planes de acuerdo con esos cuatro principales puntos de vista... digamos en las esquinas de esta sala, empezando según el movimiento de las agujas del reloj en aquel rincón de la derecha... con cada grupo estableciendo un plan y estudiándolo para someterlo a las Familias. Y aquellos de ustedes que no estén a favor de ninguna de estas cuatro ideas permanezcan reunidos en el centro de la sala y empiecen a rumiar en qué es exactamente lo que deben pensar al respecto. Ahora, si no hay ninguna objeción, declaro esta reunión aplazada hasta mañana a medianoche. ¿De acuerdo?

Nadie dijo nada. La versión modernizada del procedimiento parlamentario que había bosquejado Lazarus Long les había sorprendido en cierta forma; estaban acostumbrados a las largas y tranquilas discusiones hasta que se hacía evidente que un punto de vista alcanzaba la unanimidad. Hacer las cosas apresuradamente era algo chocante para ellos.

Pero la personalidad del hombre era poderosa, sus años le daban prestigio, y su ligeramente arcaica forma de hablar se añadía a su patriarcal autoridad; nadie discutió.

—De acuerdo —anunció Lazarus, dando una palmada—. La asamblea queda aplazada hasta mañana por la noche. —Bajó de la plataforma.

Mary Sperling se dirigió hacia él.

—Me gustaría conocerle mejor —dijo, mirándole directamente a los ojos.

—Seguro, Hermana. ¿Por qué no?

—¿Se va a quedar para la discusión?

—No.

—¿Puede venir a casa conmigo?

—Me encantaría. No tengo negocios urgentes en ningún lugar.

—Vamos entonces. —Lo condujo a través del túnel hasta el estanque subterráneo que conectaba con el lago Michigan. El abrió mucho los ojos ante el pseudo-Camden, pero no dijo nada hasta que estuvieron sumergidos.

—Tiene un hermoso coche.

—Sí.

—Posee algunas características poco habituales.

Ella sonrió.

—Sí. Entre otras cosas, estalla, más bien ruidosamente, si alguie intenta hurgar en él.

—Estupendo. —Añadió—. ¿Es usted ingeniero de diseño, Mary?

—¿Yo? ¡Cielos, no! No este siglo pasado, al menos, y no tengo el menor interés de dedicarme a estas cosas. Pero puede obtener un coche modificado al estilo de este a través de las Familias, si desea uno. Hable con...

—No importa. No necesito uno. Sólo que me gustan los juguetes que son diseñados para funcionar tan fácil y eficientemente. Debe haber un buen cerebro detrás de este.

—Sí. —Ella estaba atareada en aquel momento, saliendo a la superficie, comprobando el radar, y dirigiéndose a la orilla sin atraer la atención.

Cuando llegaron a su apartamento ella puso tabaco y bebida cerca de él, luego se retiró a su dormitorio, se quitó sus ropas de calle y puso una ligera bata de estar por casa que la hacía aparecer aún más joven de lo que parecía antes. Luego se reunió con Lazarus, él se levantó, encendió un cigarrillo para ella, luego hizo una pausa mientras se lo tendía y lanzó un galante y poco delicado silbido.

Ella sonrió brevemente, tomó el cigarrillo, y se sentó en un amplio sillón, doblando sus piernas bajo ella.

—Lazarus, usted me tranquiliza.

—¿No tiene ningún espejo, querida?

—No me refiero a eso —dijo ella impacientemente—. Quiero decir usted mismo. Sabe que he pasado ya la razonable expectativa de vida de nuestra gente... y estoy esperando morir, resignadamente, desde hace diez años. Y luego llega usted... años y *años* más viejo que yo. Da usted esperanzas.

El se echó hacia adelante.

—¿*Usted* esperando morir? Buen Dios, criatura... tiene aspecto de vivir otro siglo como mínimo.

Ella hizo un gesto cansado.

—No intente burlarse de mí. Sabe que la apariencia no tiene nada que ver con eso. Lazarus, ¡yo no *quiero* morir!

—No pretendía burlarme de usted, Hermana —respondió Lazarus seriamente—. Es tan sólo que no parece usted una candidata a cadáver.

Ella se alzó graciosamente de hombros.

—Asunto de biotécnicas. Estoy manteniendo mi apariencia de principios de la treintena.

—O menos, diría yo. Creo que yo todavía no estoy en las últimas, Mary. Me ha oído decir que no había asistido a una reunión desde hacía más de un siglo. De hecho he estado siempre completamente desconectado de cualquier contacto con las Familias.

—¿Realmente? ¿Puedo preguntar por qué?

—Es una larga historia, y bastante estúpida. Lo que importa es que me aburría con ellos. Acostumbraba a ser delegado en las reuniones anuales. Pero empezaron a ponerse pesados con sus formas de actuar... o al menos así me lo pareció a mí. Así que me fui. Pasé el Interregno en Venus, en su mayor parte. Volví por un tiempo tras la firma del Convenio, pero no creo que haya pasado en la Tierra más de dos años desde entonces. Me gusta viajar.

Los ojos de ella brillaron.

—Oh, cuénteme sobre eso. Yo nunca he estado en el espacio profundo. Sólo una vez hasta Luna City.

—Seguro —admitió él—. En alguna ocasión. Pero deseo que me cuente más cosas acerca de su aspecto. Muchacha, le aseguro que no aparenta usted su edad.

—Supongo que no. O mejor, por supuesto que no. En cuanto a cómo lo consigo, no puedo decirle mucho. Hormonas y simbióticos y terapia glandular y un poco de psicoterapia...

cosas así. Todo lo que puedo añadir es que, para los miembros de las Familias, la senilidad resulta postpuesta y la senescencia puede ser detenida, al menos cosméticamente. —Rumió durante un momento—. En una ocasión pensaron que se hallaban sobre la pista del secreto de la inmortalidad, la auténtica Fuente de la Juventud. Pero fue un error. La senilidad simplemente queda postpuesta... y acortada. Aproximadamente aparece unos noventa días después de la primera advertencia clara... y luego la muerte por vejez. —Se estremeció—. Por supuesto, la mayoría de nuestros primos no aguardan... un par de semanas para asegurarse del diagnóstico, y luego la eutanasia.

—¡Al infierno con ello! Bueno, *yo* no seguiré ese camino. Cuando el Viejo venga a buscarme *a mí,* tendrá que arrastrarme... ¡y patearé y forcejearé a cada paso del camino!

Ella sonrió tristemente.

—Me hace sentir bien oír hablarle de esta forma, Lazarus. No bajaría mi guardia de esta forma con alguien más joven que yo. Pero su ejemplo me da valor.

—Tenemos cantidad de ejemplos a nuestro alrededor, Mary; no tenga miedo. En cuanto a la reunión de esta noche: no he prestado mucha atención a las noticias y he llegado recientemente a la Tierra... ¿Ese hombre, Ralph Schultz, sabía de lo que estaba hablando?

—Creo que sí. Su abuelo fue un hombre brillante, y también su padre.

—Supongo que conocerá a Ralph.

—Ligeramente. Es uno de mis nietos.

—Eso es divertido. Parece más viejo que usted.

—Ralph consiguió detener su envejecimiento a los cuarenta años, eso es todo. Su padre fue mi veintisiete hijo. Ralph debe ser, déjeme ver... oh, ochenta o noventa años más joven que yo, como mínimo. En eso es más viejo que algunos de mis hijos.

—Se ha llevado usted muy bien con las Familias, Mary.

—Supongo que sí. Pero ellos se han llevado también muy bien conmigo. He disfrutado teniendo hijos, y los beneficios de la dotación de mis treinta y tantos niños suben un buen pico. He podido gozar de todo el lujo que haya deseado. —Se estremeció de nuevo—. Supongo que por eso siento este temor... gozo de la vida.

—¡No diga eso! Creí que mi excelente ejemplo y mi sonrisa juvenil la habían curado de esa tontería.

—Bueno... han ayudado algo.

—Hummm... mire, Mary, ¿por qué no se casa de nuevo y tiene unos cuantos chicos más? Eso la mantendría lo suficientemente ocupada como para no preocuparse por esas cosas.

—¿Qué? ¿A mi edad? ¡Oh, no, Lazarus!

—No hay nada de malo en su edad. Es mucho más joven que yo.

Ella lo estudió durante un instante.

—Lazarus, ¿me está proponiendo usted un contrato? Si es así, me gustaría que hablara más claramente.

Él abrió la boca y deglutió.

—¡Hey, espere un minuto! ¡Tómeselo con calma! Estaba hablando en términos generales... Yo no soy del tipo doméstico. ¿Sabe?, cada vez que me casé mi esposa se ponía enferma de verme al cabo de unos pocos años. No, lo que yo... bueno, quiero decir que es usted una chica preciosa y que un hombre podría...

Ella le hizo callar acercándosele y poniéndole una mano sobre su boca, mientras sonreía de una forma traviesa.

—No pretendía que el pánico lo dominara, primo. O quizá sí... los hombres son tan divertidos cuando piensan que están a punto de ser atrapados.

—Bueno... —dijo él, disciplentemente.

—Olvídelo, querido. Dígame, ¿qué plan piensa que van a adoptar acerca de nuestros problemas?

—¿Las asambleas de esta noche?

—Sí.

—Ninguno, por supuesto. No van a llegar a ningún lado. Mary, un comité es la única forma conocida de vida con un centenar de estómagos y nada de cerebro. Pero dentro de poco alguien con una mente propia les empujará a aceptar este plan. No sé cuál va a ser.

—Bien... ¿qué tipo de acción prefiere *usted*?

—¿Yo? Oh, ninguno. Mary, si hay una cosa que he aprendido en los últimos doscientos años, es ésta: esas cosas *pasan*. Guerras y depresiones y Profetas y Convenios... pasan. El truco consiste en sobrevivir a todas ellas.

Ella asintió pensativamente.

—Creo que tiene razón.

—Seguro que tengo razón. Se tardan como mínimo cien años en darse uno simplemente cuenta de lo buena que es la vida. —Se levantó y se estiró— Pero en este momento precisamente a este chico crecidito que ve aquí le gustaría dormir un poco.

—A mí también.

El apartamento de Mary estaba en el último piso del edificio, con un techo transparente abierto al cielo. Cuando ella había vuelto al salón, había apagado la iluminación interior y dejado abiertas las placas que cubrían el techo; habían permanecido sentados, excepto por un invisible lámina de plástico, directamente bajo las estrellas. Cuando Lazarus levantó la cabeza al estirarse, sus ojos se detuvieron en su constelación favorita.

—Es extraño —comentó—. Orión parece haber añadido una cuarta estrella a su cinturón.

Ella miró hacia arriba.

—Debe tratarse de la gran nave de la Segunda Expedición a Centauro. Fíjese si la ve moverse.

—No podría decirlo sin instrumentos.

—Supongo que no —admitió ella—. Fueron muy inteligentes construyéndola en el espacio, ¿no cree?

—No había otra forma de hacerlo. Era demasiado grande para montarla en la Tierra. Puedo dormir aquí mismo, Mary. ¿O tiene alguna habitación que le sobre?

—Su habitación es la segunda puerta a la derecha. Llame si necesita alguna cosa. —Levantó la cabeza y le dio un ligero beso de buenas noches—. Hasta mañana.

Lazarus la siguió y entró en su propia habitación.

Mary Sperling se despertó a su hora habitual al día siguiente. Se levantó sin hacer ruido para evitar despertar a Lazarus, se metió en su resfrescador, se lavó y masajeó, se tragó un gránulo de sustituto de sueño para compensar lo corto de la noche, seguido casi inmediatamente por el desayuno que le permitía el mantenimiento de su línea, luego comprobó las llamadas que no se había molestado en mirar la noche antes. El teléfono había grabado varias llamadas que olvidó rápidamente, luego reconoció la voz de Bork Vanning.

—Hola —dijo el instrumento—. Mary, soy Bork, llamando a las veintiuna, para invitarte a dar un paseo por el lago y luego ir a comer a algún sitio. A menos que tengas alguna otra cita. Adiós, querida. Servicio.

—Servicio —repitió ella automáticamente. ¡Maldito hombre! ¿No podía darle un no como respuesta? ¡Mary Sperling, estás chocheando! Tiene una cuarta parte de tu edad y parece que no seas capaz de manejarlo.

Llámale y dile que... no, demasiado tarde; estará aquí en cualquier momento. ¡Qué fastidio!

2

Cuando Lazarus se fue a la cama se quitó su kilt, la falda escocesa que era el atuendo habitual de los hombres de la época, y se dirigió al guardarropa; la sacudió, y la colgó cuidadosamente.

—Un buen escondite —comentó, mirando a sus peludas piernas y sonriendo irónicamente; el kilt había ocultado una pistola desintegradora sujeta a un muslo, un cuchillo al otro. Era consciente de la costumbre actual contra las armas personales, pero se sentía desnudo sin ellas. Tales costumbres eran de todos modos una tontería, estupideces propias de viejas... no existía ningún «arma peligrosa», sólo había hombres peligrosos.

Cuando sailó del refrescador, colocó sus armas allá donde pudiera alcanzarlas fácilmente antes de sumirse en el sueño.

Se despertó de pronto con brusquedad, un arma en cada

mano... luego recordó dónde estaba, se relajó, y miró a su alrededor para ver qué era lo que lo había despertado.

Había un murmullo de voces que le llegaba a través de la conducción de aire. Un mal aislamiento, decidió: Mary debía estar hablando por teléfono... en cuyo caso no podía seguir haciéndose el perezoso. Se levantó, se duchó, colocó a sus mejores amigas en su lugar, y salió en busca de su anfitriona.

Cuando la puerta del salón se dilató silenciosamente ante él, el sonido de voces se hizo más fuerte e interesante. El salón tenía forma de L y él quedaba fuera del campo de visión; retrocedió un poco y escuchó desvergonzadamente. Las escuchas furtivas habían salvado su piel en varias ocasiones; era algo que no le preocupaba... más bien le complacía.

Un hombre estaba diciendo:

—¡Mary, eres completamente irrazonable! Sabes que me gustas, admites que casarte conmigo sería también ventajoso para ti. Entonces, *¿por qué* no quieres?

—Ya te lo he dicho, Bork. La diferencia de edad.

—Eso es una tontería. ¿Qué esperabas? ¿Un romance entre adolescentes? Oh, admito que no soy tan joven como tú... pero una mujer necesita a un hombre mayor que ella que la cuide y sepa defenderla. Y no soy tampoco demasiado viejo para ti; estoy en la flor de la edad.

Lazarus decidió que conocía ya lo suficientemente a aquel tipo como para serle desagradable. Aquella resentida voz...

Mary no respondió. El hombre siguió insistiendo:

—De todos modos, tengo una sorpresa para ti respecto a eso. Me gustaría poder decírtelo, pero... bueno, es un secreto de estado.

—Entonces no me lo digas. De ningún modo va a hacerme cambiar de opinión, Bork.

—¡Oh, ya lo creo que lo haría! Hummm... Te lo *diré*... sé que puedo confiar en *ti*.

—Bork, no deberías suponer que...

—No importa; va a ser del dominio público dentro de pocos días, de todos modos. Mary... *¡puedo hacer que no envejezcas nunca!*

—¿Qué quieres decir? —Lazarus observó que el tono de ella se había vuelto repentinamente suspicaz.

—Exactamente lo que he dicho, Mary, ¡han descubierto el secreto de la eterna juventud!

—*¿Qué?* ¿Quién? ¿Cómo? ¿Cuándo?

—Oh, así que estás interesada, ¿eh? Bueno, no te dejaré que esperes mucho. Ya conoces a esos tipos que se llaman a sí mismos las Familias Howard, ¿no?

—Sí... he oído hablar de ellos, por supuesto —admitió ella lentamente—. ¿Pero qué tienen que ver con esto? Son pura superchería.

—En absoluto. Lo *sé*. La Administración ha estado investigando discretamente sus afirmaciones. Algunos de ellos tienen incuestionablemente más de cien años de edad... ¡y *siguen siendo jóvenes*!

—Eso es muy difícil de creer.

—Sin embargo, es cierto.

—Bien... ¿y cómo lo hacen?

—¡Ah! Este es el asunto. Afirman que es una simple cuestión de herencia, que viven mucho tiempo debido a que proceden de antepasados longevos. Pero esto es absurdo, científicamente incompatible con los hechos establecidos. La Administración lo investigó muy cuidadosamente, y la respuesta es segura: poseen el secreto de conservarse jóvenes.

—No puedes estar seguro de eso.

—¡Oh, vamos, Mary! Eres una muchachita adorable, pero estás dudando de la experta opinión de los mejores cerebros científicos del mundo. No importa. Aquí está la parte confidencial. Aún no hemos conseguido su secreto... pero lo conseguiremos dentro de muy poco. Sin ninguna excitación ni publicidad, irán siendo detenidos e interrogados. Obtendremos el secreto... ¡y tú y yo nunca envejeceremos? ¿Qué piensas de *eso*? ¿Eh?

Mary respondió muy lentamente, de forma casi inaudible.

—Sería maravilloso si todo el mundo pudiera vivir mucho tiempo.

—¿Eh? Sí, supongo que lo sería. Pero en cualquier caso tú y yo recibiremos el tratamiento, sea cual sea. Piensa en *nosotros*, querida. Año tras año de matrimonio joven y feliz. No menos de un siglo. Quizás incluso más...

—Espera un momento, Bork. Este «secreto», ¿no va a ser para todo el mundo?

—Bueno, la verdad... es un asunto de alta política. La superpoblación es un problema difícil incluso hoy en día. En la práctica puede que sea necesario restringirlo al personal esencial... y a sus esposas. Pero no te calientes tu preciosa cabeza con eso; tú y yo lo obtendremos.

—Quieres decir que yo lo obtendré *si* me caso contigo.

—Hummm... esta es una forma un tanto desagradable de decirlo, Mary. Yo haría cualquier cosa que pudiera por ti... porque te *quiero*. Pero las cosas serían mucho más sencillas si te casaras conmigo. Es decir, si quieres.

—Dejemos esto por el momento. ¿Cómo te propones sacarles el «secreto»?

Lazarus casi pudo oír su aire de suficiencia.

—¡Oh, hablarán!

—¿Quieres decir que los enviaréis a Coventry si no lo hacen?

—¿Coventry? ¡Hum! No comprendes en absoluto la situación, Mary; no se trata de ningún delito social de pocas importancia. Esto es *traición*... traición contra toda la raza humana. ¡Usaremos los medios que sean necesarios! Los medios que utilizaba el Profeta... si no quieren cooperar voluntariamente.

—¿Eso es lo que quieres decir? ¡Va contra el Convenio!

—¡Al diablo el Convenio! Es un asunto de vida o muerte... ¿crees que vamos a dejar que un trozo de papel nos detenga en nuestro camino? No podemos molestarnos con ridículas legalidades en las cosas fundamentales de la vida... no en algo tan básico como el luchar contra la muerte. Y este es precisamente aquí el caso. Esos... esos egoístas están intentando guardarse sólo para ellos el secreto de la vida. ¿Piensas que vamos a inclinarnos ante la «costumbre» en una emergencia como ésta?

—¿Crees realmente que el Consejo violará el Convenio? —respondió Mary, con una voz baja y horrorizada.

—*¿Creer?* El Consejo aprobó la acción la pasada noche. Hemos autorizado al Administrador a utilizar «todos los medios».

Lazarus tensó el oído en medio de un largo silencio. Finalmente, Mary dijo:

—Bork...

—¿Sí, querida?

—Tienes que hacer algo sobre eso. Tienes que detenerlo.

—¿Detenerlo? No sabes lo que estás diciendo. No podría... ni lo haría aunque pudiera.

—Pero *debes* hacerlo. Tienes que convencer al Consejo. Están cometiendo un error, un trágico error. No ganarán nada intentando obligar a esa gente. *¡No hay ningún secreto!*

—¿Qué? Te estás excitando, querida. Estás anteponiendo tu propio juicio al de algunos de los mejores y más capaces hombres del planeta. Créeme, sabemos lo que estamos haciendo. Nos gusta menos que a ti el utilizar métodos duros, pero se trata del bienestar general. Mira, lamento haberte hablado de esto. Naturalmente, tú eres amable y gentil y de buen corazón, y yo te quiero por eso. ¿Por qué no te casas conmigo y dejas de preocuparte inútilmente de los asuntos de política pública?

—¿Casarme *contigo*? ¡Nunca!

—Bah, Mary... estás trastornada. Dame tan sólo una buena razón de esta negativa.

—¡Te diré el porqué! ¡Porque *yo* soy una de esas personas a las que quieres perseguir!

Hubo otra pausa.

—Mary... no te encuentras bien.

—¿Que no me encuentro bien? Estoy tan bien como pueda estarlo una persona a mi edad. ¡Escúchame, estúpido! Tengo nietos que tienen dos veces tu edad. Ya estaba aquí cuando el Primer Profeta se hizo con el país. Ya estaba aquí cuando Harriman lanzó el primer cohete a la Luna. Tú ni siquiera eras un lloriqueante niño de pecho, tus *abuelos* ni siquiera se habían conocido... cuando yo ya era una mujer casada. Y tú estás ahora aquí y te propones irreflexivamente perseguir, incluso torturar, a mí y a mi gente. ¿Casarme *contigo*? ¡Antes me casaría con uno de mis propios nietos!

Lazarus se tensó y deslizó su mano derecha tras el pliegue de su kilt; esperaba problemas inmediatos. Uno puede esperar, reflexionó, que una mujer pierda la cabeza en el momento más inadecuado.

Aguardó. La respuesta de Bork fue fría; los tonos del hombre acostumbrado a la autoridad reemplazaron a los de la frustrada pasión.

—Tómatelo con calma, Mary. Siéntate. Cuidaré de ti. Primero quiero que te tomes un sedante. Luego te llevaré al mejor psicoterapista de la ciudad... de todo el país. Te pondrás bien.

—¡Quita tus manos de mí!

—Pero, Mary...

Lazarus hizo su aparición en la sala de estar y apuntó a Vanning con su desintegradora.

—¿Este mono la está molestando, Hermana?

Vanning giró bruscamente la cabeza hacia él.

—¿Quién es usted? —preguntó indignado—. ¿Qué está haciendo aquí?

Lazarus siguió dirigiéndose a Mary:

—Dígamelo, Hermana, y lo rebanaré a piezas tan pequeñas que podremos ocultarlas en cualquier sitio.

—No, Lazarus —respondió ella con voz nuevamente controlada—. Gracias de todos modos. Por favor, guarde su pistola. No me gustaría que ocurriera nada desagradable.

—De acuerdo. —Lazarus guardó la pistola, pero mantuvo la mano cerca de su empuñadura.

—¿Quién es usted? —repitió Vanning—. ¿Qué significa esta intrusión?

—Eso es precisamente lo que iba a preguntarle a usted, Compañero —dijo Lazarus suavemente—, aunque será mejor que lo dejemos correr. Soy otro de esos viejos tipos a los que anda usted buscando... como Mary.

Vanning lo miró intensamente.

—Me pregunto... —dijo. Desvió sus ojos hacia Mary—. No puede ser, es absurdo. Sin embargo... no estará de más investigar su historia. Hay muchas cosas que me gustaría saber de él, de todos modos; nunca he visto un caso tan claro de atavismo antisocial. —Se dirigió al videofono.

—Será mejor que se mantenga alejado de este aparato, Compañero —dijo Lazarus rápidamente; luego, dirigiéndose a Mary, añadió—: No voy a tocar mi pistola, Hermana. Usaré el cuchillo.

Vanning se detuvo.

—Muy bien —dijo, con tono aburrido—, deje esa vibrohoja. No llamaré desde aquí.

—Mire de nuevo, amigo: no es una vibrohoja. Es acero. Algo mucho más chapucero.

Vanning se giró hacia Mary Sperling.

—Me voy. Si eres lista, te vendrás conmigo. —Ella negó con la cabeza. El pareció irritado, se alzó de hombros, y se enfrentó con Lazarus Long—. En cuanto a usted, señor, sus primitivos modales lo han puesto en un serio problema. Será arrestado dentro de muy poco tiempo.

Lazarus miró hacia los postigos del techo transparente.

—Esto me recuerda a un patrón de Venusburg que pretendió en una ocasión arrestarme.

—¿Y bien?

—He sobrevivido bastante desde entonces.

Vanning abrió la boca para responder... luego se giró bruscamente y salió con tanta prisa que la puerta de entrada apenas tuvo tiempo de abrirse antes de que la punta de su nariz se aplastase contra ella. Mientras la puerta se cerraba tras él, Lazarus dijo meditativamente:

—Es el tipo más difícil con quien razonar con él que me haya topado en años. Apostaría a que nunca en su vida ha utilizado una cuchara que no estuviera esterilizada.

Mary pareció sorprendida, luego sonrió. El se giró hacia ella.

—Me alegra verla algo más contenta, Mary. Me temí que estuviera asustada.

—Lo estaba. No sabía que usted estuviera escuchando. Me vi obligada a improvisar sobre la marcha.

—¿Cree que actué mal?

—No. Me alegro que saliera... gracias. Pero ahora tenemos que darnos prisa.

—Supongo que sí. Creo que ha dicho la verdad... pronto habrá aquí un agente en mi busca. Y quizá también en la suya.

—Eso es lo que quería decir. Así que salgamos rápidamente de aquí.

Mary estuvo lista para irse en escasos minutos, pero cuando salieron al vestíbulo público se tropezaron con un hombre cuyo brazalete y equipo hipodérmico lo identificaban como un agente.

—Servicio —dijo—. Estoy buscando a un ciudadano que se halla en compañía de la ciudadana Mary Sperling. ¿Pueden orientarme ustedes?

—Claro que sí —asintió Lazarus—. Vive exactamente allí. —Señaló hacia el extremo más alejado del corredor. Mientras el oficial de paz miraba en aquella dirección, Lazarus le golpeó cuidadosamente en la nuca, ligeramente a la izquierda, con la empuñadura de su desintegradora, y lo asió mientras se derrumbaba.

Mary ayudó a Lazarus a meter la masa inerte en su apartamento. Lazarus se arrodilló sobre el policía, tomó su equipo hipodérmico, preparó un inyectable y se lo administró.

—Así —dijo— lo mantendremos dormido durante unas cuantas horas. —Luego parpadeó pensativamente mirando el equipo, lo soltó del cinturón del agente—. Puede que nos sea útil de nuevo. De todos modos, no será perjudicial llevárnoslo. —Tras pensarlo un momento más tomó el brazalete de paz del agente y se lo metió también en su bolsillo.

Abandonaron de nuevo el apartamento y bajaron hasta el nivel del aparcamiento. Lazarus observó, mientras subían la rampa, que Mary había marcado la combinación de la Playa Norte.

—¿Dónde vamos? —preguntó.

—A la Sede de las Familias. No tenemos otro lugar donde ir en el que no seamos identificados. Pero deberemos ocultarnos en el campo hasta que se haga de noche.

Una vez el vehículo se halló dirigido al norte por el control automático, Mary se excusó y se tomó unos minutos de sueño. Lazarus se dedicó a observar el paisaje durante unos pocos kilómetros, luego también se adormeció.

Fueron despertados por el repiqueteo de la alarma de emergencia del control de tráfico y la detención del vehículo. Mary se levantó y cortó la alarma.

—Todos los coches pasen por el control local —entonó una voz—. Sigan a una velocidad de treinta kilómetros por hora hasta la siguiente torre de control de tráfico para inspección. Todos los coches deben pasar por el control local. Sigan a...

Cerró también la radio.

—Bien, ya los tenemos aquí —dijo Lazarus alegremente—. ¿Alguna idea?

Mary no respondió. Miró al exterior y estudió los alrededores. La valla de acero que separaba la carretera controlada de alta velocidad donde ellos se hallaban de la de tráfico local no controlado se hallaba a unos cincuenta metros a su derecha, pero no había ninguna rampa de conexión interrumpiendo la valla en los próximos dos kilómetros... y antes estaba, por supuesto, la torre de control a donde se les ordenaba dirigirse para inspección. Puso de nuevo el coche en marcha, operándolo manualmente, y culebreó por entre el tráfico detenido o moviéndose a poca velocidad mientras aceleraba. Cuando llegaron cerca de la barrera Lazarus se sintió hundir en el acolchado del asiento; el coche dio un brinco y saltó, cruzando por encima de la barrera con un margen de centímetros. Se encontraron rodando por la otra pista. Un coche se acercaba desde el norte, y avanzaban directamente hacia él por el mismo carril. El otro coche no circulaba a más de ciento cincuenta, pero su conductor fue cogido por sorpresa... no había razón para esperar que un coche surgiera de la nada avanzando hacia él en una carretera despejada. Mary se vio obligada a hacer un giro a la izquierda, luego a la derecha, y luego de nuevo a la izquierda; el coche se encabritó y dio bandazos, con todos sus giroscopios rechinando. Mary luchó por recobrar el control, con acompañamiento de chirriar de dientes mientras las ruedas traseras intentaban recuperar la tracción.

Lazarus dejó que los músculos de su mejilla se relajaran y expelió el aire impetuosamente.

—*¡Huau!* —suspiró—. Espero que no tengamos que *hacerlo* de nuevo.

Mary le miró y sonrió.

—¿Las mujeres conductoras le ponen nervioso?

—¡Oh, no, no, en absoluto! Sólo desearía que me avisara cuando fuera a hacer de nuevo algo así.

—Ni siquiera yo sabía que iba a hacerlo —admitió ella, y luego continuó preocupadamente—: Y tampoco sé qué hacer ahora. Pensé que podríamos quedarnos en algún lugar fuera de la ciudad hasta que se hiciera de noche... pero hemos tenido que ponernos en evidencia saltando esa valla. En estos momentos alguien estará informando a la torre. Hummm...

—¿Por qué aguardar hasta la noche? —preguntó él—. ¿Por qué no simplemente ir hasta el lago en ese fenómeno suyo y sumergirnos hacia casa?

—No me gusta —se agitó ella—. Hemos atraído demasiada atención. Un trimóvil camuflado de modo que parezca un todo terreno puede ser disimulable, pero... bueno, si alguien nos ve metiéndonos en el agua y los agentes oyen algo al respecto, alguien puede empezar a hacerse preguntas. Son capaces de utilizar el sonar y el Cielo sabe qué otras cosas más.

—Pero la Sede, ¿no está protegida?

—Por supuesto. Pero cualquier cosa tan grande como ella puede ser detectada... si saben dónde deben buscar y buscan lo suficiente.

—Tiene razón, por supuesto —admitió lentamente Lazarus—. Bien, seguro que no deseamos conducir a ningún agente entrometido a la Sede de las Familias. Mary, creo que será mejor abandonar el coche y desaparecer. —Frunció el ceño—. A cualquier lugar menos a la Sede.

—No, ha de ser a la Sede —respondió ella secamente.

—¿Por qué? Si uno está cazando zorros, lo más probable...

—¡Espere un momento! Voy a intentar algo. —Lazarus se calló; Mary condujo con una mano mientras rebuscaba algo en la guantera.

—Responda —dijo una voz.

—La vida es corta... —replicó Mary.

Completaron la fórmula.

—Escuchen —continuó Mary apresuradamente—. Estoy en apuros... échenme una mano.

—De acuerdo.

—¿Hay un sub en el estanque?

—Sí.

—¡Estupendo! Prepárenlo y envíenlo en mi busca. —Explicó rápidamente los detalles de lo que deseaba, haciendo una pausa para preguntarle a Lazarus si sabía nadar—. Eso es todo —dijo finalmente—, ¡pero muévanse aprisa! Los minutos apremian.

—¡Espera, Mary! —protestó la voz—. Sabes que no puedo enviar a un sub afuera a plena luz del día, y menos en un día tranquilo y soleado. Hay demasiadas probabilidades de que...

—¿Lo harás, o no lo harás?

Una tercera voz interrumpió la conversación.

—Estaba escuchando. Mary... soy Ira Barstow. Te recogeremos.

—Pero... —objetó la primera voz.

—Cállate, Tommy. Ocúpate de tus asuntos y haz lo que te dicen. Nos veremos en seguida, Mary.

—De acuerdo, Ira.

Mientras estaba hablando con la Sede, Mary había girado de la carretera local hacia el camino de tierra que había tomado la noche anterior, sin disminuir la marcha y aparentemente sin mirar. Lazarus encajó los dientes y esperó lo peor. Pasaron junto a un deteriorado letrero que decía: AREA CONTAMINADA — ENTRE BAJO SU PROPIA RESPONSABILIDAD, exhibiendo el símbolo convencional del trébol rojo. Lazarus parpadeó al verlo y se alzó de hombros... no podía ver como, en aquellos momentos, el riesgo que corrían pudiera verse aumentado por un neutrón o más.

Mary detuvo bruscamente el coche en un macizo de árboles enanos cerca del camino abandonado. El lago se extendía a sus pies, al otro lado de un pequeño acantilado. Ella se soltó el cinturón de seguridad, sacó un cigarrillo y se relajó.

—Ahora tenemos que esperar. Les tomará al menos media hora el llegar a nosotros, por mucho que les apresure Ira. Lazarus, ¿cree que hemos sido vistos desviándonos hacia aquí?

—A decir verdad, Mary, estaba demasiado ocupado para comprobarlo.

—Bueno... nadie viene nunca hasta aquí, a excepción de algunos pocos chicos imprudentes.

(—...y chicas —añadió Lazarus para sí mismo). Luego dijo en voz alta:

—He observado una señal de «caliente» ahí detrás. ¿Cuán caliente?

—¿Eso? Oh, no demasiado. No hay que preocuparse a menos que uno decida edificar aquí su casa. Hay otras cosas más preocupantes por el momento. Tenemos que quedarnos cerca del comunicador, o de lo contrario...

El comunicador se activó.

—Adelante, Mary. Estamos frente a ti.

Ella pareció sorprendida.

—¿Ira?

—Sí, soy Ira, pero sigo en la Sede. Pete Hardy estaba disponible en el muelle de Evanston, así que ha acudido él. Más rápido.

—De acuerdo... ¡gracias! —Se giraba para hablarle a Lazarus cuando este le tocó el brazo.

—Mire detrás nuestro.

Un helicóptero estaba aterrizando en aquel momento a menos de cien metros de ellos. Tres hombres salieron apresuradamente. Iban vestidos como agentes.

Mary abrió de golpe la puerta del coche y se despojó de sus ropas en un solo movimiento. Se giró y gritó:

—¡Vamos, salga! —mientras volvía a meter una mano dentro del coche y tiraba de algo en el panel de instrumentos. Echó a correr.

Lazarus soltó el cinturón de su kilt y echó a correr tras ella hacia el acantilado. Ella ya estaba bajando por él; la siguió sin demasiadas precauciones, golpeándose con las aguzadas piedras. La onda expansiva los sacudió cuando el coche estalló, pero el acantilado los protegió.

Alcanzaron juntos el agua.

La escotilla del pequeño submarino era apenas lo suficientemente grande como para permitir su paso de uno en uno; Lazarus intentó que Mary pasara primero, y quiso darle un cachete cuando ella se resistió, y descubrió que abofetear no funcionaba debajo del agua. Luego perdió un tiempo interminable, o así le pareció, preguntándose si podría o no respirar agua. ¿Acaso los peces no lo hacen?, se estaba diciendo a sí mismo, cuando la compuerta exterior se movió bajo su mano y fue capaz de meterse con un esfuerzo.

Pasaron once interminables segundos antes de que la compuerta estanca quedara libre de agua y tuviera oportunidad de comprobar los daños, si los había, que el agua había ocasionado a su desintegradora.

Mary estaba hablando urgentemente con el piloto.

—Escucha, Pete... hay tres policías ahí arriba con un heli. Mi coche les estalló en la cara en el momento en que llegábamos al agua. Pero si no han resultado muertos o gravemente heridos, siempre habrá algún chico listo que se imagine que solamente hay un lugar donde hayamos podido ir... debajo del agua. Será mejor que salgamos de aquí antes de que hagan un rastreo desde el aire en nuestra busca.

—Es una raza decadente —se quejó Pete Hardy, manejando los controles mientras hablaba—. Aunque sólo efectúen una búsqueda visual, tenemos que salir y permanecer fuera del círculo de reflexión total antes de que ellos puedan ganar altura... y eso no es posible. —Pero el pequeño submarino se hundió con una tranquilizadora rapidez.

Mary dudó entre llamar o no a la Sede desde el sub. Decidió no hacerlo; aquello lo único que conseguiría sería incrementar el peligro para el sub y la propia Sede. Así que se tranquilizó y esperó, apretada en un sillón para un pasajero demasiado pequeño para dos. Pete Hardy siguió sumergiéndose hasta aguas profundas, llegó hasta el fondo, se mantuvo en él, y avanzó en una oscuridad total.

Cuando surgieron al estanque dentro de la Sede, Mary se había decidido ya en contra de cualquier medio físico de comunicación, incluso pese al cuidadosamente protegido equipo de la Sede. En su lugar pensó en utilizar a algún sensitivo telepático disponible, de entre los miembros de las Familias que se hallaban allí adiestrándose. Los sensitivos eran tan escasos entre los miembros saludables de las Familias Howard como entre el resto de la población, pero la herencia que había conservado y reforzado su anormal longevidad había conservado y reforzado también los malos genes en la misma medida que los buenos; tenían un porcentaje inusitadamente alto de defectuosos tanto físicos como mentales. Sus investigaciones sobre el control genético terminarían eliminando el problema de las taras mientras conservaban la característica de la longevidad, pero durante muchas generaciones aún deberían seguir pagando sus largas vidas con un exceso de anormales.

Pero casi un cinco por ciento de esos anormales eran telepáticamente sensitivos.

Mary se dirigió directamente hacia el lugar de la Sede donde algunos de aquellos anormales recibían sus cuidados, con Lazarus Long a sus talones. Saludó a la matrona.

—¿Dónde está el pequeño Stephen? Lo necesito.

—Baje la voz —la recriminó la matrona—. Está descansando... no puede verlo ahora.

—Janice, necesito verle —insistió Mary—. Esto no puede esperar. Debo enviar un mensaje a todas las Familias... inmediatamente.

La matrona plantó sus manos en sus caderas.

—Vaya a la oficina de comunicaciones. No puede venir aquí a molestar a mis niños a cualquier hora. No lo permitiré.

—¡Janice, por favor! No me atrevo a usar nada excepto la telepatía. Sabe que no lo haría si no fuera necesario. Ahora déjeme ver a Stephen.

—Le digo que no hay ninguna posibilidad. El pequeño Stephen tiene hoy uno de sus días malos.

—Entonces déjeme ver al sensitivo más fuerte del que podamos disponer. ¡Aprisa, Janice! La seguridad de todos los miembros puede depender de ello.

—¿La han enviado los depositarios?

—¡No, no! ¡No hay tiempo para ello!

La matrona seguía dudando. Mientras Lazarus intentaba recordar cuánto hacía desde la última vez en que se había visto obligado a pegarle a una dama, se decidió.

—De acuerdo... puede ver a Billy, aunque yo sigo sin autorización. Vaya con cuidado, no lo agote demasiado. —Aún refunfuñando, les condujo a lo largo de un corredor, pasando por delante de una serie de alegres habitaciones, y hasta una de ellas. Lazarus miró a la cosa que había en la cama y desvió la vista.

La matrona se dirigió a una alacena y regresó con una hipodérmica.

—¿Trabaja bajo hipnosis? —preguntó Lazarus.

—No —respondió fríamente la matrona—. Necesita un estimulante para ser consciente de nosotros. —Descubrió la piel de un brazo de la voluminosa figura y puso la inyección—. Adelante —le dijo a Mary, y se sumergió en un agrio silencio.

La criatura en la cama se agitó, sus ojos giraron perdidos, luego pareció enfocarlos.

—¡Tía Mary! —dijo—. ¡Oooh! ¿Has traído algo al pequeño Billy?

—No —dijo ella dulcemente—. No esta vez, amor. Tía Mary tenía mucha prisa esta vez. ¿La próxima? ¿Una sorpresa? ¿Quieres?

—Está bien —dijo él dócilmente.

—Eres un buen chico. —Mary le revolvió el pelo; Lazarus volvió a desviar la vista—. Ahora, ¿querrá el pequeño Billy hacer algo por Tía Mary? ¿Un gran, *gran* favor?

—Seguro.

—¿Puedes oír a tus amigos?

—Oh, seguro.

—¿A todos ellos?

—Uh, huh. La mayoría de ellos no dicen nada —refunfuñó.

—Llámalos.

Hubo un silencio muy corto.

—Me oyen.

—¡Estupendo! Ahora escucha cuidadosamente, pequeño Billy: A todas las Familias... ¡aviso urgente! La Vieja Mary Sperling al habla. Bajo una acción del Consejo, el Administrador está a punto de arrestar a todos los miembros revelados. El Consejo le ha dado instrucciones de utilizar «todos los medios»... y creo que están decididos a utilizar todos los medios a su alcance, sin importarles el Convenio, a fin de descubrir lo que ellos llaman el secreto de nuestras largas vidas. ¡Incluso tienen intención de utilizar las torturas desarrolladas por los inquisidores del Profeta! —Su voz se quebró. Se detuvo e hizo un esfuerzo por recobrarse—. ¡Ahora apresuraos! ¡Encontradlos, avisadles, ocultadles! ¡Quizá sólo dispongáis de minutos para salvarles!

Lazarus le tocó el brazo y le susurró algo; ella asintió y prosiguió:

—Si algún primo es arrestado, rescatadlo *por todos los medios a vuestro alcance.* No intentéis apelar al Convenio, no malgastéis vuestro tiempo argumentando acerca de la justicia... ¡rescatadlo! ¡Y ahora *moveos*!

Se detuvo, y luego preguntó con voz dulce y cansada:

—¿Les estás oyendo, pequeño Billy?

—Seguro.

—¿Se lo están diciendo a sus gentes?

—Uh huh. Todos menos Jimmie el Caballo. Me vuelve loco —añadió confidencialmente.

—¿Jimmie el Caballo? ¿Dónde está?

—Oh, allí donde vive.

—En Montreal —explicó la matrona—. Hay otros dos sensitivos allí... su mensaje habrá llegado. ¿Ha terminado?

—Sí... —dijo Mary dibutativamente—. Pero quizá sería mejor repetir el mensaje con otro sensitivo de la Sede.

—¡No!

—Pero, Jenice...

—No lo permitiré. Supongo que tenía que enviarlo, pero ahora debo darle a Billy el antídoto. Así que váyase.

Lazarus la tomó del brazo.

—Vamos, muchacha. Tanto si el mensaje ha llegado como si no, ha hecho todo lo posible. Ha sido un buen trabajo.

Mary se dirigió a darle un informe completo al Secretario Residente; Lazarus la dejó dedicándose a sus asuntos y él se dedicó a los suyos propios. Volvió sobre sus pasos, buscando a un hombre que no estuviera demasiado ocupado para ayudarle; los guardias a la entrada del estanque fueron los primeros a los que halló.

—Servicio... —empezó.

—Servicio a usted —respondió uno de ellos—. ¿Buscando a alguien? —Miró cuidadosamente la casi completa desnudez de Long, luego desvió la vista... la forma en que vistiera cada cual, o el que fuera o no vestido, era un asunto privado.

—En cierto modo —admitió Lazarus—. Dígame, compañero, ¿sabe de alguien por aquí que pueda prestarme un poco de ropa?

—Aquí tiene a uno —respondió el guardia amablemente—. Hazte cargo, Dick... vuelvo en un minuto. —Guió a Lazarus a los aposentos de los solteros, le equipó, le ayudó a secarse su bolsillo y su contenido, y no hizo ningún comentario acerca del arsenal fijado a sus peludos muslos. La forma en que se comportaban los más viejos no era asunto suyo, y muchos de ellos eran incluso más susceptibles con respecto a su intimidad que la mayoría de la gente. Había visto a la Tía Mary Sperling llegar semidesnuda tras su aventura, y había oído a Ira Barstow urgir a Pete a que saliese a buscarlos por debajo del agua; el que el viejo que estaba ahora junto a él eligiese tomar un baño en el lago le había sorprendido, pero no lo suficiente como para olvidar sus buenos modales.

—¿Necesita alguna otra cosa? —preguntó—. ¿Le van esos zapatos?

—Estupendamente. Muchas gracias, compañero. —Lazarus alisó el arrugado kilt. Era un poco demasiado largo para él, pero era cómodo. Un taparrabos hubiera servido, supuso... si estuviera en Venus. Pero nunca se había preocupado demasiado por las costumbres venusianas. Maldita sea, se suponía que un hombre debía ir *vestido*—. Me siento mejor —admitió—. Gracias de nuevo. Por cierto, ¿cuál es su nombre?

—Edmund Hardy, de la Familia Foote.

—¿Sí? ¿Cuál es su línea ascendente?

—Charles Hardy y Evelyn Foote. Edward Hardy-Alice Johnson y Terence Briggs-Eleanor Weatheral. Oliver...

—Es suficiente. Lo había supuesto. Entonces eres uno de mis tataranietos.

—Vaya, eso es interesante —comentó Hardy gratamente sorprendido—. Esto nos da un sexto de consanguinidad, ¿no?... sin contar la convergencia. ¿Puedo preguntarle su nombre?

—Lazarus Long.

Hardy agitó la cabeza.

—Debe haber algún error. No está en mi línea ascendente.

—Inténtalo con Woodrow Wilson Smith en su lugar. Es por donde hay que empezar.

—¡Oh, ése sí! Sí, por supuesto. Pero pensé que usted estaba... esto...

—¿Muerto? Bueno, no lo estoy.

—Oh, no quería decir eso —protestó Hardy, enrojeciendo ante aquella palabra. Añadió apresuradamente—: Me alegro de conocerle, tatarabuelo. Siempre deseé conocer de primera mano la historia de la Reunión de las Familias en el 2012.

—Esto fue antes de que tú nacieras, Ed —dijo Lazarus rudamente—; y no me llames tatarabuelo.

—Lo siento, señor... quiero decir, lo siento, Lazarus. ¿Puedo hacer alguna otra cosa por usted?

—No, no quiero molestarte más... sí, es decir, hay algo más. ¿Dónde puedo tomar algo parecido a un desayuno? Esta mañana he tenido que ir un poco apresurado.

—Aquí mismo. —Hardy lo acompañó a la despensa de los aposentos de los solteros, operó el autococinero por él, extrajo una taza de café para su compañero y otra para sí mismo, y luego se fue. Lazarus consumió su «algo parecido a un desayuno»... aproximadamente unas tres mil calorías de salchichas calientes, huevos, jamón, pan tostado, café con crema, y demás guarnición, puesto que trabajaba bajo el supuesto de tener siempre a tope sus tanques de reserva debido a que uno nunca sabe cuándo tendrá otra oportunidad de repostar. Cuando terminó se recostó, eructó, recogió los platos y los echó al incinerador, y luego buscó un visor de noticias.

Encontró uno en la biblioteca de los solteros, fuera del salón. La habitación estaba vacía excepto por un hombre que parecía tener la misma edad que la que sugería el aspecto de Lazarus. Allí se detenía todo parecido; el desconocido era más esbelto, de rasgos más suaves, y su cabello pelirrojo era fino y muy rizado en lugar del recio y grisáceo de Lazarus. El desconocido estaba inclinado sobre el visor de noticias, con los ojos apretados contra el microvisor.

Lazarus carraspeó fuertemente y dijo:

—Hola.

El hombre levantó sorprendido la cabeza y exclamó:

—Oh, lo siento... estaba distraído. ¿Puedo servirle en algo?

—Estaba buscando el visor de noticias. ¿Importaría si las vemos en la pantalla?

—En absoluto. —El hombre se puso en pie, revelando ser más bajo que Lazarus, pulsó el botón de rebobinado, y ajustó los controles para proyección—. ¿Algún tema en particular?

—Deseaba ver —dijo Lazarus— si hay alguna noticia acerca de nosotros... de las Familias.

—Yo también lo estaba viendo por lo mismo. Quizá será mejor que utilicemos el localizador sonoro y le dejemos buscarlas.

—De acuerdo —aceptó Lazarus, avanzando y cambiando los controles a audio—. ¿Cuál es el código?

—«Matusalén».

Lazarus pulsó la fijación; la máquina cotorreó y zumbó mientras buscaba a alta velocidad, luego ralentizó con un triunfante clic.

—Noticias del día —anunció—. El único servicio de noticias del medio oeste que cuenta con la más amplia red de informadores. Videocanal directo a Luna City. Corresponsalías en todo el Sistema. ¡El primero, el más rápido y el mejor informado! Lincoln, Nebraska... ¡Un sabio denuncia a los Longevos! El doctor Witwell Oscarsen, Presidente Emérito del Liceo Bryan, reclama una reconsideración oficial del status del grupo que se hace llamar a sí mismo las «Familias Howard». «Se ha probado», dice, «que esa gente ha resuelto el problema del envejecimiento extendiendo, quizás indefinidamente, la duración de la vida humana. Deben ser alabados por ello; es una investigación estimable y potencialmente fructífera. Pero su afirmación de que su solución no es más que una predisposición hereditaria desafía tanto a la ciencia como al sentido común. Nuestro moderno conocimiento de las leyes establecidas de la genética nos permite deducir con certeza que le están ocultando al público alguna técnica o técnicas secretas a través de las cuales consiguen sus sorprendentes resultados.»

»Es contrario a nuestras costumbres permitir que el conocimiento se refiere a la propia vida, la acción se convierte en una traición a la raza. Como ciudadano, exijo a la Administración que actúe severamente en este asunto, y le recuerdo que la situación es imposible que fuera prevista por los juiciosos hombres que firmaron el Convenio y codificaron nuestras costumbres básicas. Todas las costumbres están instituidas por la mano del hombre y son por lo tanto un intento finito de describir una infinidad de relaciones. Es evidente, como el que la noche sigue al día, que cualquier costumbre tiene sus excepciones. Por ello, y a la vista de los nuevos...»

Lazarus pulsó el botón de *retención.*

—Creo que ya hay bastante de lo que dice ese tipo.

—Sí; yo ya lo había oído antes. —El desconocido suspiró—. Raramente he oído una falta tan completa de rigor semántico. Me sorprende... el doctor Oscarsen ha realizado un importante trabajo en el pasado.

—Debe haber alcanzado la senectud —afirmó Lazarus, mientras hacía que la máquina buscase de nuevo—. Necesita creer en lo que dice... de modo que piensa que constituye una ley natural.

La máquina zumbó y cliqueteó y de nuevo se detuvo y empezó a hablar.

—*Noticias del día,* el único servicio de noticias del medio oeste...

—¿No se puede suprimir esa parte comercial? —sugirió Lazarus.

Su compañero miró al panel de control.

—No parece estar equipado para ello.

—Ensenada, Baja California. Jeffers y Lucy Weatheral han solicitado hoy protección especial de la policía, alegando que un grupo de ciudadanos ha penetrado violentamente en su casa, sometiéndoles a indignidades personales y cometiendo otros actos asociales. Los Weatheral son, según propia admisión, miembros de las notorias Familias Howard, y afirman que el incidente alegado puede haber sido planeado e incitado. El superintendente del distrito ha declarado que no han ofrecido pruebas de tales hechos y ha puesto el asunto en tela de juicio. Un mitín en masa ha sido anunciado para esta noche en la ciudad, del que daremos...

El otro hombre se giró hacia Lazarus.

—Primo, ¿hemos oído lo que pienso que hemos oído? Este es el primer caso de violencia asocial en grupo desde hace más de veinte años... y sin embargo lo presentan como un anuncio publicitario en medio de un parte meteorológico.

—No exactamente —respondió Lazarus sombríamente—. Las palabras empleadas para describírnoslo estaban cargadas de connotaciones.

—Sí, es cierto; pero hábilmente cargadas. Dudo que en este despacho haya una palabra con un índice emocional, tomada aisladamente, superior a uno punto cinco. Los locutores suelen subirlo hasta un dos punto cero, ya sabe.

—¿Eres psicométrico?

—Esto, no. Creo que debería haberme presentado. Me llamo Andrew Jackson Libby.

—Lazarus Long.

—Lo sé. Estaba en la reunión de la pasada noche.

—Libby... Libby... —rumió Lazarus—. No acabo de situarte en las Familias. Sin embargo, el nombre me parece familiar.

—Mi caso es un poco como el suyo...

—Cambiado durante el Interregno, ¿eh?

—Sí y no. Nací después de la Segunda Revolución. Pero mi gente se había convertido a la Nueva Cruzada y había roto con las Familias y cambiado su nombre. Era ya un hombre adulto cuando supe que era un Miembro.

—¡Diablos! Esto es interesante... ¿cómo fuiste localizado... si no te importa mi pregunta?

—Bueno, yo estaba en la Marina Espacial, y uno de mis oficiales superiores...

—¡Eso es! ¡Ya lo tengo! *Imaginaba* que fuiste un hombre del espacio. Tú eres Regla de Cálculo Libby, el Calculador.

Libby sonrió modestamente.

—Sí, así me llamaban.

—Seguro, seguro. El último trasto que piloté estaba equipado con tu rectificador paragravitacional. Y el banco de control utilizaba tu diferencial fraccional para la orientación de los reactores. Pero lo instalé yo mismo... tomé prestada tu patente.

Libby no pareció molestarse por aquel hurto. Su rostro se iluminó.

—¿Está usted interesado en la lógica simbólica?

—Sólo pragmáticamente. Pero mira, hice una modificación en tu aparato que deriva de las alternativas rechazadas en tu ecuación decimotercera. Funciona así: supón que estás navegando en un campo de densidad «x» con un gradiente de orden anormal a tu rumbo, y deseas establecer tu rumbo óptimo para un punto proyectado de cita «A» mayúscula en un vector «rho» utilizando la selección automática para todo el salto; entonces, si...

Prosiguió, olvidando completamente el lenguaje normal utilizado por los profanos. El visor de noticias a su lado siguió buscando; tres veces se detuvo y proyectó, y cada vez Libby pulsó el botón de rechazo sin oír conscientemente lo que decía.

—Entiendo su punto de vista —dijo finalmente—. Estudié una modificación en cierto modo similar, pero llegué a la conclusión de que no era comercialmente factible, demasiado cara para la mayoría excepto los entusiastas como usted mismo. Pero su solución es más económica que la mía.

—¿Cómo lo sabes?

—Bueno, es obvio por los datos. Su dispositivo contiene sesenta y dos partes móviles, lo cual requiere, si presumimos un proceso de fabricación estandarizado, un óptimo... —Libby vaciló momentáneamente, como si estuviera programando el problema— ...un óptimo probable de cinco mil doscientas once operaciones en su manufactura, suponiendo una automación normal, mientras que el mío...

Lazarus intervino:

—Andy —inquirió solícitamente—, ¿nunca tienes dolor de cabeza?

Libby sonrió de nuevo tímidamente.

—No hay nada anormal en mi talento —protestó—. Es teóricamente posible desarrollarlo en cualquier persona normal.

—Seguro —admitió Lazarus—, y tú puedes enseñar a bailar a una serpiente con sólo que le pongas la vista encima. No importa, me alegra haberme encontrado contigo. He oído historias respecto a ti de cuando eras un muchacho. Estabas en el Cuerpo de Construcción Cósmica, ¿verdad?

Libby asintió.
—Sí. En el Emplazamiento Tierra-Marte Tres.
—Sí, eso era... un amigo en Marte me lo contó. Un comerciante de Drywater. Conocí también a tu abuelo materno. Un buen tipo.
—Supongo que lo era.
—Lo era, seguro que sí. Tuve una buena pelotera con él en la Reunión del 2012. Tenía un poderoso vocabulario. —Lazarus frunció ligeramente el ceño—. Algo divertido. Andy... lo recuerdo muy vívidamente, siempre he tenido una buena memoria... aunque parece hacérseme más difícil cada vez mantener las cosas en orden. Especialmente este último siglo.
—Una ineludible necesidad matemática —dijo Libby.
—¿Eh? ¿Qué?
—La experiencia de la vida es linealmente aditiva, pero la correlación de las impresiones de la memoria es una expansión ilimitada. Si la humanidad viviera tanto como mil años, sería necesario inventar algún método totalmente diferente de asociación memorística a fin de poder ligar eclécticamente el tiempo. De otro modo un hombre se hundiría irremisiblemente en la riqueza de su propio conocimiento, incapaz de evaluarlo. Locura, o debilidad mental.
—¿Ah, sí? —Repentinamente, Lazarus pareció preocupado—. Entonces será mejor que nos ocupemos de ello.
—Oh, es muy posible solucionarlo.
—Entonces trabajemos en ello. No dejemos que nos pille el tiempo.
El visor de noticias solicitó de nuevo su atención, esta vez con el zumbido y el estallido de luz de un boletín de noticias de última hora:
—Aquí Hearken, de NOTICIAS DEL DÍA. ¡Flash informativo! ¡El Alto Consejo suspende el Convenio! Bajo la cláusula de Situación de Emergencia del Convenio, y en una acción sin precedentes, el Consejo ha anunciado hoy que ha dado instrucciones al Administrador para que sean detenidos e interrogados todos los miembros de las autoproclamadas Familias Howard... *¡por todos los medios posibles!* El Administrador ha autorizado que la siguiente declaración sea remitida a todas las agencias legalizadas. Leo: «La suspensión de

las garantías civiles del Convenio se aplican tan sólo al grupo conocido como las Familias Howard, a fin de que los agentes gubernamentales puedan actuar como requieran las circunstancias para detener rápidamente a las personas afectadas por la acción del Consejo. Se ruega a los ciudadanos que toleren benévolamente cualquier pequeño inconveniente que esto pueda causarles; su derecho a la intimidad será respetado de todas las formas posibles; su derecho a trasladarse libremente puede verse interrumpido temporalmente, pero se efectuarán todas las compensaciones económicas que sean necesarias.»

»Ahora, amigos y ciudadanos, ¿qué significa todo esto?... Para ustedes y sólo para ustedes, Noticias del día ha traído a nuestro más popular comentarista, Albert Reifsnider:

»Reifsnider informando: ¡Servicio, ciudadanos! No hay ninguna razón para alarmarse. Para la mayoría de los ciudadanos libres esta emergencia les causará menos molestias que una presión mínima demasiado alta en las máquinas del clima. ¡Tómenselo con calma! ¡Tranquilícense! Ayuden a los agentes cuando sean requeridos para ello y vean que se meten en sus asuntos privados. No pongan impedimentos... ¡cooperen con el Servicio!

»Esto es lo que significan hoy estas noticias. ¿Qué significarán mañana y pasado mañana? ¿Y el año próximo? ¡Significarán que sus servidores públicos habrán dado un gigantesco paso adelante en obtener para ustedes la bendición de una vida más larga y feliz! No dejen que sus ilusiones vuelen demasiado alto... pero considérenlo como el amanecer de un nuevo día. ¡Oh, por supuesto que lo es! El celosamente guardado secreto de unos cuantos egoístas serán muy pronto...

Long alzó una ceja en dirección a Libby, luego cerró el aparato.

—Supongo —dijo Libby amargamente— que esto es un ejemplo de la «despreocupación objetiva en la información».

Lazarus abrió su bolsillo y sacó un cigarrillo antes de responder.

—Tomátelo con calma, Andy. Hay tiempos buenos y tiempos malos. Hemos sobrevivido a los tiempos malos. La gente está de nuevo en marcha... esta vez contra nosotros.

3

La madriguera conocida como la Sede de las Familias fue llenándose a medida que iba transcurriendo el día. Los miembros acudían incesantemente, llegando desde todos lados, especialmente desde Indiana, por los túneles secretos de comunicación. Tan pronto como se hizo de noche el tráfico confluyó en la entrada del estanque subterráneo... empezaron a llegar subsdeportivos, coches terrestres camuflados como el de Mary, ostensibles vehículos de superficie modificados para poder sumergirse, cada uno de ellos cargado con refugiados, algunos de ellos medio asfixiados por haber permanecido escondidos la mayor parte del día en lo más profundo del lago mientras aguardaban la posibilidad de alcanzar la entrada.

La sala de asambleas normal era con mucho demasiado pequeña para albergar a aquella multitud; el personal a cargo de la Sede decidió habilitar la habitación más grande, el refectorio, y retiró los paneles que lo separaban de la sala principal. Era ya medianoche cuando Lazarus subió al improvisado estrado.

—Bien —anunció—, cállense, por favor. Ustedes, los de delante, siéntense en el suelo para que los demás puedan ver. Yo nací en 1912. ¿Hay alguien mayor?

Hizo una pausa, luego añadió:

—Nombremos pues al presidente... adelante, hablen.

Fueron propuestos tres; antes de que se sugiriera a otro, el último nominado se puso en pie.

—Axel Johnson, de la Familia Johnson. Quiero que mi nombre sea eliminado, y sugiero que los demás hagan lo mismo. Lazarus lo hizo muy bien la otra noche; dejemos que siga haciéndolo. Este no es momento para política de Familias.

Los otros nombres fueron retirados; nadie más fue propuesto. Lazarus dijo:

—De acuerdo, si eso es lo que desean. Antes de que empecemos a discutir, desearía un informe del Jefe de los Depositarios. ¿Cuáles son las noticias, Zack? ¿Ha sido detenido alguno de nuestros parientes?

Zaccur Barstow no necesitó identificarse a sí mismo; simplemente dijo:

—Hablo en nombre de los Depositarios: nuestro informe no es completo, pero aún no sabemos de ningún Miembro que haya sido arrestado. De los nueve mil doscientos ochenta y cinco Miembros revelados, nueve mil ciento seis habían informado, cuando abandoné la oficina de comunicaciones hace diez minutos, que habían logrado ocultarse, en casas de otras Familias o en los hogares de Miembros que no se habían revelado o en otros lugares. El aviso de Mary Sperling fue sorprendentemente eficaz, teniendo en cuenta el poco tiempo que transcurrió desde la alarma hasta la ejecución pública de la acción del Consejo... pero pese a todo tenemos aún a ciento setenta y nueve primos revelados que no han informado. Probablemente la mayoría de ellos irán llegando aquí durante los próximos días. Otros estarán probablemente a salvo pero imposibilitados de comunicarse con nosotros.

—Vayamos a lo práctico, Zack —insistió Lazarus—. ¿Hay alguna posibilidad razonable de que todos ellos estén a salvo.

—Absolutamente ninguna.

—¿Por qué?

—Porque se sabe que tres de ellos se hallan en estos momentos en transportes públicos entre aquí y la Luna, viajando bajo sus identidades reveladas. Otros de los que no sabemos nada se hallan casi con toda seguridad atrapados en circunstancias parecidas.

—¡Pido la palabra! —Un hombrecillo arrogante de las primeras filas se puso en pie y apuntó con un dedo al Jefe de Depositarios—. ¿Se hallan todos esos Miembros hoy en dificultades protegidos por una inyección hipnótica?

—No. No hubo...

—¡Exijo saber por qué no!

—¡Cállese! —gritó Lazarus—. Se halla usted descompuesto. Nadie aquí está sujeto a juicio, y no tenemos tiempo que malgastar en preguntar quién derramó la leche. Adelante, Zack.

—Muy bien. Pero contestaré de todos modos a la pregunta: todo el mundo sabe que en la Asamblea en la cual fue liberada la «Mascarada» se votó una proposición de proteger nuestros secretos por medios hipnóticos. Creo recordar que el primo que está ahora objetando ayudó con su voto en aquel momento a que la proposición fuera rechazada.

—¡Eso no es cierto! E insisto que...

—*¡He dicho que se calle!* —le chilló Lazarus al provocador, mirándole fijamente—. Amigo, me sorprende usted con una prueba clara de que la Fundación hubiera debido ir en busca de una raza de cerebros y no de años. —Miró a la multitud—. Cualquiera puede decir aquí lo que desee, pero siempre que sea aceptado por el presidente. Si alguien vuelve a embestir de este modo, lo voy a amordazar con sus propios dientes... ¿queda entendido?

Hubo un murmullo mezcla de sorpresa y aprobación; nadie objetó. Zaccur Barstow prosiguió:

—Por consejo de Ralph Schultz, los depositarios hemos estado procediendo discretamente en los últimos tres meses a persuadir a los Miembros revelados a pasar por instrucción hipnótica. Hemos obtenido un notable éxito. —Hizo una pausa.

—Dígalo de una vez, Zack —urgió Lazarus—. ¿Estamos a cubierto? ¿O no?

—*No* lo estamos. Al menos dos de nuestros primos que seguramente serán arrestados no se hallan protegidos.

Lazarus se alzó de hombros.

—Esto lo cambia todo. Parientes, el juego ha terminado. Una punzada en el brazo o un zumo sueltalenguas, y la «Mascarada» habrá terminado. Es una nueva situación... o lo será dentro de pocas horas. ¿Qué proponen que hagamos al respecto?

En la sala de control del Cohete de las Antípodas *Wallaby*, en vuelo hacia el sur, el telecom zumbó, hizo *¡spung!*, y sacó una tira de papel parecida a una impúdica lengua. El copiloto se inclinó hacia adelante, tiró del mensaje, y cortó la tira de papel.

Lo leyó, luego volvió a leerlo.

—Capitán, prepárese.

—¿Problemas?

—Lea.

El capitán lo hizo, y lanzó un silbido.

—¡Maldita sea! Nunca he arrestado a nadie. Ni siquiera

creo haber *visto* nunca a nadie arrestado. ¿Por dónde debemos empezar?

—Me inclino ante su superior autoridad.

—¿Ah, sí? —dijo el capitán con tono irritado—. Pues ya que se ha inclinado ante mi autoridad, vaya a popa y efectúe el arresto.

—¿Eh? No es eso lo que quería decir. Usted es la autoridad aquí. Es quien tiene el mando.

—No me ha comprendido. Estoy delegando esta autoridad. Obedezca las órdenes.

—Un momento, Al, yo no firmé para...

—¡Obedezca las órdenes!

—¡A la orden, señor!

El copiloto fue a popa. La nave había completado su reentrada, y se hallaba en su largo, plano y estridente planeo de aproximación; era capaz de andar... se preguntó cómo sería un arresto en caída libre. ¿Habría que utilizar un cazamariposas? Localizó al pasajero por el número de su asiento, tocó su brazo.

—Servicio, señor. Parece que hay algún error de documentación. ¿Puedo ver su billete?

—Por supuesto.

—¿Tendrá la bondad de venir conmigo al compartimento privado? Es más tranquilo, y los dos podremos sentarnos.

—No hay inconveniente.

Una vez se hallaron en el compartimento privado, el oficial en jefe le pidió al pasajero que se sentara, luego pareció turbado.

—¡Estúpido de mí! He olvidado la lista de pasajeros en la sala de control. —Se giró y salió. Cuando la puerta se cerró tras él, el pasajero oyó un inesperado clic. Repentinamente suspicaz, probó la puerta. Estaba cerrada por fuera.

Dos agentes acudieron a por él en Melbourne. Mientras lo escoltaban por el espaciopuerto pudo oír los comentarios de la curiosa y sorprendentemente hostil multitud:

—¡Es uno de ellos!

—¿Sí? Cielos, no parece *tan viejo*.

—¿A cuánto habrá pagado las glándulas de mono?

—No lo mires así, Herbert.

—¿Por qué no? No se le ve mal del todo.

Lo llevaron a la oficina del Superintendente Jefe, que lo invitó a sentarse con una formal educación.

—Ahora, señor —dijo el Superintendente con un ligero acento local—, si desea colaborar con nosotros, permitirá que el enfermero le ponga una pequeña inyección en el brazo...

—¿Para qué?

—Se mostrará usted socialmente cooperativo, estoy seguro. No le hará ningún daño.

—Esto está fuera de lugar. Insisto en una explicación. Soy un ciudadano de los Estados Unidos.

—Lo es efectivamente, pero la Federación posee jurisdicción concurrente sobre cualquier estado miembro... y estoy actuando bajo su autoridad. Descubra su brazo, por favor.

—Me niego. Me atengo a mis derechos civiles.

—Cójanlo, chicos.

Necesitaron cuatro hombres para hacerlo. Incluso antes de que el inyector tocara su piel, su mandíbula se encajó y una expresión de repentina agonía afluyó a su rostro. Luego se quedó sentado quieto, apático, mientras los oficiales de paz aguardaban a que la droga hiciera efecto. Entonces el Superintendente levantó uno de los párpados del prisionero y dijo:

—Creo que está a punto. No debe pesar más de sesenta kilos; ha hecho efecto muy rápidamente. ¿Dónde está la lista de preguntas?

Un policía se la tendió; empezó:

—Horace Foote, ¿me oye?

Los labios del hombre se retorcieron, pareció a punto de hablar. Su boca se abrió, y un borbotón de sangre cayó sobre su pecho.

El Superintendente se abalanzó y sujetó la cabeza del prisionero, efectuando un rápido examen.

—*¡Un médico!* ¡Se ha partido la lengua en dos!

El capitán de la lanzadera de Luna City *Rayo Lunar* frunció el ceño ante el mensaje que sostenía en su mano.

—¿Qué juego de niños es éste? —Miró a su tercer oficial—. Explíquemelo.

El tercer oficial examinó el papel por encima de su cabeza. Irritado, el capitán tendió el mensaje todo lo que se lo permitía la longitud de su brazo, lo miró con el ceño fruncido, y leyó en voz alta:

—...imperativo que a las personas sujetas a él se les impida producirse daños a sí mismos. Se les requiere a que las pongan en estado de inconsciencia sin advertencia previa. —Apartó el papel de los ojos del oficial—. ¿Qué se creen que estoy haciendo? ¿Se piensan que esto es Coventry? ¿Dónde se piensan que están? ¡Decirme a *mí*, en *mi* nave, lo que debo hacer con *mis* pasajeros! ¡No lo haré... por mucho que digan no lo haré! No hay ninguna ley que me obligue... ¿la hay?

El tercer oficial estudió silenciosamente la estructura de la nave.

El capitán dejó de ir arriba y abajo.

—¡Sobrecargo! *¡Sobrecargo!* ¿Por qué ese hombre nunca está aquí cuando lo necesito?

—Estoy aquí, capitán.

—¡Ya era hora!

—He estado aquí todo el tiempo, señor.

—No discuta conmigo. Tome... cumpla con esto. —Le tendió el despacho al sobrecargo y salió.

Un ajustador, supervisado por el sobrecargo, el oficial de guardia, y el oficial médico, realizó un ligero cambio en los conductos de aire acondicionado de una cabina; dos infortunados pasajeros olvidaron todas sus preocupaciones bajo la influencia de una dosis no letal de gas narcótico.

—Otro informe, señor.

—Déjelo ahí —dijo el Administrador con voz cansada.

—Y el Consejero Bork Vanning presenta sus saludos y desea una entrevista.

—Dígale que lo lamento pero que estoy demasiado ocupado.

—Insiste en verle, señor.

El Administrador Ford respondió irritadamente:

—¡Entonces puede decirle al Honorable señor Vanning que no puede dar órdenes en esta oficina! —El ayudante no dijo nada; el Administrador Ford apretó cansadamente las yemas de sus dedos contra su frente y añadió lentamente—: No, Gerry, no le diga esto. Sea diplomático... pero no le deje entrar.

—Sí, señor.

Cuando estuvo solo, el Administrador tomó el informe. Sus ojos resbalaron por encima del encabezamiento oficial, la fecha y el número de archivo. «Sinopsis de la entrevista con el ciudadano condicionalmente proscrito Arthur Sperling, se adjunta copia completa. Condiciones de la entrevista: el sujeto recibió una dosis normal de neoescopolamina, habiendo recibido previamente una dosis no medible de hipnotal gaseoso. Antídoto...» ¿Cómo demonios podía uno curar a sus subordinados de su afición al empleo de palabras innecesarias? ¿Había algo en el alma de un servidor civil de carrera además de papeles y más papeles mecanografiados? Sus ojos siguieron deslizándose:

«...afirmó que su nombre era Arthur Sperling, de la Familia Foote, y cifró su edad en ciento treinta y siete años. (La edad aparente del sujeto es de cuarenta y cinco años más o menos cuatro: ver bioinforme anexo.) El sujeto admitió que era un miembro de las Familias Howard. Afirmó que las Familias estaban constituidas por un poco más de cien mil miembros. Se le pidió que corrigiera aquello y se le sugirió que el número correcto era aproximadamente de unos diez mil. Persistió en su afirmación original.»

El Administrador se detuvo y volvió a leer aquella parte. Luego siguió hacia abajo, buscando la parte clave: «...insistió en que su larga vida era el resultado de su genealogía y que no tenía otra causa. Admitió que habían sido utilizados medios artificiales para preservar su joven apariencia, pero mantuvo firmemente que sus expectativas de vida eran inherentes, no adquiridas. Se le sugirió que sus familiares más viejos podían haberle sometido sin su conocimiento al tratamiento en su primera juventud para incrementar la duración de su vida. El sujeto admitió esa posibilidad. Al ser presionado para que dijera los nombres de las personas que pudieran haber realizado, o pudieran estar realizando, tales tratamientos, volvió a su afirmación original de que tales tratamientos no existían.

»Dio los nombres (por el procedimiento de asociación por sorpresa) y en algunos casos los domicilios de cerca de doscientos miembros de su grupo de parientes no identificados previamente como tales en nuestros archivos (se acompaña lista). Su fuerza se debilitó bajo esta dura técnica, y se hundió en una total apatía de la que no pudo ser sacado mediante ningún estímulo dentro de los límites de su tolerancia estimada (ver bioinforme).

»Conclusiones según Análisis Acelerado, Método de Aproximación Kelly-Holmes: el sujeto no posee y no cree en el Objeto Buscado. No recuerda haber experimentado el Objeto Buscado pero está equivocado. El conocimiento del Objeto Buscado está limitado a un grupo pequeño, del orden de veinte. Un miembro de este grupo de élite será localizado a través de una búsqueda por eliminación de no más de triple concadenación. (Probabilidad de unidad, sujeta a presunciones: primero, ese espacio topológico social es continuo y se halla incluido en el espacio físico de la Federación Occidental y, segundo, existe al menos una pista concadenativa entre los sujetos aprehendidos y el grupo de élite. Ninguna presunción puede ser verificada a partir de este escrito, pero la primera presunción está fuertemente apoyada por análisis estadísticos de la lista de nombres proporcionados por el sujeto de miembros previamente insospechados del grupo familiar Howard, cuyo análisis apoya también la estimación del sujeto sobre las dimensiones totales del grupo, y la segunda presunción, cuando es tomada negativamente, postula que el grupo de élite, manteniendo en su poder el Objeto Buscado, ha sido capaz de aplicarlo sin espacio social de contacto, lo cual es un absurdo.)

»Tiempo estimado para la búsqueda: 71 horas, más o menos 20 horas. La predicción pero no el tiempo estimado comprobada por la oficina de expertos. El tiempo estimado deberá ser...»

Ford arrojó el informe a un montón que llenaba su escritorio de control de antiguo estilo. ¡Tontos estúpidos! No reconocer un informe negativo cuando lo tenían ante los ojos... ¡y se llamaban a sí mismos *psicógrafos*!

Enterró la cabeza entre sus manos, sintiéndose ganado por el cansancio y la frustración.

Lazarus golpeó la mesa que tenía a su lado, utilizando la empuñadura de su desintegradora como mazo.

—No interrumpan al que hable —advirtió, y luego añadió—: Adelante, pero sea breve.

Bertram Hardy asintió secamente.

—Lo digo de nuevo, estas moscas de un día que vemos a nuestro alrededor no tienen ningún derecho que nosotros las Familias debamos respetar. Hemos de luchar contra ellos con furtividad, con astucia, con engaño, y cuando finalmente hayamos consolidado nuestra posición... ¡con la *fuerza*! Ya no estamos más obligados a respetar su bienestar de lo que pueda estarlo un cazador a gritar para advertir a su presa. El...

Se oyó una voz de protesta en la parte de atrás de la sala. Lazarus volvió a golpear reclamando orden e intentó localizar el origen. Hardy siguió hablando obstinadamente.

—La autoproclamada raza humana se ha hendido en dos; ya es tiempo de admitirlo. Por un lado, el *Homo vivens*, nosotros mismos; por el otro... ¡el *Homo morituris*! Como los grandes reptiles, como el tigre dientes de sable y el bisonte, ha llegado su hora. Ya no podemos seguir mezclando nuestra sangre viva con la de ellos, como no lo haríamos con los monos. Yo digo: temporicemos con ellos, contémosles cualquier cosa, asegurémosles que los bañaremos en la fuente de la juventud... ganemos tiempo, de modo que cuando estas dos razas naturalmente antagonistas inicien la batalla, *lo cual inevitablemente ocurrirá*, ¡la victoria sea nuestra!

No hubo ningún aplauso, pero Lazarus pudo ver la incertidumbre reflejarse en muchos rostros. Las ideas de Bertram Hardy iban en contra de los esquemas sociales de muchos años de agradable vivir, pero sus palabras parecían ir acordes con el destino. Lazarus no creía en el destino; creía en...

bueno, no importaba, pero se preguntó cómo se vería el Hermano Bertram con los dos brazos rotos.

Eve Barstow se puso en pie.

—Si eso es lo que pretende Bertram para la supervivencia de los mejores —dijo amargamente—, me iré a vivir con los asociales a Coventry. De todos modos, ha ofrecido un plan; yo tengo otro plan que ofrecer, ya que este no lo acepto. No voy a aceptar ningún plan que nos permita vivir a expensas de nuestros pobres vecinos efímeros. Además, actualmente tengo muy claro el hecho de que nuestra sola presencia, el simple hecho de nuestra rica herencia de vida, está dañando al espíritu de nuestros pobres convencinos. Nuestros largos años de vida y nuestra mayor riqueza de oportunidades hace que sus mejores esfuerzos les parezcan fútiles... cualquier esfuerzo parece un insensato debatirse como una muerte a plazo fijo. Nuestra simple presencia socava su fuerza, arruina su buen juicio, les llena de un terror pánico hacia la muerte.

«Así que propongo un plan. Mostrémonos abiertamente a ellos, digámosles *toda* la verdad, y pidámosles que nos dejen compartir la Tierra, algún pequeño rincón donde podamos vivir aparte. Si nuestros pobres amigos desean rodearnos con una gran barrera como la que rodea Coventry, que lo hagan... será mejor que el tener que enfrentarnos con ellos cara a cara.

Algunas expresiones de duda se transformaron en aprobación. Ralph Schultz se puso en pie.

—Sin prejuicio hacia el plan básico de Eve, debo advertirles que mi opinión personal es que el aislamiento psicológico que ella propone no puede ser llevado a cabo tan fácilmente. Mientras sigamos en este planeta ellos no serán capaces de arrojarnos de sus mentes. Los modernos medios de comunicación...

—¡Entonces deberemos irnos a otro planeta! —replicó ella.

—¿Dónde? —preguntó Bertram Hardy—. ¿Venus? Yo viviría mejor en un baño de vapor. ¿Marte? Arruinado y sin ningún valor.

—Podríamos reconstruirlo —insistió ella.

—No en toda su vida, ni en la mía. No, mi querida Eve, su ternura de corazón suena bien, pero carece de sentido. Tan sólo existe un planeta en el Sistema donde podamos vivir... y estamos en él.

Algo en las palabras de Bertram Hardy despertó una respuesta en el cerebro de Lazarus Long, luego el pensamiento se le escapó. Algo... algo que había oído y dicho hacía tan sólo un día o dos... ¿o hacía más tiempo? Algo que parecía estar asociado también con su primer viaje al espacio, hacía más de un siglo. ¡Maldición! Era enloquecedor tener una memoria jugándole pasadas como aquella...

Luego vino de nuevo... ¡la nave estelar! La nave interestelar a la que se estaban dando los últimos toques allá afuera, entre la Tierra y la Luna.

—Amigos —dijo lentamente—, antes de desechar esta idea de trasladarnos a otro planeta, estudiemos todas las posibilidades. —Aguardó hasta que consiguió una atención plena—. ¿Se han detenido alguna vez a pensar que no todos los planetas giran alrededor de este único Sol?

Zaccur Barstow fue quien rompió el silencio.

—Lazarus... ¿está haciendo una sugerencia en serio?

—Absolutamente en serio.

—Pues no lo parece. Quizá sea conveniente que se explique mejor.

—Lo haré. —Lazarus se enfrentó a la multitud—. Hay una espacionave colgando ahí arriba en el cielo, una cosa enorme construida para dar el largo salto hasta las estrellas. ¿Por qué no tomarla e ir a buscar un nuevo mundo que sea totalmente nuestro?

Bertram Hardy fue el primero en recobrarse.

—No sé si nuestro presidente de hoy estará alumbrando el horizonte con otra de sus ideas geniales o no, pero suponiendo que esté hablando en serio, voy a responderle. Mi objeción a Marte se aplica a este alocado plan multiplicada por diez. Entiendo que los locos temerarios que están intentando actualmente lanzar esa nave esperan dar el salto en aproximadamente un siglo... y entonces quizá sus nietos puedan encontrar algo, o quizá no lo encuentren. De cualquier modo, yo no estoy interesado en ello. No tengo intención de pasarme un siglo encerrado en un tanque de acero, como tampoco espero vivir tanto tiempo. No lo acepto.

—Correcto —le dijo Lazarus—. ¿Dónde está Andy Libby?

—Aquí —respondió Libby, poniéndose en pie.

—Ven aquí delante. Regla de Cálculo, ¿tienes algo que ver con el diseño de la nueva nave Centauro?

—No. Ni con esta ni con la primera.

Lazarus se dirigió de nuevo a la multitud.

—Esto lo aclara todo. Si Regla de Cálculo no ha puesto un dedo en el diseño del motor de esta nave, entonces no es tan rápida como podría serlo, y en un buen coeficiente. Regla de Cálculo, será mejor que empieces a ocuparte inmediatamente del problema, hijo. Es probable que necesitemos pronto una solución.

—Pero Lazarus, no pretenderá suponer que...

—¿Existen posiblidades teóricas?

—Bueno, usted sabe que las hay, pero...

—Entonces pon a trabajar en ello esa gran zanahoria que tienes sobre los hombros.

—Bueno... de acuerdo. —Libby enrojeció hasta la punta del pelo.

—Un momento, Lazarus —era Zaccur Barstow—. Me gusta esta proposición, y creo que deberíamos discutirla extensamente... sin dejarnos impresionar por el disgusto que el Hermano Bertram muestra hacia ella. Aunque el Hermano Libby fracase en encontrar un medio mejor de propulsión... y francamente no creo que ocurra; conozco algo de mecánica... incluso si eso ocurriera, no voy a dejar que un siglo me asuste. Utilizando el sueño a bajas temperaturas y tripulando la nave por turnos, la mayoría de nosotros deberíamos ser capaces de completar un salto. También hay...

—¿Qué le hace pensar —preguntó Bertram Hardy— que ellos *nos* van a dejar tripular la nave?

—Bert —dijo Lazarus fríamente—, diríjase a la presidencia cuando desee hablar. Ni siquiera es usted delegado de una Familia. Ultima advertencia.

—Como iba diciendo —continuó Barstow—, existe una adecuación de la gente de vida larga para la exploración de las estrellas. Un místico podría llamarlo nuestra auténtica vocación. —Reflexionó un instante—. En cuanto a la nave sugerida por Lazarus, quizá no nos dejen utilizarla... pero las Familias son ricas. Si necesitamos una nave, o naves, podemos construirlas, podemos pagar por ello. Creo que es mejor esperar que ellos nos dejen hacerlo... porque es probable que no haya otra solución, ninguna otra solución posible, porque nuestro dilema no incluye nuestro propio exterminio.

Barstow pronunció estas últimas palabras en voz baja y lentamente, con gran tristeza. Caló en los asistentes como un viento helado. Para la mayoría de ellos el problema era tan nuevo que aún no parecía real; ninguno había expresado en voz alta la posible consecuencia de fracasar en encontrar una solución satisfactoria para la mayoría de corta vida. El hecho de que su Depositario Mayor hablara serenamente de su temor de que las Familias pudieran resultar exterminadas —perseguidas y muertas— despertó en cada uno de ellos fantasmas que nunca se habían atrevido a mencionar.

—Bien —dijo Lazarus enérgicamente, cuando el silencio empezó a hacerse doloroso—, antes de desarrollar más esta idea, veamos si hay algún otro plan que estudiar. Hablen.

Un mensajero llegó apresuradamente y le dijo algo a Zaccur Barstow. Este expresó asombro y pareció pedir que le repitieran el mensaje. Luego el mensajero subió apresuradamente al estrado y le susurró también algo a Lazarus. Este pareció igualmente sorprendido. Barstow se apresuró a salir. Lazarus miró a la multitud.

—Bien, vamos a hacer una pausa —anunció—. Tómense su tiempo para pensar en otros planes... y tiempo para relajarse un poco y fumar. —Buscó en su bolsillo.

—¿Qué ocurre? —preguntó alguien.

Lazarus prendió un cigarrillo, aspiró largamente, dejó escapar el humo.

—Tendremos que esperar y ver —dijo—. No lo sé. Pero al menos media docena de los planes que hemos elaborado esta noche... bueno, no tendremos que preocuparnos en votarles. La situación ha cambiado de nuevo, aunque no puedo decir en qué medida.

—¿Qué quiere decir?

—Bueno —Lazarus arrastró las palabras—, parece que el Administrador de la Federación desea hablar con Zack Barstow inmediatamente. Ha perdido por él por su propio nombre... *y lo ha llamado por el circuito secreto de las Familias.*

—¿Eh? ¡Eso es imposible!

—Ajá. Pero así es como ha sucedido, hijo.

4

Zaccur Barstow intentó controlarse mientras se apresuraba hacia la cabina de comunicaciones.

Al otro lado del circuito de videofono el Honorable Slayton Ford estaba haciendo lo mismo... intentando calmar sus nervios. Una larga y brillante carrera pública coronada por años como Administrador para el Consejo y bajo el Convenio de la Administración Occidental habían concienciado a Ford de su propia superior habilidad e inigualada experiencia; ningún hombre ordinario conseguiría que él se sintiera en desventaja en ninguna negociación.

Pero esto era distinto.

¿Cómo actuaría un hombre que ha vivido más tiempo que el normal de dos vidas, peor que eso... un hombre que posee cuatro o cinco veces la experiencia adulta que el propio Ford poseía? Slayton Ford sabía que sus propias opiniones habían cambiado y vuelto a cambiar desde su adolescencia; sabía que el muchacho que había sido, o incluso el hábil joven que había sido, no podían compararse en nada al hombre maduro en que se había convertido. Así que, ¿cómo sería Barstow? Presumiblemente sería el más capaz, el más astuto exponente de un grupo cuyos miembros tenían todos mucha más experiencia de la que Ford pudiera llegar a poseer jamás... ¿cómo podía llegar a imaginar las evaluciones, intenciones, formas de pensar, recursos posibles, de un hombre como aquél?

Ford estaba seguro tan sólo de una cosa: no tenía intención de vender la isla de Manhattan por veinticuatro dólares y una caja de whisky, ni a vender el derecho de nacimiento de la humanidad por un plato de lentejas.

Estudió el rostro de Barstow cuando la imagen apareció en su videofono. Un rostro noble y fuerte... iba a resultar inútil intentar intimidad a aquel hombre. Y parecía joven... ¡incluso más joven que el propio Ford! La imagen subconsciente del abuelo severo e implacable que se había formado se borró de su mente, y su tensión se relajó. Dijo pausadamente:

—¿Es usted el ciudadano Zaccur Barstow?

—Sí, Administrador.

—¿Es usted el jefe ejecutivo de las Familias Howard?

—Soy el portavoz habitual de los depositarios de la Fundación de nuestras Familias. Pero soy más bien responsable de mis primos, sin tener autoridad sobre ellos.

Ford rechazó aquello con un gesto.

—Asumo que su posición es la de jefe de todos ellos. No puedo negociar con cien mil personas.

Barstow no parpadeó. Vio el juego del poder en la repentina admisión de que la administración conocía el auténtico número de miembros de las Familias y no lo ocultaba. Ya se había preparado a no sorprenderse por nada al saber que el cuartel general de las Familias ya no era un secreto, y ante el hecho aún más trastornador de que el Administrador sabía como entrar en contacto con ellos a través de su sistema privado de comunicaciones; aquello simplemente probaba que uno o más Miembros habían sido detenidos y obligados a hablar.

De modo que ahora estaba casi seguro de que las autoridades sabían la mayor parte de los hechos importantes respecto a las Familias.

Por ello era inútil intentar engañarles... aunque tampoco era conveniente ofrecerles información voluntariamente; no creía que estuvieran en posesión de todos los hechos tan pronto.

Barstow respondió sin pensárselo mucho:

—¿Qué es lo que desea discutir conmigo, señor?

—La política de la Administración hacia el grupo de sus familiares. El bienestar de usted y de sus parientes.

Barstow se alzó de hombros.

—¿Qué podemos discutir? El Convenio ha sido echado a un lado, y a usted se le ha otorgado todo el poder necesario para actuar contra nosotros... para arrancarnos un secreto que no poseemos. ¿Qué podemos hacer sino pedir clemencia?

—¡Por favor! —el Administrador hizo un gesto de fastidio—. ¿Por qué usar evasivas conmigo? Tenemos un problema, tanto usted como yo. Discutámoslo abiertamente e intentemos hallar una solución. ¿De acuerdo?

Barstow respondió lentamente:

—Me gustaría... y creo que a usted le gustaría también. Pero el problema se basa en una falsa suposición, la de que nosotros, las Familias Howard, conocemos como prolongar la vida humana. No es así.

—¿Supongamos que le digo que sé que no existe tal secreto?

—Hummm... me gustaría creerle. ¿Pero cómo encaja esto con la persecución a mi gente? Nos ha acosado como a ratas.

El rostro de Ford se ensombreció.

—Hay una vieja, vieja historia acerca de un teólogo al que se le preguntó cómo encajar la doctrina de la Divina misericordia con la doctrina del pecado original. «El Altísimo», respondió, «considera necesario hacer cosas en Su Oficial y pública capacidad que en Su privada y personal capacidad deplora».

Barstow sonrió pese a sí mismo.

—Entiendo la analogía. ¿Es pertinente en este caso?

—Creo que sí.

—De acuerdo. ¿Me ha llamado simplemente para presentarme sus disculpas como hombre público?

—No. Espero que no. ¿Entiende usted de política? Estoy seguro de que debe entender; su posición lo requiere. —Barstow asintió; Ford se explicó ampliamente:

La administración Ford había sido la más larga desde la firma del Convenio; había perdurado a través de cuatro Consejos. Sin embargo, su control no era tan firme como para permitirse correr el riesgo de forzar un voto de confianza...

seguramente no con respecto a las Familias Howard. En esta situación su mayoría nominal era casi una minoría. Si rechazaba la presente decisión del Consejo, se obligaba a un voto de confianza. Ford podía verse echado a un lado, y el actual líder de la minoría podría ocupar su puesto como Administrador.

—¿Me sigue? Puedo seguir en mi puesto e intentar actuar por mí mismo en este problema pese a hallarme restringido por la directiva de un Consejo con la cual no estoy de acuerdo... o puedo abandonarlo todo y dejar que mi sucesor se las arregle como mejor pueda.

—¿Está pidiendo acaso mi opinión?

—¡No, no! En absoluto. Ya he tomado mi decisión. La acción del Consejo seguirá adelante en cualquier caso, sea conmigo o con el señor Vanning... así que he decidido seguir. La pregunta es: ¿puedo contar con su ayuda, o no?

Barstow vaciló, repasando rápidamente la carrera política de Ford en su mente. Los primeros tiempos de la larga administración Ford habían sido casi una edad de oro para un hombre de estado. Ford, un hombre prudente y práctico, había convertido en leyes realizables los principios de la libertad humana establecidos por Novak en el lenguaje del Convenio. Había habido un período de buena voluntad, de próspera expansión, de procesos de civilización que parecían ser permanentes, irreversibles.

Sin embargo, se había producido una reversión, y Barstow comprendió finalmente las razones tanto como Ford. Dondequiera que los ciudadanos fijen su atención en una salida con exclusión de las demás, la situación es propicia a bribones, demagogos, ambiciosos. Las Familias Howard, con toda su inocencia, habían creado una crisis en la moralidad pública, cuyas consecuencias sufrían ahora a causa de su propia acción, emprendida hacía años, de dejar que las gentes de vida corta supieran de su existencia. No importaba en absoluto que el «secreto» no existiera; el efecto corruptor sí existía.

Finalmente, Ford había comprendido la verdadera situación...

—Ayudaremos —respondió repentinamente Barstow.

—Estupendo. ¿Qué es lo que sugiere?

Barstow se mordisqueó el labio.

—¿Hay alguna forma en la que usted pueda revocar esta drástica acción, esta violación del propio Convenio?

Ford negó con la cabeza.

—Es demasiado tarde.

—¿Aunque usted se presentara ante el público y dijera a los ciudadanos, cara a cara, que sabía que...?

Ford lo interrumpió rápidamente.

—No duraría en mi puesto ni el tiempo suficiente como para hacer la declaración. Ni creo que fuera creído aunque la hiciera. Además, entiéndame, Zaccur Barstow, no importa la simpatía que yo pueda sentir personalmente hacia usted y su gente... no lo haría aunque pudiera. Todo este asunto es como un cáncer que está devorando los órganos vitales de nuestra sociedad; debe ser extirpado. Me he visto obligado a actuar, es cierto... pero no hay posibilidad de hacer marcha atrás. Hay que seguir obligadamente hacia adelante en busca de una solución.

Al menos en un aspecto, Barstow era un hombre juicioso: sabía que otro hombre podía oponerse a él y no por ello ser un canalla. Sin embargo, protestó:

—Mi gente está siendo perseguida.

—Su gente —dijo Ford enérgicamente— es una fracción de la décima parte de un uno por ciento de todo el mundo... ¡y yo debo hallar una solución para todos! Le he llamado para saber si tiene usted alguna sugerencia que hacer para hallar una solución para todos. ¿La tiene?

—No estoy seguro —respondió Barstow lentamente—. Suponga que admito que debe usted seguir adelante con este horrible asunto de arrestar a mi gente, de interrogarla utilizando métodos inaceptables... supongo que no tiene usted otra elección al respecto...

—No tiene usted otra elección. Ni yo tampoco. —Ford frunció el ceño—. Será llevada a cabo tan humanamente como yo pueda conseguirlo... no soy un agente libre.

—Gracias. Pero, aunque me diga usted que es inútil que se dirija a la gente, tiene muchos medios de propaganda a su disposición. ¿No sería posible, mientras nosotros permanecemos al margen, preparar una campaña para convencer a la gente de los hechos auténticos? ¿Probarles que no *existe* ningún secreto?

—Respóndase usted mismo —dijo Ford—: ¿funcionaría?

Barstow suspiró.

—Probablemente no.

—¡Ni tomaría en cuenta esto como una solución aunque pudiera! La gente, incluso mis mejores asistentes, se aferra a la creencia de la existencia de una fuente de juventud debido a que la única otra alternativa es demasiado amarga como para pensar en ella. ¿Sabe lo que significaría para ellos? ¿Lo que sería para ellos la verdad desnuda?

—Siga.

—La muerte me ha sido tolerable tan sólo porque la Muerte era la Gran Demócrata, tratando a todos por igual. Pero ahora la Muerte tiene sus favoritos. Zaccur Barstow, ¿puede comprender usted los amargos, amargos celos de los hombres ordinarios de... oh, digamos cincuenta años, que contemplen a uno de ustedes? Cincuenta años... veinte de los cuales los ha transcurrido siendo un niño, y que hasta pasados los treinta no ha podido considerarse hábil en su profesión. Ha alcanzado los cuarenta antes de haberse establecido y haberse hecho respetar. Tan sólo en los últimos diez años de sus cincuenta puede decir que ha conseguido realmente algo.

Ford se inclinó hacia adelante en la pantalla y habló con un solemne énfasis:

—Y ahora, cuando ha alcanzado su meta, ¿cuál es su premio? Sus ojos empiezan a fallarle, su brillante fuerza juvenil lo ha abandonado, su corazón y su respiración ya no son «lo que acostumbraban a ser». Aún no es senil... pero siente el escalofrío del primer hielo. Sabe lo que le espera. Sabe... ¡sabe!

—Pero esto ha sido siempre inevitable, y todos los hombres han aprendido a resignarse a ello.

—Pero ahora *usted* sigue adelante —continuó Ford amargamente—. Usted lo avergüenza en su debilidad, lo humilla ante sus hijos. No se atreve a planear el futuro, mientras que usted emprende alegremente planes que no madurarán antes de cincuenta años... quizá cien. No importa qué éxito haya conseguido él, qué excelencias haya alcanzando, usted siempre irá por delante, le superará... le sobrevivirá. En su debilidad, usted es *amable* con él.

«¿Es extraño que él le odie?

Barstow levantó cansadamente la cabeza.

—¿Me odia *usted,* Slayton Ford?

—No. No, no puedo permitirme el lujo de odiar a nadie. Pero puedo decirle esto —añadió Ford repentinamente—: Si existiera realmente un secreto, ¡se lo arrancaría a usted aunque tuviera que hacerle pedazos!

—Sí. Comprendo esto. —Barstow hizo una pausa para meditar—. Es poco lo que nosotros, las Familias Howard, podemos hacer. No lo planeamos de esta forma; fue planeado por nosotros. Pero hay algo que podemos ofrecer.

—¿Sí?

Barstow se explicó.

Ford agitó la cabeza.

—Médicamente, lo que usted sugiere es realizable, y no dudo que una mitad implicada en su herencia podría alargar las expectativas de la vida humana. Pero aunque las mujeres estuvieran dispuestas a aceptar el plasma germinal de sus hombres, no quiero decir que lo estuviesen, eso sería la muerte psíquica para todos los demás hombres. Se produciría un cataclismo de frustración y de odio que podría dividir a la raza humana llevándola a su ruina. No, deseemos lo que deseemos, nuestras costumbres son como son. No podemos criar a los hombres como a los animales; no lo soportarían.

—Entiendo —admitió Barstow—, pero es todo lo que tenemos para ofrecer... compartir nuestra fortuna a través de la inseminación artificial.

—Sí. Supongo que debería agradecérselo, pero no me siento agradecido, de modo que no lo haré. Ahora seamos prácticos. Individualmente, ustedes los viejos son sin duda personas honorables y dignas de aprecio. Pero como grupo son tan peligrosos como los portadores de una plaga. Así que deben ser puestos en cuarentena.

Barstow asintió.

—Mis primos y yo hemos llegado ya a esta conclusión.

Ford pareció aliviado.

—Me alegra que sea comprensivo al respecto.

—Nosotros no podemos ayudar por nosotros mismos. ¿Bien? ¿Una colonia segregada? ¿Algún remoto lugar que pueda convertirse en un Coventry para nosotros? ¿Madagascar, quizá? O tal vez pudiéramos ocupar las Islas Británicas, reedificarlas y extendernos desde allí por Europa a medida que la radiactividad vaya disminuyendo.

Ford agitó la cabeza.

—Imposible. Esto simplemente dejaría el problema para que lo resolvieran nuestros nietos. Por aquel tiempo usted y los suyos habrían aumentado en número y se habrían fortalecido; podrían vencernos. ¡No, Zaccur Barstow, usted y su gente deben abandonar completamente este planeta!

Barstow pareció desolado.

—Sabía que llegaríamos a esto. Bien, ¿adónde deberemos ir?

—Hagan su elección dentro del sistema solar. Cualquier lugar que prefieran.

—Pero, *¿dónde?* Venus está fuera de lugar, pues aunque lo eligiéramos, ¿nos aceptarían ellos? Los venusianos no aceptan órdenes de la Tierra; quedó establecido en 2020. Sí, ahora aceptan inmigrantes seleccionados bajo la Convención de los Cuatro Planetas... ¿pero aceptarán a cien mil que la Tierra considera demasiado peligrosos para ella? Lo dudo.

—Yo también. Mejor elegir otro planeta.

—¿Qué planeta? En todo el sistema no hay otro mundo que pueda sostener la vida humana tal como es. Exigiría un esfuerzo casi sobrehumano, además de un dinero ilimitado y lo mejor de la más moderna tecnología, habilitar al más prometedor de ellos para hacerlo habitable.

—Hagan el esfuerzo. Seremos generosos con la ayuda.

—Estoy seguro de que lo serán. ¿Pero es una mejor solución enviarnos fuera que concedernos una reserva en la Tierra? ¿Piensan detener el programa de viajes espaciales?

Ford se envaró bruscamente.

—¡Oh! Entiendo lo que quiere decir. No había seguido su pensamiento, pero hay que tenerlo en cuenta. ¿Por qué no? ¿No sería mejor detener los viajes espaciales que dejar que esta situación degenere en una guerra abierta? Ya se hizo en una ocasión.

—Sí, cuando los venusianos se deshicieron de sus propietarios ausentes del planeta. Pero empezaron de nuevo, y Luna City fue reconstruida, y actualmente el tonelaje que se mueve por el espacio es diez veces mayor de lo que nunca lo fuera antes. ¿Puede usted detener esto? Y si puede, ¿cuánto tiempo permanecerá detenido?

Ford le dio vueltas y más vueltas en su mente. No podía detener el viaje espacial, ninguna administración podría. Pero ¿podía levantarse un interdicto sobre cualquier planeta en el que fueran depositados aquellos longevos? ¿Serviría de algo? Una generación, dos, tres... ¿qué diferencia representaría? El antiguo Japón había intentado una solución como aquella; los demonios extranjeros habían llegado por mar de todos modos. Las culturas no pueden ser mantenidas apartadas para siempre, y cuando entran en contacto, el más fuerte desplaza al más débil; era una ley natural.

Una cuarentena permanente y efectiva era imposible. Aquello dejaba tan sólo una respuesta... una fea respuesta. Pero Ford era realista; aceptaría lo que fuera necesario. Empezó a hacer planes, olvidando la presencia de Barstow en la pantalla. Una vez le diera al Superintendente Jefe la localización del cuartel general de las Familias Howard, serían reducidas en una hora, dos como máximo... a menos que poseyeran extraordinarias defensas, aunque de todos modos sería simplemente una cuestión de tiempo. A partir de aquellos que fueran arrestados en su cuartel general, sería posible localizar y arrestar a todos los demás miembros aún libres de su grupo. Con suerte, podrían tenerlos a todos en veinticuatro a cuarenta y ocho horas.

El único punto aún por decidir en su mente era si liquidarlos a todos ellos, o simplemente esterilizarlos. Cualquiera de ellas sería una solución definitiva, y no había una tercera solución. Pero, ¿cuál era la más humana?

Ford sabía que aquello terminaría con su carrera. Abandonaría su cargo en desgracia, quizá sería enviado a Coventry, pero no quería pensar en aquello; su temperamento le hacía incapaz de sopesar su propio bienestar enfrentándolo a su concepción del deber público.

Barstow no podía leer la mente de Ford, pero captó que

Ford había llegado ya a una decisión y conjeturó correctamente cuán mala sería para él y los suyos. Era el momento, decidió, de arriesgar una última baza.

—Señor Administrador...

—¿Eh? ¡Oh, lo siento! Estaba preocupado. —Era una afirmación inútil; estaba horriblemente avergonzado de hallarse frente a un hombre al que acababa de condenar a muerte. Reunió toda la formalidad que se fue posible, colocándosela como un traje—. Gracias, Zaccur Barstow, por hablar conmigo. Lamento que...

—¡Señor Administrador!

—¿Sí?

—Propongo que nos envíe completamente fuera del Sistema Solar.

—*¿Qué?* —Ford parpadeó—. ¿Está usted hablando en serio?

Barstow habló rápidamente, persuasivamente, explicando el aún medio concebido plan de Lazarus Long, improvisando detalles a medida que iba hablando, saltando por encima de los obstáculos y enfatizando las ventajas.

—Podría funcionar —dijo Ford al final, lentamente—. Hay dificultades que usted no ha mencionado, dificultades políticas, y un terrible problema de tiempo. De todos modos, podría funcionar. —Se puso en pie—. Vuelva con su gente. No les diga nada de esto todavía. Hablaré con usted más tarde.

Barstow regresó lentamente, pensando lo que podría decirles a los Miembros. Le exigirían un informe completo; técnicamente no tenía derecho a negarse. Pero se sentía fuertemente inclinado a cooperar con el Administrador mientras esto supusiera alguna posibilidad de un desenlace favorable. Haciendo un brusco alto en sus pensamientos, se giró, fue a su oficina, y mandó llamar a Lazarus.

—Hola, Zack —dijo Long al entrar—. ¿Cómo ha ido la charla?

—Bien y mal —respondió Barstow—. Escucha... —le hizo

un resumen breve y completo—. ¿Puedes volver ahí dentro y decirles algo que los mantenga calmados?

—Hummm... imagino que sí.

—Entonces hazlo, y vuelve aquí lo antes que puedas.

No les gustó la evasiva que les presentó Lazarus. No deseaban estarse quietos esperando, ni deseaban retardar la reunión.

—¿Dónde está Zaccur?

—¡Exigimos un informe!

—¿Por qué todo este engaño?

Lazarus los hizo callar con un rugido.

—¡Escúchenme, condenados idiotas! Zack les hablará cuando esté listo... no le tiren del codo. Sabe lo que está haciendo.

Un hombre de la parte de atrás se puso en pie.

—¡Yo me voy a casa!

—Hágalo —le animó Lazarus dulcemente—. Déles mis saludos a los agentes.

El hombre pareció desconcertado y se sentó.

—¿Alguien más quiere irse a casa? —preguntó Lazarus—. No se lo impediré. Pero ya es hora de que se den cuenta, cabezas de chorlito, de que se hallan fuera de la ley. Lo único que se interpone entre ustedes y los agentes es la habilidad de Zack Barstow en hablar calmadamente con el Administrador. Así que hagan lo que quieran... la reunión queda postpuesta.

—Mira, Zack —dijo Lazarus unos pocos minutos más tarde—, enfrentémonos a los hechos. Ford está dispuesto a utilizar sus extraordinarios poderes para ayudarnos a tomar la gran nave e irnos. ¿Es así?

—A eso es prácticamente a lo que se ha comprometido.

—Hummm... tendrá que hacerlo mientras pretende ante el Consejo que está haciendo lo necesario para arrancarnos el «secreto»... haciendo ante ellos un doble juego. ¿Correcto?

—No he ido tan lejos en ello. Yo...

—Pero es cierto, ¿no?

—Bueno... sí, debe ser cierto.

—De acuerdo. Ahora, ¿es nuestro amigo Ford lo suficientemente brillante como para darse cuenta de en lo que se está metiendo, y lo bastante duro como llegar hasta el final?

Barstow pasó revista a lo que sabía de Ford, y le añadió sus impresiones de la entrevista.

—Sí —decidió—; lo sabe, y es lo suficientemente fuerte como para hacerle frente.

—De acuerdo. ¿Y qué hay contigo, muchacho? ¿Estás *tú* también a la altura? —La voz de Lazarus era acusadora.

—¿Yo? ¿Qué quieres decir?

—¿Estás planeando *tú* también un doble juego con tu multitud? ¿Tendrás los arrestos necesarios para llegar hasta el final cuando las cosas empiecen a ponerse difíciles?

—No te entiendo, Lazarus —respondió Barstow preocupadamente—. No estoy planeando engañar a nadie... al menos, no a los Miembros de las Familias.

—Mejor mira de nuevo tus cartas —prosiguió Lazarus implacablemente—. Tu parte en este asunto es ver que cada hombre, mujer y niño tome parte en este éxodo. ¿Esperas vender la idea a cada uno separadamente y conseguir que cien mil personas se pongan de acuerdo? ¿*Unánimemente*? Infiernos, ni siquiera podrás conseguir que tanta gente silbe el «Yankee Doodle» unánimemente.

—Pero *tendrán* que aceptarlo —protestó Barstow—. No tienen otra elección. O emigramos, o nos perseguirán y nos matarán. Estoy seguro de que esto es lo que pretende hacer Ford. Y lo hará.

—Entonces, ¿por qué no vas a la asamblea y les dices eso? ¿Por qué me enviaste a contarles un cuento?

Barstow se pasó una mano por los ojos.

—No lo sé.

—Yo te diré por qué —continuó Lazarus—. Tú piensas mejor con tus corvas que la mayoría de hombres con sus cabezas. Me enviaste allí a contarles un cuento porque sabías condenadamente bien que la verdad no serviría. Si les decían que debían irse o ser muertos, algunos se verían presas del pánico y otros se volverían más testarudos que nunca. Y algunos de entre los más viejos quizá decidieran volver a sus casas y reclamar sus derechos amparados por el Convenio.

Hubieran divulgado el proyecto antes incluso de ser planteado, y el gobierno podría tomar medidas. Es cierto, ¿no?

Barstow se alzó de hombros y sonrió amargamente.

—Es cierto. Ni siquiera lo había imaginado, pero es absolutamente cierto.

—Sí lo habías imaginado —insistió Lazarus—. Siempre tienes las respuestas adecuadas. Zack, me gusta tu forma de enfrentar las cosas; por eso estoy aquí. De acuerdo, tú y Ford estáis planeando sacar del globo a todos nuestros parientes. Y yo me pregunto de nuevo: *¿tendrás los suficientes arrestos para seguir hasta el final?*

5

Los Miembros permanecían reunidos en grupos, malhumorados.

—No puedo entenderlo —estaba diciéndole el Archivero Residente a un preocupado círculo a su alrededor—. El Depositario Mayor nunca había interferido antes en mi trabajo. Pero ha penetrado en tromba en mi oficina con ese Lazarus Long detrás, y me ha ordenado que saliera.

—¿Qué es lo que ha dicho? —preguntó uno de los oyentes.

—Bueno, *yo* le dije: «¿Puedo servirle en algo, Zaccur Barstow?», y él me respondió: «Sí, puede. Salga y llévese con usted a sus chicas». ¡Ni una palabra de la cortesía más elemental!

—Tiene mucho de que quejarse —añadió melancólicamente otra voz. Era Cecil Hedrick, de la Familia Johnson, ingeniero jefe de comunicaciones—. Lazarus Long me hizo una visita, y fue de lo más descortés.

—¿Qué fue lo que hizo?

—Penetró en la sala de comunicaciones y me dijo que quedaba relevado de mi puesto... órdenes de Zaccur. Le dije que nadie tocaría mis instrumentos excepto yo y mis operadores, y además, ¿cuál era su autoridad? ¿Saben qué hizo? No lo creerán: me apuntó con una desintegradora.

—¡No lo dirá en serio!

—Absolutamente en serio. Se lo digo, ese hombre es peligroso. Deberíamos llevarlo a un reajusto psico. Es un atavismo, si alguna vez ha habido uno.

Lazarus Long hizo frente a la pantalla que reflejaba el rostro del Administrador.

—¿Todo preparado? —preguntó.

Ford cortó el contacto del facsimulador de su escritorio.

—Todo preparado —confirmó.

—De acuerdo —replicó la imagen de Lazarus—. Corto. —Mientras la imagen desaparecía de la pantalla, Ford habló por el circuito interior.

—Que el Superintendente en Jefe se presente a mí inmediatamente... en persona.

El jefe de seguridad pública apareció como se le había ordenado, con una expresión en su arrugado rostro en la cual el disgusto se mezclaba con la disciplina. Estaba teniendo la noche más ajetreada de su carrera, y pese a ello el Viejo había dado órdenes de que se presentara personalmente a informar. ¿Para qué diablos existían los videofonos?, se preguntó irritadamente... y se dijo cómo se le había ocurrido alguna vez abrazar la carrera de policía. Mostró su disconformidad con su jefe mostrándose fríamente formal y saludando innecesariamente.

—Me ha hecho llamar, señor.

Ford ignoró su actitud.

—Sí, gracias. Aquí —pulsó un botón; un carrete de cinta brotó del facsimulador— hay una lista completa de las Familias Howard. Arréstelas.

—Sí, señor. —El jefe de policía de la Federación miró la cinta y se debatió entre si debía preguntar o no cómo había sido obtenida: seguramente no había procedido de *su* oficina... ¿poseía el Viejo un servicio de inteligencia del que él no tenía la menor idea?

—Es alfabética, pero está relacionada geográficamente —estaba diciendo el Administrador—. Tras reproducirla, envíela... no, *devuélvame* a mí el original. Puede detener también las entrevistas psico —añadió—. Simplemente encuentre a esas gentes y deténgalas. Más tarde le daré más instrucciones.

El Superintendente en Jefe decidió que no era un buen momento para demostrar su curiosidad.

—Sí, señor. —Saludó rígidamente y se fue.

Ford se giró hacia los controles de su escritorio y comunicó que deseaba ver a los jefes de los departamentos de recursos naturales y de control de transportes. Tras pensarlo, añadió también al jefe del departamento de gastos logísticos.

En la Sede de las Familias se estaba celebrando una sesión de depositarios; Barstow estaba ausente.

—No me gusta eso —estaba diciendo Andrew Weatherall—. Puedo comprender a Zaccur decidiendo retrasar su informe a los Miembros, pero había supuesto que lo único que deseaba era hablar primero con nosotros. Estaba seguro de que nos consultaría. ¿Qué opina usted de ello, Philip?

Philip Hardy se mordisqueó el labio.

—No sé. Zaccur tiene la cabeza bien firme sobre sus hombros... pero me parece que primero hubiera debido reunirse con nosotros y celebrar consejo. ¿Ha hablado con usted, Justin?

—No, no lo ha hecho —respondió fríamente Justin Froote.

—Bien, ¿qué debemos hacer? No podemos mandarle llamar y exigirle que nos dé cuenta de sus acciones a menos que estemos preparados a despojarle de su cargo si se niega. Yo, por mi parte, soy reluctante a hacerlo.

Aún seguían discutiendo cuando llegaron los agentes.

Lazarus oyó la conmoción y la interpretó correctamente... no era ninguna hazaña, puesto que tenía información de la que carecían sus hermanos. Era consciente de que debía someterse pacíficamente y sin protestas a su arresto... dar buen ejemplo. Pero las viejas costumbres difícilmente mueren; postpuso lo inevitable zambulléndose en el refrescador para hombres más cercano.

Era un callejón sin salida. Miró al conducto de aire... no, demasiado pequeño. Mientras pensaba hurgó en su bolsillo buscando un cigarrillo; su mano topó con un extraño objeto, lo sacó. Era el brazalete que había «tomado prestado» del agente en Chicago.

Cuando el agente que estaba realizando la batida por aquella ala de la Sede metió su cabeza en aquel refrescador, encontró ya allí a otro «agente».

—Aquí no hay nadie —anunció Lazarus—. Ya lo he comprobado.

—¿Cómo diablos ha conseguido pasar por delante de mí?

—Por su flanco. Por el Túnel de Stoney Island y a través de los aeroductos. —Lazarus esperó que el auténtico agente no supiera que no existía ningún Túnel de Stoney Island—. ¿Tiene un cigarrillo?

—¿Eh? Este no es momento de fumar.

—¿Por qué no? —dijo Lazarus—. Mi oficial está a un par de kilómetros de distancia.

—Quizá sí —respondió el agente—, pero el mío está inmediatamente detrás nuestro.

—¿Sí? Bueno, le veré... tengo algo que decirle de todos modos. —Lazarus empezó a avanzar para cruzar junto al agente, pero este no se apartó de su camino. Estaba mirando con curiosidad el kilt de Lazarus. Lazarus le había dado la vuelta, y su color azul imitaba bastante bien el uniforme de servicio de los agentes... si no era inspeccionada de cerca.

—¿De qué estación dice que viene? —inquirió el agente.

—De esta —respondió Lazarus, y plantó un seco golpe bajo el esternón del hombre. Un profesor de defensa personal de Lazarus le había explicado que un golpe en el plexo solar era más efectivo que uno en la mandíbula; el profesor había resultado muerto en los tumultos callejeros de 1966, pero sus enseñanzas aún estaban vivas.

Lazarus se sintió mucho más parecido a un agente con un kilt de uniforme adecuado y una bandolera de bombas paralizantes colgando bajo su brazo izquierdo. Además, el kilt del agente le caía mejor que el que había estado llevando. A la derecha, el pasaje conducía hasta el Refugio y a un callejón sin salida; se dirigió hacia la izquierda, aunque sabía que iría a desembocar en el oficial de su inconsciente benefactor. El pasadizo daba a una sala que estaba repleta de Miembros reunidos allí por un grupo de agentes. Lazarus ignoró a sus parientes y buscó al ajetreado oficial encargado.

—Señor —informó, saludando militarmente—. Hay una especie de hospital ahí abajo. Necesitará unos cincuenta o sesenta camilleros.

—No me moleste, dígaselo a su oficial. Nosotros tenemos las manos demasiado llenas.

Lazarus casi no respondió; había captado la mirada de Mary Sperling entre la multitud... ella le había mirado y había desviado los ojos. Se envaró y respondió:

—No puedo decírselo, señor. No está disponible.

—Bien, vaya afuera y dígaselo al primer pelotón de auxilio que encuentre.

—Sí, señor. —Se alejó, con toda despreocupación, los dedos metidos en el cinturón de su kilt. Se había adentrado ya bastante en el pasaje que conducía al túnel transversal que desembocaba en la salida Waukegan cuando oyó gritos tras él. Dos agentes estaban corriendo para alcanzarle.

Lazarus se detuvo en la arcada que conducía al túnel transversal y les esperó.

—¿Qué ocurre? —preguntó cuando lo alcanzaron.

—El oficial... —empezó uno. No pudo seguir; una bomba paralizante rebotó y estalló a sus pies. Pareció sorprendido, mientras las radiaciones iban borrando toda expresión de su rostro; su compañero se derrumbó hacia él.

Lazarus aguardó tras un saliente de la arcada, contó los segundos hasta llegar a quince: «¡Número uno fuego! ¡Número dos fuego! ¡Número tres fuego!»... añadió un par más para asegurarse de que el efecto paralizante había desaparecido. Fue más justo de lo que había esperado. No se había zambullido lo suficientemente aprisa y su pie izquierdo había quedado algo adormecido por la exposición.

Luego comprobó los efectos. Ambos estaban inconscientes, no había nadie más a la vista. Subió por el túnel transversal. Quizá nadie le perseguía por su verdadera identidad, quizá nadie se había dado cuenta de su fuga. Pero no se quedó por allí para averiguarlo. De una cosa sí estaba condenadamente seguro, se dijo a sí mismo: si alguien lo había denunciado, no era Mary Sperling.

Necesitó otras dos parabombas y un par de centenares de palabras de pura ficción para conseguir salir al aire libre. Una vez estuvo allí y fuera de observación inmedita, se metió en el bolsillo las bombas restantes y el brazalete, y tiró la bandolera detrás de unos arbustos; luego se dirigió a una tienda de ropas de Waukegan.

Se sentó en una cabina de compras y discó el código de kilts. Dejó que los diversos modelos pasaran por la pantalla mientras ignoraba la persuasiva voz del catálogo, hasta que apareció uno que era declaradamente no militar y no de color azul, en cuyo momento detuvo el exhibidor y pulsó un pedido para su talla. Anotó el precio, extendió una orden de crédito de su talonario, la metió en la máquina y pulsó el botón de compra. Luego disfrutó de un cigarrillo mientras se efectuaba la confección.

Diez minutos más tarde desechaba el kilt del agente a la tolva de desechos de la cabina de compras y salía de ella, pulcra y elegantemente vestido. No había estado en Waukegan desde el siglo pasado, pero encontró un hotel de mediana categoría sin llamar la atención ni hacer preguntas, discó en recepción su solicitud de una habitación standard, y durante siete horas se dejó vencer por un profundo sueño.

Desayunó en su habitación, escuchando con medio oído el visor de noticias; se sentía medianamente interesado en saber lo que se diría respecto a la incursión contra las Familias. Pero su interés era imparcial; ya lo había separado completamente de su mente. Había sido un error, se dio cuenta, haber vuelto a entrar en contacto con las Familias... era una buena cosa que estuviera desconectado de todo aquello en su actual identidad pública, libre totalmente de cualquier conexión con los problemas que comportaba.

Una frase llamó su atención:

—...incluido Zaccur Barstow, que se supone es su jefe tribal.

«Los prisioneros están siendo conducidos a una reserva en Oklahoma, cerca de las ruinas de la ciudad rodante Okla-Orleans, a unos cuarenta kilómetros al este del Parque Memorial Harriman. El Superintendente Jefe la describe como una "Pequeña Coventry", y ha ordenado a todos los aviones que la eviten en quince kilómetros a la redonda. El Administrador no ha podido ser contactado aún para una entrevista, pero fuentes autorizadas de la Administración nos informan de que el arresto en masa ha sido realizado a fin de acelerar las investigaciones a través de las cuales la Administración espera obtener el "Secreto de las Familias Howard"... sus técnicas para prolongar indefinidamente la vida. Esta acción directa de arrestar y transportar a todos los miembros del grupo fuera de la ley se espera que ejerza un saludable efecto en vencer la resistencia de sus líderes ante las legítimas demandas de la sociedad. Esto les demostrará que los derechos civiles de los que gozan los ciudadanos decentes no deben ser usados como una capa tras la cual escudarse para causar daño a toda la sociedad.

»Los bienes y pertenencias de los miembros de esta criminal conspiración han sido declarados sujetos al Conservador General, y serán administrados por sus agentes durante el encarcelamiento de...

Lazarus cortó el aparato.

—¡Condenación! —se dijo para sí mismo—. Será mejor no preocuparme por cosas en las que no puedo ayudar. —Por supuesto, había esperado ser arrestado él también... pero había escapado. Eso era todo. A las Familias no les habría hecho ningún bien el que también él fuera detenido... y además, él no debía nada a las Familias, ninguna maldita cosa.

De todos modos, estarían mejor arrestados todos a la vez y colocados rápidamente bajo guardia. Si hubieran sido detenidos uno a uno, podría haber ocurrido cualquier cosa... linchamientos, incluso pogroms. Lazarus sabía por dura experiencia cuán poco debajo de la piel está la ley de Lynch y la violencia de masas en la civilización más pacífica; por eso le había advertido a Zack que hiciera aquello... por eso y porque Zack y el Administrador debían tener a las Familias en un grupo compacto a fin de poder llevar así a cabo su plan. Lo habían conseguido... y él no había tenido que meter su nariz.

Pero se preguntó cómo iba a seguir Zack adelante, y lo

que pensaría de la desaparición de Lazarus. Y lo que pensaría Mary Sperling... debía haber sido un shock para ella cuando lo vio asomar la nariz como agente. Deseó que ella no le hubiera visto.

No era que le importase lo que cualquiera de ellos pudiera pensar. Muy pronto podrían estar a años luz de distancia... o muertos. Un libro cerrado.

Se giró hacia el videofono y llamó a la oficina de correos.

—Capitán Aaron Sheffield —anunció, y dio su número postal—. La última vez estaba registrado en la oficina postal del Campo Goddard. Por favor, ¿puede hacer que mi correo sea enviado a... —se acercó y leyó el número de código del receptáculo de correo de la habitación.

—Servicio —asintió la voz del empleado—. Inmediatamente, capitán.

—Gracias.

Se necesitarían un par de horas, reflexionó, para que su correo le fuera enviado hasta allí... media hora para el trayecto, tres veces más para los otros trámites. Era mejor esperar allí... no dudaba que su búsqueda había sido abandonada en la distancia, pero no había nada en Waukegan que le interesara. Una vez llegara el correo alquilaría un impulsor U y se largaría rápidamente a...

¿A dónde? ¿Qué era lo que tenía que hacer a continuación?

Examinó varias posibilidades y finalmente llegó al desconcertante convencimiento de que no había ningún lugar, de un extremo a otro del Sistema Solar, a donde realmente deseara ir.

Aquello lo asustó un poco. En una ocasión había oído, y se inclinaba a creerlo, que una pérdida del interés en vivir señalaba el auténtico punto crítico en la batalla entre anabolismo y catabolismo... la senectud. Bruscamente envidió a las gentes de corta vida... al menos podían traspasar sus propias preocupaciones a sus hijos. El afecto filial no era una costumbre entre los Miembros de las Familias; no había ninguna relación capaz de ser mantenida durante un siglo o más. Y la amistad, excepto entre Miembros, debía ser considerada como un asunto transitorio y superficial. No había nadie a quien Lazarus deseara ver.

Espera un minuto... ¿dónde estaría aquel plantador de Venus? ¿Aquel que sabía tantas canciones folklóricas y que era tan divertido cuando estaba borracho? Iría en su busca. Daría un salto hasta allá y sería algo divertido, por mucho que no le gustara Venus.

Luego recordó con frío asombro que no había visto al hombre desde hacía... ¿cuánto tiempo? En cualquier caso, a aquellas alturas ya debía estar muerto.

Libby había estado en lo cierto, rumió sombríamente, cuando habló de la necesidad de un nuevo tipo de asociación de memoria para los longevos. Deseó que el muchacho pudiera seguir adelante con las investigaciones necesarias y regresara con una respuesta antes de que Lazarus se viera reducido a contar los dedos. Pensó en ello durante uno o dos minutos antes de recordar que era más bien improbable que volviera a ver a Libby de nuevo.

El correo llegó, y no contenía nada de importancia. No le sorprendió; no esperaba cartas personales. Los carretes de publicidad fueron a parar directamente a la tolva de desechos; leyó solamente un aviso, una carta de la Corporación de Mantenimiento Pan-Terra, diciéndole que su crucero convertible *Yo espía* había sido terminado de revisar y había sido llevado a un hangar de aparcamiento, listo para ser utilizado. Según sus instrucciones, los controles de astrogación de la nave no habían sido tocados... ¿estaba todo de acuerdo con los gustos del capitán?

Decidió hacerse cargo de la nave por la tarde y dirigirse al espacio. Cualquier cosa era mejor que quedarse ligado a la Tierra y admitir que estaba aburrido.

Pagar su cuenta y alquilar un reactor le ocupó menos de veinte minutos. Despegó y se dirigió al Campo Goddard, utilizando el nivel de tráfico local de poca velocidad para evitar entrar en el circuito de control con un plan de vuelo. No estaba evitando conscientemente la policía debido a que no tenía ninguna razón para creer que pudieran estar buscando al «capitán Sheffield»; era simple hábito, y llegaría de todos modos con tiempo suficiente al Campo Goddard.

Pero mucho antes de alcanzarlo, mientras volaba sobre la parte este de Kansas, decidió aterrizar y lo hizo.

Tomó tierra en el campo de una ciudad lo suficientemente pequeña como para que fuera poco probable que tuviera algún agente a tiempo completo, y buscó una cabina videofónica lejos del campo. Una vez en ella, vaciló. ¿Cómo podría conseguir llamar desde allí al hombre que estaba a la cabeza de toda la Federación... y conseguir la comunicación? Si simplemente llamada a la Torre Novak y pedía por el Administrador Ford, no sólo no le pondrían con él, sino que su llamada sería desviada rápidamente al Departamento de Seguridad Pública para hacerle algunas preguntas indeseadas, tan seguro como que hay que pagar los impuestos.

Bien, sólo había una forma de enfrentarse a aquello, y era llamar directamente al Departamento de Seguridad y, de algún modo, conseguir al Superintendente Jefe en la pantalla... tras lo cual improvisaría sobre la marcha.

—Departamento de Seguridad Civil —respondió una voz—. ¿En qué podemos servirle, ciudadano?

—El servicio es mutuo —empezó, con su voz mejor controlada—. Soy el capitán Sheffield. Póngame con el Jefe. —No estaba solicitando; su actitud simplemente exigía obediencia.

Un corto silencio.

—¿Sobre qué, por favor?

—He dicho que era el *capitán Sheffield* —esta vez la voz de Lazarus evidenció una irritación contenida.

Otra corta pausa...

—Le conectaré con la oficina del Delegado Jefe —dijo la voz, dubitativamente.

Esta vez la pantalla se iluminó.

—¿Sí? —preguntó el Delegado Jefe, examinándole atentamente.

—Póngame con el Jefe... aprisa.

—¿Sobre qué asunto?

—¡Buen Dios, hombre... póngame con el Jefe! ¡Soy el *capitán Sheffield!*

El Delegado Jefe pidió disculpas y le conectó; no había dormido en toda la noche, y habían pasado demasiadas cosas confusas en las últimas veinticuatro horas como para ser capaz de asimilarlas. Cuando el Alto Superintendente Jefe apareció en la pantalla, Lazarus fue quien habló primero:

—¡Oh, es usted! He perdido un condenado tiempo en su maldita red de comunicaciones. ¡Póngame con el Viejo, y *muévase*! Utilice su circuito privado.

—¿Qué demonios quiere decir? ¿Quién es usted?

—Escuche, hermano —dijo Lazarus, con tono de exasperación contenida—. No hubiera tenido que recurrir a su condenado y obstinado departamento si no me hubiera visto metido en medio de un lío. Póngame con el Viejo. *Se trata de las Familias Howard.*

El jefe de la policía se puso inmediatamente en guardia.

—Dé su informe.

—Mire —dijo Lazarus con tono cansado—, sé que a usted le gustaría mirar por encima del hombro del Viejo, pero no es el momento adecuado para intentarlo. Si me pone obstáculos y me obliga a malgastar dos horas para informar personalmente, lo haré. Pero el viejo deseará saber por qué, y puede apostar su más hermoso kilt de desfile que se lo diré.

El Superintendente Jefe decidió correr el riesgo... mantener la línea intervenida; luego, si el Viejo echaba con cajas destempladas a aquel bromista en menos de tres segundos, sabría que había actuado bien y con suerte. Si la cosa no resultaba... bueno, siempre podía echarle la culpa a un cruce en las comunicaciones. Hizo las conexiones.

El Administrador Ford pareció asombrado cuando reconoció a Lazarus en la pantalla.

—¿Usted? —exclamó—. ¿Cómo diablos...? ¿Acaso Zaccur Brastow...?

—*¡Selle su circuito!* —le interrumpió Lazarus.

El Superintendente Jefe parpadeó cuando su pantalla quedó oscura y silenciosa. Así que el Viejo *tenía* agentes secretos fuera del departamento... interesante, y digno de no ser olvidado.

Lazarus le hizo a Ford un rápido y más bien honesto relato de lo que había ocurrido, y luego añadió:

—Así que puede ver que he podido escapar y ponerme a cubierto. De hecho, puedo seguir haciéndolo. Pero lo que deseo saber es esto: ¿el trato con Zaccur Barstow sigue siendo el de permitirnos emigrar?

—Sí.

—¿Ha imaginado usted cómo conseguir que cien mil personas embarquen en la *Nuevas Fronteras* sin pillarse los dedos? Sabe que no puede confiar en su propia gente.

—Lo sé. La actual situación es un recurso temporal mientras trabajamos en ello.

—Y yo soy el hombre adecuado para el trabajo. Debo hacerlo, soy el único agente sin compromisos en el cual pueden confiar tanto el uno como el otro. Ahora escuche...

Ocho minutos más tarde, Ford estaba asintiendo lentamente con la cabeza y dicendo:

—Podría funcionar. Podría. De todos modos, empiece a hacerlo. Tendré una carta de crédito esperándole cuando llegue a Goddard.

—¿Puede usted cubrir sus huellas en eso? No deseo exhibir una carta de crédito del Administrador; la gente se haría preguntas.

—Concédame algo de inteligencia. Cuando llegue a sus manos parecerá una transacción bancaria de rutina.

—Lo siento. Ahora, ¿cómo podré hablar directamente con usted cuando lo necesite?

—Oh, sí... anote este código. —Ford lo recitó lentamente—. Eso lo pondrá directamente con mi despacho sin conexiones intermedias. No, no lo escriba, memorícelo.

—¿Y cómo puedo hablar con Zack Barstow?

—Llámeme y yo le conectaré con él. No puede llamarle directamente a menos que pueda disponer de un circuito sensitivo.

—Aunque pudiera, no puedo acarrear a un sensitivo conmigo todo el tiempo. Bueno, adiós... me marcho.

—¡Buena suerte!

Lazarus abandonó la cabina videofónica con reprimida prisa y se apresuró a reclamar su nave alquilada. No sabía lo suficiente acerca de las prácticas habituales de la policía como para adivinar si el Alto Superintendente Jefe habría podido localizar la llamada al Administrador; simplemente lo dio por seguro, porque aquello era lo que él hubiera hecho de estar en los zapatos del Superintendente. Era probable que el agente disponible más próximo a él estuviera ya sobre su pista... era el momento de irse, el momento de borrar un poco el rastro.

Despegó de nuevo y puso rumbo al oeste, manteniéndose en el no controlado nivel local de baja velocidad hasta que alcanzó un banco de nubes que ocultó el horizonte occidental. Giró el rumbo y se dirigió a Kansas City, manteniéndose meticulosamente dentro de los límites de velocidad y volando tan lentamente como permitían las regulaciones locales de impulsores U y tomó un taxi terrestre, que lo condujo por tráfico. En Kansas City devolvió su nave a la agencia local de el camino de tráfico controlado hasta Joplin. Allí abordó el reactorbus local de St. Louis sin adquirir el billete por anticipado, asegurándose así de que su vuelo no sería registrado hasta que la grabadora del itinerario del bus estuviera en las cercanías de la costa occidental.

En vez de preocuparse, pasó el tiempo haciendo planes.

Cien mil personas, con un promedio de masa de sesenta... no, pongamos setenta kilos, reconsideró Lazarus, cada uno, esto hace una carga de siete mil toneladas. La *Yo espía* podía cargar con tal peso contra una gravedad, pero sería como llevar judías enlatadas. Era algo que quedaba fuera de toda cuestión; la gente no puede almacenarse como carga; la *Yo espía* podía arrastrar perfectamente aquel peso muerto... pero «muerto» era la palabra precisa, pues así partiría de la Tierra.

Necesitaba un transporte.

Comprar una nave de pasajeros lo suficientemente grande como para transportar a las Familias de la Tierra hasta donde se hallaba la *Nuevas Fronteras* amarrada a su órbita de construcción no era difícil; el Servicio de Pasajeros de los Cuatro Planetas se desprendería con alegría de una nave de esas características a un buen precio. Con la competencia existente en los viajes de pasajeros, estaban ansiosos de desprenderse de sus naves viejas que ya no atraían a los turistas. Pero una nave de pasajeros no le serviría; no sólo porque despertaría una indeseable curiosidad acerca de lo que pensaba hacer con ella, sino porque, y eso era definitivo, él no podría pilotarla con sus propias manos. Bajo la Ley de Seguridad en el Espacio, se exigía que las naves de pasajeros fueran conducidas bajo control humano, según la teoría de que ningún dispositivo automático de seguridad podía reemplazar el juicio humano en una emergencia.

Tendría que ser un carguero.

Lazarus conocía el mejor lugar donde encontrar uno. Pese a los esfuerzos de convertir a la colonia lunar en ecológicamente autosuficiente, Luna City aún importaba mucho más tonelaje del que exportaba. En la Tierra, esto hubiera dado como resultado «viajes de vuelta en vacío»; en el transporte espacial, a veces era más barato dejar que las naves vacías se acumularan, sobre todo en la Luna, donde un carguero vacío era mucho más valioso como metal de lo que había costado originalmente como nave allá en la Tierra.

Abandonó el bus cuando aterrizó en Goddard City, fue al espaciopuerto, pagó sus facturas, y tomó posesión de la *Yo espía,* tras lo cual llenó un formulario para una inmediata partida a la Luna. Le fue asignada pista para dos días más tarde, pero Lazarus no se preocupó por ello; simplemente regresó a las oficinas de la compañía y señaló que estaba dispuesto a pagar liberalmente por un despegue inmediato. En veinte minutos le aseguraron verbalmente que podría partir para la Luna aquella misma tarde.

Dejó transcurrir las varias horas que le quedaban en el enloquecedor papeleo de los permisos para el viaje interplanetario. Primero recogió la carta de crédito que le había prometido Ford y la convirtió en efectivo. Lazarus hubiera estado incluso dispuesto a utilizar una parte de ese efectivo para apresurar los trámites legales, pagando por ello como lo había hecho (en cierto modo legalmente) para poder despegar antes que las demás naves que aguardaban turno. Pero descubrió que era incapaz de conseguirlo. Dos siglos de supervivencia le habían enseñado que un soborno debe ser ofrecido tan gentil e indirectamente como se hace una sugerencia galante a una dama orgullosa; en muy pocos minutos llegó a la descorazonadora conclusión de que la virtud civil y la honestidad pública habían llegado hasta allí... los funcionarios del Campo Goddard parecían absolutamente inocentes ante cualquier noción de propina, extorsión, o el lubricante efecto del dinero en cualquier transacción de rutina. Admiró su incorruptibilidad, aunque no le gustó... especialmente cuando le hizo perder un tiempo que hubiera podido dedicar a darse un banquete de gourmet en la Skygate Room.

Dejó incluso que lo vacunaran de nuevo antes de volver a la *Yo espía* y recoger de allí el documento que acreditaba que había sido vacunado a la llegada a la Tierra hacía unas pocas semanas.

Sin embargo, veinte minutos antes de su tiempo de partida previsto, se sentó a los controles de la *Yo espía,* con su bolsillo abultado por los papeles sellados y su estómago revuelto por el único bocadillo que había conseguido comer. Había revisado la trayectoria «Hohmann-S» que iba a utilizar, y había alimentado con sus resultados el autopiloto. Todas las luces de a bordo eran verdes, excepto una que parpadearía en verde cuando el control del campo iniciara la cuenta atrás. Aguardó con la cálida sensación que le llanaba siempre cuando estaba a punto de partir.

De pronto le asaltó un pensamiento, y se irguió todo lo que le permitían sus cinturones de seguridad. Luego se soltó los que le sujetaban el pecho y se sentó, alcanzando su ejemplar del *Suplemento del Piloto Terrestre y Riesgos del Tráfico.*

Las *Nuevas Fronteras* se hallaba en una órbita circular de exactamente veinticuatro horas, manteniéndose siempre sobre el medidiano 106º oeste y a declinación cero, a una distancia del centro de la Tierra de aproximadamente cuarenta y un mil kilómetros.

¿Por qué no hacerle una visita, y echarle un vistazo desde el lado de la Tierra?

La *Yo espía,* con los tanques llenos y las bodegas de carga vacías, tenía muchos kilómetros-segundo de reserva de empuje. En realidad, el campo le había autorizado para Luna City, no para la nave interestelar... pero, con la Luna en su actual fase, la desviación de su esquema de vuelo aprobado difícilmente sería detectada en una pantalla, probablemente no sería detectada hasta que la grabación del film fuera analizado en algún tiempo futuro... en cuyo momento Lazarus podría recibir una citación de tráfico quizás incluso ver suspendida su licencia. Pero los tiquets de tráfico nunca lo habían preocupado... y aquello era algo que realmente valía la pena aprovechar.

Estaba ya planteándole el problema a su calculador balístico. Aparte comprobar los elementos de la órbita de la *Nuevas Fronteras* en el *Piloto Terrestre,* Lazarus podría haberlo hecho con los ojos cerrados; las maniobras de aproximación al satélite eran cosa vieja para cualquier piloto, y una trayectoria de doble tangente hasta una órbita de vienticuatro horas era algo que cualquier estudiante para piloto sabía de memoria.

Alimentó con las respuestas a su autopiloto durante la cuenta atrás, finalizó con tres minutos de margen, se volvió a atar de nuevo, y se relajó mientras la aceleración le golpeaba. Cuando la nave entró en caída libre, comprobó su posición y vector vía el radiofaro de respuesta del campo. Satisfecho, comprobó su tablero, ajustó la alarma para el momento de la cita, y se durmió.

6

Unas cuatro horas más tarde la alarma lo despertó. La cortó; siguió sonando... una mirada a su pantalla le mostró por qué. El gargantuesco cuerpo cilíndrico de la *Nuevas Fronteras* estaba muy cerca. Desconectó el circuito de alarma del radar, sin preocuparse del calculador balístico. Antes de que hubiera completado la maniobra la alarma del comunicador empezó a zumbar. Palmeó el contacto; el circuito equiparó frecuencias y la pantalla visora cobró vida. Un hombre le miró desde ella.

—*Nuevas Fronteras* llamando: ¿qué nave es usted?

—La nave privada *Yo espía,* capitán Sheffield. Mis saludos a su comandante. ¿Puedo subir a bordo para hacerle una visita?

Estuvieron complacidos de recibir visitantes. La nave estaba lista para inspección, pruebas y aceptación; el enorme equipo que la había construido había bajado a la Tierra, y no había nadie a bordo excepto los representantes de la Fundación Jordan y media docena de ingenieros empleados por la corporación que habían dirigido la construcción de la nave para la fundación. Estaban aburridos por la inactividad, hastiados los unos con los otros, ansiosos de dejar de perder el tiempo y regresar a los placeres de la Tierra; un visitante era siempre una distracción bienvenida.

Cuando la compuerta estanca de la *Yo espía* quedó sellada contra la de la gran nave, Lazarus fue recibido por el ingeniero de servicio... técnicamente el «capitán» mientras la *Nuevas Fronteras* fuera una nave al pairo y no en ruta. Se presentó a sí mismo, e invitó a Lazarus a dar una vuelta por la nave. Flotaron a través de kilómetros de corredores, visitaron laboratorios, almacenes, bibliotecas conteniendo centenares de miles de cintas, hectáreas de tanques hidropónicos para el crecimiento de las plantas y reconversión del oxígeno, y confortables, espaciosos, casi lujosos compartimentos para una colonia de diez mil personas.

—Creemos que la expedición *Vanguardia* estuvo en cierto modo subdotada —explicó el ingeniero-capitán—. Los especialistas en sociodinámica han calculado que esta colonia será capaz de mantener las líneas básicas de nuestro actual nivel de cultura.

—No suena suficiente —comentó Lazarus—. ¿No hay más que diez mil tipos de especialización?

—¡Oh, seguro que sí! Pero la idea es proporcionar expertos en todas las artes básicas y ramas indispensables del conocimiento. Luego, a medida que la colonia se extienda, pueden irse añadiendo especializaciones adicionales con la ayuda de las bibliotecas de referencia... cualquier cosa desde el baile zapateado hasta el tejido de alfombras. Esta es la idea general, aunque está fuera de mi campo. Un tema interesante, no lo dudo, para aquellos a quienes les guste.

—¿Está deseando usted emprender ya el viaje? —preguntó Lazarus.

El hombre pareció realmente sorprendido.

—¿Yo? ¿Está sugiriendo usted que *yo* podría viajar en esta cosa? Mi querido señor, yo soy un ingeniero, no un condenado estúpido.

—Lo siento.

—Oh, no me importa una razonable cantidad de viaje espacial cuando hay una razón para ello... he estado en Luna City más veces de las que puedo llegar a contar, e incluso he estado en Venus. Pero no creo que piense usted que el hombre que construyó la *Mayflower* viajara en ella, ¿no? En mi opinión, la única cosa que salvará de volverse loca a la gente que ha firmado para embarcarse en esta nave es que ya está completamente loca antes de iniciar el viaje.

Lazarus cambió de tema. No se demoraron en el impulsor espacial, ni en la cámara acorazada que albergaba el gigantesco convertidor atómico, una vez Lazarus supo que era del tipo completamente automático y no requería tripulación humana. La ausencia total de partes móviles en cada una de aquellas divisiones, hecha posible gracias a los recientes descubrimientos en paraestáticos, hacía que sus trabajos internos fueran únicamente de interés intelectual, el cual podía esperar. Lo que Lazarus deseaba ver era la sala de control, y en ella sí se demoró, haciendo interminables preguntas hasta que su anfitrión se mostró abiertamente aburrido y permaneció allí tan solo por cortesía.

Finalmente Lazarus se calló, no porque le importase el aburrimiento de su anfitrión sino debido a que consideraba que había aprendido lo suficiente sobre los controles como para ser capaz de correr el riesgo de gobernar la nave.

Supo otras dos cosas importantes antes de abandonar la nave: dentro de nueve días terrestres la escasa tripulación de mantenimiento planeaba un fin de semana en la Tierra, contando con la superación de las pruebas como esperaban. Durante tres días la enorme nave estaría completamente vacía, excepto algún posible operador de comunicaciones... Lazarus era demasiado cauteloso como para ser muy inquisitivo respecto a ese punto. Pero no habría ningún retén de guardia en ella debido a que nadie podía imaginar la necesidad de una guardia. Era como imaginar una guardia para el río Mississippi.

La otra cosa que aprendió era como entrar en la nave desde el exterior sin necesidad de ayuda desde el interior; captó aquel dato observando la llegada del cohete correo justo en el momento en que estaba a punto de abandonar la nave.

En Luna City, Joseph McFee, comisionado de la Corporación Diana Terminal, subsidiaria de las Líneas de Carga Diaria, dio calurosamente la bienvenida a Lazarus.

—¡Bien! Pase, capitán, y tome una silla. ¿Qué desea beber? —Ya estaba sirviendo las bebidas mientras hablaba... quitapinturas libre de impuestos de su propia destilería amateur al vacío—. No nos hemos visto desde hace... bueno, muchísimo tiempo. ¿De dónde sale y qué le trae por aquí? ¿Trae algunas noticias?

—Vengo de Goddard —respondió Lazarus, y le contó la historia de lo que había dicho el capitán de las Personas Muy Importantes. McFee le respondió con la historia del viejo en caída libre, que Lazarus pretendió no haber oído nunca. De allí pasaron a la política, y McFee expuso su idea de la «única solución posible» a los problemas europeos, una solución apoyada en una complicada teoría de McFee respecto a que el Convenio no debería extenderse a ninguna cultura que estuviera por debajo de un cierto nivel de industrialización. Lazarus ni le discutió ni contradijo ninguna de sus aseveraciones; asintió en los momentos adecuados, aceptó un poco más de aquel condenado zumo de cohete cuando le fue ofrecido, y aguardó el momento preciso de pasar al asunto.

—¿Hay alguna nave de la compañía actualmente en venta, Joe?

—¿Que si las hay? Más de las que querría. Tengo aquí más chatarra atiborrando mi inventario de la que he tenido nunca en diez años. ¿Le interesa alguna? Puedo hacerle un buen precio.

—Quizá. Quizá no. Depende de que tenga por ahí lo que yo deseo.

—Dígame lo que es, seguro que lo tengo. Nunca vi un mercado tan apagado. Algunos días no puedes tocar ni un crédito honesto. —McFee frunció el ceño—. ¿Sabe cuál es el problema? Yo sé lo diré... es esta conmoción de las Familias Howard. Nadie quiere arriesgar ningún dinero hasta saber a qué atenerse. ¿Cómo puede un hombre hacer planes si no sabe, si debe planearlo para diez años o para cien? Recuerde mis palabras: si la Administración consigue arrancarles el secreto a esos muchachitos, va a presenciar usted el mayor boom de inversiones a largo plazo jamás visto. Pero si no... bueno, las inversiones a largo plazo se cotizarán a un peso la docena, y habrá una locura de come-y-bebe-y-sé-feliz que hará que la Reconstrucción parezca una reunión para tomar el té.

Frunció de nuevo el ceño.

—¿Qué tipo de metal está buscando?

—No busco metal, busco una nave.

Las arrugas de McFee desaparecieron, sus cejas se alzaron.

—¿Ah, sí? ¿De qué tipo?

—No puedo decirlo exactamente. ¿Tiene tiempo para ir a echar una mirada conmigo?

Se vistieron los trajes de presión y abandonaron el domo por el Túnel Norte, y luego recorrieron las naves estacionadas dando las largas y fáciles zancadas que les permitía la baja gravedad. Pronto Lazarus vio dos naves que se ajustaban perfectamente a la potencia de impulso y espacio de carga que necesitaba. Una era una nave cisterna y la más barata, pero un cálculo mental le indicó que faltaba espacio de cubierta, aún incluyendo las planchas del suelo de los tanques, para acomodar a siete mil toneladas de pasajeros. La otra era una vieja nave con renqueantes inyectores tipo pistón, pero estaba diseñada para mercancía general y poseía el suficiente espacio de cubiertas. Su carga útil era mayor de lo necesario para el trabajo, pues los pasajeros pesan poco con respecto al cubicaje que ocupan... pero aquel era precisamente su margen de seguridad, que podía ser críticamente importante.

En cuanto a los inyectores, podía arreglarlos... había arreglado cosas peores que aquello.

Lazarus discutió con McFee las condiciones, no porque deseara ahorrarse dinero sino porque fracasar en aquello estaba fuera de su carácter. Finalmente llegaron a un complicado acuerdo a tres bandas por el cual McFee se quedaba la *Yo espía* para él, Lazarus le hacía el traspaso del título de propiedad libre de cargas y aceptaba un inseguro pagaré de McFee a cambio, luego compraba la nave de carga endosando el pagaré de MacFee a este y añadiendo efectivo. McFee a su vez podía hipotecar la *Yo espía* en el Banco de Comercio y Compensación de Luna City, y utilizar lo obtenido más el efectivo recibido para liquidar su propio pagaré... todo ello presumiblemente antes de que sus cuentas fueran pasadas por la auditoría de la Compañía, cosa que Lazarus evitó mencionar.

No fue ningún soborno. Lazarus simplemente utilizó el hecho de que McFee había estado deseando desde hacía tiempo poseer una nave propia y consideraba a la *Yo espía* como el medio de transporte ideal para un soltero para dedicarla tanto a los negocios como al placer; Lazarus simplemente bajó el precio lo suficiente como para que McFee picara. Pero hizo los arreglos de tal modo que McFee no pudiera hablar con nadie del trato, al menos hasta que hubiera recuperado su pagaré. Lazarus creó todavía un poco más de confusión diciéndole a McFee que mantuviera los ojos abiertos pues iba a producirse muy pronto un buen asunto de contrabando de tabaco del que podía beneficiarse... lo cual hizo que McFee adquiriera la seguridad de que la nueva misteriosa aventura del capitán Sheffield estaba relacionada con Venus, que era el único mercado importante para tal artículo.

Lazarus consiguió tener el carguero listo para salir al espacio en tan sólo cuatro días, a través de espléndidas propinas y pagos por anticipado. Finalmente dejó Luna City tras de sí, dueño y capitán de la *Ciudad de Chillicothe.* Acortó mentalmente el nombre de *Chile,* en honor de su plato favorito, que hacía tiempo que no probaba: habichuelas rojas gruesas, mucha salsa de chile, trozos de carne... auténtica carne, no la papilla sintética que los jovencitos llamaban «carne». Pensó en ello y la boca se le hizo agua.

Al acercarse a la Tierra, llamó al control de tráfico y solicitó una órbita de aparcamiento, pues no tenía intención de hacer descender a la *Chile;* sería un desperdicio de combustible, y además una forma de llamar la atención. No tenía ningún escrúpulo en dejarla en órbita sin permiso, pero había una posibilidad de que la *Chile* fuera descubierta, abordada e investigada como abandonada durante su ausencia; era más seguro hacerlo todo legalmente.

Le concedieron una órbita; la situó y la estabilizó, luego ajustó la baliza de identificación de la *Chile* con su propio traje, se aseguró de que el radar de mantenimiento de la nave funcionaba correctamente, y descendió a Goddard con la pequeña nave auxiliar del transporte. Cuidó de llevar consigo todos los papeles necesarios esta vez; dejando la pequeña nave sellada como garantía en el campo, evitó los trámites de la aduana y pudo salir rápidamente del espaciopuerto. No tenía ningún destino en mente excepto hallar un videofono público y ponerse en comunicación con Zack y Ford... luego, si le quedaba tiempo, intentar hallar algún sitio donde sirvieran chile auténtico. No había llamado al Administrador desde el espacio porque las comunicaciones nave-a-tierra requerían conexiones intermedias, y la regla de la intimidad evidentemente no le protegería si el operario que conectara la llamada oía por casualidad mencionar a las Familias Howard.

El Administrador respondió inmediatamente a su llamada, pese a que eran altas horas de la noche en la longitud de la Torre Novak. Por los hinchados círculos de debajo de los ojos de Ford, Lazarus juzgó que aquellos últimos días había estado viviendo prácticamente tras su escritorio.

—Hola —dijo Lazarus—. Será mejor que conecte con Zack Barstow y hablemos los tres juntos. Tengo cosas que informar.

—Así que es usted —dijo Ford sombríamente—. Pensé que se había ido lejos de nosotros. ¿Dónde ha estado?

—Comprando una nave —respondió Lazarus—. Podía haberlo imaginado. Conécteme con Barstow.

Ford frunció el ceño, pero se giró en su escritorio e hizo unas manipulaciones. La pantalla se dividió en dos, y Barstow se unió a ellos. Pareció sorprendido al ver a Lazarus, pero no aliviado. Lazarus habló rápidamente:

—¿Qué ocurre, compañero? ¿Acaso Ford no te dijo lo que iba a hacer?

—Sí, lo hizo —admitió Barstow—, pero no sabíamos dónde estabas ni lo que estabas haciendo. El tiempo pasaba y no podíamos localizarte... así que decidimos que ya no te volveríamos a ver más.

—Infiernos —gruñó Lazarus—, sabes que yo nunca haría algo *así.* De todos modos, aquí estoy, y esto es lo que he estado haciendo... —Les contó lo de la *Chile* y de su reconocimiento de la *Nuevas Fronteras*—. Ahora, así es como yo veo las cosas: en algún momento de este mismo fin de semana, mientras la *Nuevas Fronteras* sigue anclada ahí afuera pero sin nadie dentro, haré bajar la *Chile* a la reserva prisión, embarcaremos a toda prisa, subiremos a la *Nuevas Fronteras,* soltaremos amarras, y nos iremos. Señor Administrador, esto va a necesitar mucha ayuda de su parte. Sus agentes tendrán que mirar para otro lado mientras yo bajo y embarcamos. Luego necesitaremos un sistema para pasar la patrulla de tráfico. Tras lo cual será mucho mejor si no hay ninguna nave en las inmediaciones de la *Nuevas Fronteras* cuando nos pongamos en marcha... y si queda alguna guardia de comunicaciones en ella, hay que evitar que consiga lanzar un mensaje de auxilio antes de que podamos silenciarla.

—Concédame un poco de previsión —respondió Ford agriamente—. Sé que van a necesitar ustedes la ayuda de unas pocas acciones de diversión para tener alguna posibilidad de salir con bien de eso. Todo el plan es como mínimo fantástico.

—No demasiado fantástico —mostró su desacuerdo Lazarus—, si es usted capaz de utilizar sus poderes de emergencia hasta el límite en el último minuto.

—Posiblemente. Pero no podemos aguardar cuatro días.

—¿Por qué no?

—La situación no resistirá tanto tiempo.

—Ni nosotros tampoco —intervino Barstow.

Lazarus miró del uno al otro.

—¿Eh? ¿Cuál es el problema? ¿Qué es lo que va mal?

Se lo explicaron:

Ford y Barstow se habían empeñado en una tarea absurdamente improbable, la de poner en pie un complejo y sutil fraude, un triple fraude con un rostro diferente para las Familias, para el público y para el Consejo de la Federación. Cada uno de sus aspectos presentaba unas dificultades únicas y aparentemente insuperables.

Ford no contaba con nadie en quien se atreviera a depositar su confianza, ya que incluso los miembros de mayor confianza de su alto estado mayor personal parecían estar infectados con la manía de la ilusoria Fuente de la Juventud... o quizá no lo estuvieran, pero no había forma de saberlo sin comprometer la conspiración. Pese a ello, había logrado convencer al Consejo de que las medidas que había tomado eran las mejores para conseguir los propósitos del propio Consejo.

Además de esto, tenía que proporcionar diariamente nuevas noticias a las agencias que convencieran a los ciudadanos de que su gobierno estaba simplemente a punto de obtener para ellos el «secreto» de la vida eterna. Cada día las declaraciones tenían que ser más detalladas, las mentiras más intrincadas. La gente empezaba a impacientarse con el retraso; estaban saliéndose fuera de la piel de la civilización, convirtiéndose en una masa.

El Consejo estaba sintiendo la presión de la gente. En dos ocasiones se había visto obligado Ford a pasar por el voto de confianza; la segunda vez había ganado por tan sólo dos votos.

—No ganaré una tercera vez... debemos *movernos* antes.

Los problemas de Barstow eran diferentes pero no menos desagradables. Tenía que disponer de aliados, puesto que su trabajo era preparar a todos los cien mil Miembros para el éxodo. Tenían que saberlo todo antes de que llegara el momento de embarcar, si querían que la operación se realizara rápidamente y sin alboroto. Sin embargo, no se atrevía a decirles la verdad demasiado pronto porque entre tanta gente siempre había alguien estúpido y cabezota... y bastaba tan sólo un idiota para hundir todo el plan y lanzar a los agentes que los vigilaban sobre ellos.

Por eso se había visto obligado a intentar hallar algunos líderes en los que pudiera confiar, convencerlos, y depender de ellos para convencer a los demás. Necesitaba casi un millar de «perros pastores» en quienes confiar para asegurarse de que su gente lo seguiría cuando llegara el momento. Y el número de aliados que necesitaba era demasiado grande como para estar seguro de que ninguno fallaría cuando más necesario fuera.

Pero aun necesitaba a otros aliados para otra finalidad también difícil. Ford y él habían llegado a un acuerdo sobre un plan, aunque débil, para ganar tiempo. Se trataba de ir desgranando poco a poco las técnicas utilizadas por las Familias para retrasar los síntomas de senilidad, bajo la pretensión de que la suma total de esas técnicas era el «secreto». Para poner en marcha este fraude Barstow necesitaba contar con la ayuda de los bioquímicos, terapistas glandulares, especialistas en simbiótica y en metabolismo, y otros expertos entre las Familias, y estos a su vez debían ser preparados para los interrogatorios policiales por los más hábiles psicotécnicos de las Familias... puesto que tenían que ser capaces de mantener oculto el fraude incluso bajo la influencia de drogas de la verdad. La falsa indoctrinación hipnótica que ello requería era enormemente mucho más compleja que la necesaria para un simple bloqueo para impedirles hablar. A pesar de todo, la cosa había funcionado... Pero las discrepancias eran más difíciles de explicar cada día.

Barstow no había podido mantener todo eso oculto durante mucho tiempo. La gran masa de las Familias, mantenidas necesariamente en la ignorancia, estaban empezando a sublevarse casi tan aprisa como el público de fuera. Estaban irritadas y con razón por lo que se estaba haciendo con ellas; esperaban que alguien con la suficiente autoridad hiciera algo al respecto... ¡y lo hiciera ya!

La influencia de Barstow sobre su gente iba disminuyendo tan rápidamente como la de Ford sobre el Consejo.

—No pueden ser cuatro días —repitió Ford—. Más bien doce horas... veinticuatro para el exterior. El Consejo se reúne de nuevo mañana por la tarde.

Barstow parecía preocupado.

—No estoy seguro de poderlos preparar en tan poco tiempo. Podría tener problemas al llevarlos a bordo.

—No se preocupe por ello —restalló Ford.

—¿Por qué no?

—Porque —dijo Ford con brutal sinceridad— cualquiera que quede atrás será muerto... en el mejor de los casos.

Barstow no dijo nada y desvió la vista. Era la primera vez que cualquiera de ellos había admitido explícitamente que no se trataba de una relativamente inofensiva cuestión de trapacería política, sino de un desesperado y casi imposible intento de evitar una masacre... y que el propio Ford estaba a ambos lados de la valla.

—Bien —cortó Lazarus bruscamente—, ahora que ambos han dejado bien sentado esto, sigamos con el asunto. Puedo hacer aterrizar la *Chile* en ...—hizo una pausa y estimó rápidamente cuanto tardaría en subir a la órbita y cuanto tiempo le llevaría dirigirse al lugar de la cita—... bien, digamos a las veintidós, hora de Greenwich. Añadamos una hora como margen de seguridad. ¿Qué les parece mañana por la tarde, a las diecisiete en punto, hora de Oklahoma? En realidad, es hoy mismo.

Los otros dos parecieron aliviados.

—Me parece bien —acepto Barstow—. Los tendré en la mejor forma que me sea posible.

—De acuerdo —admitió Ford—, si eso es lo más rápido en que puede hacerse. —Pensó por un momento—. Barstow, ordenaré inmediatamente a todos los agentes y personal del gobierno que se hallan ahora dentro de la reserva que la abandonen y se queden fuera de la barrera. Una vez la puerta se contraiga tras ellos, podrá decírselo a todos.

—De acuerdo. Lo haré lo mejor posible.

—¿Algo más antes de que cortemos? —preguntó Lazarus—. Oh, sí... Zack, será mejor que me indiques un lugar donde aterrizar, o puedo acortar un montón de vidas con mis chorros.

—Oh, sí. Haz tu aproximación por el oeste. Marcaremos un círculo que puedas ver claramente. ¿De acuerdo?

—De acuerdo.

—No tan de acuerdo —negó Ford—. Tendremos que proporcionarle un rayo piloto para la aproximación.

—Tonterías —objetó Lazarus—. Podría aterrizar directamente encima del Monumento a Washington.

—No, esta vez no podría. Se sorprendería si supiera el tiempo que va a hacer.

Mientras se aproximaba a su cita con la *Chile,* Lazarus lanzó la señal de identificación; el radiofaro de la *Chile* envió su eco de respuesta, para su alivio... tenía poca fe en los aparatos que no había montado personalmente, y una larga búsqueda de la *Chile* en aquel momento hubiera podido ser desastrosa.

Calculó el vector relativo, hizo avanzar la nave auxiliar, se deslizó, penetró en el alvéolo... estuvo dentro en tres minutos escasos, y se sintió satisfecho de sí mismo. Aseguró la navecilla, se apresuró hacia la cabina de mandos, e inició el descenso.

Entrar en la estrotosfera y sobrevolar dos tercios del globo no le llevó más tiempo del que había calculado. Utilizó parte del margen horario que se había concedido para ahorrar maniobras a fin de no utilizar demasiado los gastados y obsoletos inyectores. Luego penetró en la troposfera e inició su aproximación, con la temperatura exterior del casco alta pero no peligrosa. Entonces se dio cuenta de lo que había querido decir Ford con respecto al tiempo. Oklahoma y la mitad de Texas estaban cubiertas por profundas y densas nubes. Lazarus se sintió sorprendido y en cierto modo complacido; aquello lo recordó otros días, cuando el tiempo era algo que se experimentaba en vez de controlarlo. La vida había perdido algo de su sabor, en su opinión, cuando los ingenieros climáticos habían aprendido cómo dominar los elementos. Deseó que su planeta —¡si hallaban alguno!— tuviera un clima agradable y variado.

Luego estuvo abajo, y demasiado ocupado como para seguir meditando. Pese a su tamaño, el carguero obedecía dócilmente. ¡Huau! Ford debía haber ordenado su pequeña cencerrada para el momento adecuado... y los integradores tenían que haber dispuesto de una gran área de bajas presiones lo suficientemente cerca como para echar mano de ella.

En algún lugar un operador de control le estaba gritando algo; apagó el transmisor y dedicó toda su atención a su radar de aproximación y a las fantasmagóricas imágenes del rectificador de infrarrojos mientras comparaba lo que le decían con su rastreador inercial. La nave pasó por encima de una cicatriz de kilómetros de ancho en el paisaje... las ruinas de la Ciudad Rodante Okla-Orleans. Cuando Lazarus la había visto por última vez, hormigueaba de vida. De todas las monstruosidades mecánicas con las que se había abrumado la propia humanidad, rumió, aquellos dinosaurios ocupaban fácilmente el primer lugar.

Luego sus pensamientos fueron bruscamente cortados por un chillido en su tablero de control; la nave había captado el rayo piloto.

Se dejó guiar por él, cortó su último chorro cuando oyó el contacto con el suelo, y accionó una serie de interruptores; las grandes compuertas del carguero se abrieron estruendosamente, y la lluvia penetró por ellas.

Eleanor Johnson se acurrucó sobre sí misma, medio luchando contra la tormenta, e intentó cubrir más apretadamente con su capa al bebé que mantenía sujeto en el hueco de su brazo izquierdo. Cuando la tormenta se había iniciado, el niño había gritado interminablemente, tensando insoportablemente sus nervios. Ahora estaba tranquilo, pero aquello parecía tan sólo una nueva causa de alarma.

Ella misma había llorado, aunque había intentado no evidenciarlo. En todos sus veintisiete años nunca se había visto expuesta como entonces a las inclemencias del tiempo; parecía un simbolismo de la tormenta que había desbaratado su vida, arrojándola de su querido primer hogar construido por ella misma, con sus chimeneas de estilo antiguo, su radiante cabina de servicio, su termostato que podía poner a la temperatura que ella deseara sin tener que consultar a los demás... una tormenta que la había arrastrado entre dos torvos agentes, arrestada como cualquier pobre psicótico, y llevada tras terribles indignidades hasta allá, hasta aquella fría y pegajosa arcilla del campo de concentrción de Oklahoma.

¿Era cierto todo aquello? ¿Era posible que fuera cierto? ¿O aún no había dado a luz a su bebé y no era más que otra de aquellas extrañas pesadillas que había sufrido mientras lo llevaba en su seno?

Pero la lluvia era demasiado húmeda y fría, el trueno demasiado intenso; nunca hubiera podido dormir a través de un sueño como aquel. Luego lo que les había dicho el Depositario Mayor debía ser cierto también... tenía que ser cierto; había visto la nave posarse ante sus propios ojos, con sus toberas brillando contra la negrura de la tormenta. Ya no podía verla, pero la multitud a su alrededor se movía lentamente hacia adelante; debía estar frente a ella. Estaba cerca del final de la multitud; iba a ser una de las últimas en subir a bordo.

Era muy necesario subir a la nave... el viejo Zaccur Barstow se lo había dicho a todos con una profunda solemnidad, indicando lo que les ocurriría si no podían hacerlo. Ella le había creído; sin embargo, no dejaba de preguntarse cómo era posible que fuera cierto... cómo alguien podía ser tan perverso, tan profunda y terriblemente perverso como para desear matar a alguien tan indefenso y desamparado como ella y su bebé.

Se sintió invadida por un terror pánico... ¿y si no había espacio suficiente cuando ella llegara a la nave? Apretó más fuertemente a su bebé; el niño gritó de nuevo ante la presión.

Una mujer en la multitud se le acercó y le habló.

—Debe estar muy cansada. ¿Quiere que le lleve al niño un rato?

—No. No gracias. Estoy bien. —Un destello de luz iluminó el rostro de la otra mujer; Eleanor Johnson la reconoció... la vieja Mary Sperling.

Pero la amabilidad de su ofrecimiento la ayudó a recuperarse. Ahora sabía lo que debía hacer. Si la nave estaba llena y no podía admitir a nadie más pasaría a su bebé por encima de todas las cabezas, mano a mano, por entre la multitud. Nadie negaría un poco de espacio a algo tan pequeño como su bebé.

Algo la empujó en la oscuridad. La multitud estaba moviéndose de nuevo hacia adelante.

Cuando Barstow pudo comprobar que el embarque estaba terminando y quedaría completado en unos pocos minutos más, abandonó su puesto en una de las puertas del carguero y corrió tan aprisa como le fue posible por el pegajoso y chapoteante barro hacia el barracón de comunicaciones. Ford le había advertido que le avisara justo antes del despegue de la nave; era necesario para que Ford pudiera poner en marcha su plan de diversión. Barstow luchó torpemente contra una puerta que no quería abrirse, consiguió vencerla, y entró. Marcó la combinación privada que lo conectaría directamente con la mesa de control del escritorio de Ford, y movió la palanca.

Contestaron inmediatamente, pero no era el rostro de Ford el que apareció en la pantalla. Barstow saltó inmediatamente con un:

—¿Dónde está el Administrador? Necesito hablar con él—... antes de reconocer el rostro que tenía frente a él.

Era un rostro muy conocido por todo el público... Bork Vanning, el Líder de la minoría en el Consejo.

—Está hablando con el Administrador —dijo Vanning, y sonrió fríamente—. El nuevo Administrador. Ahora, ¿quién diablos es usted y por qué llama?

Barstow dio gracias a todos los dioses, pasados y presentes, de que la identificación hubiera sido unilateral. Cortó la conexión con un manotazo y salió en tromba del edificio.

Dos de las compuertas del carguero estaban ya cerradas; los últimos rezagados estaban entrando por las otras dos. Barstow los empujó hacia adentro mientras maldecía a voz en grito y les siguió, abriéndose camino entre la confusión hasta la sala de control.

—¡Eleva la nave! —le gritó a Lazarus—. ¡Aprisa!

—¿Qué demonios pasa? —preguntó Lazarus, pero ya estaba cerrando y sellando las compuertas. Puso en marcha los aceleradores, aguardó unos escasos diez segundos... y dio paso a la energía.

—Bien —dijo en tono conversacional diez minutos más tarde—, espero que todo el mundo haya podido acomodarse ahí dentro. Si no, vamos a tener algunos huesos rotos entre las manos. ¿Qué estabas diciendo?

Barstow le contó su fallido intento de informar a Ford. Lazarus parpadeó y silbó unas pocas notas de *Un pavo en la paja.*

—Parece como si hayamos escapado por cuestión de minutos. O al menos así parece. —Calló y concentró toda su atención en los instrumentos, un ojo en el trazador balístico, el otro en el radar de popa.

7

Lazarus forcejeaba a plenas manos para llevar a la *Chile* a su correcta posición contra el costado de la *Nuevas Fronteras;* sus sobrecargadas calas hacían que la nave cabeceara como un potrillo joven. Pero lo consiguió. Los anclajes magnéticos resonaron al entrar en acción; las cámaras estancas encajaron en su lugar; y sus oídos emitieron un plop cuando la presión de la *Chile* se ajustó a la de la gigantesca nave. Lazarus flotó hacia la salida de la cubierta de la cámara de control, se izó mano sobre mano hasta la compuerta de contacto, y alcanzó la compuerta de pasajeros de la *Nuevas Fronteras,* para encontrarse frente al ingeniero-capitán.

El hombre le miró y resopló.

—Otra vez usted, ¿eh? ¿Por qué no ha contestado a nuestros avisos? No puede anclarse a nosotros sin permiso; esto es una propiedad privada. ¿Qué es lo que pretende con esto?

—Pretendo —dijo Lazarus— que usted y sus muchachos vuelvan a la Tierra unos cuantos días antes... en esta nave.

—¿Qué? ¡Esto es ridículo?

—Hermano —dijo Lazarus gentilmente, con su desintegradora asomando de pronto en su mano izquierda—, odiaría tener que hacerle daño después de que usted fuera tan gentil conmigo... pero le aseguro que se lo haré, a menos que se apresure a comportarse como un buen muchacho.

El oficial simplemente se le quedó mirando incrédulo. Algunos de sus compañeros aparecieron tras él; uno de ellos nadó por el aire, empezó a salir. Lazarus apuntó a su pierna y le lanzó un disparo de baja energía; el hombre se encogió y se sumió en la inconsciencia.

—Ahora tendrán que hacerse cargo de él —observó Lazarus.

Aquello dejó las cosas claras. El capitán hizo reunir a sus hombres llamándoles por el sistema de altavoces y diciéndoles que se presentaran en la compuerta de pasajeros; Lazarus los fue contando a medida que llegaban... veintinueve, una cifra que se había preocupado de averiguar en su primera visita. Asignó a dos hombres para que se hicieran cargo de cada uno de ellos. Luego echó una mirada al hombre contra quien había disparado.

—No estás realmente herido, chico —le dijo brevemente, y se giró hacia el capitán-ingeniero—. Tan pronto como los hayamos transferido, sométalo a una sesión de radiaciones para evitar que se le forme quemadura. Hay un botiquín de la Cruz Roja en el mamparo de atrás de la sala de control.

—¡Esto es piratería! No puede usted apoderarse de esta nave.

—Probablemente no —admitió Lazarus pensativamente—. Pero confío en que lo consigamos. —Volvió a dedicar su atención a su trabajo—. ¡Vamos, aprisa! No podemos pasarnos hablando todo el día.

La *Chile* se estaba vaciando lentamente. Sólo podía ser utilizada aquella salida, pero la presión ejercida por la medio histérica multitud tras ella forzaba a los que estaban delante a través del cuello de botella del enlace entre las dos naves; zumbaban como abejas saliendo de una colmena agitada por un palo.

La mayoría de ellos nunca habían estado en caída libre antes de aquel viaje; penetraban en el enorme espacio de la gigantesca nave y derivaban indefensos, completamente desorientados. Lazarus intentó poner orden entre ellos reclutando a todos los que veía que parecían ser capaces de apañárselas en gravedad cero, ordenándoles que apresuraran las cosas y ayudaran a los incapaces... llevándolos hacia adelante, apartándolos del camino, dejando sitio para los otros miles que aún tenían que venir. Cuando hubo reclutado a una docena o así de aquellos colaboradores forzados vio a Barstow emergiendo por el enlace, lo sujetó, y le dijo que se hiciera cargo del traslado.

—Simplemente haz que no dejen de moverse. Yo voy a ir a la sala de control. Si localizan a Andy Libby, envíamelo.

Un hombre se abrió paso entre el fluir de gente y se acercó a Brastow.

—Hay una nave intentando anclarse a nosotros. La he visto por una compuerta.

—¿Dónde? —preguntó Lazarus.

El hombre se veía impedido por su total desconocimiento de las naves y los términos astronáuticos, pero consiguió pese a todo hacerse entender.

—Voy a volver a la otra nave —le dijo Lazarus a Barstow—. No dejes que paren de moverse... y no dejes tampoco que ninguno de esos chicos haga alguna de las suyas. Nuestros huéspedes, quiero decir. —Enfundó su desintegradora y se abrió camino a base de codazos y empujones por entre la serpeteante multitud en el cuello de botella.

Parecía que la compuerta a la que se había referido el hombre era la número tres. Sí, había algo allí. La compuerta tenía un ojo de buey con un cristal irrompible en él, pero en vez de las estrellas Lazarus vio tan sólo un espacio iluminado por la otra parte. Una nave de algún tipo se había anclado contra ella.

Sin embargo, sus ocupantes no habían intentado abrir la compuerta de la *Chile,* o tal vez simplemente no supieran como hacerlo. La compuerta no estaba bloqueada desde el interior; no había ninguna razón para no haberlo hecho. Se hubiera abierto fácilmente desde cualquiera de los dos lados una vez equilibradas las presiones... como indicaba claramente la luz verde adosada a la compuerta.

Lazarus estaba desconcertado.

Se tratase de una nave de control de tráfico, un aparato del servicio naval, o de cualquier otro tipo, su presencia significaba malas noticias. ¿Pero por qué no simplemente abrían la puerta y entraban? Se sintió tentado a bloquear la compuerta desde el interior, y luego bloquear apresuradamente todas las demás, dejando la nave segura contra cualquier intrusión.

Pero su cualidad simiesca ancestral le dominó; no podía dejar de lado una cosa que no comprendía. Así que se comprometió asegurando la compuerta de modo que no pudiera abrirse desde el exterior, luego se deslizó hacia el ojo de buey, y se decidió a echar una cautelosa mirada fuera.

Se halló contemplando a Slayton Ford.

Se echó a un lado, soltó el seguro de la compuerta, la abrió. Aguardó allí, el pie sujeto en un asidero, la desintegradora en una mano, el cuchillo en la otra.

Una figura emergió. Lazarus vio que era Ford, pulsó de nuevo el botón para cerrar la puerta, la aseguró por dentro, sin apartar ni un momento su desintegradora del visitante.

—Ahora, ¿qué significa todo esto? —preguntó—. ¿Qué hace usted aquí? ¿Y a quién se ha traído consigo? ¿A la patrulla?

—Estoy solo.

—¿Eh?

—Deseo ir con ustedes... si me admiten.

Lazarus se le quedó mirando y no respondió. Luego reregresó junto al ojo de buey e inspeccionó todo lo que era capaz de ver desde allí. Parecía que Ford estaba diciendo la verdad, no había nadie más a la vista. Pero no era aquello lo que llamó más la atención a Lazarus.

Bien, la otra nave no era propiamente una nave espacial, en absoluto. No poseía una compuerta de aire, sino simplemente una esclusa para adherirse a una nave mayor; Lazarus estaba contemplando el casco de un estratoyate privado. Parecía como... sí, era un simple yate de recreo, un pequeño estratoyate privado utilizable tan sólo para trayectorias punto-a-punto, o como máximo para una cita con un satélite, contando con que el satélite pueda reaprovisionarlo de combustible para el largo regreso.

Pero no había combustible allí. Un piloto veterano posiblemente pudiera regresar a la Tierra con aquel pequeño juguete sin combustible, y pudiera contarlo luego... pero Lazarus nunca se atrevería a intentarlo. ¡No, señor! Se giró hacia Ford.

—Suponga que le decimos que regrese. ¿Cómo pensaba hacerlo?

—Ni siquiera lo he imaginado —respondió simplemente Ford.

—Hummm... Cuénteme lo que ha pasado, pero hágalo rápido; vamos apretados de tiempo.

Ford había quemado todas sus naves. Expulsado de su cargo hacía tan sólo unas horas, había sabido que, una vez se revelara todo, una prisión de por vida en Coventry era lo mejor que podía esperar para él... si conseguía evitar la violencia de las masas o el interrogatorio quebrantamentes.

Disponer el último acto de diversión había sido lo que finalmente lo había perdido en su intento de mantener el control. La explicación de sus acciones no había convencido al Consejo. Había disculpado la tormenta y la expulsión de los agentes de la reserva como un intento drástico de quebrar la moral de las Familias... una posible excusa, pero poco plausible. Sus órdenes a las patrullas navales para que se mantuvieran alejadas de la *Nuevas Fronteras* no habían sido aparentemente asociadas por nadie con el asunto de las Familias Howard; sin embargo, la aparente falta de una buena razón para haberlas dado había sido utilizada por la oposición como otra arma para destituirle. Habían estado aguardando cualquier cosa que sirviera para echársele encima... en el Consejo le fue hecha una pregunta relativa a unos ciertos fondos de los gastos de representación del Administrador que habían sido pagados indirectamente a un tal capitán Aaron Sheffield; ¿había sido gastado este dinero realmente en algo de un interés público?

Los ojos de Lazarus se abrieron más de la cuenta.

—¿Quiere decir que iban tras de mí?

—No creo. O de otro modo no estaría usted aquí. Pero debían andar cerca detrás de usted. Creo que después de todo debieron recibir un montón de ayuda por parte de mi propia gente.

—Probablemente. Pero lo hemos conseguido, así que no hay por qué preocuparse. Vamos. Al minuto siguiente después de que todo el mundo haya abandonado esta nave y se haya metido en la grande partiremos. —Lazarus se giró para marcharse.

—Entonces, ¿me llevan con ustedes?

Lazarus comprobó la gente que faltaba transbordar, luego se giró hacia Ford.

—¿Y qué otra cosa puedo hacer? —Al primer momento había estado tentado de mandar a Ford de vuelta en la *Chile*. No era la gratitud lo que le hizo cambiar de opinión, sino el respeto. Una vez había sido destituido, Ford se había dirigido directamente al Campo Huxley, al norte de la Torre Novak, había pedido un permiso para dirigirse al satélite de vacaciones *Monte Carlo,* y en su lugar había saltado hasta la *Nuevas Fronteras*. Romper de aquel modo era algo que necesitaba un valor y una decisión que muy poca gente tenía. Sin siquiera tomar un cepillo de dientes... —Por supuesto que viene con nosotros —dijo alegremente—. Es usted el tipo de persona que me gusta, Slayton.

La *Chile* estaba medio vacía ya, pero el espacio cercano al corredor de intercambio seguía embotellado por una frenética multitud. Lazarus se abrió rudamente paso por entre ella, procurando no dañar innecesariamente a mujeres y niños, pero sin dejarles la posibilidad de que le frenasen. Cruzó el enlace con Ford agarrado a su cinturón, se echó a un lado una vez lo hubieron pasado, y se detuvo frente a Barstow.

Barstow miró tras él.

—Ajá, es él —le confirmó Lazarus—. No mires así... es fuerte. Vendrá con nosotros. ¿Has visto a Libby?

—Estoy aquí, Lazarus —Libby salió de entre la masa y se acercó con la facilidad de un veterano habituado a la caída libre. Llevaba una pequeña bolsa sujeta a una muñeca.

—Bien. Vayamos a lo importante. Zack, ¿cuánto tiempo crees que falta para terminar el embarque?

—Sólo Dios lo sabe. No puedo contar los que quedan. Una hora, quizá.

—Haz que sea menos. Si pones a algunos chicos rudos a cada lado de la abertura, pueden ir tirando de ellos y hacerlos salir más rápidamente de lo que lo están haciendo ahora. Debemos irnos de aquí lo más pronto que sea humanamente posible. Voy a la sala de control. Llámame en el momento mismo en que todo el mundo esté dentro y nuestros huéspedes fuera, y la *Chile* despegada de nosotros. ¡Andy! ¡Slayton! Vámonos.

—Lazarus...

—Después, Andy. Hablaremos cuando hayamos salido de aquí.

Lazarus se llevó a Slayton Ford con él, porque no sabía qué otra cosa hacer con él y creía que sería mejor mantenerlo fuera de la vista de los demás hasta que pudieran inventar alguna excusa plausible para explicar el que se hubiera unido a ellos. Nadie parecía haber reparado todavía en su presencia, pero cuando las cosas se hubieran calmado, el rostro de Ford, muy conocido por todo el mundo, requeriría una explicación.

La sala de control estaba a casi un kilómetro de distancia del lugar por donde habían entrado en la nave. Lazarus sabía que existía un camino que conducía directamente hasta allá, pero no tenía tiempo de buscarlo; simplemente siguió el primer pasillo que conducía hacia la proa. Tan pronto como dejaron atrás a la gente pudieron ir más rápidos, pese a que Ford no estaba acostumbrado a las piscícolas maniobras propias de la caída libre como los otros dos.

Una vez allí, Lazarus mató la forzada espera explicándole a Libby los extremadamente ingeniosos pero poco ortodoxos controles de la nave estelar. Libby se sintió fascinado, y pronto estaba dejando volar su calculadora mente. Lazarus se giró hacia Ford.

—¿Y qué hay con usted, Slayton? No iría mal tener un segundo piloto de reserva.

Ford agitó la cabeza.

—Les he estado escuchando, pero nunca conseguiré aprenderlo. No soy piloto.

—*¿Eh?* ¿Y cómo se las arregló para llegar hasta aquí?

—Oh. Tengo el título, pero nunca he tenido tiempo para practicar. Siempre ha pilotado mi chófer por mí. No he calculado una trayectoria en muchos años.

Lazarus lo miró atentamente.

—¿Y sin embargo trazó una órbita de cita hasta aquí? ¿Sin reserva de combustible?

—Oh, eso. Bueno, tuve que hacerlo.

—Entiendo. Igual que un gato aprende a nadar. Bueno, es una forma. —Se giró de nuevo para decirle algo a Libby, pero fue interrumpido por la voz de Barstow por el sistema general de comunicaciones:

—¡Cinco minutos, Lazarus! ¡Da el recibido!

Lazarus tomó el micrófono cubrió la luz que había debajo de él con una mano y respondió:

—¡De acuerdo, Zack! ¡Cinco minutos! —Luego dijo—: Caramba, ni siquiera he trazado un rumbo. ¿Qué piensas tú, Andy? ¿Nos alejamos en línea recta de la Tierra para quitarnos cualquier perseguidor de la cola? ¿Y luego buscamos un destino? ¿Qué le parece, Slayton? ¿Encajaría esto con lo que usted ordenaría que hicieran las fuerzas navales?

—¡No, Lazarus, no! —protestó Libby.

—¿Eh? ¿Por qué no?

—Deberíamos dirigirnos directamente hacia el Sol.

—¿Hacia el Sol? Por los cielos, ¿por qué?

—Intenté decírselo cuando lo vi antes. Es debido al impulso espacial que me pidió que desarrollara.

—Pero Andy, no tenemos nada de eso.

—Sí lo tenemos. Aquí. —Libby exhibió la bolsa que llevaba consigo.

Lazarus la abrió.

Ensamblado a partir de piezas heterogéneas de otros equipos, con más parecido al resultado del trabajo casero de un muchacho que al producto de un laboratorio científico, el dispositivo que Libby había señalado como «impulsor espacial» no resistió el examen crítico de Lazarus. Frente a la pulida y sofisticada perfección de la sala de control, parecía algo desmañado, patético, ridículamente inadecuado.

Lazarus lo estudió tentativamente.

—Qué es? —preguntó—. ¿Tu modelo?

—No, no. Es *eso*. El impulsor espacial.

Lazarus miró al joven no sin cierta simpatía.

—Hijo —preguntó lentamente—, ¿no se te habrá ido un poco la cabeza?

—¡No, no, no! —farfulló Libby—. Estoy tan cuerdo como pueda estarlo usted. Es una noción radicalmente nueva. Es por eso por lo que le pido que vayamos hacia el Sol. Si funciona, lo hará mucho mejor allá donde la presión de la luz es más fuerte.

—Y si no funciona —inquirió Lazarus—, ¿en qué nos convertiremos? ¿En manchas solares?

—No dirigirnos directamente al Sol. Pero sí apuntar hacia él, y tan pronto como pueda ir extrayendo los datos iré dándole las correcciones a fin de que giremos hacia la trayectoria adecuada. Mi intención es pasar cerca del Sol en una hipérbola muy poco pronunciada, muy dentro de la órbita de Mercurio, tan cerca de la fotosfera como la nave pueda resistir. No sé cuán cerca es esto, así que deberé trabajar sobre la marcha. Pero los datos estarán aquí en la nave y tendremos tiempo de correlacionarlos mientras avanzamos.

Lazarus miró de nuevo a aquella especie de jaula de grillos que era el aparato.

—Andy... si estás seguro de que los tornillos de tu cabeza están lo suficientemente apretados, correré el riesgo. Sujétense a sus asientos, los dos. —Se ató él también al sillón del piloto, y llamó a Barstow—. ¿Cómo van las cosas, Zack?

—*¡Ahora!*

—¡Adelante pues! —Con una mano Lazarus cubrió una luz en el panel de control de su izquierda; la alarma de aceleración resonó en toda la nave. Con la otra mano cubrió otra luz; el hemisferio frente a él brilló repentinamente con el constelado firmamento, y Ford jadeó.

Lazarus lo estudió. Veinte grados del firmamento estaban oscurecidos por el círculo negro del lado nocturno de la Tierra.

—Nos sumergiremos primero en este rincón, Andy. Utilizaremos un poco el viento de Tennessee. —Empezó suavemente con un cuarto de gravedad, lo suficiente para sacudir a sus pasajeros y conseguir que fueran un poco más cautelosos, luego inició la lenta operación de precesionar la enorme nave en la dirección que necesitaba a fin de salir de la sombra de la Tierra. Aumentó la aceleración a media *g*, luego a una *g*.

La Tierra cambió bruscamente de una oscura silueta a un estilizado creciente plateado mientras medio grado del disco blanco del Sol surgía tras ella.

—Tengo intención de despegarme de ella a unos mil quinientos kilómetros, Regla de Cálculo —dijo Lazarus tensamente—, a dos *g*. Dame un vector temporal.

Libby vaciló tan sólo un momento y se lo dio. Lazarus hizo sonar de nuevo la alarma de aceleración e impulsó la nave a dos veces la gravedad normal de la Tierra. Lazarus estuvo tentado a utilizar a fondo el impulso, pero no se atrevió a hacerlo con una nave llena de marmotas; incluso dos gravedades sostenidas durante un largo período podían ser demasiado para algunas de ellas. Cualquier nave que saliera en su persecución con órdenes de interceptarlos podía acelerar a muchas más gravedades, y sus seleccionadas tripulaciones podían resistirlo. Pero era un riesgo que tenía que correr... y de todos modos, se recordó a sí mismo, ningún aparato naval podía mantener una alta aceleración durante mucho tiempo; sus kilómetros-segundo estaban estrictamente limitados por sus tanques de reacción de masa.

La *Nuevas Fronteras* no tenía tales límites anticuados, no poseía tanques; su conversor aceptaba cualquier tipo de masa, convirtiéndola en pura energía radiante. Cualquier cosa podía servir: meteoros, polvo cósmico, átomos dispersos atrapados por su campo de barrido, o cualquier cosa de la propia nave, como desechos, cuerpos muertos, absolutamente cualquier cosa. La masa era energía. Al morir, cada torturado gramo de materia proporcionaba novecientos millones de trillones de ergios de empuje.

El creciente de Tierra se hinchó y se deslizó hacia el ángulo izquierdo de la pantalla hemisférica mientras el Sol permanecía inmóvil al frente. Un poco más de veinte minutos después, cuando el creciente, ahora en media fase, se estaba deslizando fuera de la pantalla, el circuito nave-a-nave entró en actividad.

—¡*Nuevas Fronteras!* —sonó una poderoso voz—. ¡Maniobre a una órbita y póngase al pairo! ¡Es una orden del control oficial de tráfico!

Lazarus cortó el comunicador.

—De todos modos —dijo alegremente—, si intentan atraparnos, ¡deberán hacerlo dentro del Sol! Andy, el camino está despejado ahora y quizá deberíamos corregir el tiempo. ¿Deseas computarlo? ¿O puedes proporcionarme ya los datos?

—Lo computaré —respondió Libby. Había descubierto ya que las características de la nave relativas a la astrogación, incluído su comportamiento como «cuerpo negro», estaban disponibles para ambos puestos de pilotaje. Armado con aquello, y con los datos suministrados por los instrumentos, empezó a calcular la hiperboloide con la que pretendía pasar cerca del Sol. Hizo un no muy convencido intento de utilizar el calculador balístico de la nave, pero le desconcertó; era un diseño al que no estaba acostumbrado, sin partes móviles de ninguna clase, ni siquiera en los controles exteriores. Así que prefirió no malgastar tiempo y echó mano al extraño talento para los cálculos que estaba alojado en su cerebro. Su cerebro tampoco tenía partes móviles, pero estaba acostumbrado a manejarlo.

Lazarus decidió comprobar qué ocurría con la nave perseguidora. Conectó de nuevo el nave-a-nave, comprobó que había aún unas voces chillando irritadamente, aunque un poco más débilmente. Ahora sabían su nombre —uno de sus nombres—, lo cual le hizo pensar que los chicos de la *Chile* debían haber llamado inmediatamente al control de tráfico. Le hizo echarse a reír el oír entre todo aquel maremágnum que la licencia de piloto del «capitán Sheffield» había sido suspendida. Cortó la comunicación y probó las frecuencias navales... luego la cortó de nuevo cuando no fue capaz de captar nada excepto señales en código y balbuceos ininteligibles, excepto en una ocasión en que le llegaron claramente las palabras «Nuevas Fronteras».

Dijo algo acerca de «Palos y bastones molerán mis riñones...», y probó otra línea de investigación. Tanto el radar de largo alcance como el decector paragravitacional podían informarle de que había naves en sus inmediaciones, pero aquello le decía en realidad muy poco; se suponía que debía haber naves en aquellas proximidades de la Tierra, y no había ninguna forma de distinguir, por aquellos únicos datos, a una desarmada nave de línea o un carguero de un crucero naval persiguiéndoles tenazmente.

Pero la *Nuevas Fronteras* tenía más recursos para analizar lo que había a su alrededor que cualquier otra nave ordinaria; había sido especialmente equipada para enfrentarse por sí sola a cualquier condición extraña imaginable. La hemisférica sala de control en la que se encontraban era un enorme receptor de televisión con muchas pantallas, que podía duplicar el estrellado espacio tanto de proa como de popa a voluntad del piloto. Pero poseía también otros circuitos, mucho más sutiles; simultánea o separadamente, podía actuar también como una enorme pantalla de radar, mostrando todos los blips de cualquier cuerpo que estuviera dentro del radio de alcance del radar.

Pero esto era sólo el principio. Los inhumanos sentidos de la nave podían aplicar el análisis diferencial a los datos doppler y mostrar el resultado en una analogía visual. Lazarus estudió el banco de control de su izquierda, intentando recordar todo lo que había oído al respecto, e hizo un cambio en su disposición.

Las simuladas estrellas e incluso el Sol palidecieron hasta casi desvanecerse; aproximadamente una docena de luces destacaron brillantemente.

Ordenó al tablero que comprobara su movimiento angular; las brillantes luces se volvieron de color rojo cereza, se convirtieron en pequeños cometas arrastrando colas rosadas... todas menos una, que siguió mostrándose de color blanco y sin exhibir ninguna cola. Estudió las demás durante un momento, decidió que sus vectores eran tales que permanecerían siempre ajenas a ellos, y ordenó al tablero que comprobara la línea de visión doppler de la que permanecía inmóvil en su intensidad.

Se desvaneció hacia el violeta, recorrió la mitad del espectro y se inmovilizó en el azul-verde. Lazarus pensó un instante, eliminó de la prueba sus propias dos gravedades de empuje; se volvió de nuevo blanca. Satisfecho, hizo las mismas pruebas con el visor de proa.

—Lazarus...

—¿Sí, Lib?

—¿Interfiero con lo que está haciendo si le doy las correcciones ahora?

—En absoluto. Simplemente estaba echando una ojeada. Si esta linterna mágica sabe lo que está haciendo, no tenemos por qué preocuparnos por ninguna persecución.

—Estupendo. Bueno, los cálculos son...

—Aliméntalos tú mismo, ¿quieres? Toma los controles por un momento. Voy a buscar algo de café y bocadillos. ¿Te apetece un buen desayuno?

Libby asintió medio ausente, empezando ya a revisar la trayectoria de la nave. Ford habló vehementemente, lo primero que decía desde hacía largo rato.

—Déjeme a mí. Yo me encargaré de ello. —Parecía patéticamente ansioso por ser útil.

—Hummm... podría meterse en problemas, Slayton. No importa lo que pueda haber dicho Zack, es probable que su nombre esté aún «desacreditado» para la mayoría de los Miembros. Llamaré a popa y haré que venga alguien.

—Probablemente nadie me reconocerá en estas circunstancias —argumentó Ford—. De todos modos, es una diligencia legítima... puedo explicarlo.

Lazarus vio en la expresión de su rostro que era necesario para la moral del hombre.

—De acuerdo... si puede arreglárselas por usted mismo bajo dos *g*.

Ford luchó con todas sus energías para soltarse del sillón antiaceleración donde estaba metido.

—Tengo ya piernas espaciales. ¿Qué tipo de bocadillos?

—Yo lo querría de carne, pero imagino que probablemente será de algún maldito sustituto. Tráigamelo de queso, con pan de centeno si es posible, y mucha mostaza. Y un litro de café. ¿Qué quieres tú, Andy?

—¿Yo? Oh, cualquier cosa me vale.

Ford empezó a salir, braceando pesadamente contra el doble peso, luego añadió:

—Oh... creo que ahorraremos tiempo si me dice adónde debo ir.

—Hermano —dijo Lazarus—, si esta nave no está bien

provista de alimentos, entonces habremos cometido un terrible error. Busque por ahí. Seguramente encontrará algo.

Cayendo, cayendo, cayendo hacia el Sol, con la velocidad aumentando dos metros por segundo por cada segundo transcurrido. Durante aquel tiempo viajaron a lo largo de veintisiete millones de kilómetros y alcanzaron la inconcebible velocidad de mil veinticinco kilómetros por segundo. Las cifras significaban poco... piensen en su lugar que la distancia de Nueva York a Chicago, un viaje de medio día incluso con un estratocohete, podría ser recorrida a esta velocidad en un simple latido de corazón.

Barstow pasó un mal rato durante el aumento de peso. Para todos los demás fue tiempo de permanecer tendidos, intentando inútilmente dormir, respirando dolorosamente y buscando nuevas posiciones que aliviaran un poco el peso de sus propios cuerpos. Pero Zaccur Barstow se veía forzado por su sentido de la responsabilidad; siguió ocupándose de todo, sintiéndose envarado y soportando un peso de ciento cuarenta kilos.

Sin embargo no podía hacer nada por ellos, excepto arrastrarse penosamente de uno a otro compartimento y preguntar si se encontraban bien. No había nada que fuera factible hacer, ninguna forma de aliviar su miseria, mientras prosiguiera la aceleración. Permanecían tendidos donde podían, hombres, mujeres y niños, apiñados juntos como ganado embarcado, sin espacio para poder moverse, en lugares nunca imaginados para apiñar a tanta gente.

Lo único bueno que tenía aquello, reflexionó cansadamente Barstow, era que se sentían todos demasiado miserables como para preocuparse de nada que no fuera lo que estaban pasando en aquellos momentos. Estaban demasiado apaleados como para causar problemas. Más tarde surgirían las dudas, estaba seguro, acerca del acierto y la conveniencia de haber emprendido aquel vuelo; se producirían embarazosas preguntas sobre la presencia de Ford en la nave, acerca de las peculiares y a veces dudosas acciones de Lazarus, acerca de su propio contradictorio papel. Pero todavía no.

Realmente, decidió reluctantemente, debía organizar una campaña de propaganda antes de que empezaran los problemas. Si empezaban... y seguramente lo harían si él no se movía rápido, y... bueno, aquello sería el colmo. Ya vería.

Vio una escalera frente a él, encajó los dientes, y subió trabajosamente a la cubierta siguiente. Abriéndose camino entre los cuerpos casi estuvo a punto de pisar a una mujer que apretaba a un bebé demasiado fuertemente contra sí. Barstow observó que el niño estaba mojado y sucio, y pensó en ordenarle a la madre que se ocupara de aquello, puesto que parecía estar despierta. Pero lo dejó correr... por lo que sabía no habría un pañal limpio en millones de kilómetros. O quizás hubiera diez mil de ellos en algunas de las cubiertas superiores... las cuales parecían estar todavía demasiado lejos.

Siguió su camino sin hablar con ella. Eleanor Johnson no se dio cuenta de su preocupación. Tras el primer gran alivio al darse cuenta de que ella y su bebé estaban a salvo dentro de la nave, había traspasado todas sus preocupaciones a sus mayores y ahora no sentía nada excepto la apatía de la reacción emocional y del ineludible peso. El bebé se había puesto a gritar cuando aquel horrible peso los había golpeado, luego se había quedado quieto, demasiado quieto. Ella se había erguido lo suficiente como para escuchar su corazón; luego, tras asegurarse de que estaba vivo, había vuelto a sumirse en el torpor.

Quince horas más tarde, con la órbita de Venus a tan solo cuatro horas ante ellos, Libby cortó la impulsión. La nave siguió su camino en caída libre, con su terrible velocidad incrementándose todavía bajo la creciente atracción del Sol. Lazarus fue despertado por la ingravidez. Miró al sillón del copiloto y dijo:

—¿En la curva?

—Como estaba planeado.

Lazarus lo miró fijamente.

—De acuerdo. Lo hemos conseguido. Ahora lárgate de aquí y duerme un poco. Muchacho, te ves como una toalla usada.

—Me quedaré aquí y descansaré.

—Un infierno harás. No has dormido ni siquiera cuando yo he estado de guardia; si te quedas aquí, seguirás observando los instrumentos y haciendo cálculos. ¡Así que lárgate! Slayton, llévESELO fuera.

Libby sonrió tímidamente y salió. Encontró los espacios a popa de la sala de control hormigueantes de cuerpos flotando, pero consiguió encontrar un rincón libre, pasó el cinturón de su kilt a través de un asidero, y se quedó inmediatamente dormido.

La caída libre hubiera debido representar un gran alivio para todos; no lo fue, excepto para la fracción de un uno por ciento que habían efectuado viajes espaciales. La náusea de la caída libre, como el mareo, es un chiste tan sólo para aquellos que no se ven afectados; para los demás era algo dantesco. Había drogas antináusea a bordo, pero no fueron encontradas en seguida; había médicos entre las Familias, pero también estaban enfermos. La miseria era norma general

El propio Barstow, acostumbrado desde hacía mucho al vuelo libre, flotó hacia la sala de control para pedir alivio para los menos afortunados

—Lo están pasando muy mal —le dijo a Lazarus—. ¿No puedes iniciar una rotación de la nave sobre sí misma y proporcionarles así algo de alivio? Les ayudaría mucho.

—Y también haría mucho más difícil la maniobra. Lo siento. Mira, Zack, una nave rápida será más importante para ellos en caso necesario que simplemente mantener sus cenas en sus estómagos. Nadie se muere de mareo... que aguanten cuanto puedan.

La nave siguió cayendo, ganando velocidad a medida que caía hacia el sol. Los pocos que aún se sentían capaces continuaron asistiendo lentamente a la enorme mayoría que estaba enferma.

Libby siguió durmiendo, el incomparable sueño regreso-al-seno-materno de aquellos que han aprendido a gozar de la caída libre. Casi no había dormido desde el día en que las Familias habían sido arrestadas; su mente abiertamente activa había pasado todo aquel tiempo ocupada con el problema del nuevo impulsor espacial.

La gran nave precesionó sobre sí misma; Libby se movió suavemente y no se despertó. Se quedó en una nueva postura, y la alarma de la aceleración fue la que finalmente lo despertó. Se orientó al momento, se situó plano contra el mamparo que tenía a sus espaldas, y aguardó; el peso le golpeó casi inmediatamente... tres *g* esta vez, y supo que algo iba condenadamente mal. Había tenido que recorrer casi cuatrocientos metros hacia popa antes de encontrar aquel sitio; de todos modos, saltó sobre sus pies e inició la penosa tarea de trepar aquellos cuatrocientos metros —yendo ahora hacia arriba— arrastrando tres veces su propio peso, mientras se maldecía a sí mismo por haberse dejado convencer por Lazarus y haber abandonado la sala de control.

Había conseguido recorrer tan sólo una parte del trayecto —pero una parte heroica, parecida a subir las escaleras de un edificio de diez pisos llevando a un hombre sobre cada hombro— cuando la caída libre volvió de nuevo para gran alivio suyo. Se deslizó el resto del camino como un salmón regresando a su hogar y estuvo en seguida en la sala de control.

—¿Qué ha ocurrido?

—Tuve que utilizar un vector, Andy —dijo Lazarus pesarosamente. Slayton Ford no dijo nada pero parecía preocupado.

—Sí, ya lo sé. ¿Pero por qué? —Libby estaba ya atándose en el sillón del copiloto mientras examinaba la situación astrogacional.

—Luces rojas en la pantalla. —Lazarus describió su posición, dando las coordenadas y los vectores relativos.

Libby asintió pensativamente.

—Un aparato naval. Ningún vehículo comercial puede hallarse en esa trayectoria. Un siembraminas de apoyo.

—Eso es lo que imaginé. No tuve tiempo de consultarte; tuve que utilizar los suficientes kilómetros-segundo como para asegurarme de que acelaraba lo bastante para que no pudiera alcanzarnos.

—Sí, había que hacerlo. —Libby parecía preocupado—. Pensaba que estábamos libres de cualquier posible interferencia naval.

—No son nuestros —dijo de pronto Slayton Ford—. No pueden ser nuestros, no importa las órdenes que hayan dado desde que yo... esto, desde que me fui. Deben ser aparatos venusianos.

—Sí —asintió Lazarus—, tienen que serlo. Su amigo, el nuevo Administrador, ha debido ponerse en contacto con Venus pidiendo su ayuda, y aquí está... aunque imagino que tan sólo como un gesto amistoso de buena voluntad interplanetaria.

Libby apenas si escuchaba. Estaba examinando los datos y procesándolos en el calculador que tenía dentro de su cabeza.

—Lazarus... esta nueva órbita no es demasiado buena.

—Lo sé —admitió tristemente Lazarus—. Tuve que hacer una zambullida... y lo hice en la única dirección que me dejaban abierta... más cerca del Sol.

—Demasiado cerca, quizá.

El Sol no es una estrella grande, no es muy caliente. Pero sí es caliente con referencia al hombre, lo suficiente como para golpearle hasta la muerte si este se expone descuidadamente a sus rayos en un mediodía de los trópicos a ciento cincuenta millones de kilómetros de distancia de él, lo suficiente caliente como para que nosotros, que vivimos de sus rayos, no nos atrevamos a mirarlo directamente.

A la distancia de cuatro millones de kilómetros el Sol golpea con una intensidad cuatrocientas veces mayor que la mayor que se pueda recibir en el Valle de la Muerte, el Sahara o Aden. Tales radiaciones pueden no ser percibidas como calor o luz; pero pueden matar más repentinamente que la más intensa energía de una desintegradora. El Sol es una bomba de hidrógeno, una bomba natural; la *Nuevas Fronteras* estaba rozando los límites de su círculo de total destrucción.

La temperatura aumentaba dentro de la nave. Las Familias estaban protegidas contra la muerte instantánea por radiaciones gracias a paredes blindadas del casco, pero la temperatura del aire seguía subiendo. Se hallaban aliviadas de la miseria de la caída libre pero se sentían doblemente incómodas, tanto por el calor como por el hecho de que los mamparos estaban locamente curvados; no había ningún plano horizontal sobre el cual poder permanecer de pie o tenderse. La nave estaba ahora girando sobre su eje y acelerando a la vez; nunca se había intentando hacer las dos cosas juntas, y la suma de las dos aceleraciones, angular y lineal, hacía que lo que había sido antes «fuera» se convirtiera ahora en «abajo», y lo que había sido «popa» fuera también «abajo». La nave necesitaba seguir girando sobre sí misma para permitir que algo de la energía radiante acumulada fuera radiada de nuevo al espacio en el lado «frío». La aceleración era igualmente necesaria, una maniobra desesperada para rebasar el Sol tan lejos como fuera posible y tan rápido como fuera posible, a fin de perder menos tiempo en el perihelio, el punto de mayor aproximación.

Hacía calor en la sala de control. Incluso Lazarus se había quitado voluntariamente su kilt y permanecía al estilo venusiano. El metal estaba caliente al tacto. En la gran pantalla estrellada un enorme círculo de oscuridad señalaba allá donde debía hallarse el disco del Sol; los receptores habían suprimido automáticamente su poderosa emisión de energía.

Lazarus repitió las últimas palabras de Libby.

—Treinta y siete minutos al perihelio. No podremos hacerlo, Andy. La nave no podrá resistirlo.

—Lo sé. Nunca pretendí pasar tan cerca.

—Por supuesto que no lo pretendiste. Quizá yo no hubiera debido maniobrar. Quizás hubiéramos podido evitar las minas de todos modos. Oh, bueno... —Lazarus encajó los hombros y prescindió de las posibilidades perdidas—. Hijo, me parece que ha llegado el momento de probar tu juguete —señaló con un dedo la destartalada apariencia del «impulsor espacial»—. ¿Dices que todo lo que tienes que hacer es conectarlo?

—Eso es lo que se supone. Unir ese extremo a cualquier porción de la masa a la que deba afectar. Por supuesto, no sé si realmente funcionará —admitió Libby—. No hay forma de comprobarlo.

—¿Supones que no lo hará?

—Hay tres posibilidades —respondió Libby metódicamente—. En primer lugar, puede que no suceda nada.

—En cuyo caso nos freiremos.

—En segundo lugar, nosotros y la nave podemos dejar de existir como la materia que conocemos.

—Muertos, quieres decir. Probablemente será una opción más agradable.

—Supongo que sí. No sé cómo será esa muerte. En tercer lugar, si mis hipótesis son correctas, nos alejaremos del Sol a una velocidad apenas ligeramente inferior a la de la luz.

Lazarus miró al dispositivo y se secó el sudor que resbalaba por su rostro.

—Esto se está poniendo muy caliente, Andy. Conéctalo... ¡y que funcione lo mejor que pueda!

Andy lo conectó.

—Adelante —urgió Lazarus—. Aprieta el botón, mueve la palanca, corta el rayo, haz lo que sea necesario. Ponlo en marcha.

—Ya lo he hecho —insistió Libby—. Mira al Sol.

—¿Eh? *¡Oh!*

El gran círculo de oscuridad que había señalado la posición del Sol en la pantalla constelada de estrellas estaba reduciendo rápidamente su tamaño. En una docena de latidos de corazón perdió la mitad de su diámetro; veinte segundos más tarde se había reducido a una cuarta parte de su diámetro original.

—Ha funcionado —dijo Lazarus blandamente—. ¡Mírelo, Slayton! ¡Ha *funcionado*!

—Siempre pensé que lo haría —respondió Libby con seriedad—. Tenía que hacerlo, ya sabe.

—Hummm... eso podía ser evidente para ti, Andy. Pero no para mí. ¿Cuán rápido estamos yendo?

—¿Con relación a qué?

—Esto, con relación al Sol.

—No he tenido oportunidad de medirlo, pero parece que vamos justo por debajo de la velocidad de la luz. No podemos ir más aprisa.

—¿Por qué no? Deja a un lado las consideraciones teóricas.

—Veremos todavía —Libby señaló hacia la pantalla.

—Sí, veremos —murmuró Lazarus—. ¡Hey! No vamos a ser capaces de verlo. Debo haber apagado el doppler.

Libby pareció desconcertado, luego sonrió.

—El doppler funciona correctamente. Por ese lado, en dirección al Sol, estamos viendo cómo las radiaciones cortas tienden hacia la visibilidad. Por el lado opuesto, estamos captando algo parecido a la longitud de ondas de la radio, que en el doppler se acercan a las de la luz.

—¿Y en medio?

—Deje de aguijonearme, Lazarus. Estoy seguro de que usted puede calcular las sumas de los vectores relativos tan bien como pueda hacerlo yo.

—*Tú* lo calcularás —dijo Lazarus con firmeza—. Yo simplemente me quedaré sentado aquí admirándolo. ¿Eh, Slayton?

—Sí. Por supuesto que sí.

Libby sonrió educadamente.

—Podríamos también dejar de malgastar masa volviendo a impulsión normal. —Hizo sonar la alarma, luego cortó la impulsión—. Ahora podemos regresar a las condiciones normales. —Empezó a desconectar su dispositivo.

—¡Manténlo, Andy! —dijo Lazarus rápidamente—. Aún no estamos fuera de la órbita de Mercurio. ¿Por qué frenar?

—Bueno, esto no va a detenernos. Hemos adquirido velocidad; la mantendremos.

Lazarus se tironeó la mejilla y miró a Libby.

—Normalmente estaría de acuerdo contigo. Según la Primera Ley del Movimiento. Pero con esta pseudovelocidad no estoy tan seguro. La hemos obtenido por nada y no hemos pagado nada por ella... en energía, quiero decir. Pareces haber dado vacaciones a la inercia; cuando terminen esas vacaciones, ¿no volverá esta velocidad gratis al punto desde donde empezó?

—No lo creo —respondió Libby—. Nuestra velocidad no es una «pseudo» nada; es tan real como pueda serlo una velocidad. Usted está intentando aplicar la lógica verbal antropomórfica a un campo en el cual no es pertinente. No esperará vernos transportados instantáneamente de regreso al bajo potencial gravitatorio a partir del cual hemos empezado, ¿verdad?

—¿De vuelta a las condiciones de cuando conectaste tu impulsor espacial? No, nos hemos movido.

—Y seguiremos moviéndonos. Nuestra energía potencial gravitatoria recientemente adquirida a mayor altura por encima del Sol no es más real que nuestra actual energía cinética de velocidad. Ambas existen.

Lazarus pareció desconcertado. No seguía muy bien todo aquello.

—Creo que me estás confundiendo, Andy. No importa cómo lo hayamos hecho, pero parece que hemos tomado energía de algún lugar. Pero *¿de dónde?* Cuando fui a la escuela, me enseñaron a honrar la Bandera, votar al partido idóneo, y creer en la Ley de la conservación de la energía. Parece como si tú la hubieras violado. ¿Qué me dices de eso?

—No se preocupe por ello —sugirió Libby—. La llamada ley de la conservación de la energía era simplemente una hipótesis de trabajo, no probada ni probable, utilizada para describir grandes fenómenos. Sus términos se aplican tan sólo a los viejos conceptos dinámicos del mundo. En un pleno concebido como una red estática de interrelaciones, una «violación» de esa «ley» es algo menos sorprendente que una función discontinua, algo para ser anotado y descrito. Eso es lo que hice. Vi una discontinuidad en el modelo matemático del aspecto de la masa-energía llamado inercia. La apliqué. El modelo matemático se convirtió en algo similar al mundo real. Este era realmente el único peligro... uno nunca sabe que un modelo matemático es similar al mundo real hasta que lo prueba.

—Sí, sí, seguro, no puedes decir el sabor que tiene una cosa hasta que le das un mordisco... pero, Andy, ¡sigo sin ver qué es lo que lo *causó*! —Se giró hacia Ford—. ¿Puede usted, Slayton?

Ford agitó la cabeza.

—No. Me gustaría saberlo... pero dudo que pueda comprenderlo.

—Ni usted ni yo. ¿Y bien, Andy?

Libby pareció decepcionado.

—Pero Lazarus, la causalidad no tiene nada que ver con el auténtico pleno. Un hecho simplemente *es*. La casualidad es simplemente un anticuado postulado de una filosofía precientífica.

—Supongo —dijo Lazarus lentamente— que yo soy anticuado.

Libby no dijo nada. Desconectó su aparato.

El disco de oscuridad siguió encogiéndose. Cuando se hubo reducido a una sexta parte de su diámetro original, cambió bruscamente del negro al blanco brillante, cuando la distancia de la nave al Sol fue de nuevo lo suficientemente grande como para permitir a los receptores manejar su intensidad.

Lazarus intentó calcular en su cabeza la energía cinética de la nave... la mitad del cuadrado de la velocidad de la luz (menos un poco, corrigió) multiplicado por el enorme tonelaje de la *Nuevas Fronteras*. La respuesta no lo tranquilizó, lo tradujera en ergios o en manzanas.

8

—Lo primero es lo primero —interrumpió Barstow—. Estoy tan fascinado por los sorprendentes aspectos científicos de nuestra situación actual como podáis estarlo vosotros, pero tenemos trabajo que hacer. Debemos establecer un plan para regular la vida cotidiana inmediatamente. Así que dejemos a un lado la física matemática y hablemos de organización.

No estaba hablando a los depositarios, sino a sus propios lugartenientes personales, la gente clave que le había ayudado a poner en marcha las complejas maniobras que habían hecho posible su escapada: Ralph Schultz, Eve Barstow, Mary Sperling, Justin Foote, Clive Johnson, y aproximadamente otra docena.

Lazarus y Libby estaban allí. Lazarus había dejado a Slayton Ford de guardia en la sala de control, con órdenes de echar a cualquier visitante y, sobre todo, de no dejar que nadie tocara los controles. Era un trabajo de puro entretenimiento, la noción de Lazarus de una terapia ocupacional de orden temporal. Había captado en Ford una situación mental que no le gustaba. Ford parecía haberse encerrado en sí mismo. Respondía cuando le hablaban, pero eso era todo. Aquello preocupaba a Lazarus.

—Necesitamos un ejecutivo —dijo Barstow—; alguien que, en un futuro próximo, disponga de amplios poderes para dar órdenes y hacer que estas se cumplan. Deberá tomar decisiones, organizarnos, asignar tareas y responsabilidades, hacer que la economía interna de la nave funcione. Es un trabajo enorme, y me gustaría que nuestros hermanos efectuaran una elección, y lo hicieran democráticamente. Pero eso tendrá que esperar; alguien debe empezar a dar órdenes ahora ya. Estamos malgastando comida, y la nave está... bueno, me gustaría que vieran el refrescador que intenté utilizar hoy.

—Zaccur...

—¿Sí, Eve?

—Tengo la impresión de que lo que hay que hacer es poner las cosas en manos de los depositarios. Nosotros no tenemos ninguna autoridad; somos simplemente un grupo de emergencia que se ha encargado de algo que ahora ya ha terminado.

—Un momento... —era Justin Foote, con un tono tan seco y formal como su rostro—. Discrepo en algo de nuestra hermana. Los depositarios no están en absoluto en contacto con la actual situación; tomaría tiempo hacerles comprender cuál es exactamente antes de que pudieran ser capaces de juzgarla. Además, siendo como soy yo mismo uno de los depositarios, como grupo organizado, no puede tener ninguna jurisdicción debido a que legalmente ya no existen.

Lazarus pareció interesado.

—¿Cómo puede decir esto, Justin?

—Muy sencillo: el consejo de depositarios era el custodio de una fundación que existía como parte de y en relación a una sociedad. Los depositarios nunca fueron un gobierno;

sus únicas tareas se limitaban a las relaciones entre las Familias y el resto de la sociedad. Con el fin de esta relación entre las Familias y la sociedad terrestre, el consejo de depositarios, *ipso facto,* deja de existir. Esto ya es historia. Ahora que nos hallamos en esta nave ya no somos una sociedad, somos un grupo anárquico. Los que estamos aquí tenemos tanta, o tan poca autoridad para iniciar una sociedad como cualquier otra parte del grupo.

Lazarus aplaudió.

—Justin —convino—, es la más hermosa pieza de oratoria que he oído en un siglo. Dejemos madurarla un cierto tiempo y obtendremos un solipsismo.

Justin Foote pareció afligido.

—Obviamente... —empezó

—¡No! ¡No diga una palabra más! Me ha convencido, no lo estropee. Si las cosas están así, apresurémonos y tomemos al toro por los cuernos. ¿Qué opinas, Zack? Pareces el candidato lógico.

Barstow agitó la cabeza.

—Conozco mis limitaciones. Soy un ingeniero, no un ejecutivo político; las Familias fueron sólo un hobby para mí. Necesitamos un experto en administración social.

Cuando Barstow les hubo convencido de lo que quería decir, fueron propuestos otros nombres, y sus cualificaciones debatidas en profundidad. En un grupo tan amplio como las Familias había varios miembros que se habían especializado en ciencias políticas, muchos que habían servido en puestos públicos con evidente éxito.

Lazarus escuchaba; conocía a cuatro de los candidatos. Al final se acercó a Eve Barstow, la llevó a un lado y estuvo hablando con ella en voz baja. Ella pareció sorprendida, luego pensativa, y finalmente asintió.

Pidió la palabra.

—Quiero proponer a un candidato —empezó, con su siempre gentil tono de voz— que normalmente no se les ocurrirá a ustedes, pero que está incomparablemente mejor cualificado, por temperamento, educación y experiencia, para llevar a cabo este trabajo que cualquiera de los que han propuesto. Como administrador civil de la nave propongo a Slayton Ford.

Hubo un asombrado silencio, luego todos intentaron hablar a la vez.

—¿Habrá perdido Eve la cabeza? ¡Ford está allá en la Tierra!

—No, no, no lo está. Lo he visto *aquí*... en la nave.

—¡Pero esto queda fuera de toda cuestión!

—*¿El?* ¡Las Familias nunca lo aceptarán!

—Y aunque lo hicieran, no es uno de los nuestros.

Eve aguardó pacientemente hasta que se tranquilizaron.

—Sé que mi proposición suena ridícula, y admito las dificultades. Pero consideren las ventajas. Todos nosotros conocemos a Slayton Ford por su reputación y sus acciones. Todos ustedes saben, cada miembro de las Familias, sabe, que Ford es un genio en su campo. Va a ser un trabajo duro el crear un plan de vida en conjunto en esta nave terriblemente superpoblada; el mejor talento al que podamos recurrir nunca será tan adecuado como él.

Sus palabras les impresionaron debido a que Ford era uno de esos raros casos en la historia, un hombre de estado cuya fama había sido casi universalmente aceptada mientras aún vivía. Los historiadores contemporáneos le atribuían el mérito de haber salvado la Federación Occidental en al menos dos de sus mayores crisis de desarrollo; había sido la desgracia más que su fracaso personal lo que había hecho que su carrera resultara rota por una crisis imposible de resolver por medios ordinarios.

—Eve —dijo Zaccur Barstow—, estoy de acuerdo con su opinión sobre Ford, y me sentiría orgulloso de tenerle como nuestro ejecutivo. Pero, ¿y los demás? Para las Familias, para todos menos para los que nos hallamos aquí presentes, el señor Administrador Ford simboliza la persecución que hemos sufrido. Creo que esto hace de él un candidato imposible.

Eve siguió en su obstinación.

—No lo creo así. Imagino que todos estamos de acuerdo en que habremos de montar una campaña para explicar a los demás un montón de los embarazosos hechos que han ocurrido en los últimos días. ¿Por qué no hacerlo adecuadamente de modo que les convenzamos de que Ford es un mártir que se sacrificó a sí mismo para salvarles? Así fue, y ustedes lo saben.

—Hummm... sí, es cierto. No es que se sacrificara en un principio por nosotros, pero no hay duda de que su sacrificio personal nos salvó. Pero será difícil convencer a los demás, convencerlos absolutamente de que deben aceptarlo y recibir órdenes de él, cuando para ellos es una especie de demonio personal... bueno, no sé. Creo que necesitamos la opinión de un experto. ¿Qué opina usted, Ralph? ¿Puede funcionar?

Ralph Schultz vaciló.

—La verdad de una proposición tiene muy poco o nada que ver con su psicodinámica. La noción de que «la verdad siempre prevalece» es simplemente un deseo piadoso; la historia no lo demuestra. El hecho de que Ford sea realmente un mártir a quien todos deberíamos rendir gratitud es irrelevante con respecto a la pregunta puramente técnica que me hacen. —Hizo una pausa para meditar—. Pero la proposición *per se* tiene ciertos aspectos sentimentalmente dramáticos que conducen a una manipulación propagandística, incluso frente a la fuerte contraproposición corrientemente aceptada. Sí... sí, creo que podríamos vender la idea.

—¿Cuánto tiempo necesitaría para ponerla en marcha?

—Hummm... el espacio social implicado es a la vez «apretado» y «caliente», en la jerga que utilizamos nosotros; deberíamos ser capaz de conseguir un factor «k» altamente positivo en la cadena de reacción... si la cosa funciona. Pero se trata de un campo virgen y no sé qué rumores espontáneos están circulando por la nave. Si deciden hacerlo, deseo preparar algunos rumores antes de que levantemos la sesión, rumores que reparen la reputación de Ford... luego, tras un intervalo de unas doce horas, puedo difundir otro acerca de que Ford está realmente a bordo... porque desde un principio se lo jugó todo a nuestra carta.

—Esto, creo difícil que así fuera, Ralph.

—¿Está usted *seguro*, Zaccur?

—No, pero... Bueno...

—¿Lo ve? La verdad acerca de sus intenciones originales

es un secreto entre él y su dios. Ni usted ni yo lo sabemos. Pero la dinámica de la proposición es un asunto completamente distinto. Zaccur, en el momento en que mi rumor llegue de vuelta hasta usted tras dar tres o cuatro vueltas, incluso usted empezará a pensárselo. —El especialista en psicométrica hizo una pausa para mirar al vacío mientras consultaba una intuición refinada por casi un siglo de estudio matemático del comportamiento humano—. Sí, funcionará. Si desean hacerlo, podrán formular una declaración pública dentro de veinticuatro horas.

—¡Entonces adelante! —dijo alguien.

Unos pocos minutos más tarde Barstow pidió a Lazarus que trajera a Ford al lugar donde estaban reunidos. Lazarus no le explicó para qué era requerida su presencia; Ford entró en el compartimento como un hombre entra en el tribunal que debe juzgarle, con la amarga certeza de que todo estará contra él. Su actitud indicaba fortaleza pero no esperanza. Sus ojos estaban tristes.

Lazarus había estado estudiando aquellos ojos durante las largas horas que habían permanecido juntos en la sala de control. Exhibían una expresión que Lazarus había visto muchas veces antes en su larga vida. El hombre condenado que ha perdido su última apelación, el suicida decidido, el cansado y vencido por la constante lucha contra todas las desventuras... los ojos de todos ellos tenían la misma expresión, hecha de la desesperanzada convicción de que su tiempo se había terminado

Los ojos de Ford también la exhibían.

Lazarus la había visto aumentar y se había sentido desconcertado por ella. En realidad, todos ellos habían pasado por malos momentos, y los de Ford no habían sido peores que los de los demás. Además, la seguridad del peligro proporciona una expresión de *vida*; ¿por qué los ojos de Ford mostraban la señal de la muerte?

Finalmente Lazarus decidió que sólo podía ser debido a que Ford había alcanzado el estadio final en el que la mente llega a la conclusión de que el suicidio es necesario. ¿Pero por qué? Lazarus rumió aquello durante las largas guardias en la sala de control y reconstruyó la lógica de todo aquello a su completa satisfacción. Allá abajo en la Tierra, Ford había sido alguien importante entre los de su propia especie, los de vida corta. Su prominente posición lo había hecho casi inmune al sentimiento de derrotada inferioridad que los longevos habían volcado sobre los hombres normales. Pero ahora era el *único* efímero en una raza de Matusalenes.

Ford no poseía ni la experiencia de los viejos ni las esperanzas de los jóvenes; se sentía inferior a ambos, desesperadamente fuera de lugar. Estuviera en lo cierto o no, se sentía como un pensionista inútil, un impotente objeto de caridad.

Para una persona de la activa capacidad de trabajo de Ford, la situación era intolerable. Su orgullo y su fortaleza de carácter estaban derivando hacia el suicidio.

Cuando penetró en la sala donde se celebraba la reunión la mirada de Ford buscó la de Zaccur Barstow.

—¿Me mandó llamar, señor?

—Sí, señor Administrador. —Barstow explicó brevemente la situación, y la responsabilidad que deseaban que asumiera—. No le forzamos a nada —concluyó—, pero necesitamos sus servicios si está usted dispuesto a prestárnoslos. ¿Lo hará?

El corazón de Lazarus pareció aligerarse cuando observó que la expresión de Ford cambiaba de la tristeza al asombro.

—¿Realmente lo desean? —respondió Ford lentamente—. ¿No está burlándose de mí?

—¡Por supuesto que lo deseamos!

Ford no respondió inmediatamente y, cuando lo hizo, su respuesta pareció irrelevante.

—¿Puedo sentarme?

Le hicieron un lugar; se dejó caer pesadamente en la silla y se cubrió el rostro con las manos. Nadie habló. Finalmente, levantó la cabeza y dijo con voz firme:

—Si este es su deseo, haré todo lo que sepa para cumplir con su voluntad.

La nave requería un capitán tanto como un administrador civil. Lazarus lo había sido hasta entonces, había representado el papel de capitán en su sentido más práctico, pero protestó cuando Barstow propuso que ostentase formalmente el título.

—¡Hey, *no*! No yo. Simplemente podría pasarme todo el viaje jugando al ajedrez. Libby es su hombre. Serio, consciente, un antiguo oficial naval... exactamente el tipo adecuado para el trabajo.

Libby enrojeció cuando todos los ojos se clavaron en él.

—Bueno, la verdad —protestó—, aunque es cierto que he debido capitanear naves como parte de mis deberes, esto es algo que nunca me ha gustado. Soy un oficial de estado mayor por temperamento. No me *siento* como un comandante en jefe.

—¿No ves que no puedes librarte de ello? —insistió Lazarus—. Tú inventaste ese trasto para ir aprisa, y tú eres el único que comprende como funciona. Te has ganado el empleo, muchacho.

—Pero eso no tiene nada que ver —suplicó Libby—. Estoy completamente de acuerdo en ser el astrogador, puesto que eso está en consonancia con mis habilidades. Pero prefiero mucho más servir a las órdenes de un comandante en jefe.

Lazarus se sintió complacido entonces al ver cómo Slayton Ford se había hecho cargo inmediatamente de sus funciones; el hombre enfermo había desaparecido, ahora era de nuevo el ejecutivo:

—No importan sus preferencias personales, comandante Libby; todos nosotros debemos hacer lo que podamos. Yo he aceptado dirigir la organización social y civil; esto está en consonancia con *mis* habilidades. Pero no puedo mandar la nave como tal nave; no estoy entrenado para ello. Usted sí lo está. Así que debe hacerlo.

Libby enrojeció hasta las orejas e insistió:

—Lo haría si fuera el único. Pero hay centenares de hombres del espacio entre las Familias, y seguro que docenas de ellos poseen más experiencia y talento para mandar que yo. Si los busca, encontrará al hombre adecuado.

—¿Qué piensa usted, Lazarus? —dijo Ford.

—Hum. Puede que Andy tenga razón. Un capitán debe ponerlo todo en su nave... o dejarlo estar. Si Libby no desea aceptar el mando, quizá debamos buscar en otro lado.

Justin Foote poseía una lista microfilmada de los Miembros de las Familias consigo, pero no disponían de ningún visor a mano con el cual examinarla. Sin embargo, la memoria de la docena amplia de reunidos dio como resultado varios candidatos. Finalmente designaron al capitán Rufus «Insensible» King.

Libby estaba explicando las consecuencias de su impulsor a presión lumínica a su nuevo comandante en jefe.

—La localización de nuestros destinos alcanzables se halla contenida en un haz de paraboloides que tienen sus vértices en tangente a nuestro rumbo actual. Esto presupone que la aceleración por medio de la impulsión normal de la nave deberá ser siempre aplicada de modo que la magnitud de nuestro actual vector, justo por debajo de la velocidad de la luz, sea mantenida constante. Eso requerirá que la nave esté lentamente precesionada durante toda la maniobra de aceleración. Pero la operación no necesitará ser demasiado minuciosa debido a la enorme diferencia de magnitud entre nuestro actual vector y los vectores de maniobra que se hallan impresos en el aparato. Puede pensarse en ello en líneas generales como si se tratara de acelerar en ángulo recto con respecto a nuestro rumbo.

—Sí, sí, entiendo —interrumpió el capitán King—. pero ¿de dónde supone usted que los vectores resultantes deberán ser siempre iguales a nuestro actual vector?

—Bueno, no necesitan serlo, si el capitán decide otra cosa —respondió Libby, aparentemente desconcertado—, pero aplicar un componente que puede reducir el vector resultante por debajo de nuestra actual velocidad podría simplemente causarnos un ligero retraso sin incrementar el alcance de nuestra actual localización de los posibles destinos. El efecto incrementaría tan sólo nuestro tiempo de vuelo, hasta generaciones, incluso siglos, si la resultante...

—¡Seguro, seguro! Conozco la balística básica, señor. ¿Pero por qué rechaza usted la otra alternativa? ¿Por qué no incrementar nuestra velocidad? ¿Por qué no puedo acelerar directamente a lo largo de mi curso actual si así lo decido?

Libby pareció preocupado.

—El capitán puede hacerlo, si lo ordena así. Pero sería un intento de rebasar la velocidad de la luz. Se ha supuesto que esto es imposible...

—Ahí es exactamente a donde iba. «Supuesto». Siempre me he preguntado si tal suposición era justificada. Esta parece ser una buena ocasión para comprobarlo.

Libby vaciló, con su sentido del deber luchando contra las exaltadas tentaciones de la curiosidad científica.

—Si esta fuera una nave de investigación, capitán, me sentiría ansioso por intentarlo. No puedo visualizar las condiciones en que nos hallaríamos si rebasáramos la velocidad de la luz, pero me parece que nos veríamos enteramente desligados del espectro electromagnético en cuanto a lo que se refiere a los demás cuerpos. ¿Cómo lo haríamos para astrogar en esas condiciones? —Libby tenía algo más que tan sólo la teoría para preocuparle; actualmente estaban ya «viendo» tan sólo por visión electrónica. Para el ojo humano el hemisferio tras ellos, a lo largo de su rumbo, era una inmensa negrura; las más cortas radiaciones habían dopplerado a longitudes de onda demasiado largas para el ojo. En la dirección hacia la cual avanzaban las estrellas aún podían ser vistas, pero su «luz» visible estaba formada por las ondas hertzianas más largas arremolinadas por la enorme velocidad de la nave. Oscuras «radioestrellas» brillaban en primera magnitud; estrellas pobres en ondas de radio se habían desvanecido en la oscuridad. Las constelaciones familiares habían cambiado hasta más allá de un fácil reconocimiento. El hecho de que estaban viendo a través de una visión distorsionada por el efecto Doppler era confirmado por el análisis espectral; las rayas de Fraunhofer no sólo se habían corrido hacia el violeta, sino que habían pasado más allá, fuera de visión, y pautas hasta entonces desconocidas las habían reemplazado.

—Hummm... —replicó King—. Entiendo lo que quiere decir. ¡Pero me gustaría intentarlo, maldita sea si no lo hago!

Aunque admito que queda fuera de cuestión con pasajeros a bordo. Muy bien, prepáreme rumbos de aproximación a estrellas del tipo «G» que se hallen dentro de la localización en forma de trompetilla que ha señalado y no demasiado lejos. Digamos diez años luz para nuestra primera búsqueda.

—Sí, señor. Ya lo tengo. No puedo ofrecerle nada en esa zona que sea del tipo «G».

—¿Sí? Está muy solitario eso, ¿eh? ¿Y bien?

—Tenemos a Tau Ceti dentro de la localización, a once años luz.

—Una G5, ¿eh? No demasiado buena.

—No, señor. Pero tenemos una de auténtico tipo Sol, una G2... catálogo ZD9817. Pero está a una distancia de más del doble.

El capitán King se mordisqueó un nudillo.

—Supongo que tendremos que someterlo a los más viejos. ¿Cuánto tiempo subjetivo de ventaja tenemos a nuestro favor?

—No lo sé, señor.

—¿Eh? ¡Bueno, calcúlelo! O deme los datos y lo haré yo. No pretendo ser tan buen matemático como usted, pero cualquier cadete podría resolverlo. Las ecuaciones son bastante sencillas.

—Así es, señor. Pero no dispongo de los datos para sustituir en la ecuación de la contracción del tiempo... puesto que no tengo medios para medir la velocidad de la nave. El corrimiento hacia el violeta ha perdido su utilidad; no sabemos lo que significan esas rayas. Me temo que deberemos aguardar hasta que hayamos podido establecer una base de cálculo más amplia.

King suspiró.

—Señor, algunas veces me pregunto por qué me habré metido en este negocio. Bueno, ¿es usted capaz de aventurar alguna suposición aceptable? ¿Mucho tiempo? ¿Poco tiempo?

—Esto... mucho tiempo, señor. Adiós.

—¿Sí? Bueno, ya lo he sudado en peores naves. Años, ¿eh? ¿Juega al ajedrez?

—Sí, señor —Libby se abstuvo de mencionar que había

dejado de jugar hacía tiempo por falta de competidores adecuados.

—Parece que vamos a tener montones de tiempo para jugar. Peón de rey a rey cuatro.

—Caballo de rey a alfil tres.

—Un jugador poco ortodoxo, ¿eh? Bueno, le contestaré más tarde. Supongo que será mejor que intente bloquear el G2 aunque eso me tome más tiempo... y supongo que será mejor que avisemos a Ford para que empiece a tomar medidas. No podemos dejar que la claustrofobia haga estragos.

—Sí, señor. ¿Mencioné el tiempo de aceleración? Se necesita un año de la Tierra, subjetivo, a un *g* negativa, para devolvernos a velocidades estelares.

—¿Eh? Deceleraremos del mismo modo que aceleramos... con su impulsión por presión lumínica.

Libby agitó la cabeza.

—Lo siento, señor. La desventaja de la impulsión por presión lumínica es que no establece ninguna diferencia fuera cual fuese su anterior rumbo y velocidad; si empieza usted sin inercia en las inmediaciones de una estrella, su presión lumínica lo arroja a usted lejos de ella como un corcho golpeado por una corriente de agua. Su momento anterior queda cancelado cuando usted cancela su inercia.

—Bueno —admitió King—, supongo que seguiremos su esquema. No puedo argumentar todavía con usted; aún hay muchas cosas de este aparatito suyo que no acabo de comprender.

—Hay muchas cosas de él —respondió Libby seriamente— que yo tampoco comprendo.

La nave había rebasado la órbita de la Tierra menos de diez minutos después de que Libby conectara su impulsor espacial. Lazarus y él habían discutido los esotéricos aspectos físicos del asunto mientras cruzaban la órbita de Marte... menos de un cuarto de hora después. El sendero de Júpiter estaba aún distante cuando Barstow convocó la conferencia de organización. Pero necesitó una hora para localizarlos a todos en la atestada nave; cuando les llamó al orden estaban ya a mil seiscientos millones de kilómetros de distancia, más allá de la órbita de Saturno... y el tiempo transcurrido desde el *¡Adelante!* era menos de una hora y media.

Pero las distancias se hacían más largas después de Saturno. Cruzaron la órbita de Urano cuando se hallaban aún en plena discusión. Sin embargo, el nombre de Ford fue pronunciado y aceptado antes de que la nave llegara a la misma distancia del Sol que Neptuno. King había sido nombrado capitán, se había hecho cargo de su nuevo mando con Lazarus como guía, y se hallaba en conferencia con su astrogador cuando la nave cruzó la órbita de Plutón a unos seis mil millones de kilómetros espacio adentro, pero aún no habían pasado seis horas desde que la luz del Sol los hubiera arrojado de su lado con sus poderosos rayos.

Sin embargo, aún no se hallaban fuera del Sistema Solar, aunque entre ellos y las estrellas ya no había nada excepto el hogar de invierno de los cometas del Sol y los escondites de los hipotéticos planetas transplutonianos... un espacio en el cual el Sol todavía mantiene su fuerza gravitatoria aunque difícilmente puede decirse que sean aún sus dominios. Pero incluso las estrellas más próximas estaban a años luz de distancia. La *Nuevas Fronteras* había puesto rumbo hacia ellas a un paso que rozaba los talones de la velocidad de la luz... atravesando un frío y desolado espacio.

Lejos, lejos, y aún más lejos... hacia las solitarias profundidades donde las líneas del mundo son casi rectas, no distorsionadas por la gravitación. Cada día, cada mes... cada año... su larguísimo vuelo les llevaba más y más lejos de toda humanidad.

SEGUNDA PARTE

1

La nave siguió su camino, sola en el desierto de la noche, con cada año luz tan vacío como el anterior. Las Familias construyeron un modo de vivir en ella.

La *Nuevas Fronteras* era aproximadamente cilíndrica. Cuando no estaba bajo aceleración, giraba sobre su eje para proporcionar un pseudopeso a sus pasajeros cercanos al casco exterior de la nave; los compartimentos exteriores o «inferiores» eran las habitaciones, mientras que los interiores o «superiores» eran almacenes y compartimentos auxiliares. Los intermedios eran las tiendas, las granjas hidropónicas y todo lo demás. A lo largo del eje, de proa a popa, se hallaban la sala de control, el conversor, y el impulsor principal.

El diseño era muy similar al de los grandes cargueros interplanetarios en uso por aquella época, pero hay que tener en cuenta su enorme tamaño. Era una ciudad, con mucho espacio para una colonia de veinte mil personas, que se suponía se verían complementadas con otras diez mil o hasta incluso verían doblado su número durante el largo viaje hasta Próxima Centauri.

Sin embargo, enorme como era, los cien mil y más componentes de las Familias se veían apretujadas por su número cinco veces superior al previsto.

Fue preciso aceptar la necesidad de recurrir al sueño a bajas temperaturas para una parte de los ocupantes de la nave. Convirtiendo parte del espacio de recreo de los niveles inferiores en almacenes, se consiguió habilitar un espacio para tal finalidad. Los soñolientos requieren aproximadamente un uno por ciento del espacio necesitado por los humanos activos y funcionales; a su debido tiempo, la nave gozó del espacio suficiente para todos aquellos que permanecían despiertos. Los voluntarios para el sueño a bajas temperaturas no fueron numerosos al principio... todos eran tremendamente conscientes de la muerte puesto que esta era su única herencia; el sueño a bajas temperaturas se parecía demasiado al Ultimo Sueño. Pero la gran incomodidad del extremado hacinamiento, combinada con la también extrema monotonía del interminable viaje, hicieron cambiar de opinión rápidamente a muchos, los suficientes para proporcionar una reserva suficiente de candidatos a la pequeña muerte al mismo ritmo al que podían ir siendo acomodados.

Aquellos que permanecían despiertos se dedicaban en cuerpo y alma a los trabajos asignados... el mantenimiento de la nave, el cuidado de las granjas hidropónicas y la maquinaria auxiliar de la nave y, mucho más especialmente, el propio cuidado de los soñolientos. Los biomecánicos habían elaborado complejas fórmulas empíricas describiendo el deterioro corporal y las medidas que debían ser tomadas para evitarlo bajo las diversas condiciones de aceleración, temperatura ambiente, drogas utilizadas, y otros factores tales como la edad metabólica, masa corporal, sexo, y demás. Utilizando los compartimentos superiores, de bajo peso, el deterioro causado por la aceleración (es decir, el simple peso de los tejidos corporales sobre sí mismos, que conduce a los pies planos o a las llagas producidas por una estancia demasiado prolongada en la cama) podía ser reducido al mínimo. Pero todo el cuidado de los soñolientos debía efectuarse a mano... girarlos, darles masaje, comprobar el azúcar en la sangre, revisar los débiles movimientos del corazón, todas las pruebas y servicios necesarios para asegurarse que el extremadamente reducido metabolismo no los deslizaría hacia la muerte. Excepto una docena de alvéolos en la enfermería de la nave, esta no había sido diseñada para pasajeros en sueño a bajas temperaturas; no había sido prevista maquinaria automática. Todo aquel tedioso cuidado de decenas de miles de soñolientos debía ser efectuado a mano.

Eleanor Johnson corrió hacia su amiga Nancy Weatheral en el refectorio 9-D... llamado «El Club» por sus habituales, y otras cosas menos halagadoras por aquellos que lo evitaban. La mayoría de sus frecuentadores eran jóvenes y ruidosos. Lazarus era el único viejo que comía a menudo allí. No le importaba el ruido, antes al contrario, le gustaba.

Eleanor se inclinó hacia su amiga y le besó por detrás en el cuello.

—¡Nancy! ¡Así que estás de nuevo despierta! ¡Me alegra verte!

Nancy pareció acabar de despertarse.

—Hola, chica. No me derrames el café.

—¡Bueno! ¿No te alegras de *verme*?

—Claro que sí. Pero olvidas que mientras para ti ha pasado un año, para mí fue sólo ayer. Y aún estoy medio dormida.

—¿Cuánto tiempo hace que has despertado, Nancy?

—Un par de horas. ¿Cómo está ese chico tuyo?

—Oh, está bien. —El rostro de Eleanor Johnson resplandeció—. No lo conocerías... ha crecido una barbaridad este último año. Me llega casi al hombro, y cada día que pasa se parece más a su padre.

Nancy cambió de tema. Los amigos de Eleanor procuraban mantener al fallecido marido de Eleanor fuera de la conversación.

—¿Qué has estado haciendo mientras yo dormitaba? ¿Sigues enseñando en primaria?

—Sí. O mejor dicho, no. Estoy en el grupo de edad donde está mi Hubert. Actualmente está en secundaria.

—¿Por qué no te tomas unos cuantos meses de sueño y te liberas un poco de todo ese trabajo, Eleanor? Te harás vieja pronto si continúas así.

—No —rechazó Eleanor—, no hasta que Hubert sea lo suficiente mayor como para no necesitarme.

—No seas sentimental. La mayoría de las voluntarias son mujeres con hijos pequeños. No se lo reprocho en absoluto. Mírame a mí... desde mi punto de vista, un viaje hasta tan lejos me habrá ocupado tan sólo siete meses. Podría hacer el resto de él cabeza abajo.

Eleanor parecía testaruda.

—No, gracias. Eso quizá sea bueno para ti, pero yo me siento muy bien tal como soy.

Lazarus se había sentado a la misma mesa y le estaba causando tremendos estragos a un sangrante solomillo.

—Tiene miedo de perderse algo —explicó—. No se lo reprocho. Yo también.

Nancy cambió su táctica.

—Entonces ten otro hijo, Eleanor. Te aliviará de tus deberes de rutina.

—Se necesitan dos para arreglar eso —hizo notar Eleanor.

—Eso no tiene ningún problema. Aquí está Lazarus, por ejemplo. Haría un buen padre.

Eleanor pareció estudiar la proposición. Lazarus enrojeció bajo su permanente bronceado.

—De hecho —observó tranquilamente Eleanor—, ya se lo propuse, pero declinó la invitación.

Nancy farfulló algo con la nariz metida dentro de su café y miró rápidamente de Lazarus a Eleanor.

—Lo siento. No lo sabía.

—No importa —respondió Eleanor—. Se debe simplemente a que yo soy una de sus biznietas, en cuarto grado de parentesco.

—Pero... —Nancy luchó con la costumbre del respeto a la intimidad—. Bueno, maldita sea, esto está dentro de los límites permisibles de la consanguineidad. ¿Cuál es el problema? ¿O debería callarme?

—Deberías callarte —adimitió Eleanor.

Lazarus se agitó incómodo.

—Sé que estoy chapado a la antigua —admitió—, aunque haya tirado por la borda algunas de mis ideas hace ya un cierto tiempo. Genética o no genética, simplemente no me sentiría *bien* casándome con una de mis biznietas.

Nancy pareció asombrada.

—¡Ya lo creo que eres chapado a la antigua! —Y añadió—: O quizá simplemente seas tímido. Estoy tentado de proponértelo yo y descubrirlo.

Lazarus la miró fijamente.

—Adelante, hazlo, y verás la sorpresa que te llevas.

Nancy le dirigió una mirada indiferente.

—Hummm... —meditó.

Lazarus intentó mantener la mirada de las dos mujeres, luego desvió los ojos.

—Debo pediros que me disculpéis —dijo nerviosamente—. Tengo trabajo que hacer.

Eleanor apoyó suavemente una mano sobre su brazo.

—No te vayas, Lazarus. Nancy es una gata y no puede remediarlo. Cuéntanos algo de los planes de aterrizaje.

—¿Qué es eso? ¿Vamos a aterrizar? ¿Cuándo? ¿Dónde?

Lazarus, sintiéndose algo ablandado, se lo dijo. La estrella G2, o tipo Sol, hacia la cual habían dirigido su rumbo hacía varios años, estaba ahora a menos de un año luz de distancia —a un poco más de siete meses luz—, y era posible inferir por métodos parainterferométricos que la estrella (ZD9817, o simplemente «nuestra» estrella) tenía planetas de algún tipo a su alrededor.

Pasado otro mes, cuando la estrella estuviera a medio año luz de distancia, empezaría la deceleración. La rotación sería suprimida, y durante un año la nave frenaría a una gravedad, terminando su recorrido cerca de la estrella a velocidad más interplanetaria que interestelar, y se iniciaría la búsqueda de un planeta apto para dar soporte a la vida humana. La búsqueda sería rápida y fácil, puesto que los únicos planetas que les interesaban eran aquellos que se mostraran claramente brillantes, como Venus desde la Tierra; no estaban interesados en los elusivos planetas fríos, como Neptuno o Plutón, visibles como lejanas sombras, ni en tórridas cenizas como Mercurio, sumergidos en las llameantes proximidades de la estrella madre.

Si no encontraban ningún planeta parecido a la Tierra, entonces deberían continuar acercándose al sol extranjero y alejarse de nuevo utilizando la presión de la luz, para reasumir su búsqueda de un hogar en algún otro lugar... con la diferencia de que esta vez, no siendo perseguidos por la policía, podrían seleccionar minuciosamente su nuevo rumbo.

Lazarus explicó que la *Nuevas Fronteras* no podría de todos modos posarse en ningún caso en el planeta; era demasiado grande para planetizar, su propio peso la despedazaría. En vez de ello, si encontraban un planeta, quedaría inmovilizada en una órbita de aparcamiento a su alrededor mientras los equipos de exploración bajaban en las naves auxiliares.

Tan pronto como pudo dejar a las dos jóvenes, Lazarus se dirigió al laboratorio donde las Familias proseguían sus investigaciones sobre metabolismo y gerontología. Esperaba encontrar allí a Mary Sperling; el encuentro con Nancy Weatheral le había hecho sentir la necesidad de su compañía. Si alguna vez se decidía a casarse de nuevo, se dijo, Mary era más de su estilo. No consideraba de todos modos seriamente aquella posibilidad; tenía la impresión de que una unión entre Mary y él sería como un ridículo aroma a lavanda en un ajado y viejo lazo.

Mary Sperling, sintiéndose enjaulada en la nave y no deseando aceptar la muerte simbólica del sueño a bajas temperaturas, había desviado su miedo a la muerte hacia canales constructivos presentándose voluntaria como ayudante de laboratorio en las constantes investigaciones sobre la longevidad. No era una bióloga entrenada, pero tenía unos dedos hábiles y una mente ágil; los pacientes años del viaje la habían convertido en una valiosa asistente del doctor Gordon Hardy, jefe de investigaciones.

Lazarus la encontró atendiendo al tejido inmortal de corazón de pollo conocido por el personal del laboratorio como la «señora Parienta». La señora Parienta era tan vieja como cualquier miembro de las Familias excepto posiblemente el propio Lazarus; era una creciente masa del tejido original obtenido por las Familias del Instituto Rockefeller en el siglo veinte, y los tejidos habían permanecido vivos desde principios del siglo veinte hasta entonces. El doctor Hardy y sus predecesores habían mantenido vivo aquel trozo de carne durante más de dos siglos, utilizando las técnicas Carrel-Lindbergh-O'Shaug... y la señora Parienta seguía floreciendo.

Gordon Hardy había insistido en tomar el tejido y el aparato que tanto apreciaba y llevarlo consigo a la reserva cuando fue arrestado; se había mostrado igualmente terco acerca de no desprenderse del tejido viviente durante la escapada en la *Chile*. Ahora, la señora Parienta seguía viviendo y creciendo en la *Nuevas Fronteras*: veinte o veinticinco kilos de ella... ciega, sorda y descerebrada, pero viva.

Mary Sperling estaba reduciendo su tamaño.

—Hola, Lazarus —lo saludó—. Espera un momento. Tengo que mantener el tanque abierto.

La observó mientras cortaba el tejido excedente.

—Mary —murmuró—, ¿qué es lo que hace que esa cosa siga viva?

—Creo que has hecho la pregunta al revés —respondió ella, sin levantar la vista—. La forma adecuada de hacerla es: ¿por qué debería morir? ¿Por qué no debería seguir viviendo siempre?

—¡Y yo desearía por todos los diablos que muriera! —les llegó desde atrás la voz del doctor Hardy—. Así entonces podría examinarla y descubrir el porqué.

—Nunca lo descubrirá de la señora Parienta, jefe —respondió Mary, con manos y ojos aún ocupados—. La clave del asunto reside en las gónadas... y ella no tiene.

—Hummm... ¿Qué es lo que sabe usted de eso?

—Una intuición femenina. ¿Qué es lo que *usted* sabe de ello?

—¡Nada, absolutamente nada! Lo cual me sitúa delante de usted y de su intuición.

—Quizá. De todos modos —añadió Mary astutamente—, le conocí a usted antes de que le quitaran los pañales.

—Una típica argumentación femenina. Mary, ese trozo de músculo cacareó y puso huevos antes de que ninguno de nosotros dos hubiera nacido, aunque él no lo sepa. —Se giró hacia Lazarus frunciendo el ceño—. Lazarus, me gustaría poder cambiar esto por un par de carpas, macho y hembra.

—¿Por qué carpas? —preguntó Lazarus.

—Porque las carpas no parecen morir. Pueden ser muertas, o comidas, o morirse de hambre, o sucumbir a la infección, pero por lo que sabemos no mueren.

—¿Por qué no?

—Eso es lo que estaba intentando descubrir cuando fuimos lanzados a este condenado safari. Poseen una sorprendente flora intestinal, y puede que esto tenga algo que ver con el asunto. Pero creo que más bien tiene que ver con el hecho de que nunca dejan de crecer.

Mary dijo algo inaudible. Hardy dijo:

—¿Qué está usted murmurando? ¿Otra intuición?

—Dije: «las amebas no mueren». Usted mismo dijo que cada ameba que vive en la actualidad ha permanecido viva durante, oh, cincuenta millones de años o así. Y sin embargo ellas no crecen indefinidamente, y seguro que tampoco tienen flora intestinal.

—No tienen tripas —dijo Lazarus, y parpadeó.

—Vaya retruécano, Lazarus. Pero lo que he dicho es cierto. No mueren. Simplemente se desdoblan y siguen viviendo.

—Tengan o no tripas —dijo Hardy impacientemente—, podrían ser una estructura paralela. Pero me siento frustrado por la falta de sujetos de experimentación. Lo cual me hace recordar: Lazarus, me alegra que haya venido por aquí. Desearía pedirle un favor.

—Adelante, hable. Puede que me pille en un momento blando.

—Usted es en sí mismo un caso interesante, ya sabe. No ha seguido nuestro esquema genético; se ha anticipado a él. No deseo que su cuerpo vaya a parar al conversor; me gustaría examinarlo.

Lazarus resopló.

—No se haga ilusiones conmigo, amigo. Mejor dígale a su sucesor que se preocupe por ello... puede que no viva usted tanto tiempo. ¡Y le apuesto lo que quiera a que nadie husmeará en torno a mi cadáver!

El planeta que habían estado deseando estaba allí cuando enfocaron los instrumentos hacia él: verde, lujuriante y joven, y mucho más parecido a la Tierra de lo que podía esperarse de cualquier planeta. No sólo era de tipo terrestre, sino que el resto del sistema duplicaba con una cierta aproximación el esquema del sistema solar... pequeños planetas tipo terrestre cerca de su sol, grandes planetas jovianos en órbitas más alejadas. Los cosmólogos nunca habían sido capaces de ponerse de acuerdo con respecto al Sistema Solar; habían alternado teorías sobre su origen, que habían fallado en mantenerse válidas con «pruebas» físicomatemáticas que «demostraban» que un tal sistema nunca podía haberse originado en primer lugar. Y sin embargo, aquí había otro lo suficientemente parecido como para sugerir que su paradoja no era única, sino que podía ser común.

Pero mucho más sorprendente, e incluso mucho más estimulante, y por supuesto mucho más perturbador, era otro hecho revelado por la observación telescópica a medida que se iban acercando al planeta. El planeta contenía vida... vida inteligente... vida civilizada.

Podían ver sus ciudades. Sus trabajos de ingeniería, extraños en forma y finalidad, eran lo suficientemente grandes como para ser divisados desde el espacio al igual que podían ser vistos los de la Tierra.

Sin embargo, aunque aquello podía significar que tal vez tuvieran que proseguir de nuevo su tedioso éxodo, la raza dominante no parecía haber ocupado todo el espacio disponible. Podía ser que existiera un lugar para su pequeña colonia en aquellos amplios continentes. Si una colonia era bien recibida...

—A decir verdad —comentó el capitán King—, nunca hubiera esperado nada como esto. Primitivos aborígenes quizá, y seguramente podríamos esperar animales peligrosos, pero supongo que inconscientemente asumí que el hombre era la única raza realmente civilizada. Tendremos que ser muy cautelosos.

King preparó un grupo de exploración encabezado por Lazarus; había aprendido a tener confianza en el sentido práctico de Lazarus y en su voluntad de sobrevivir. King hubiera deseado encabezar el grupo él mismo, pero su concepto del deber como capitán de la nave lo obligaba a olvidar sus deseos. Pero Slayton Ford podía ir; Lazarus lo eligió a él y a Ralph Schultz como sus lugartenientes. El resto de la expedición eran especialistas: bioquímicos, geólogo, ecologista, estereógrafo, varias clases de psicólogos y sociólogos para estudiar a los nativos, incluyendo una autoridad en la teoría estructural de las comunicaciones de McKelvy cuya tarea sería encontrar alguna forma de hablar con los nativos.

Ninguna arma...

King rechazó de plano el armarles.

—Su grupo de exploración es sacrificable —le explicó claramente a Lazarus—; no podemos correr el riesgo de ofenderles con algún tipo de lucha por ninguna razón, ni siquiera en defensa propia. Son ustedes embajadores, no soldados. No lo olviden.

Lazarus regresó a su compartimento, volvió, y le entregó gravemente a King una desintegradora. Se le olvidó mencionar la otra que llevaba sujeta a su muslo bajo su kilt.

Cuando King estaba a punto de decirles que prepararan el bote y llevaran a cabo sus órdenes fueron interrumpidos por Janice Schmidt, enfermera jefe de los resecivos congénitos de las Familias. Se abrió paso y reclamó la atención del capitán.

Sólo una enfermera podía obtenerla en aquellos instantes; poseía la testarudez profesional necesaria y más de medio siglo de práctica en salvar obstáculos. El capitán se la quedó mirando fijamente.

—¿Qué significa esta interrupción?

—Capitán, debo hablar con usted acerca de uno de mis chicos.

—Enfermera, está usted decididamente fuera de lugar aquí. Váyase. Venga a verme a mi oficina... después de haber hablado con el Cirujano Jefe.

Ella puso sus manos en jarra.

—Usted me verá ahora. Esta es la expedición que va al planeta, ¿no? Tengo algo que debe usted oír antes de que se vayan.

King empezó a hablar, cambió de opinión, luego dijo simplemente:

—Sea breve.

Lo fue. Hans Weatheral, un joven de unos noventa años y aún adolescente en apareciencia debido a una glándula timo hiperactiva, era uno de los chicos a su cargo. Poseía una mente inferior pero no retrasada, una apatía crónica, y una deficiencia neuromuscular que lo hacía demasiado débil para alimentarse por sí mismo... y un agudo sentido de la telepatía.

Le había dicho a Janice que lo sabía todo respecto al planeta que estaban orbitando. Sus amigos del planeta se lo habían dicho... y estaban esperándole.

La partida de la nave de desembarco fue aplazada mientras King y Lazarus investigaban. Hans fue preciso en sus informaciones, y lo poco que pudieron comprobar de lo que dijo era correcto. Pero no resultó muy útil respecto a cómo eran sus «amigos».

—Oh, simplemente gente —dijo, alzándose de hombros en su estupidez—. Muy parecidos a como allá en casa. Gente encantadora. Van a trabajar, van a la escuela, van a la iglesia. Tienen niños y se divierten. Les gustarán.

Pero era muy claro en una cosa: sus amigos le estaban esperando; así que debía ir.

Contra sus deseos y su mejor juicio, Lazarus vio como su partida se veía incrementada en Hans Weatheral, Janice Schmidt, y unas parihuelas para Hans.

Cuando la expedición regresó, tres días más tarde, Lazarus le entregó a King un largo informe privado mientras los informes de los especialistas estaban siendo analizados y combinados.

—Es sorprendentemente parecido a la Tierra, capitán, lo suficiente como para hacer sentir nostalgia. Pero también es lo suficientemente distinto como para hacer sentir escalofríos... como mirar a tu propio rostro en el espejo y verte con tres ojos y sin nariz. Desconcertante.

—¿Qué hay acerca de los nativos?

—Déjeme decirlo. Efectuamos una rápida inspección en la parte diurna, a simple vista. Nada que no hubiéramos visto a través de los telescopios. Luego nos posamos allá donde me dijo Hans, en un claro cerca del centro de una de sus ciudades. Hubiera preferido elegir yo mismo el lugar; hubiera escogido más bien posarme en un bosque y hacer un reconocimiento. Pero usted me dijo que aprovecháramos las posibilidades de Hans.

—Era usted libre de utilizar su mejor juicio —le recordó King.

—Sí, sí. De todos modos eso fue lo que hicimos. Cuando los técnicos hubieron probado el aire y comprobado los riesgos, ya estábamos rodeados por una multitud. Ellos... bueno, ya ha visto las estereografías.

—Sí. Increíblemente androides.

—¡Androides, infiernos! Son *hombres*. No humanos, pero casi hombres. —Lazarus parecía confuso—. No me gusta esto.

King no discutió. Las imágenes habían mostrado bípedos de dos metros a dos metros y medio de altura, bilateralmente simétricos, poseedores de una estructura ósea interna, cabezas distinguibles, ojos enfocables. Aquellos ojos eran su rasgo más humano y sobresaliente; eran grandes, límpidos, y trágicos, como los de un perro de San Bernardo.

Lo mejor era concentrarse en los ojos; sus demás rasgos no eran tolerables. King apartó la mirada de las flojas y desdentadas bocas, de los labios superiores hendidos. Decidió que iba a tomar mucho, mucho tiempo aprender a aceptar a aquellas criaturas.

—Prosiga —dijo a Lazarus.

—Abrimos, y salí yo solo, con las manos vacías e intentando aparecer amistoso y pacífico. Tres de ellos avanzaron... ansiosamente, diría yo. Pero perdieron inmediatamente su interés en mí; parecían estar aguardando a que saliera alguien más. Así que di órdenes de sacar a Harry fuera.

«Capitán, no lo creerá. Se echaron sobre Hans como sobre un hermano largo tiempo perdido. No, no es posible describirlo. Algo parecido a un rey retornando triunfalmente a casa. Fueron lo suficientemente educados con el resto de nosotros, como si fuéramos algo accesorio, pero dirigieron toda su atención sobre Hans. —Lazarus vaciló—. ¿Capitán? ¿Cree usted en la reencarnación?

—No exactamente. Aunque soy un hombre de mentalidad amplia al respecto. He leído el informe del Comité Frawling, por supuesto.

—Yo nunca he encontrado la menor aplicación a la propia noción del asunto. ¿Pero qué otra referencia puede hallarse para la recepción que le proporcionaron a Hans?

—No tengo la menor idea. Siga con su informe. ¿Cree que es posible que nos establezcamos aquí?

—Oh, —dijo Lazarus—, no dejaron la menor duda al respecto. ¿Sabe?, Hans puede realmente hablar con ellos, telepáticamente. Hans nos dijo que sus dioses nos han autorizado a vivir aquí, y que los nativos ya han hecho planes para recibirnos.

—¿Eh?

—Como lo oye. Nos desean.

—¡Bueno! Esto es un alivio.

—¿Lo es?

King estudió las sombrías facciones de Lazarus.

—Su informe es favorable bajo todos los puntos de vista. ¿A qué viene esa mirada agria?

—No lo sé. Sólo sé decir que hemos encontrado un planeta a nuestra propia medida. Capitán, cualquier cosa que resulta tan fácil ha de tener en sí misma algún impedimento.

2

Los jockaira (o zhacheira, como preferían algunos) volcaron toda una ciudad sobre los colonos.

Tan sorprendente cooperación, acompañada del repentino descubrimiento por casi todos los Miembros de las Familias Howard de que se hallaban en un lugar seguro con polvo bajo sus pies y aire libre en sus pulmones, aceleró enormemente el traslado de la nave al planeta. Se había previsto que se necesitaría como mínimo un año de la Tierra para tal transición, y que los soñolientos irían siendo despertados tan sólo en la medida en que pudieran ir siendo acomodados en tierra firme. Pero el factor de limitación se había reducido tan sólo a la escasa capacidad de las naves auxiliares para transferir a cien mil peresonas con la rapidez con que estas deseaban.

La ciudad de los jockaira no estaba diseñada para llenar las necesidades de los seres humanos. Los jockaira no eran seres humanos, sus necesidades físicas eran en cierto modo distintas, y sus necesidades culturales, como quedaba expresado por sus trabajos de ingeniería, eran enormemente distintas. Pero una ciudad, cualquier ciudad, es una máquina que cumple con algunas finalidades prácticas: protección, suministro de alimentos, sanidad, comunicación; la lógica interna de esos requerimientos primarios, cuando es aplicada por diferentes criaturas a diferentes entornos, producirá un ilimitado número de respuestas. Pero, cuando es aplicada por cualquier raza de criaturas androides de sangre caliente que respiren oxígeno a un entorno en particular, el resultado, por extraño que sea, será necesariamente uno que los humanos terrestres podrán utilizar. En algunos aspectos, la ciudad de los jockaira parecía tan absurda como una pintura pararrealista, pero los humanos habían vivido en iglús, chozas de hierba, e incluso en madrigueras cibernautomatizadas bajo la Antártida; esos humanos podían y de hecho lo hicieron instalarse en la ciudad de los jockaira... y por supuesto adaptarla inmediatamente para que se acomodara mejor a sus necesidades.

No era difícil, aunque había mucho que hacer. Había edificios listos para habitar... refugios techados, la cueva artificial básica a todas las necesidades de protección de los humanos. No importaba lo que los jockaira hubieran utilizado para levantar sus estructuras; los humanos podían utilizarlas para casi cualquier cosa: dormir, divertirse, comer, almacenar, producir. Existían también auténticas «cuevas», ya que los jockaira cavaban mucho más que los humanos. Pero los humanos se convierten fácilmente en trogloditas cuando se presentaba la ocasión, tanto en Nueva York como en la Antártida.

Había agua potable fresca canalizada para beber y para un aseo limitado. La principal ausencia era la de los desagües; la ciudad no tenía ningún sistema de desagüe. Los «jocks» no disponían de baños con agua, y sus necesidades de aseo personal diferían mucho de los humanos y necesitaban otro tipo de cuidados. Se había realizado un importante esfuerzo para montar unos equivalentes a los refrescadores de la nave y adaptarlos a las disponibilidades de los jockaira. Las necesidades mínimas eran satisfechas; los baños podían ser considerados como un lujo racionado hasta tanto las disponibilidades de agua pudieran ser incrementadas al menos diez veces. Pero los baños no eran una necesidad.

Pero tales esfuerzos de modificación eran pequeños comparados con el programa de puesta en marcha de los cultivos hidropónicos, puesto que la mayor parte de los soñolientos no podían ser despertados hasta que se asegurara un suministro de alimentos. El equipo de avanzada deseaba desmontar todo el equipo hidropónico de la *Nuevas Fronteras* inmediatamente, bajarlo al planeta, instalarlo, y ponerlo en funcionamiento allí, mientras dependían de las provisiones almacenadas durante el cambio; una minoría más prudente pretendía trasladar tan sólo una planta piloto mientras continuaban produciendo comida en la nave; hacían observar que cualquier posible hongo o virus insospechado del planeta extraño podía dar como resultado un desastre... la muerte por inanición.

La minoría, fuertemente guiada por Ford y Barstow y apoyada por el capitán King, prevaleció; una de las granjas hidropónicas de la nave fue drenada y puesta fuera de servicio. Su maquinaria fue desmontada en partes lo suficientemente pequeñas como para ser trasladadas por las naves auxiliares.

Pero no llegó a ser bajada. Los productos agrícolas nativos del planeta demostraron ser adecuados para alimentar a los humanos, y los jockaira parecieron casi ansiosos por ofrecérselos. En su lugar, los esfuerzos se dirigieron a establecer cosechas terrestres en el suelo nativo a fin de suplementar los alimentos de los jockaira con los tipos que acostumbraban a utilizar los humanos. Los jockaira lo hicieron sin aparentemente ningún esfuerzo; eran unos soberbios granjeros «naturales» (no necesitaban productos sintéticos en su poco poblado planeta), y parecían felices de poder ayudar en cualquier cosa que desearan sus huéspedes.

Ford transfirió su cuartel general civil a la ciudad tan

pronto como estuvo asegurada una provisión alimenticia para más gente que un grupo pionero, mientras King se quedaba en la nave. Los durmientes iban siendo despertados y transferidos al suelo tan rápido como las instalaciones para ellos quedaban acondicionadas y sus servicios podían ser usados. Pese a tener asegurada la comida, el cobijo y el agua para beber, debían ser satisfechas muchas otras necesidades también para proporcionar un mínimo de confort y decencia. Las dos culturas eran básicamente diferentes. Los jockaira parecían siempre ansiosos de mostrarse interminablemente útiles, pero a menudo se mostraban obviamente desconcertados ante lo que los humanos intentaban hacer. La cultura jockaira no parecía incluir la idea de intimidad; los edificios de la ciudad no tenían particiones en su interior, ni tabiques; acostumbraban a utilizar columnas y vigas. No podían comprender por qué los humanos pretendían romper esos encantadores espacios abiertos dividiéndolos en cubículos y pasillos; simplemente no podían asimilar el que un individuo pudiera desear alguna vez estar solo por cualquier motivo.

Aparentemente (no es seguro, puesto que las comunicaciones abstractas con ellos nunca alcanzaron un nivel sutil) decidieron finalmente que estar solos encerraba un significado religioso para la gente de la Tierra. En cualquier caso, siguieron mostrándose ansiosos por ayudar; les proporcionaron planchas de material que podían ser moldeadas en particiones... con sus herramientas y tan sólo con sus herramientas. Aquella sustancia frustró a los ingenieros humanos hasta casi el colapso nervioso. Ningún corrosivo conocido de la tecnología terrestre la afectaba; ni siquiera las reacciones que vencían a los ásperos plásticos a base de fluorina utilizados para manejar los compuestos de uranio hacían mella en ella. Las sierras de diamante se hacían pedazos ante ella, el cloro no la fundía, el frío no la volvía quebradiza. Detenía la luz, el sonido, y todas las radiaciones de las que podían disponer para atacarla. Su resistencia a la tensión no podía ser definida debido a que no se podía romper. Y sin embargo, las herramientas jocakira, incluso cuando eran manejadas por humanos, podían cortarla, moldearla, soldarla.

Los ingenieros humanos simplemente tuvieron que conformarse con su frustración. Según el criterio del control sobre su entorno que poseían los jockaira a través de su tecnología, eran tan civilizados como los humanos. Pero sus desarrollos habían seguido otros caminos.

Las importantes diferencias entre las dos culturas eran mucho más profundas que la ingeniería y la tecnología. Aunque decididamente amistosos y colaboradores, los jockaira *no* eran humanos. Pensaban de una forma distinta, evaluaban las cosas diferentemente; su estructura social y la de su lenguaje reflejaban una cualidad inhumana, y ambas eran incomprensibles para los seres humanos.

Oliver Johnson, el semántico que se había hecho cargo de desarrollar un lenguaje común, descubrió su tarea inmediata absurdamente facilitada utilizando el canal de comunicación a través de Hans Weatheral.

—Por supuesto —explicó a Slayton Ford y a Lazarus—, Hans no es exactamente un genio; simplemente sigue siendo un retrasado mental. Eso limita las palabras que puedo traducir a través suyo a ideas que él pueda comprender. Pero me ha proporcionado un vocabulario básico para empezar a trabajar.

—¿No es suficiente? —preguntó Ford—. Me parece que he oído que ochocientas palabras bastan para poder expresar cualquier idea.

—Hay algo de verdad en eso —admitió Johnson—. Con menos de mil palabras pueden cubrirse todas las soluciones ordinarias. He seleccionado no menos de setecientos de sus términos, operacionales y sustantivas, para elaborar una *lingua franca* funcional. Pero las sutiles distinciones y las finas discriminaciones deberán esperar hasta que les conozcamos mejor y les comprendamos. Un vocabulario corto no puede expresar altas abstracciones.

—Infiernos —dijo Lazarus—, setencientas palabras deberían ser suficientes. Por mi parte no tengo intención de hacer el amor con ellos, ni intentar discutir de poesía.

Aquella opinión pareció ser justificada; la mayoría de los miembros aprendieron el jockairano básico en dos semanas a un mes después de ser transbordados a la superficie y charlaban con sus anfitriones como si hubieran estado hablándolo todas sus vidas. Todos los terrestres habían recibido la educación normal en mnemónica y semántica; un corto vocabulario auxiliar de aquel lenguaje fue rápidamente aprendido bajo los estímulos de la necesidad y la circunstancia de tener muchas oportunidades de practicarlo... excepto, por supuesto, por el habitual porcentaje de inflexibles provincianos que creían que lo natural era que «los nativos» aprendieran el inglés.

Los jockaira no aprendieron el inglés. En primer lugar ninguno de ellos mostró el menor interés. No era razonable esperar que sus millones de individuos aprendieran el lenguaje de unos pocos miles. Pero en cualquier caso el hendido labio superior de los jockaira no les permitía pronunciar sonidos como «m», «p» y «b», mientras que los sonidos guturales, sibilantes, dentales y cliqueteos que ellos utilizaban podían ser reproducidos aproximadamente por las gargantas humanas.

Lazarus se vio obligado a revisar su primera mala impresión de los jockaira. Era imposible no apreciarlos una vez lo extraño de su apariencia había sido superado. Eran tan hospitalarios, tan generosos, tan amigables, tan ansiosos por complacer. Se sintió particularmente atraído por Kreel Sarloo, que actuaba como una especie de oficial de enlace entre las Familias y los jockaira. Sarloo ocupaba una posición entre su propio pueblo que podía ser traducida aproximadamente como «jefe», «padre», «sacerdote» o «líder» de la familia o tribu kreel. Invitó a Lazarus a visitarle en la ciudad jockaira cercana a la colonia.

—A mi gente le gustará verte y oler tu piel —le dijo—. Será una cosa que les hará felices. Los dioses estarán complacidos.

Sarloo parecía casi incapaz de formar una frase sin hacer referencia a sus dioses. A Lazarus no le importó; era tolerantemente indiferente a cualquier otra religión.

—Iré, Sarloo, vieja habichuela. Será una cosa que me hará feliz también a mí.

Sarloo le llevó en el vehículo habitual de los jockaira, una especie de carromato sin ruedas con una forma muy parecida a un plato sopero, que se movía suave y rápidamente sobre el suelo, rozando la superficie en un aparente contacto. Lazarus se sentó con las piernas cruzadas en el suelo del vehículo mientras Sarloo lo lanzaba a una velocidad que hizo que a Lazarus le lagrimearan los ojos.

—Sarloo —preguntó Lazarus, gritando para hacerse oír por encima del viento—, ¿cómo funciona esto? ¿Qué lo hace moverse?

—Los dioses soplan en el... —Sarloo utilizó una palabra que no pertenecía a su lenguaje corriente—, y hacen que necesite cambiar de lugar.

Lazarus empezó a pedir una explicación más completa, luego se calló. Había notado algo familiar en aquella respuesta, y acababa de identificarlo; en una ocasión había dado una respuesta muy similar a una de las gentes del agua de Venus cuando esta le pidió que le explicase el motor diesel utilizado en uno de los tipos primitivos de tractores de los pantanos. Lazarus no había pretendido ser misterioso; simplemente se había visto imposibilitado de dar una respuesta correcta en el inadecuado lenguaje corriente.

Bueno, había otra forma de aproximarse al asunto...

—Sarloo, desearía ver imágenes de lo que ocurre dentro —insistió Lazarus, señalando—. ¿Tienes imágenes?

—Hay imágenes —admitió Sarloo— en el templo. Tú no puedes entrar en el templo. —Sus grandes ojos miraron entristecidos a Lazarus, dándole una intensa impresión de que el jefe jockaira lamentaba profundamente la falta de gracia de su amigo. Lazarus abandonó rápidamente el tema.

Pero el pensamiento de los venusianos despertó otra confusión en su mente. La gente del agua, aislada del mundo exterior por las eternas nubes de Venus, simplemente no creía en la astronomía. La llegada de los terrestres había hecho que reajustaran un poco su concepto del cosmos, pero no había ninguna razón para creer que su revisada explicación estuviera más cerca de la verdad. Lazarus se preguntó qué era lo que pensaban los jockaira acerca de los visitantes del espacio. No habían mostrado sorpresa... ¿o la habían mostrado?

—Sarloo —preguntó—., ¿sabes de dónde venimos mis hermanos y yo?

—Lo sé —respondió Sarloo—. Venís de un distante sol...

tan distante que deben pasar muchas estaciones antes de que la luz viaje tan largo trayecto.

Lazarus se sintió ligeramente asombrado.

—¿Quién te dijo eso?

—Los dioses nos lo dijeron. Tu hermano Libby habló de ello.

Lazarus estaba convencido de que los dioses no habían hecho ninguna mención del asunto hasta después de que Libby se lo explicara a Kreel Sarloo. Pero se abstuvo de comentarlo. Seguía deseando preguntarle a Sarloo si se había sentido sorprendido al recibir visitantes procedentes de los cielos, pero no pudo encontrar ningún término jockaira para sorpresa o maravilla. Estaba pensando aún en plantear la pregunta cuando Sarloo habló de nuevo:

—Los padres de mi pueblo volaron a través de los cielos como lo hicisteis vosotros, pero eso fue antes de la venida de los dioses. Los dioses, en su sabiduría, nos ordenaron detenernos.

Y eso, pensó Lazarus, es una maldita mentira, por pura fanfarronería. No había la más ligera indicación de que los jockaira hubieran sobrevolado alguna vez la superficie de su planeta.

En la casa de Sarloo, aquella tarde, Lazarus asistió a una larga sesión de lo que supuso eran diversiones para el huésped de honor, él mismo. Permaneció sentado con las piernas cruzadas junto a Sarloo en una porción elevada del suelo de la enorme sala común del clan Kreel, y escuchó dos horas de arrullos que podían pretender ser cantos. Lazarus tuvo la impresión de que se podría conseguir una música mejor pisando los rabos de cincuenta perros surtidos, pero intentó aceptarlo con el mismo espíritu con el que parecía le era ofrecido.

Libby, recordó Lazarus, insistió en que aquel coro de aullidos con que le obsequiaban los jockaira era de hecho música, y que los hombres podían aprender a gozar de ella estudiando las relaciones entre sus intervalos.

Lazarus lo dudó.

Pero tuvo que admitir que Libby comprendía a los jockaira mejor que él en varios aspectos. Libby se había sentido encantado al descubrir que los jockaira eran unos excelentes y sutiles matemáticos. En particular poseían una noción del cálculo que en cierto modo se asemejaba a su propio particular talento. Su aritmética era increíblemente intrincada para los humanos normales. Un número, cualquier número, grande o pequeño, era para ellos una entidad única, que debía ser captada en sí misma y no simplemente como un grupo de números más pequeños. En consecuencia, utilizaban cualquier notación posicional o exponencial con cualquier base, racional, irracional, o variable... o simplemente con ninguna.

Fue una suerte enorme, rumió Lazarus, el que Libby estuviera disponible para actuar como intérprete matemático entre los jockaira y las Familias, ya que de otra forma hubiera resultado imposible captar el conjunto de las nuevas tecnologías que los jockaira les estaban mostrando.

Se preguntó por qué los jockaira no mostraban interés en aprender las tecnologías humanas que les eran ofrecidas a cambio.

Las aullantes discordancias cesaron, y Lazarus hizo descender sus pensamientos a la escena que le rodeaba. Habían traído comida; la familia Kreel la ofrecía con el mismo impulsivo entusiasmo con que los jockaira lo hacían todo. La dignidad, pensó Lazarus, era una idea que nunca se había conocido allí. Un enorme bol, de unos sesenta centímetros de diámetro y lleno hasta el borde de una masa amorfa, fue colocado frente a Kreel Sarloo. Una docena de Kreels se apiñaron a su alrededor y empezaron a comer, sin dar preferencia a su mayor. Pero Sarloo golpeó con aire casual a unos cuantos de ellos echándolos fuera y metió una mano en el plato, agarró una ración de la masa, y rápidamente la moldeó hasta convertirla en una bola entre las palmas de sus manos con dobles pulgares. Hecho esto, la tendió hacia la boca de Lazarus.

Lazarus no era melindroso, pero tuvo que recordarse a sí mismo, primero, que la comida jockaira era asimilable por los hombres, y segundo, que no podía rechazar nada que le ofrecieran aquella gente, antes de conseguir obligarse a sí mismo a aceptar aquel presente.

Dio un buen mordisco. Hummm... no era demasiado malo... más bien blando y pegajoso, sin ningún sabor particular. Tampoco era bueno, pero podía ser tragado. Determinó sombríamente que debía mantener en alto el honor de su raza, y siguió comiendo, mientras se prometía a sí mismo el desquite de una buena comida apenas estuviera de vuelta. Cuando se dio cuenta de que tragar otro bocado podía ser una invitación a un desastre físico y social, pensó en una posible salida. Dirigiéndose hacia el plato común, tomó un buen puñado de la masa, lo moldeó en una bola y se lo ofreció a Sarloo.

Fue una inspirada diplomacia. Durante el resto de la comida Lazarus alimentó a Sarloo, lo hizo hasta que se le cansaron los brazos, hasta que se sintió maravillado por la habilidad de su anfitrión en tragar.

Después de comer se echaron a dormir, y Lazarus durmió con la familia, literalmente. Durmieron allá donde habían comido, sin camas, y esparcidos de una forma tan casual como hojas en un sendero o cachorrillos en una jaula. Para su sorpresa Lazarus durmió bien y no se despertó hasta que los falsos soles en el techo de la caverna brillaron en misteriosa simpatía con el nuevo amanecer. Sarloo seguía durmiendo cerca de él y lanzando ronquidos completamente humanos. Lazarus se dio cuenta de que un niño jockira se había acurrucado haciéndose un ovillo contra su propio estómago.

Sintió un movimiento a su espalda, un roce en su muslo. Se giró cautelosamente y descubrió que otro jockaira —de unos seis años de edad en su equivalencia humana— había extraído su desintegradora de su funda y la estaba examinando mirando curiosamente por el cañón.

Con un precipitado cuidado, Lazarus quitó el mortífero juguete de entre los torpes dedos del chico, notó con alivio que el seguro estaba aún puesto y volvió a enfundar el arma. Recibió una mirada de reproche; el chico parecía a punto de echarse a llorar.

—Chist —susurró Lazarus—, vas a despertar a tu viejo. Ven aquí... —lo atrajo con su brazo izquierdo y lo acurrucó a su costado. El pequeño jockaira se apelotonó junto a él, apoyó una blanda y húmeda boca contra su piel, e inmediatamente volvió a quedarse dormido.

Lazarus se lo quedó mirando.

—Eres un encantador diablillo —dijo suavemente—. Podría llegar a tomarte cariño si alguna vez consiguiera acostumbrarme a tu olor.

Algunos de los incidentes entre las dos razas hubieran podido ser divertidos si no hubieran estado cargados con problemas potenciales; por ejemplo, el caso del hijo de Eleanor Johnson, Hubert. Aquel larguirucho adolescente era un declarado especialista en callejeo. Un día estaba observando a dos técnicos, uno humano y uno jockaira, adaptar una fuente de energía jockaira a las necesidades de una maquinaria de tipo terrestre. El jockaira estaba aparentemente divertido con el muchacho, y su ánimo era obviamente amistoso, de modo que en un determinado momento cogió al muchacho y lo levantó.

Hubert empezó a gritar.

Su madre, que nunca estaba lejos de él, presentó batalla. Le faltaban fuerza y habilidad para llevar a cabo la completa destrucción que pretendía; el alto no humano resultó sin heridas, pero aquello creó una delicada situación.

El Administrador Ford y Oliver Johnson intentaron por todos sus medios explicar el incidente al asombrado jockaira. Afortunadamente, parecía más ofendido que vengativo.

Luego Ford llamó a Eleanor Johnson.

—Ha puesto usted en peligro a toda la colonia con su estupidez...

—Pero yo...

—¡Estése *quieta*! Si no hubiera malcriado a su retoño, él podría comportarse correctamente. Si no fuera usted una maldita estúpida hubiera mantenido las manos en su lugar. El muchacho va a ir a las clases regulares de desarrollo de ahora en adelante y usted lo va a dejar solo. Al menor síntoma de animosidad por su parte hacia cualquiera de los nativos, voy a someterla a unos cuantos años de sueño a bajas temperaturas. ¡Ahora váyase!

Ford se vio obligado a utilizar casi las mismas medidas de fuerza con Janice Schmith. El interés mostrado en Hans Weatheral por los jockaira se extendió a todos los recesivos.

Los nativos parecían verse reducidos a un estado de completa adoración por el simple hecho de que estos podían comunicarse con ellos directamente. Kreel Sarloo informó a Ford que deseaba que los sensitivos fueran alojados separadamente de los demás recesivos en el evacuado templo de la ciudad de los terrestres, y que los jockaira se encargarían personalmente de ellos. Era más una orden que una petición.

Janice Schmidt se sometió a regañadientes a la insistencia de Ford de que los jockaira debían ser complacidos en aquello como agradecimiento por todo lo que habían hecho, y las enfermeras jockaira se hicieron cargo de todo bajo sus celosos ojos.

Todos los sensitivos de nivel de inteligencia superior al del semirretrasado Hans Weatheral desarrollaron rápidamente espontáneas y extremas psicosis mientras eran atendidos por los jockaira.

De este modo Ford tuvo otro dolor de cabeza con el que luchar. Janice Schmidt era más fuerte y más inteligentemente vindicativa que Eleanor Johnson. Ford se vio obligado a dominar a Jenice para mantener la paz con la amenaza de retirarla completamente del cuidado de sus amados «niños». Kreel Sarloo, preocupado y aparentemente afligido hasta lo más profundo, aceptó un compromiso por el cual Janice y sus enfermeras reasumían el cuidado de los pobres psicóticos mientras los jockaira seguían atendiendo a los sensitivos de nivel retrasado y más bajo.

Pero la mayor dificultad surgió a causa de... los sobrenombres.

Cada jockaira poseía un nombre individual y un sobrenombre. Los sobrenombres eran limitados en número, más o menos como ocurría con las Familias. Un sobrenombre nativo se refería tanto a su tribu como al templo en el cual había sido consagrado.

Kreel Sarloo habló del asunto con Ford.

—Gran Padre de los Extraños Hermanos —dijo—, ha llegado el momento para ti y tus hijos de elegir vuestros sobrenombres. —(La traducción a nuestra lengua de las palabras de Sarloo contiene necesariamente errores inherentes.)

Ford estaba acostumbrado a las dificultades en comprender a los jockaira.

—Sarloo, hermano y amigo —respondió—, he oído tus palabras pero no las comprendo. Habla más claramente.

Sarloo empezó de nuevo.

—Extraño hermano, las estaciones vienen y las estaciones se van, y llega el tiempo de la cosecha. Los dioses nos han dicho que vosotros, los Extraños Hermanos, habéis alcanzado el tiempo en vuestra educación (?) en el que debéis seleccionar vuestra tribu y vuestro ejemplo. He venido para arreglar con vosotros los preparativos (¿ceremonias?) a través de los cuales cada uno de vosotros eligirá su sobrenombre. Hablo por los dioses en ello. Pero déjame decirte por mí mismo que me sentiría muy feliz si tú, mi hermano Ford eligiese el templo Kreel.

Ford permaneció pensativo mientras intentaba comprender las implicaciones de aquello.

—Me siento feliz de que tú desees que lleve tu sobrenombre. Pero mi pueblo posee ya sus propios sobrenombres.

Sarloo rechazó aquello con un movimiento de sus labios.

—Sus actuales sobrenombres son palabras y nada más. Ahora deben elegir sus auténticos sobrenombres, cada uno de ellos el nombre de su templo y del dios al cual se consagrará. Los niños crecen y ya no son niños.

Ford decidió que necesitaba consejo.

—¿Hay que hacerlo inmediatamente?

—No hoy, pero en un próximo futuro. Los dioses son pacientes.

Ford llamó a Zaccur Barstow, Oliver Johnson, Lazarus Long y Ralpth Schultz, y les describió la entrevista. Johnson pasó de nuevo la cinta grabada de la conversación y se esforzó en captar el sentido de las palabras. Preparó varias posibles traducciones, pero falló en arrojar una nueva luz sobre el asunto.

—Parece —dijo Lazarus— como un caso de únete a la iglesia o lárgate de aquí.

—Sí —admitió Zaccur Barstow—, parece más bien algo así. Bueno, creo que podemos permitirnos el lujo de satisfacer sus deseos. Muy pocos de nuestra gente tienen prejuicios religiosos lo suficientemente fuertes como para prohibirles representar la comedia ante los dioses de los nativos, en interés del bienestar general.

—Supongo que está en lo cierto —dijo Ford—. Yo, por mi parte, no tengo ninguna objeción a añadir Kreel a mi nombre y tomar parte en sus genuflexiones si eso debe ayudarnos a vivir en paz. —Frunció el ceño—. Pero no querría ver nuestra cultura sumergida en la de ellos.

—Puede olvidar eso —le tranquilizó Ralph Schultz—. No importa lo que hagamos para complacerles, no hay absolutamente ninguna posibilidad de cualquier tipo de asimilación cultural. Nuestros cerebros no son como los suyos... aunque tan sólo estoy empezando a barruntar cuán diferentes.

—Ajá —dijo Lazarus—, cuán diferentes.

Ford se giró hacia Lazarus.

—¿Qué quieres decir con eso? ¿Qué es lo que le preocupa?

—Nada. Sólo —añadió— que nunca he compartido el entusiasmo general por este lugar.

Llegaron al acuerdo de que un solo hombre realizaría primero la prueba, y luego informaría de ella. Lazarus intentó ser elegido en razón de su mayor edad, Schultz reclamó su derecho en razón de su profesión; Ford les hizo callar y se designó a sí mismo, afirmando que era su deber.

Lazarus lo acompañó hasta las puertas del templo donde debía realizarse la iniciación. Ford iba tan desprovisto de ropas como los jockaira, pero Lazarus, puesto que no debía entrar en el templo, podía llevar su kilt. Muchos de los colonos, hambrientos de sol tras años enteros en la nave, iban desnudos por todas partes como los jockaira. Pero Lazarus nunca lo había hecho. No sólo porque sus costumbres estaban en contra, sino porque una desintegradora es un objeto tremendamente llamativo sujeta a un muslo desnudo.

Kreel Sarloo les dio la bienvenida y escoltó a Ford al interior. Lazarus gritó tras ellos:

—¡Mantén alta la barbilla, compañero!

Aguardó. Sacó un cigarrillo y lo fumó. Paseó arriba y abajo. No tenía ninguna forma de calcular cuánto tiempo duraría la ceremonia; en consecuencia, le pareció mucho más larga de lo que fue en realidad.

Finalmente las puertas se abrieron, y los nativos surgieron en tromba por ellas. Parecían curiosamente atraídos por algo, y ninguno de ellos se acercó a Lazarus. La masa que aún existía en la gran puerta se separó, formó un callejón, y una silueta apareció en el umbral y avanzó hacia el exterior.

Lazarus reconoció a Ford.

Ford no se detuvo donde estaba Lazarus aguardando, sino que pasó ciegamente por su lado. Dio un traspisé y cayó. Lazarus echó a correr hacia él.

Ford no hizo ningún esfuerzo por levantarse. Permaneció tendido boca abajo, sus hombros agitándose violentamente, todo su cuerpo sobresaltado por los sollozos.

Lazarus se arrodilló a su lado y lo sacudió.

—Slayton —preguntó—, ¿qué ha ocurrido? ¿Qué ha ido mal? —Ford giró hacia él unos ojos húmedos y llenos de horror, conteniendo momentáneamente sus sollozos. No habló, pero pareció reconocer a Lazarus. Se sujetó a Lazarus, se agarró fuertemente a él, y se echó a llorar más violentamente que antes.

Lazarus se desprendió del otro hombre y abofeteó fuertemente a Ford.

—¡Ya basta de esto! —ordenó—. Dígame lo que ha ocurrido.

Ford echó la cabeza hacia atrás ante los bofetones y dejó de llorar, pero no dijo nada. Sus ojos parecían extraviados. Una sombra penetró en la línea de visión de Lazarus; éste se giró, cubriéndose con su desintegradora. Kreel Sarloo permanecía de pie a pocos pasos de él y sin intención aparente de avanzar más... no a causa del arma puesto que nunca antes había visto una.

—¡Tú! —dijo Lazarus—. Por la... ¿Qué le has hecho?

Se controló y repitió sus palabras de modo que Sarloo pudiera entenderlas:

—¿Qué le ha ocurrido a mi hermano Ford?

—Llévatelo —dijo Sarloo, retorciendo los labios—. Es una mala cosa. Una auténtica mala cosa.

—¡A mí me lo dices! —dijo Lazarus. No se molestó en traducirlo.

3

La misma conferencia que antes, menos su presidente, fue convocada tan pronto como resultó posible. Lazarus contó su historia. Schultz informó de la condición en que se hallaba Ford.

—El equipo médico no puede descubrir nada raro en él. Todo lo que puedo decir con certeza es que el Administrador sufre de una psicosis extrema sin diagnosticar. No hemos podido entrar en comunicación con él.

—¿No puede hablar en absoluto? —preguntó Barstow.

—Una palabra o dos, sobre cosas tan simples como comida o agua. Cualquier intento de averiguar la causa de sus problemas lo conduce a una incoherente histeria.

—¿Ningún diagnóstico?

—Bueno, si desean una suposición no profesional expresada en lenguaje vulgar, diré que está asustado hasta la médula. Pero —añadió Schultz—, he visto síndromes de miedo antes. Ninguno como este.

—Yo sí —dijo Lazarus repentinamente.

—¿Sí? ¿Dónde? ¿En qué circunstancias?

—Una vez —dijo Lazarus—, cuando era chico, hará un par de cientos de años, capturé a un coyote adulto y lo enjaulé. Tuve la idea de que podría adiestrarlo como perro de caza. No funcionó. Ford actúa exactamente de la misma forma que lo hizo aquel coyote.

Siguió un incómodo silencio. Schultz lo rompió:

—No acabo de ver lo que quiere decir. ¿Cuál es el paralelismo?

—Bueno —respondió Lazarus lentamente—, es sólo una opinión. Slayton es el único que conoce la verdadera respuesta, y no puede hablar. Pero esta es mi opinión: hemos comprendido mal a esos jockaira desde el principio. Hemos cometido el error de pensar que, puesto que parecían como nosotros, en términos generales, y eran casi tan civilizados como lo somos nosotros, eran *personas*. Pero no son personas en absoluto. Son... *animales domésticos*.

«¡Aguarden un momento! —añadió—. No se precipiten.

Hay personas en este planeta, auténticas personas. Viven en los templos, y los jockaira les llaman dioses. ¡*Son* dioses!

Lazarus tomó aire y prosiguió antes de que nadie pudiera interrumpirle:

—Sé lo que están pensando. Olvídenlo. No estoy siendo metafísico con ustedes; estoy simplemente intentando explicarlo de la mejor manera que me es posible. Quiero decir que hay algo viviente en esos templos y, sea lo que sea, es lo bastante poderoso como para ser considerado como una divinidad, de modo que así es como ellos lo llaman, sus dioses. Sean lo que sean, son la auténtica raza dominante de este planeta... ¡sus *personas*! Para ellos, el resto de nosotros, tanto los jocks como nosotros mismos, somos simplemente animales, salvajes o domesticados. Hemos cometido el error de asumir que la religión local era meramente superstición. No lo es.

Barstow dijo lentamente:

—¿Y piensas que esto tiene algo que ver con lo que le ha ocurrido a Ford?

—Lo pienso. Encontró a uno de ellos, al llamado Kreel, y eso lo volvió loco.

—De ello —dijo Schultz— deduzco que su teoría es que cualquier hombre expuesto a esta... esta *presencia*... puede volverse psicótico.

—No exactamente —respondió Lazarus—. ¡Lo que me preocupa mucho más es el temor de que yo pueda *no* volverme loco!

Aquel mismo día los jockaira abandonaron todo contacto con los terrestres. Era lo mejor que podía ocurrir, pues de otro modo hubieran podido producirse violencias. El miedo se abatió sobre la ciudad, el miedo a un horror peor que la muerte, el miedo a una cosa terrible y sin nombre, cuyo simple conocimiento podía convertir a un hombre en un animal destrozado y sin mente. Los jockaira ya no parecían inofensivos amigos, más bien cómicos pese a sus conocimientos científicos, sino marionetas, señuelos, cebo de las ignoradas y potentes entidades que se agazapaban en los «templos».

No había ninguna necesidad de votar al respecto; con el simple instinto de una multitud saliendo en estampida de un edificio en llamas, los terrestres deseaban abandonar aquel terrible lugar. Zaccur Barstow asumió el mando.

—Llamen a King a la pantalla. Dígale que envíe inmediatamente todas las naves auxiliares disponibles. Tenemos que salir de aquí tan rápido como podamos. —Se pasó preocupadamente los dedos por el pelo—. ¿Cuánta gente podemos cargar en cada viaje, Lazarus? ¿Cuánto tiempo nos llevará la evacuación?

Lazarus murmuró algo.

—¿Qué dices?

—Decía: No se trata de cuánto tiempo empleemos; se trata de saber si ellos querrán dejarnos marchar. Puede que esas cosas en los templos estén deseando más animales domésticos... ¡nosotros!

Lazarus era necesario como piloto de una de las naves, pero era más urgentemente necesario por su habilidad en manejar a las multitudes. Zaccur Barstow le estaba diciendo que formara un grupo policial de emergencia cuando Lazarus miró por encima del hombro de Zaccur y exclamó:

—¡Oh, oh! Mira, Zack... las cosas se complican.

Zaccur giró la cabeza rápidamente y vio, acercándose con solemne dignidad a través de la sala del consejo, a Kreel Sarloo. Nadie se cruzó en su camino.

Pronto descubrieron por qué. Zaccur avanzó para recibirle, y se encontró detenido a unos diez pasos del jockaira. No pudo averiguar la causa; simplemente... tuvo que detenerse.

—Te saludo, infeliz humano —empezó Sarloo.

—Te saludo, Kreel Sarloo.

—Los dioses han hablado. Tu gente nunca podrá ser civilizada (?). Tú y tus hermanos debéis abandonar este mundo.

Lazarus dejó escapar un profundo suspiro de alivio.

—Estamos yéndonos, Kreel Sarloo —respondió calmadamente Zaccur.

—Los dioses exigen que os vayáis. Envíame a tu hermano Libby.

Zaccur envió a por Libby, luego regresó junto a Sarloo. Pero el jockaira no tenía nada más que decirles; parecía indiferente a su presencia. Aguardaron.

Libby llegó. Sarloo sostuvo con él una larga conversación. Barstow y Lazarus estaban al alcance del oído y podían ver sus labios moverse, pero no pudieron oír nada. Lazarus encontró aquella circunstancia muy inquietante. Malditos sean mis ojos, pensó, puedo imaginar varias formas de conseguir este truco con el equipo adecuado, pero ninguna de ellas me da la respuesta correcta... y además no veo ningún equipo.

La silenciosa discusión terminó, y Sarloo se fue sin decir adiós. Libby regresó junto a los otros y habló; ahora su voz podía oírse.

—Sarloo me ha dicho —empezó, con el ceño fruncido por el asombro— que debemos ir a un planeta, esto, a unos treinta y dos años luz de aquí. Los dioses lo han decidido. —Se detuvo y se mordió el labio.

—No te preocupes por eso —le aconsejó Lazarus—. Sólo alégrate de que nos dejen marcharnos. Mi temor era que simplemente nos destruyeran aquí mismo con esa facilidad suya. Una vez nos hallemos en el espacio elegiremos nuestro propio destino.

—Supongo que sí. Pero lo que me sorprende es que ha mencionado un tiempo de unas tres horas para nuestra partida de este sistema.

—¿Qué? Esto es completamente irrazonable —protestó Barstow—. Es imposible. No tenemos suficientes naves para conseguirlo.

Lazarus no dijo nada. Había dejado de tener opiniones.

Zaccur cambió rápidamente de opinión. Lazarus adquirió una nueva, nacida de la experiencia. Mientras urgía a sus primos hacia el campo donde iba a procederse al embarque, se encontró a sí mismo levantado del suelo, ingrávido. Se agitó, sin que sus brazos y piernas hallaran resistencia, pero el suelo se alejaba allá abajo. Cerró los ojos, contó hasta diez, los abrió de nuevo. Estaba al menos a tres kilómetros de altura.

Bajo él, surgiendo de la ciudad como murciélagos de una cueva, había un incontable número de manchas y formas, oscuras contra el suelo iluminado por el sol. Algunos estaban lo suficientemente cerca de él como para ver que eran hombres. Terrestres, las Familias.

El horizonte se hundió bajo él, el planeta se convirtió en una esfera, el cielo se volvió negro. Sin embargo su respiración parecía normal, sus vasos sanguíneos no estallaban.

Fueron succionados en enjambres por las abiertas compuertas de la *Nuevas Fronteras,* como abejas arracimándose en torno a su reina. Una vez dentro de la nave Lazarus no pudo evitar un estremecimiento. *¡Huau!,* suspiró para sí mismo, ensayando un primer paso sobre suelo firme... ¡qué alivio!

Libby fue al encuentro del capitán King tan pronto como se halló a bordo y hubo recobrado sus nervios. Le transmitió el mensaje de Sarloo.

King pareció indeciso.

—No sé —dijo—. Usted conoce más que yo a los nativos, puesto que yo apenas he puesto un pie en el planeta. Pero entre nosotros, señor, la forma en que ha enviado de vuelta a mis pasajeros no deja de sorprenderme. Es la más notable evolución que haya visto realizarse en mi vida.

—Podría añadir que ha sido aún más notable experimentarla, señor —respondió Libby sin ningún humor—. Personalmente hubiera preferido tomar un deslizador. Me alegro de que tuviera usted las compuertas de acceso de la nave abiertas.

—No lo hice —dijo King tensamente—. Ellos las abrieron por mí.

Fueron a la sala de control, con intención de conectar los impulsores y poner la mayor distancia posible entre la nave y el planeta del cual habían sido expulsados; luego estudiarían su destino y rumbo.

—Este planeta que le describió Sarloo —dijo King—, ¿pertenece a una estrella tipo G?

—Sí —confirmó Libby—, un planeta tipo terrestre acompañando a una estrella tipo sol. Tengo sus coordenadas y puedo identificarlo en los catálogos. Pero tendremos que olvidarlo; está demasiado lejos.

—Entonces... —King activó el sistema de visión del estelario. Luego ninguno de los dos dijo nada durante un largo momento. Las imágenes de los cuerpos celestes les contaron su propia historia.

Sin ninguna orden de King, sin ninguna mano en los controles, la *Nuevas Fronteras* estaba de nuevo en pleno viaje, en alguna dirección, como si poseyera una mente propia.

—No puedo decirles mucho —admitió Libby algunas horas más tarde, dirigiéndose a un grupo formado por King, Zaccur Barstow y Lazarus Long—. Era capaz de determinar, antes de que rebasáramos la velocidad de la luz o al menos lo pareciera, que nuestro rumbo era compatible con la idea de que nos estábamos dirigiendo hacia la estrella nombrada por Kreel Sarloo como el destino ordenado para nosotros por sus dioses. Seguimos acelerando, y las estrellas se han desvanecido. Ya no poseo ningún punto de referencia astrogacional, y soy incapaz de decir dónde estamos ni hacia dónde nos estamos dirigiendo.

—Vamos, Andy —sugirió Lazarus—. Hay una deducción.

—Bueno... si nuestra trayectoria es una función uniforme... *si* lo es, y no poseo datos al respecto... entonces podemos llegar a las inmediaciones de la estrella PK3722, donde Kreel Sarloo dijo que debíamos dirigirnos.

—Hummm... —Lazarus se giró a King—. ¿Ha intentado usted reducir la velocidad?

—Sí —dijo King secamente—. Los controles no funcionan.

—Hummm... Andy, ¿cuándo llegaremos allá?

Libby se alzó desanimadamente de hombros.

—No poseo ningún sistema de referencia. ¿Qué es el tiempo sin una referencia espacial?

Tiempo y espacio, inseparables y uno... Libby pensó en ello mucho tiempo después de que los demás se hubieran ido. Por supuesto, tenía la referencia espacial de la propia nave, por lo que necesariamente el tiempo era el de la nave. Los relojes de la nave tictaqueaban o zumbaban o simplemente funcionaban; la gente sentía hambre, comía, se sentía cansada, dormía. Deteriorados radioactivamente, los procesos fisicoquímicos avanzaban hacia estados de mayor entropía, su propia consciencia percibía la duración.

Pero el telón de fondo de las estrellas, contra el cual había sido medida cualquier función temporal en la historia del hombre, había desaparecido. Por lo que podían decirle sus ojos o cualquier instrumento de la nave, habían perdido relación con el resto del universo.

—¿*Qué* universo?

No había ningún universo. Había desaparecido.

¿Se estaban moviendo? ¿Puede existir movimiento cuando no hay nada con lo que relacionarlo?

Sin embargo, el falso peso conseguido con el girar de la nave sobre sí misma persistía. ¿Giro con referencia a *qué?*, pensó Libby. ¿Podía contener aquel espacio una real, absoluta, no correlativa textura de sí mismo, como aquel postulado para el desde hacía tanto tiempo desechado «éter» que los clásicos experimentos de Michelson-Morley habían fracasado en detectar? No, más que eso... ¿que habían negado la posibilidad real de su existencia?

...con lo cual habían negado la posibilidad de una velocidad mayor que la de la luz. ¿Había rebasado realmente la nave la velocidad de la luz? ¿No era más probable que la nave no fuera ahora más que un ataúd, con fantasmas como pasajeros, yendo a ningún lugar a través de ningún tiempo?

Pero Libby sintió picazón entre los omoplatos y se vio obligado a rascarse; su pierna izquierda se le había dormido; su estómago empezaba a reclamarle insistentemente comida... si aquello era la muerte, decidió, no parecía materialmente distinta a la vida.

Con renovada tranquilidad, abandonó la sala de control y se dirigió a su refectorio favorito, mientras seguía forcejeando con el problema de inventar unas nuevas matemáticas que incluyeran todos los nuevos fenómenos. El misterio de como los hipotéticos dioses de los jockaira habían teleportado a las Familias del planeta a la nave quedó descartado. No había tenido oportunidad de obtener datos significativos, datos *medidos;* lo mejor que podía hacer un científico honesto, con rigor epistemológico, era incluir una nota que relacionara el hecho y afirmara que no tenía explicación. *Era* un hecho; allí estaba él, que hacía poco se hallaba aún en la superficie del planeta; incluso ahora los ayudantes de Schultz estaban sobrecargados de trabajo intentando administrar drogas depresivas a los cientos de personas que se habían derrumbado emocionalmente tras la fantástica experiencia.

Pero Libby no podía explicarla y, a falta de datos, no sentía la necesidad de intentarlo. Lo que deseaba era tratar, con un sistema de mundos en un pleno, el problema básico del campo de la física.

Aparte su inclinación hacia las matemáticas, Libby era una persona sencilla. Prefería la ruidosa atmósfera del «Club», el refectorio 9-D, por razones distintas a las de Lazarus. La compañía de gente tan joven como él le daba confianza; Lazarus era el único viejo que se sentía a gusto con ellos.

Sabía que no se podía obtener inmediatamente comida en el Club; las cosas se estaban aún ajustando al repentino cambio. Pero Lazarus estaba allí, y otros a los que también conocía; Nancy Weatheral se echó a un lado e hizo un sitio para él.

—Eres precisamente el hombre al que deseaba ver —dijo—. Lazarus no sabe decirnos nada. ¿Adónde estamos yendo esta vez, y cuándo llegaremos?

Libby explicó el dilema tan bien como pudo. Nancy arrugó la nariz.

—Vaya perspectiva. Bueno, me temo que la pequeña Nancy va a tener que echarse un sueñecito.

—¿Qué quieres decir?

—¿Nunca te has ocupado de un soñoliento? No, por supuesto que no. Es agotador. Tienes que darle la vuelta, mover sus brazos, masajear sus tobillos, girar su cabeza, cerrar el tanque y pasar al siguiente. Estoy tan harta de los cuerpos humanos que me siento tentada a pronunciar el voto de castidad.

—No te aconsejo que vayas tan lejos —observó Lazarus.

—¿Por qué debería preocuparte, vieja falsa alarma?

Eleanor Johnson intervino:

—Me siento *feliz* de estar de nuevo en la nave. Esos asquerosos jockaira... ¡ugh!

Nancy se alzó de hombros.

—Eso son prejuicios, Eleanor. Los jocks son estupendos, a su manera. De acuerdo, no son exactamente como nosotros, pero tampoco son perros. A ti no te disgustan los perros, ¿verdad?

—Eso es lo que son —dijo Lazarus seriamente—. Perros.

—¿Eh?

—No quiero decir que tengan nada de perros... no son ni remotamente caninos, y en muchos aspectos son nuestros iguales y posiblemente incluso nuestros superiores... pero son perros pese a todo. Esas cosas a las que llaman sus «dioses» son simplemente sus amos, sus propietarios. Nosotros no hemos podido ser domesticados, así que los amos nos han echado.

Libby estaba pensando en la inexplicable telequinesis que los jockaira —o sus dueños— habían utilizado.

—Me pregunto qué hubiera ocurrido —dijo pensativamente— si hubieran sido capaces de domesticarnos. Hubieran podido enseñarnos un montón de cosas maravillosas.

—Olvídalo —dijo Lazarus secamente—. No es destino para un hombre el ser una propiedad.

—¿Cuál es el destino para un hombre?

—El ideal de un hombre es ser lo que es... ¡y serlo con estilo! —Lazarus se puso en pie—. Vámonos.

Libby empezó también a levantarse, pero Nancy lo detuvo.

—No te vayas. Quiero hacerte algunas preguntas. ¿Qué año es allá en la Tierra?

Libby empezó a contestar, cerró la boca. Inició una respuesta por segunda vez, y finalmente dijo:

—No sé cómo responder a esta pregunta. Es como decir: ¿Cuán alto es arriba?

—Sé que probablemente la he formulado mal —admitió Nancy—. No soy muy buena en física básica, pero tengo la idea general de que el tiempo es relativo, y la simultaneidad es una idea que se aplica tan sólo a dos puntos lo suficientemente cerca el uno del otro dentro de un mismo sistema. Pero de todos modos desearía saber algo. Hemos viajado muy aprisa y más lejos de lo que nunca lo haya hecho nadie antes, ¿no? ¿Se han retrasado nuestros relojes, o algo así?

Libby exhibió la completamente desconcertada expresión que puede apreciarse en los físicos matemáticos cuando intentan explicar algún fenómeno físico a profanos en lenguaje no matemático.

—Te estás refiriendo a la contracción de Lorentz-Fitzgerald. Pero, si me perdonas, cualquier cosa que pueda decirte al respecto con palabras es algo que carece necesariamente de todo sentido.

—¿Por qué? —insistió ella.

—Porque... bueno, porque el lenguaje es inapropiado. Las fórmulas utilizadas para describir el efecto simplemente llamado una contracción presuponen que el observador forma parte del fenómeno. Pero el lenguaje verbal contiene el supuesto implícito de que podemos permanecer fuera de todo el asunto y observar lo que ocurre en él. El lenguaje matemático niega toda posibilidad de un tal punto de vista desde el exterior. Cualquier observador posee su propio sistema; no puede salirse de él para lograr un punto de vista desde fuera.

—Pero supongamos que puede. Supongamos que pudiéramos ver la Tierra precisamente ahora.

—A eso voy —dijo Libby, sintiéndose miserable—. He intentado explicarlo con palabras y todo lo que he conseguido ha sido añadir más confusión. No hay ninguna forma de medir el tiempo en ningún sentido absoluto cuando dos acontecimientos se hallan separados en un continuo. Todo lo que puedes medir es el intervalo.

—Bueno, ¿cuál es el intervalo? Cuánto espacio y cuánto tiempo.

—¡No, no, no! No es eso en absoluto. El intervalo es... bueno, es el intervalo. Puedo escribirte las fórmulas que lo expresan y mostrarte cómo utilizarlas, pero no puede ser definido con palabras. Mira, Nancy, ¿puedes escribir la partitura de toda la orquestación de una sinfonía utilizando palabras?

—No. Bueno, quizá pudiera, pero necesitaría un tiempo cien veces mayor.

—Y los músicos no podrían tocarla a menos de que se lo pusieras en anotaciones musicales. Eso es lo que quiero decir cuando afirmo que el lenguaje es inapropiado. Me encontré con las mismas dificultades cuando intenté describir el impulsor a presión lumínica. Se me preguntó por qué, puesto que el impulsor depende de la pérdida de inercia, la gente que estábamos dentro de la nave no sentíamos la pérdida de esta inercia. No había ninguna respuesta, en palabras. La inercia no es una palabra; es un concepto matemático utilizado en algunos aspectos *matemáticos* de un pleno. Me sentí perplejo.

Nancy parecía decepcionada, pero insistió obtinadamente.

—Mi pregunta significa algo todavía, aunque no la expresara correctamente. No puedes decirme simplemente que lo olvide y piense en otras cosas. Supongamos que damos media vuelta y regresamos por donde hemos venido, todo el camino hasta la Tierra, exactamente el mismo viaje pero a la inversa... es decir doblar el tiempo que le ha llevado a la nave llegar hasta tan lejos. Entonces, ¿qué año será en la Tierra cuando lleguemos de nuevo allá?

—Sería... déjame ver... —Los procesos casi automáticos del cerebro de Libby empezaron a funcionar manejando el increíblemente enorme y complejo problema de aceleraciones, intervalos, movimiento diforme. Estaba acercándose a la respuesta en un cálido resplandor de ensoñación matemática cuando repentinamente el problema se hizo pedazos dentro de él, se convirtió en indeterminado. Bruscamente se dio cuenta de que el problema poseía un ilimitado número de respuestas igualmente válidas.

Pero eso era imposible. En el mundo real, no el mundo de fantasía de las matemáticas, una tal situación era absurda. La pregunta de Nancy tenía que poseer tan sólo una respuesta, única y real.

¿Podía toda la hermosa estructura de la relatividad ser un absurdo? ¿O eso significaba que era físicamente imposible recorrer alguna vez a la inversa una distancia interestelar?

—Tendré que pensar un poco más en ello —dijo Libby apresuradamente, y se fue antes de que Nancy pudiera hacer alguna objeción.

Pero la soledad y la contemplación no le dieron ninguna clave para el problema. No era un fallo de su habilidad matemática; era capaz, lo sabía, de trazar una descripción matemática de cualquier grupo de hechos, fueran cuales fuesen. Su dificultad estribaba en poseer demasiados pocos hechos. Hasta que algún observador atravesara distancias interestelares a velocidades que se aproximaran a la velocidad de la luz y *regresara al planeta del cual había partido* no podría haber ninguna respuesta. Las matemáticas solas no tienen contenido, no dan respuestas.

Libby se descubrió a sí mismo pensando en si las colinas de sus nativos Ozarks seguirían estando verdes, si el olor del humo de la madera estaría aún enredado entre los árboles en el otoño, luego pensó que la cuestión carecía de todo significado por ninguna de las reglas que conocía. Se dejó vencer por un ataque de añoranza como no había experimentado ninguno desde que era un muchacho en el Cuerpo de Construcción Cósmica, realizando su primer salto al espacio.

El sentimiento de duda e incertidumbre, la sensación de soledad y nostalgia, se esparcieron por toda la nave. En la primera parte de su viaje las Familias habían tenido el incentivo que había mantenido a las carretas cubiertas con lonas arrastrándose a través de las llanuras. Pero ahora no estaban yendo a ningún lugar, los días conducían tan sólo al día siguiente. Sus largas vidas estaban empezando a convertirse en una carga carente de significado.

Ira Howard, cuya fortuna estableció la Fundación Howard, había nacido en 1825 y murió en 1873... de vejez. Vendió comestibles durante los años cuarenta y nueve en San Francisco, se convirtió en un proveedor del ejército durante la Guerra de Secesión americana, multiplicó su fortuna durante la trágica Reconstrucción.

Howard había tenido un terror espantoso a morir. Contrató a los mejores doctores de su tiempo para que prolongaran su vida. Sin embargo, la vejez le abatió cuando la mayoría de los hombres son aún jóvenes. Pero en su testamento ordenó que su dinero fuera utilizado «para prolongar la vida humana». Los administradores de su herencia no hallaron otra forma de llevar a cabo sus deseos más que buscando personas cuyos árboles genealógicos mostraran predisposiciones congénitas hacia una larga vida e induciéndolas a reproducirse entre ellas. Su método anticipó el trabajo de Burbank; puede que conocieran, o quizá no, las esclarecedoras investigaciones del monje Gregor Mendel.

Mary Sperling dejó el libro que había estado leyendo cuando Lazarus penetró en su cabina. Este lo tomó.

—¿Qué está leyendo, hermana? El Eclesiastés. Hummm... No sabía que fuera religiosa.

Leyó en voz alta:

—«Y, aunque haya vivido dos veces mil años, no habrá visto nada bueno, puesto que ¿no va a parar todo al mismo lugar?»

Hizo una pausa.

—Un tanto sombrío, Mary. ¿No ha podido encontrar algo más alegre? ¿Ni siquiera en el Predicadores? —Sus ojos fueron recorriendo los versículos—. ¿Qué le parece este? «Para aquel que ha unido a todo lo viviente hay esperanza...» O... hummm, no hay muchos detalles optimistas. Pruebe este: «Por tanto, suprime la tristeza de tu corazón, y arroja al mal de tu carne: porque la niñez y la juventud son vanidad». Eso es más mi estilo; no querría ser joven de nuevo, ni que me lo pagaran extra.

—Yo sí.

—Mary, ¿qué es lo que la corroe? La encuentro sentada aquí, leyendo el más deprimente libro de la Biblia, todo muerte y funerales. ¿Por qué?

Ella pasó una cansada mano por sobre sus ojos.

—Lazarus, me estoy haciendo vieja. ¿En qué otra cosa puedo pensar?

—¿Usted? ¡Pero si está fresca como una margarita!

Ella se le quedó mirando. Sabía que estaba mintiendo; su espejo le mostraba un cabello cada vez más gris, una piel fláccida; lo sentía en sus huesos. Y sin embargo Lazarus era más viejo que ella... aunque sabía, por lo que había aprendido de biología durante los años en que había ayudado en el centro de investigaciones sobre la longevidad, que Lazarus nunca debería haber vivido tanto tiempo como había vivido. Cuando él había nacido el programa había alcanzado tan sólo su tercera generación, demasiadas pocas generaciones para eliminar los factores menos duraderos... a excepción de alguna remota casualidad en la disposición de los genes.

Pero allí estaba él.

—Lazarus —preguntó—, ¿cuánto tiempo espera vivir?

—¿Yo? Esta es una extraña pregunta. Me recuerda una vez en que le hice a un tipo esa misma pregunta... referida a mí, quiero decir, no a él. ¿Ha oído hablar alguna vez del doctor Hugo Pinero?

—Pinero... Pinero... Oh, sí, «Pinero el Charlatán».

—Mary, no era un chalatán. Podía hacerlo, no era un truco. Podía predecir exactamente cuándo un hombre iba a morir.

—Pero... Adelante, siga. ¿Qué le dijo?

—Espere un minuto. Quiero que se dé cuenta de que no era un fraude. Sus predicciones resultaron ciertas en su totalidad... si no hubiera muerto, las compañías de seguros de vida se hubieran arruinado. Eso ocurrió antes de que usted naciera, pero yo estaba allí y lo sé. De todos modos, Pinero sacó mis resultados y pareció como si le molestaran. Volvió a sacarlos de nuevo. Luego me devolvió mi dinero.

—¿Qué es lo que dijo?

—No pude sacarle una palabra. Me miró y miró a su máquina, y simplemente frunció el ceño y me echó. Así que no puedo responder correctamente a su pregunta.

—¿Pero qué es lo que *piensa* al respecto, Lazarus? Seguro que no espera vivir siempre.

—Mary —dijo él suavemente—, no estoy planeando morirme. No pienso en ello en absoluto.

Hubo un silencio. Finalmente, ella dijo:

—Lazarus, yo no deseo morir. ¿Pero cuál es la finalidad de nuestras largas vidas? No parece que seamos más sabios a medida que nos vamos haciendo viejos. ¿Estamos simplemente sobreviviendo una vez nuestro tiempo ha pasado? ¿Holgazaneando en el jardín de infancia donde deberíamos estar? ¿Debemos morir y volver a nacer de nuevo?

—No lo sé —dijo Lazarus—, y no tengo ninguna forma

de saberlo... y que me condene si veo algún sentido en preocuparme por ello. Ni usted tampoco. Mi propósito es aferrarme a esta vida tanto como pueda y aprender tanto como pueda. Quizá la sabiduría y el conocimiento estén reservados para una existencia posterior, y quizá no sean en absoluto para nosotros, nunca. De todos modos, me siento satisfecho de estar vivo y de gozar de mi vida. Mary, querida, ¡envíe al infierno esas ideas absurdas! Es lo mejor que puede hacer.

La nave había vuelto a la misma monótona rutina que había presidido los varios años del primer salto. La mayoría de los Miembros se sumieron en el sueño a bajas temperaturas; los otros los atendían, atendían la nave, atendían los hidropónicos. Entre los soñolientos se hallaba Slayton Ford; el sueño a bajas temperaturas era una terapia común de último recurso para las psicosis funcionales.

El vuelo hacia la estrella PK3722 tomó diecisiete meses y tres días, tiempo de la nave.

Los oficiales de la nave tuvieron tan pocas oportunidades al final del viaje como las habían tenido a su principio. Unas pocas horas antes de su llegada las imágenes de las estrellas llamearon de vuelta y se instalaron en las pantallas del estelario, y la nave deceleró rápidamente a velocidades interplanetarias. No se experimentó ninguna sensación de frenada; fueran cuales fuesen las misteriosas fuerzas que actuaban sobre ellos, actuaban sobre todas las masas al mismo tiempo. La *Nuevas Fronteras* se estacionó en una órbita alrededor de un brillante planeta verde a unos ciento sesenta millones de kilómetros de su sol; poco después, Libby informaba al capitán King que se hallaban en una órbita estable.

Con precaución, King probó los controles, inertes desde su partida. La nave reaccionó; su piloto fantasma les había abandonado.

Libby decidió que el símil era incorrecto; su viaje había sido indudablemente planeado independientemente de ellos, pero no era necesario asumir que alguien o algo los hubiera guiado hasta allí. Libby sospechaba que los «dioses» del pueblo-perro veían el pleno como algo estático; su deportación era un hecho consumado para ellos antes de que se produjera... una lamentable consecuencia de la intrusión de aquellos desconocidos, pero no había palabras apropiadas para expresarlo. Puesto inadecuada e incorrectamente en palabras, su concepto era el de una «leva cósmica», un sistema de transmisión diseñado para ellos y que funcionaba fuera del espacio normal y regresaba sobre sí mismo; cuando la nave alcanzara el final de su «leva», volvería a su operación normal.

Intentó explicar aquel concepto a Lazarus y al Capitán, pero no lo consiguió satisfactoriamente. Le faltaban datos, y tampoco tenía tiempo para refinar su descripción matemática hasta alcanzar la elegancia; no se sintió satisfecho ni los satisfizo a ellos.

Tampoco King ni Lazarus tenían tiempo de dedicar muchos pensamientos a la cuestión. El rostro de Barstow apareció en la pantalla de la cabina.

—¡Capitán! —llamó—. ¿Puede acudir a la compuerta siete de popa? ¡Tenemos visitantes!

Barstow había exagerado: sólo era uno. La criatura le recordó a Lazarus un niño disfrazado de conejo. Aquella cosita era más androide que los jockaira, aunque posiblemente no era mamífera. No llevaba ropas pero tampoco iba desnudo, puesto que su cuerpo infantil estaba hermosamente protegido por una piel dorada de corto pelaje. Sus ojos eran brillantes y parecían alegres e inteligentes.

Pero King estaba demasiado asombrado como para observar tales detalles. Una voz, un pensamiento, estaba sonando en su cabeza:

—...así que vosotros sois el grupo líder... —decía—... bienvenidos a nuestro mundo... os estábamos esperando... el (*en blanco*) nos avisó de vuestra llegada...

Telepatía controlada...

Una criatura, una raza, tan gentil, tan civilizada, tan libre de enemigos, de cualquier peligro y luchas, que podía permitirse el lujo de compartir sus pensamientos con los demás... de compartir más que sus pensamientos; aquellas criaturas eran tan gentiles y tan generosas que les estaban ofreciendo a los humanos un hogar en su planeta. A eso había venido aquel mensajero: a hacerles la oferta.

A la mente de King aquello le pareció notablemente parecido a la ganga que les había sido ofrecido por los jockaira; se preguntó qué trampa cazabobos podía ocultarse tras su proposición.

El mensajero pareció leer sus pensamientos:

—...mirad en nuestros corazones... no albergamos malicia contra vosotros... compartimos vuestro amor por la vida y amamos la vida que hay en vosotros...

—Os damos las gracias —respondió King, formalmente y en voz alta—. Tenemos que conferenciar. —Se giró para hablar con Barstow, miró hacia atrás. El mensajero había desaparecido.

—¿Adónde fue? —preguntó el capitán a Lazarus.

—¿Eh? A mí no me pregunte.

—Pero usted estaba frente a la compuerta.

—Estaba comprobando lo que decía. No hay ningún bote sellado en la parte de fuera de esta compuerta... o al menos eso parece. Me estaba preguntando si estaban actuando como correspondía. Parece que sí. Pero ¿cómo entró en la nave? ¿Dónde está su aparato?

—¿Cómo *salió*?

—¡No por mi lado!

—Zaccur, entró por esta compuerta, ¿no?

—No lo sé.

—Pero seguramente tuvo que entrar por ella.

—No —negó Lazarus—. Esta compuerta no ha sido abierta. Los precintos exteriores están aún en su lugar. Véalo usted mismo.

King lo hizo.

—No supondrá —dijo lentamente— que puede pasar a través de...

—A mí no me mire —dijo Lazarus—. Yo no tengo más prejuicios al respecto que la Reina Roja. ¿Dónde va a parar la imagen de un videofono cuando usted corta el circuito? —Se fue, silbando suavemente para sí mismo. King no reconoció la melodía. Su letra, que Lazarus no cantó, empezaba con:

Anoche vi en la escalera
a un hombrecillo que no estaba allí...

4

No había ningún engaño en la oferta. La gente del planeta —no tenían nombre puesto que no poseían ningún lenguaje hablado, y los terrestres simplemente los llamaron «la Pequeña Gente»—, aquellas pequeñas criaturas les dieron realmente la bienvenida y se mostraron dispuestos a ayudarles. Convencieron de ello a las Familias sin ninguna dificultad, puesto que no había ningún problema en la comunicación como el que había habido con los jockaira. La Pequeña Gente podían transmitir incluso los pensamientos más sutiles directamente a los terrestres, y a cambio podían captar correctamente cualquier pensamiento a ellos dirigido. Parecían ignorar o no ser capaces de leer cualquier pensamiento no dirigido a ellos; la comunicación con ellos era tan controlada como el lenguaje hablado. Los terrestres no adquirieron ningún poder telepático entre ellos.

Su planeta era incluso más parecido a la Tierra de lo que había sido el planeta de los jockaira. Era un poco mayor que la Tierra, pero tenía una gravitación superficial ligeramente inferior, sugiriendo una menor densidad... la Pequeña Gente hacía escaso uso de los metales en su cultura, lo cual podía ser significativo.

El planeta se movía vertical a su órbita; no poseía la ligera inclinación del eje terrestre. Su órbita era casi circular; el afelio difería del perihelio en menos de un uno por ciento. No había estaciones.

Tampoco poseía una luna de gran tamaño, como la de la Tierra, que agitara sus océanos y perturbara el equilibrio isostático de su corteza. Sus colinas eran bajas, sus vientos suaves, sus mares plácidos. Para desencanto de Lazarus, su nuevo hogar no poseía una climatología viva; en realidad, apenas tenía climatología; gozaba de un solo clima, el mismo que los patriotas californianos esparcidos por el resto de la Tierra creían que existía siempre en su querida parte del globo.

Pero, en el planeta de la Pequeña Gente, ese clima realmente existía.

Indicaron a la gente de la Tierra donde tenían que posarse, una amplia faja de arenosa playa que se hundía suavemente en el mar. Tras ella se extendían kilómetros y kilómetros de hermosa pradera, rota por irregulares bosquecillos de arbustos y árboles. El paisaje tenía una descuidada ordenación, como si fuera un parque cuidadosamente planeado, aunque no había ninguna evidencia de cultivos.

Allí, les dijo el mensajero al primer grupo explorador, era donde serían bienvenidos para vivir.

Siempre parecía haber presente un representante de la Pequeña Gente cuando su ayuda podía ser útil... no con la inescapable obsequiosidad de los jockaira, sino con la no embarazosa disponibilidad de un teléfono o una navaja. El que acompañó al primer grupo de exploradores confundió a Lazarus y a Barstow asumiendo casualmente que ya se habían encontrado antes, cuando los había visitado en la nave. Puesto que su pelaje era de un intenso color caoba en vez de dorado, Barstow atribuyó el error a un malentendido, con una reserva mental acerca de que aquella gente podía ser capaz de cambiar camaleónicamente su color. Lazarus se reservó su opinión.

Barstow preguntó a su guía si su gente tenía alguna preferencia respecto a cómo y dónde debían levantar los terrestres sus edificaciones. Aquella cuestión le había estado preocupando debido a que una exploración preliminar desde la nave no había descubierto ciudades. Parecía probable que los nativos vivieran bajo tierra... en cuyo caso deseaba evitar dar un primer paso en falso empezando algo que el gobierno local pudiera considerar como un barrio pobre.

Habló en voz alta, dirigiéndose verbalmente a su guía, puesto que se había dado cuenta de que esta era la mejor forma de que los nativos captaran el pensamiento.

En la respuesta que el pequeño ser emitió como respuesta Barstow captó la emoción de la sorpresa:

—...¿debéis manchar la dulzura de este paisaje con interrupciones?... ¿con qué finalidad necesitáis formar edificios?...

—Necesitamos edificios para varias finalidades —explicó Barstow—. Los necesitamos como refugio diario, como lugares para dormir por la noche. Los necesitamos para hacer crecer nuestros alimentos y prepararlos para ser comidos.

—Consideró la conveniencia de intentar explicar los procesos del cultivo hidropónico, del procesamiento de los alimentos, y del cocinado, luego lo dejó correr, confiando en que su sutil sentido de la telepatía permitiera a su «oyente» comprender—. Necesitamos edificios para otros muchos usos, para talleres y laboratorios, para albergar las máquinas con las que nos comunicamos, para casi cualquier cosa que necesitamos realizar en nuestra vida cotidiana.

—...sed pacientes conmigo... —le llegó el pensamiento— ...puesto que conozco tan poco de vuestros métodos... pero decidme... ¿preferís dormir en algo como *eso*?... —hizo un gesto hacia las naves auxiliares que habían traído consigo, cuyas estructuras resaltaban sobre la arena de la playa. El pensamiento que utilizó para las naves era demasiado fuerte como para ser traducido en una palabra; a la mente de Lazarus le llegó un pensamiento de un espacio muerto y angosto... una cárcel donde había estado encerrado en una ocasión, una maloliente cabina videofónica pública.

—Es nuestra costumbre.

La criatura se inclinó y palmeó el césped.

—...¿no es este un buen lugar para dormir?...

Lazarus tuvo que admitir para sí mismo que lo era. El suelo estaba recubierto por un suave césped primaveral, como la hierba pero más fino que la hierba, más suave y mucho más tupido. Lazarus se quitó las sandalias y dejó que sus pies desnudos gozaran de él, removiendo los dedos, bien separados. Era, decidió, más parecido a un suave pelaje que a un césped.

—...en cuanto a la comida... —prosiguió su guía— ...¿por qué preocuparse por ella cuando el buen suelo la proporciona gratuitamente?... venid conmigo...

Les llevó a través del prado hacia un pequeño bosquecillo de arbustos al lado de un serpenteante riachuelo. Las «hojas» tenían el tamaño de una mano humana, de forma irregular, y de un par o tres de centímetros de grueso. El hombrecillo cortó una de ellas y la mordisqueó con evidente placer.

Lazarus tomó otra y la examinó. Se rompió fácilmente, como un bizcocho bien horneado. El interior era de un color amarillo cremoso, esponjoso pero crujiente, y tenía un fuerte olor placentero, que recordaba al mango.

—¡Lazarus, no lo comas! —advirtió Barstow—. No ha sido analizado.

—...es armonioso con vuestro cuerpo...

Lazarus olisqueó de nuevo.

—Estoy dispuesto a hacer yo mismo la prueba, Zack.

—Oh, bien... —Barstow se alzó de hombros—. Te avisé. Lo harás de todos modos.

Lazarus lo hizo. Su composición era extrañamente agradable, lo suficientemente firme como para hacer trabajar los dientes, y con un perfume picante y elusivo. Bajó alegremente hasta su estómago y se quedó allí como en su casa.

Barstow se negó a dejar que alguien más probara el fruto hasta que fueran establecidos sus efectos en Lazarus. Lazarus aprovechó la ventaja de su expuesta y privilegiada posición para regalarse con una comida completa... la mejor, decidió, que había probado en años.

—...¿me diréis cuáles son vuestros hábitos de comida?... —inquirió su pequeño amigo. Barstow empezó a responder, pero fue interrumpido por los pensamientos de la criatura—: ...todos vosotros... pensad en ello... —no le llegó ningún otro mensaje durante unos breves momentos, luego recibió...: ...eso es suficiente... mis esposas se encargarán de ello...

Lazarus no estaba seguro de que la imagen significara «esposas», pero implicaba alguna relación íntima parecida. No había quedado aún establecido que la Pequeña Gente fuera bisexual... o qué.

Lazarus durmió aquella noche bajo las estrellas, y dejó que su débil e impersonal luz borrara de él la claustrofobia de la nave. Las constelaciones en aquel lugar estaban distorsionadas más allá de un fácil reconocimiento, aunque pudo reconocer, decidió, el frío azul de Vega y el brillo anaranjado de Antares. Lo único seguro era la Vía Láctea, extendiendo su nuboso arco a través del cielo exactamente como en casa. El Sol, sabía, no podía verse desde allí a ojo desnudo aunque supiera dónde buscarlo; su baja magnitud absoluta no lo dejaba mostrarse a través de los años luz. Tendría que decirle a Andy, pensó medio adormecido, que buscara sus coordenadas y la localizara con los instrumentos. Se quedó dormido antes de que se le pudiera ocurrir preguntarse por qué debía preocuparse por ello.

Puesto que no se necesitaba ningún refugio para la noche, desembarcaron todos tan pronto como las naves auxiliares pudieron transbordarlos al planeta. Las multitudes se esparcieron sobre el amistoso suelo y se les dejó descansar en él, estilo picnic, hasta que la colonia pudiera ser organizada. Al principio comieron los alimentos bajados de la nave, pero Lazarus siguió en buena salud, haciendo que la regla de no correr riesgos con los alimentos naturales nativos se relajara rápidamente. Pronto todos estuvieron comiendo de la ilimitada largueza ofrecida por las plantas, utilizando los alimentos de la nave tan solo para variar su dieta.

Varios días después de que el último de ellos se hubiera posado en el planeta, Lazarus estaba explorando solo a una cierta distancia del campo. Se encontró con un representante de la Pequeña Gente; el nativo lo saludó con el mismo afecto que todos parecían demostrar hacia ellos, y condujo a Lazarus hasta un bosquecillo de árboles de poca altura bastante alejado de la base. Le indicó a Lazarus que comiera lo que deseara.

Lazarus no se sentía particularmente hambriento, pero se sintió impelido por tanta amabilidad, de modo que arrancó un poco y comió.

Casi estuvo a punto de atragantarse por la sorpresa. ¡Puré de patatas y salsa de carne!

—...¿no lo hemos hecho bien?... —le llegó un ansioso pensamiento.

—Amiguito —dijo Lazarus solemnemente—, no sé lo que habíais planeado hacer, ¡pero esto es simplemente estupendo!

Una cálida oleada de placer invadió su mente.

—...prueba el siguiente árbol...

Lazarus lo hizo, con una cautelosa ansiedad. Pan moreno recién horneado y suave mantequilla parecían ser la combinación, con un cierto toque a helado flotando indefinidamente en algún lugar. Se sintió todavía más sorprendido cuando el tercer árbol le proporcionó un fuerte sabor a la carne asada con carbón vegetal acompañada con setas propias de sus antepasados.

—...hemos utilizado las imágenes de vuestros pensamientos casi enteramente... —explicó su compañero— ...son mucho más fuertes que los de vuestras esposas...

Lazarus no se molestó en explicarle que él no estaba casado. La pequeña persona añadió:

—...aún no hemos tenido tiempo de simular la apariencia y color que nos indicaban vuestros pensamientos... ¿os importa mucho?...

Lazarus le aseguró gravemente que importaba muy poco. Cuando regresó a la base, tuvo considerables dificultades para convencer a los demás de lo serio de su informe.

Uno de los que más se beneficiaron de la maravillosa cualidad de aquella tierra de promisión que era su nuevo hogar fue Slayton Ford. Se había despertado de su sueño a bajas temperaturas aparentemente recobrado de su crisis excepto en un aspecto: no poseía ningún recuerdo de lo que había experimentado en el templo de Kreel. Ralph Schultz consideró que aquello era un saludable reajuste a una experiencia intolerable y le dio de alta como paciente.

Ford parecía más joven y más feliz de lo que era antes de su crisis. Ya no mantenía ninguna oficina formal entre los Miembros —puesto que evidentemente no existía casi gobierno de ninguna clase; las Familias vivían en una alegre y fácil anarquía en su extraordinario planeta—, pero todos seguían dirigiéndose a él por su título y continuaba siendo tratado como uno de los viejos, uno de aquellos cuyo consejo era escuchado, cuyo juicio era tenido en cuenta, como ocurría con Zaccur Barstow, Lazarus, el capitán King y otros. Las Familias prestaban muy poca atención a la edad del calendario; amigos íntimos podían diferir en edad en más de un siglo. Durante años se habían beneficiado de su sabia administración; ahora seguían tratándolo como un viejo hombre de estado, pese a que dos tercios de ellos eran más viejos que él.

El interminable picnic se alargó durante semanas, meses. Tras el prolongado encierro en la nave, durmiendo o trabajando, la tentación de tomarse unas largas vacaciones era demasiado fuerte como para resistirse a ella, y no había nada que lo prohibiera. Alimentos en abundancia, listos para comer y fáciles de obtener, crecían casi por todas partes; el agua en los numerosos riachuelos era clara y potable. En cuanto a las ropas, disponían de ellas en abundancia si deseaban vestirse, pero su necesidad era más estética que utilitaria; el clima elíseo hacía que el vestirse para protegerse fuera algo tan estúpido como los trajes espaciales para nadar. Aquellos que preferían ir vestidos iban vestidos; pero para la mayoría eran suficientes los brazaletes y collares y flores en el pelo, que no molestaban demasiado si uno deseaba darse un chapuzón en el mar.

Lazarus siguió aferrado a su kilt.

La cultura y grado de ilustración de la Pequeña Gente era algo difícil de comprender al primer momento, debido a que sus caminos eran sutiles; puesto que carecían de signos externos, en términos terrestres, de logros científicos importantes: ni grandes edificios, ni complejas máquinas de transporte mecánico, ni enormes plantas de energía, era fácil confundirlos con hijos de la Madre Naturaleza, viviendo en un Jardín del Edén.

Solo una octava parte de un iceberg se asoma por encima del agua.

Su conocimiento de las ciencias físicas no era inferior al de los colonos; era increíblemente superior. Examinaron las naves auxiliares con un educado interés, pero confundieron a sus guías preguntándoles por qué las cosas estaban hechas *de esta forma* en vez de estar hechas de *esa otra...* y la forma que sugerían probaba invariablemente ser mucho más simple y más eficiente que la técnica terrestre... cuando los asombrados técnicos humanos conseguían comprender lo que estaban apuntando.

La Pequeña Gente comprendían la maquinaria y todo lo que la maquinaria implica, pero simplemente hacían muy poco uso de ella. Obviamente no la necesitaban para comunicarse, y tenían muy poca necesidad de ella para transportarse (aunque la completa razón de eso no era evidente al primer momento), y tenían muy poca necesidad de maquinaria para cualquiera de sus actividades. Pero cuando necesitaban específicamente algún utensilio mecánico eran completamente capaces de inventarlo, construirlo, usarlo inmediatamente, y destruirlo luego, realizando todo el proceso con una fácil cooperación y unos medios totalmente desconocida para los hombres.

Pero en biología era donde su preeminencia era más sorprendente. La Pequeña Gente eran maestros en la manipulación de las formas de vida. Desarrollar plantas en cuestión de días que produjeran frutos duplicando no solo el sabor y el aroma sino también las cualidades nutritivas de los alimentos humanos no era un milagro para ellos, sino más bien una tarea rutinaria que cualquiera de sus biotécnicos podía realizar con los ojos cerrados. Lo llevaban a cabo más fácilmente que un horticultor terrestre hace los arreglos necesarios para conseguir una cierta tonalidad de color o una cierta forma en una flor.

Pero sus métodos eran diferentes de aquellos utilizados por cualquier cultivador humano de plantas. Hay que decir en su honor que intentaron explicar sus métodos, pero sus explicaciones simplemente fueron incomprensibles. En nuestros términos ellos aseguraban que «pensaban» una planta con la forma y las características que deseaban. Fuera lo que fuese lo que quisieran significar con aquello, lo cierto era que podían tomar una planta aletargada y, sin tocarla ni operar sobre ella de ninguna forma perceptible por sus estudiantes humanos, hacer que floreciera, llegara a la madurez y diera frutos en el espacio de unas pocas horas, con nuevas características que no poseía en su línea ascendente... y que se mantendrían en lo sucesivo.

Aunque la Pequeña Gente difería de los terrestres tan solo en un grado con respecto a los logros científicos, diferían de los humanos en un sentido mucho más profundamente básico en lo relativo a su especie.

No eran individuos.

Ningún cuerpo de nativo albergaba una individualidad concreta. Sus individualidades eran multicorporales; poseían «almas» de grupo. La unidad básica de su sociedad era un grupo de relaciones telepáticas compuesto por varias partes. El número de cuerpos y cerebros que albergaba una individualidad podía ser tan grande como noventa o más, y nunca era menor de treinta.

Los colonos empezaron a comprender mucho de lo que hasta entonces les había sorprendido profundamente acerca de la Pequeña Gente cuando supieron este hecho. Hay muchas razones para creer que la Pequeña Gente encontraba a los terrestres igualmente sorprendentes, ya que ellos también habían asumido que su esquema de existencia tenía su fiel reflejo en los demás. El descubrimiento final de los hechos reales por parte de cada una de las partes, surgido de las mutuas interpretaciones erróneas acerca de la identidad, parecieron despertar el horror en las mentes de la Pequeña Gente. Se retiraron de las inmediaciones del asentamiento de las Familias y permanecieron alejados de ellas durante varios días.

Finalmente, un mensajero entró en el campamento y buscó a Barstow.

—...lamentamos haberos interpretado mal... en nuestra prisa hemos confundido vuestra suerte por vuestra desgracia... deseamos ayudaros... os ofrecemos enseñaros cómo podéis llegar a ser como nosotros...

Barstow sopesó cómo responder a aquella generosa iniciativa.

—Os damos las gracias por vuestro deseo de ayudarnos —dijo finalmente—, pero lo que vosotros llamáis nuestro infortunio parece ser una parte necesaria de nuestra forma de ser. Nuestros caminos no son vuestros caminos. No creo que podamos llegar a comprender vuestros caminos.

El pensamiento que le llegó de regreso se apreciaba tremendamente turbado.

—...hemos ayudado a las bestias del aire y a las del suelo a cesar en sus luchas... pero si vosotros no deseáis nuestra ayuda no podemos obligaros...

El mensajero se fue, dejando a Zaccur Barstow con la mente hecha un mar de confusiones. Quizá, pensó, se había precipitado respondiendo sin haberse tomado el tiempo de consultar a los viejos. La telepatía era ciertamente un don que no podía ser despreciado; quizá la Pequeña Gente pudiera adiestrarles en la telepatía sin ninguna pérdida del individualismo humano. Pero lo que sabía de los sensitivos entre las Familias no animaba tal esperanza; no había ninguno de ellos que fuera emocionalmente sano, muchos de ellos eran claramente deficientes mentales... no parecía ser un sendero seguro para los humanos.

Podía ser discutido más tarde, decidió; no necesitaba apresurarse.

«No necesitamos apresurarnos» era el espíritu con que se había realizado el asentamiento. No había ninguna necesidad de esforzarse, había muy poca cosa que hacer y raramente lo poco que había que hacer necesitaba hacerse aprisa. El sol era cálido y agradable, cada día era muy parecido al siguiente y simpre era igual al anterior. Los Miembros, predispuestos por su herencia a tener una amplia visión de las cosas, empezaban a tomar una visión eterna. El tiempo ya no importaba. Incluso la investigación sobre la longevidad, que había proseguido a través de sus recuerdos, languidecía. Gordon Hardy archivó sus experimentaciones habituales para proseguir la enormemente más fructífera ocupación de aprender lo que conocía la Pequeña Gente sobre la naturaleza de la vida. Se veía obligado a tomarse las cosas lentamente, dedicando largas horas en digerir nuevos conocimientos. A medida que avanzaba el tiempo, cada vez era menos consciente de que sus horas de contemplación se iban haciendo más largas, sus intentos de activo estudio menos frecuentes.

Aprendió algo, y sus implicaciones abrieron para él nuevos campos de pensamiento: la Pequeña Gente había conquistado, en un cierto sentido, la muerte.

Puesto que cada uno de sus egos era compartido entre varios cuerpos, la muerte de un cuerpo no implicaba la muerte del ego. Todas las experiencias y recuerdos de ese cuerpo permanecían intactos, la personalidad a ellos asociada no se perdía, y la pérdida física podía resolverse permitiendo que un joven nativo se «casara» con el grupo. Pero un grupo ego, una de las personalidades que hablaba a los terrestres, no podía morir, excepto posiblemente por la destrucción de todos y cada uno de los cuerpos que lo formaban. Simplemente seguía viviendo, en apariencia por siempre.

Sus jóvenes, hasta el momento del «matrimonio» o asimilación en un grupo, parecían poseer muy poca personalidad y tan solo unos procesos mentales rudimentarios o posiblemente instintivos. Sus mayores no esperaban de ellos un comportamiento más inteligente que el que espera un humano de un niño aún en el seno materno. Siempre había varias de tales personas incompletas ligadas a los grupos ego; eran cuidadas y atendidas como animalitos de compañía o bebés indefensos, aunque a menudo parecieran a los ojos de los terrestres tan completos y tan aparentemente maduros como sus mayores.

Lazarus empezó a sentirse aburrido en aquel paraíso más rápidamente que la mayoría de sus primos.

—No podemos pasarnos la vida —se quejó a Libby, que estaba tendido cerca de él en la fina hierba— aguardando la hora del té.

—¿Qué es lo que te preocupa, Lazarus?

—Nada en particular —Lazarus apoyó la punta de su cuchillo en su codo derecho, la hizo deslizarse con su otra mano, contempló como se clavaba en el suelo—. Es simplemente que este lugar me recuerda un zoo bien cuidado. No parece haber mucho futuro en él. —Gruñó desdeñosamente—. Es como el País del Nunca Jamás.

—¿Pero qué es en particular lo que te está royendo?

—Nada. Eso es lo que me está royendo. En honor a la verdad, Andy, ¿no ves nada equivocado en pasarnos la vida en unos pastos como estos?

Libby sonrió melancólicamente.

—Creo que se debe a mi sangre campesina. «Cuando no llueve, el techo no tiene goteras; cuando llueve, no hay ningún modo de repararlas» —citó—. Me parece que nos las arreglamos tolerantemente bien. ¿Qué es lo que te molesta?

—Bueno... —los ojos azul pálido de Lazarus miraron a lo lejos; hizo una pausa en su indolente juguetear con su cuchillo—. Cuando era joven, hace mucho tiempo de eso, fui a embarrancar en una playa de los Mares del Sur...

—¿Hawaii?

—No. Más al sur. Que me condene si sé cómo lo llaman hoy en día. Lo pasé mal, bastante mal, y vendí mi sextante. Muy pronto, o mejor al cabo de un tiempo, podía pasar por un nativo. Viví como uno de ellos. No pareció importarme. Pero un día me eché una mirada a mí mismo en un espejo. —Lazarus suspiró impetuosamente—. Salí corriendo de aquel lugar, embarcándome como marinero en un barco que transportaba pieles sin curtir, lo cual te dará una idea de lo asustado y desesperado que me sentía.

Libby no hizo ningún comentario.

—¿Qué haces *tú* con tu tiempo, Lib? —insistió Lazarus.

—¿Yo? Lo mismo de siempre. Pienso en matemáticas. Intento imaginar un dispositivo de impulsión espacial como el que nos trajo hasta aquí.

—¿Has tenido alguna suerte? —Lazarus estaba repentinamente alerta.

—Todavía no. Dame tiempo. También me limito a contemplar como las nubes se van integrando. Hay divertidas correlaciones matemáticas en cualquier lugar si uno sabe mirarlas. En las olas del agua, o en las formas de un busto... elegantes funciones de quinto orden.

—¿Eh? Querrás decir «cuarto orden».

—Quinto orden. Omite usted la variable tiempo, Lazarus. Me gustan las ecuaciones de quinto orden —dijo Libby soñadoramente—. Puede encontrarlas también en los peces.

—¡Hummmm! —dijo Lazarus, y se puso bruscamente en pie—. Eso quizá sea correcto para ti, pero no es de mi interés.

—¿Va a algún lado?

—Voy a dar un paseo.

Lazarus echó a andar hacia el norte. Anduvo el resto del día, durmió sobre el suelo como de costumbre aquella noche, y al amanecer estaba de nuevo en pie y avanzando, también hacia el norte. El día siguiente fue sustituido por otro igual, y luego otro. El camino era fácil, tanto como pasear por un parque... demasiado fácil, en opinión de Lazarus. Por la vista de un volcán, o de una auténtica catarata, hubiera pagado lo que le hubieran pedido.

Las plantas alimenticias eran a veces extrañas, pero abundantes y satisfactorias. Ocasionalmente encontró a uno o varios representantes de la Pequeña Gente dirigiéndose a sus misteriosos asuntos. Nunca le molestaron ni le preguntaron por qué estaba viajando, sino que simplemente le saludaron con la habitual presunción de un conocimiento previo. Estaba ya lo suficientemente lejos como para resultar un extraño; empezó a sentirse vigilado.

Por aquel entonces las noches se fueron haciendo más frías, los días menos suaves, y la Pequeña Gente menos numerosa. Cuando finalmente no vio a ninguno en todo un día, acampó para la noche, se quedó allí todo el día siguiente... sacó su alma y la examinó.

Tuvo que admitir que no podía encontrar ninguna falta razonable ni en el planeta ni en sus habitantes. Pero definitivamente aquello no le gustaba. Nunca había oído o leído ninguna filosofía que diera alguna finalidad razonable a la existencia del hombre, ni algún indicio razonable para su propia conducta. Calentarse al sol podía ser una cosa tan buena como cualquier otra para emplear la vida de uno... pero aquello no era para él y lo sabía, aunque no hallara la forma de definirlo.

El éxodo de las Familias había sido un error. Habría sido más humano, más maduro y más consciente haberse quedado y haber luchado por sus derechos, aunque hubieran terminado muriendo por ellos. En cambio, habían huido a través de medio universo (Lazarus no se preocupaba demasiado de sus magnitudes) buscando un lugar donde vivir. Habían encontrado uno, uno bueno... pero ya ocupado por seres tan superiores que los hacían intolerables a los hombres... y sin embargo tan supremamente indiferentes en su superioridad sobre los hombres que ni siquiera se habían molestado en echarlos de allí, sino que simplemente los habían enviado lejos de ellos... a aquel supercuidado club de campo.

Y aquello era también en sí mismo una insoportable humillación. La *Nuevas Fronteras* era la culminación de quinientos años de investigación científica humana, lo mejor que los hombres habían podido hacer... pero había sido lanzada a través de las profundidades del espacio tan casualmente como un hombre puede devolver a un pajarillo extraviado a su nido.

La Pequeña Gente no parecía desear echarles de allí, pero la Pequeña Gente, a su propia manera, eran tan desmoralizantes para los hombres como lo habían sido los dioses de los jockaira. Uno a uno quizá fueran estúpidos pero, tomados como grupos, cada grupo era un genio que desafiaba a las mejores mentes que los hombres podían ofrecer para enfrentárseles. Incluso Andy. Los seres humanos no podían esperar competir con ese tipo de organización, de la misma forma que una vieja tienda no puede competir con una fábrica cibernéticamente automatizada. Y para formar tales grupos de identidades, incluso si podían conseguirlo, lo cual dudaba, Lazarus estaba seguro de que deberían prescindir de aquello que hacía de ellos *hombres.*

Admitió que sus prejuicios le impulsaban a favor de los hombres. El *era* un hombre.

Incontables días fueron transcurriendo mientras discutía consigo mismo sobre las cosas que lo preocupaban... problemás que habían entristecido el alma de su especie desde que el primer hombre-mono había surgido a la autoconsciencia, cuestiones nunca resueltas ni por el estómago lleno ni por los avances tecnológicos. Y los interminables y tranquilos días no le proporcionaron las respuestas definitivas que habían estado buscando todas las almas inquisitivas de sus antepasados. ¿Por qué? ¿Qué provecho podría sacar de ello el hombre? No llegaba ninguna respuesta... excepto una: una firme e irrazonada convicción de que no estaba dispuesto a, o no estaba preparado para, proseguir en aquel abrigado puerto de facilidades donde el tiempo no existía.

Sus atormentadas ensoñaciones fueron interrumpidas por la aparición de un miembro de la Pequeña Gente.

—...saludos, viejo amigo... tu esposa King desea que regreses a tu hogar... necesita de tu consejo...

—¿Cuál es el problema? —preguntó Lazarus.

Pero la pequeña criatura no pudo o no quiso decírselo. Lazarus se ciñó el cinturón y echó a andar hacia el sur.

—...no es necesario ir despacio... —le llegó un pensamiento desde atrás.

Lazarus se dejó conducir hasta un claro detrás de un bosquecillo. Allí descubrió un objeto en forma de huevo de casi dos metros de largo, sin ningún rasgo distintivo excepto una puerta a un lado. El nativo cruzó la puerta, Lazarus se encogió ligeramente para entrar tras él; la puerta se cerró.

Se abrió casi inmediatamente, y Lazarus vio que estaban en la playa, justo un poco más allá del asentamiento humano. Tuvo que admitir que había sido un buen truco.

Lazarus se dirigió apresuradamente hacia la navecilla auxiliar posada en la playa, donde el capitán King compartía con Barstow un remedo de cuartel general común.

—¿Me mandó llamar, capitán? ¿Qué ocurre?

El austero rostro de King parecía grave.

—Es acerca de Mary Sperling.

Lazarus sintió que un frío repentino le atenazaba el corazón.

—¿Muerta?

—No. No exactamente. Se ha ido con la Pequeña Gente. «Casada» en uno de sus grupos.

—*¿Qué?* ¡Pero eso es imposible!

Lazarus estaba equivocado. No había la más mínima posibilidad de cruce genético entre terrestres y nativos, pero no existía ninguna barrera, si había una corriente de simpatía, para que un humano se fundiera en uno de sus grupos, mezclando su personalidad en el ego de los otros.

Mary Sperling, movida por la convicción de su próxima muerte, vio en la inmortalidad de los egos de los grupos una vía de salida. Enfrentada al eterno dilema de la vida y la muerte, había escapado del problema no eligiendo ninguna de las dos... sino una fusión. Había encontrado un grupo dispuesto a recibirla, y había dado el paso.

—Eso suscita un montón de nuevos problemas —concluyó King—. Slayton y Zaccur y yo creímos que sería mejor que estuviera usted aquí.

—Sí, sí, seguro... ¿pero dónde está Mary? —preguntó Lazarus, y salió corriendo de la sala sin aguardar la respuesta. Cargó a través de todo el asentamiento, ignorando tanto los saludos como los intentos de detenerle. A una corta distancia del campo pasó corriendo junto a un nativo. Frenó y se detuvo.

—¿Dónde está Mary Sperling?

—...yo soy Mary Sperling...

—Por el amor de... No *puedes* serlo.

—...yo soy Mary Sperling y Mary Sperling es yo... ¿no me conoces Lazarus?... Yo te conozco...

Lazarus agitó las manos.

—¡No! Yo deseo ver a Mary Sperling, que tiene el aspecto de un terrestre... ¡como yo!

El nativo vaciló.

—...sígueme, entonces...

Lazarus la encontró a bastante distancia del campo; era obvio que deseaba evitar a los otros colonos.

—¡Mary!

Ella respondió, de mente a mente:

—...lamento verte turbado... Mary Sperling ha desaparecido excepto en lo que forma parte de nosotros...

—¡Oh, sálgase de esto, Mary! ¡No me haga esta jugada! ¿No me conoce?

—...claro que te conozco, Lazarus... eres tú quien no me conoce a *mí*... no atormentes tu alma ni aflijas tu corazón con la visión de este cuerpo que hay frente a ti... ya no soy una de los de tu especie... soy un nativo de este planeta...

—Mary —insistió él—, tiene que salirse de esto. ¡Tiene que salir fuera de aquí!

Ella agitó su cabeza, un gesto extrañamente humano, porque ya no conservaba en él ningún rastro de expresión humana; era una máscara de algo distinto.

—...esto es imposible... Mary Sperling ha desaparecido... la que habla contigo es inextricablemente *yo mismo* y no una de tu especie... —la criatura que había sido Mary Sperling se giró y se alejó.

—*¡Mary!* —gritó Lazarus. Su corazón saltó a través de un abismo de siglos hasta la noche en que su madre había muerto. Se cubrió el rostro con las manos y lloró con la inconsolable pena de un niño.

5

Lazarus encontró a King y a Barstow aguardándole cuando regresó. King miró directamente a su rostro.

—Pude habérselo dicho —murmuró serenamente—, pero no habría esperado.

—Olvídelo —dijo Lazarus ásperamente—. ¿Y ahora qué?

—Lazarus, hay algo más que tienes que ver antes de que discutamos nada —respondió Zaccur Barstow.

—De acuerdo. ¿Qué?

—Simplemente ven y mira. —Le condujeron a un compartimento en la nave auxiliar que utilizaban como cuartel general. Contrariamente a la costumbre de las Familias, estaba cerrado; King les hizo entrar. Dentro había una mujer que, cuando vio a los tres, salió silenciosamente, cerrando la puerta tras ella.

—Echale una mirada a eso —indicó Barstow.

Había una criatura viva en una incubadora... un niño, pero un niño como antes no había visto ningún otro. Lazarus se lo quedó mirando, luego dijo airadamente:

—¿Qué diablos es?

—Velo por ti mismo. Cógelo. No te va a hacer daño.

Lazarus lo hizo, cautelosamente al principio, luego con más firmeza a medida que aumentaba su curiosidad. No supo decir lo que era. No era humano; tampoco era nada surgido de la Pequeña Gente. ¿Acaso este planeta, como el último, contenía alguna otra raza previamente insospechada? Era parecido a los seres humanos, pero evidentemente no era un niño humano. Le faltaba el botoncito de la nariz propio de los bebés, y los oídos externos no eran apreciables. Había órganos en las ubicaciones habituales de cada uno de ellos, pero nivelados con el cráneo y protegidos por rebordes óseos. Sus manos tenían demasiados dedos, y había uno extraordinariamente largo cerca de cada muñeca, que terminaba en un racimo como de gusanos rosados.

Había algo extraño en el torso del niño que Lazarus no podía definir. Pero otros dos hechos ostensibles eran evidentes; las piernas no terminaban en pies humanos sino en remates córneos sin dedos... cascos. Y la criatura era hermafrodita... no como deformación sino como un saludable desarrollo, un andrógino.

—¿Qué es esto? —repitió, con la mente llena de vívidas sospechas.

—Esto —dijo Zaccur— es Marion Schmidt, nacida hace tres semanas.

—¿Eh? ¿Qué quieres decir?

—Quiero decir que la Pequeña Gente es tan hábil en manipularnos a nosotros como lo son en manipular las plantas.

—¿Qué? ¡Pero aceptaron dejarnos solos!

—No les acuses tan rápidamente. En cierto modo les dimos permiso. La idea original era simplemente unas pocas mejoras.

—¡Mejoras! Esto es una obscenidad.

—Sí y no. Mi estómago da un vuelco cada vez que lo miro... pero realmente... bueno, es una especie de superhombre. Su arquitectura corporal ha sido rediseñada para una mayor eficiencia, nuestros inútiles residuos simiescos han sido eliminados, y sus órganos han sido predispuestos de una forma mucho más sensible. No se puede decir que no sea humano, porque lo *es*... en un modelo mejorado. Toma este apéndice extra en la muñeca. Es otra mano, una mano en miniatura... respaldada por un ojo microscópico. Puedes apreciar lo útil que puede llegar a ser, una vez uno se acostumbre a la idea. —Barstow le miró fijamente—. Pero a mí me parece horrible.

—Le parecerá horrible a todo el mundo —afirmó Lazarus—. Puede que sea una mejora, pero maldita sea, digo que no es humano.

—En cualquier caso crea un problema.

—¡Por supuesto que lo crea! —Lazarus lo miró de nuevo—. ¿Dices que tiene un segundo juego de ojos en esas manos más pequeñas? No parece posible.

Barstow se alzó de hombros.

—No soy biólogo. Pero cada célula del cuerpo contiene un juego completo de cromosomas. Supongo que uno puede hacer crecer ojos, o huesos, o cualquier otra cosa que desee, en cualquier lado, si sabe como manipular los genes en los cromosomas. Y ellos lo saben.

—¡Yo no deseo ser manipulado!

—Yo tampoco.

Lazarus se puso en pie en el bancal y miró fijamente la amplia playa donde se habían reunido todas las Familias.

—Soy... —empezó de un modo formal, luego pareció desconcertado—. Ven aquí un momento, Andy. —Le susurró algo a Libby; Libby pareció sorprendido y susurró algo en respuesta. Lazarus evidenció exasperación y susurró algo de nuevo. Finalmente volvió a erguirse y miró a la concurrencia.

—Tengo doscientos cuarenta y un años... como mínimo —afirmó—. ¿Hay alguien que sea más viejo? —Era una formalidad vacía; sabía que era el más viejo de todos; y se sentía dos veces más viejo aún. —La reunión queda abierta— prosiguió, con su potente voz resonando por toda la playa ayudada por el sistema de altavoces de la nave auxiliar—. ¿Quién es el presidente?

—Siga adelante —dijo una voz entre la multitud.

—Muy bien —dijo Lazarus—. ¡Zaccur Barstow!

Detrás de Lazarus, un técnico enfocó un micrófono direccional hacia Barstow.

—Zaccur Barstow —retumbó su voz—, hablando por mí mismo. Algunos hemos llegado a la conclusión de que este planeta, pese a lo agradable que es, no es lugar para nosotros. Todos ustedes saben lo de Mary Sperling, han visto estéreos de Marion Schmidt; ha habido otras cosas, y no voy a enumerarlas. Pero emigrar de nuevo plantea otra cuestión, la cuestión del dónde. Lazarus Long propone que regresemos a la Tierra. En tal caso... —sus palabras fueron ahogadas por el rumor de la multitud.

Lazarus habló con voz fuerte:

—A nadie se le obliga a irse de aquí. Pero si el número de los que desean irse es suficientemente amplio como para justificar el tomar la nave, lo haremos. Yo digo que volvamos a la Tierra. Algunos dicen que busquemos otro planeta. Eso es lo que debemos decidir. Pero en primer lugar... ¿cuántos de ustedes piensan que debemos marcharnos de aquí?

—¡Yo! —El grito tuvo innumerables ecos. Lazarus miró al primer hombre que había respondido, intentó identificarlo, hizo una seña por encima de su hombro al técnico, luego señaló.

—Adelante, amigo —ordenó—. Los demás, cállense.

—Mi nombre es Oliver Schmidt. He estado aguardando durante meses a que alguien sugiriera esto. Creía que era el único chiflado de las Familias. No tengo ninguna auténtica razón para irme... no estoy asustado por lo de Mary Sperling, ni por lo de Marion Schmidt. Cualquiera a quien le gusten tales cosas es bienvenido... vive y deja vivir. Pero yo siento una profunda ansia de ver Cincinnati de nuevo. Estoy harto de este lugar. Estoy cansado de haberme convertido en un comedor de lotos. ¡Maldita sea, quiero *trabajar* para vivir! De acuerdo con los genéticos de las Familias, todavía puedo vivir cien años como mínimo. No puedo verme malgastando todo este tiempo tendido al sol y soñando despierto.

Cuando calló, al menos un millar más trataron de decir algo.

—¡Calma! ¡Calma! —vociferó Lazarus—. Si todo el mundo quiere hablar, me veré obligado a canalizar la reunión a través de los representantes de cada Familia. Pero limitémonos a tomar una muestra aquí y allá. —Señaló a otro hombre, le dijo que hablase.

—No me extenderé mucho —dijo el nuevo orador—. Estoy de acuerdo con Oliver Schmidt. Sólo deseaba mencionar mis propias razones. ¿No echa nadie en falta la Luna? Allá en casa acostumbraba a sentarme en mi porche durante las calurosas noches de verano y fumaba un poco y miraba la Luna. Nunca supe lo importante que esto era para mí, pero lo es. Deseo un planeta con una Luna.

El siguiente orador dijo simplemente:

—Este caso de Mary Sperling me ha roto los nervios. Tengo pesadillas que me sacan fuera de mí.

Los argumentos siguieron desgranándose. Alguien señaló que habían sido echados de la Tierra: ¿qué hacía pensar a alguien que se les permitiría regresar? Lazarus respondió personalmente:

—Hemos aprendido mucho de los jockaira, y ahora hemos aprendido mucho más de la Pequeña Gente... cosas que nos ponen a la cabeza de cualquier científico allá en la Tierra y de sus más locos sueños. Podemos volver a la Tierra cargados con algo muy valioso. Estamos en condiciones de reclamar nuestros derechos, y somos lo suficientemente fuertes como para defenderlos.

—Lazarus Long... —dijo otra voz.

—¿Sí? —repuso Lazarus—. Usted, adelante.

—Soy demasiado viejo para dar más saltos de estrella en estrella, y mucho más viejo aún para luchar al final de uno de estos saltos. Hagan lo que hagan el resto de ustedes, yo me quedo.

—En tal caso —dijo Lazarus— no hay necesidad de discutirlo, ¿verdad?

—Tengo derecho a hablar.

—De acuerdo, ya ha hablado. Ahora démosle su oportunidad a otro.

El sol se puso y las estrellas surgieron, y la discusión prosiguió. Lazarus se dio cuenta de que no iba a terminar nunca a menos que forzara su fin.

—De acuerdo —gritó, ignorando a los muchos que aún deseaban hablar—. Quizá debamos volver a los consejos de Familias, pero intentemos una votación y veamos dónde estamos. Todos los que deseen volver a la Tierra que se pongan a mi derecha. Todos los que quieran quedarse aquí que bajen a la playa a mi izquierda. Todos los que deseen seguir explorando en busca de otro planeta que se queden aquí frente a mí. —Se echó hacia atrás y le dijo al técnico de sonido—: Póngales un poco de música para apresurarlos un poco.

El técnico asintió, y los nostálgicos compases del *Vals triste* suspiraron sobre la playa. Fueron seguidos por *Las verdes colinas de la Tierra.* Zaccur Barstow se giró hacia Lazarus.

—Tú escogiste esa música.

—¿Yo? —respondió Lazarus con imperturbable inocencia—. Sabes que no entiendo de música, Zack.

Incluso con la música, la separación tomó largo tiempo. El último movimiento de la inmortal Quinta se había desvanecido en el aire mucho antes de que los asistentes se hubieran dividido finalmente en tres grupos.

A la izquierda, aproximadamente un diez por ciento del número total indicaba su intención de quedarse. Eran en su mayor parte los viejos y los cansados, cuyas energías se habían ido agotando. Con ellos había unos pocos jóvenes que nunca habían visto la Tierra, más unos pocos ejemplares de otras edades.

En el centro había un grupo muy pequeño, no más de trescientos, la mayoría hombres y unas pocas mujeres jóvenes, que votaban por ir a abrir nuevas fronteras.

Pero la gran masa estaba a la derecha de Lazarus. Les miró y vio una nueva animación en sus rostros; aquello aligeró su corazón, porque había tenido el amargo temor de hallarse casi solo en su deseo de regresar.

Miró al pequeño grupo que estaba más cerca de él.

—Parece como si hubieran perdido en la votación —les dijo, sin utilizar la amplificación—. Pero no importa, siempre habrá otro día. —Aguardó.

Lentamente, el grupo empezó a disolverse. De uno en uno, de dos en dos, de tres en tres, fueron alejándose. Unos pocos fueron a unirse con aquellos que deseaban quedarse; la mayoría se mezclaron con el grupo de la derecha.

Cuando se hubo completado esta segunda división, Lazarus se dirigió al pequeño grupo de su izquierda:

—De acuerdo —dijo muy suavemente—. Ustedes... será mejor que vuelvan a la pradera y se vayan a dormir. El resto de nosotros tenemos planes que hacer.

Lazarus cedió entonces la palabra a Libby, y le dejó explicar a la mayor parte de la multitud que el viaje de vuelta a casa podía no ser el agotador viaje que había sido el vuelo desde la Tierra, ni tampoco el tedioso segundo salto. Libby adjudicó todo el mérito a quien correspondía, a las enseñanzas de la Pequeña Gente. Ellos habían limado todas las dificultades en su batallar con el problema de las velocidades que parecían superar la velocidad de la luz. Si la Pequeña Gente sabía de qué estaban hablando —y Libby estaba seguro de que lo sabían—, parecía no existir ningún límite a lo que Libby eligió llamar «paraaceleración»... «para» debido a que, como el impulsor a presión lumínica del propio Libby, actuaba uniformemente sobre toda la masa y no podía ser percibida por los sentidos como ocurría con la gravitación, y «para» también porque la nave no se desplazaba «a través», sino más bien alrededor o «al lado» del espacio normal.

—No es tanto un asunto de impulsar la nave como si fuera una selección de apropiado nivel potencial en un hiperpleno n-di-mensional o un posible n-más-uno...

Lazarus le interrumpió firmemente.

—Ese es tu departamento, hijo, y todos te creen en ello. No estamos cualificados para discutir detalles tan sutiles.

—Solo iba a añadir que...

—Lo sé. Pero volverías a estar fuera del mundo cuando tuviera que interrumpirte de nuevo.

Alguien de la multitud planteó una nueva pregunta:

—¿Y cuándo llegaremos allá?

—No lo sé —admitió Libby, pensando en la pregunta que de la misma forma le había hecho Nancy Weatheral hacía ya tanto tiempo—. No puedo decir que año será allá... pero para nosotros parecerán tres semanas a partir de ahora.

Los preparativos consumieron días simplemente porque se necesitaban muchos viajes de ida y vuelta de las naves auxiliares para embarcarlos a todos. Hubo una evidente falta de ceremoniosas despedidas debido a que aquellos que se quedaban tendían a evitar a aquellos que se estaban yendo. Una gran frialdad había surgido entre los dos grupos; la división en la playa había roto amistades, había roto incluso matrimonios en proyecto, había ocasionado que muchos sentimientos quedaran heridos, que muchas amarguras fueran irresolubles. Quizá el único aspecto deseable de aquella división fue que los padres de la mutante Marion Schmidt eligieron quedarse.

Lazarus estaba a cargo de la última nave. Poco antes de despegar, sintió que alguien le tocaba del codo.

—Perdóneme —dijo un hombre joven—. Mi nombre es Hubert Johnson. Deseo irme, pero tuve que quedarme con los otros para evitar que a mi madre le diera un ataque. Si me presento en el último minuto, ¿podré ir con ustedes?

Lazarus se lo quedó mirando fijamente.

—Pareces lo suficientemente mayor como para decidir sin tener que preguntarme.

—No me entiende. Solo soy un muchacho, y mi madre no quiere soltarme. He podido escabullirme antes de que me echara en falta. ¿Cuánto tiempo...?

—No voy a retener esta nave por nadie. Y tú nunca dejarás de ser un muchacho. Entra en la nave.

—Pero...

—¡Entra! —El joven lo hizo, con una preocupada mirada hacia atrás, hacia el bancal. Todavía había mucho que decir, pensó Lazarus, de la ectogénesis.

Una vez a bordo de la *Nuevas Fronteras,* Lazarus se presentó al capitán King en la sala de control.

—¿Todos a bordo? —preguntó King.

—Sí. Algunos decididos de última hora, en pro y en contra, y un pasajero más en la última décima de segundo... una mujer llemada Eleanor Johnson. ¡Vámonos!

King se giró hacia Libby.

—Adelante.

Las estrellas dejaron de parpadear.

Volaron a ciegas, con sólo el talento único de Libby para guiarles. Si tenía dudas respecto a su habilidad para conducirles a través de la inidentificable negrura del otro espacio, se las guardó para sí mismo. En el vigesimotercer día de marcha y onceavo de paraaceleración las estrellas reaparecieron todas en su antigua y familiar disposición... la Osa Mayor, la gigantesca Orion, la desequilibrada Cruz, las hermosas Pléyades, y frente a todas ellas, brillando contra el helado telón de fondo de la Vía Láctea, había una dorada luz que tenía que ser el Sol.

Lazarus sintió lágrimas en sus ojos por segunda vez en un mes.

¡No podían simplemente acudir a su cita con la Tierra, establecerse en una órbita de aparcamiento, y desembarcar;

primero debían tomar algunas disposiciones. Además, necesitaban saber antes qué año era allí.

Libby fue capaz de establecer rápidamente, a través del movimiento de las estrellas más cercanas, que no era más tarde del año 3700 de la era cristiana; sin instrumentos de observación más precisos, se negó a comprometerse más. Pero cuando estuvieron lo suficientemente cerca como para divisar los planetas del sistema solar, tuvo otro reloj para leer; los propios planetas constituían un reloj con nueve manecillas.

Para cualquier fecha existe una configuración única de esas «manecillas», puesto que ningún período planetario es exactamente conmensurado con otro. Plutón marca una «hora» de un cuarto de siglo; Júpiter cliquetea un minuto cósmico de doce años; Mercurio zumba un «segundo» de unos noventa días. La otras «manecillas» pueden afinar esas lecturas... el período de Neptuno es tan extraordinariamente distinto del de Plutón que los dos caen en una configuración aproximadamente repetida tan sólo una vez cada setecientos cincuenta y ocho años. El gran reloj puede ser leído con el grado deseado de exactitud en cada período que se quiera... pero no es fácil de leer.

Libby empezó a leerlo tan pronto como pudo ser divisado el primero de los planetas. Empezó a murmurar sobre el problema.

—No hay ninguna posibilidad de que podamos captar a Plutón —se quejó a Lazarus—, y dudo que podamos obtener a Neptuno. Los planetas interiores me dan una serie infinita de aproximaciones... usted sabe tan bien como yo que «infinito» es un término impreciso. ¡Irritante!

—¿No lo estarás mirando por el lado difícil, hijo? Puedes encontrar una respuesta práctica. O darme los datos y yo la buscaré.

—Por supuesto que puedo encontrar una respuesta práctica —dijo Libby petulantemente—, si usted se queda satisfecho con ella. Pero...

—Pero no me vengas con «peros»... *¡qué año es, hombre!*

—¿Eh? Déjeme decirlo de este modo. La correlación de tiempos entre la nave y la Tierra ha sido interrumpida en tres ocasiones. Pero ahora vuelven a estar sincronizados efectivamente de nuevo, de modo que deben haber pasado algo más de setenta y cuatro años desde que la abandonamos.

Lazarus soltó un suspiro.

—¿Por qué no lo dijiste? —Había estado temiendo que la Tierra no fuera reconocible... podían muy bien haber borrado Nueva York del mapa o algo por el estilo—. Infiernos, Andy, no deberías haberme asustado de ese modo.

—Hummm... —dijo Libby. Aquello no le preocupaba en absoluto. Quedaba tan sólo el delicioso problema de inventar una matemáticas que pudieran describir elegantemente dos aparentemente irreconciliables grupos de hechos: los experimentos de Michelson-Morley y el vuelo de la *Nuevas Fronteras.* Pensó alegremente en ello. Hummm... ¿cuál era el menor número de paradimensiones indispensablemente necesario para contener el pleno aumentado utilizando un haz de postulados que afirmara...?

Aquello iba a tenerle ocupado durante un tiempo considerable... tiempo subjetivo, por supuesto.

La nave estaba situada en una órbita temporal a ochocientos millones de kilómetros del sol, con un radio vector normal en relación al plano de la eclíptica. Aparcados de tal forma en ángulo recto y lo suficientemente lejos y fuera de la plana y delgada tarta del Sistema Solar, estaban a salvo de cualquier posibilidad de ser descubiertos. Una nave auxiliar fue equipada con el neoimpulsor Libby para el salto, y fue enviado un equipo negociador.

Lazarus deseaba ir con él; King se negó a dejarle, lo cual puso a Lazarus de un humor de mil diablos. King había dicho secamente:

—Este no es un grupo de asalto, Lazarus; es una misión diplomática.

—¡Infiernos, hombre, puedo ser diplomático cuando es necesario!

—No lo dudo. Pero enviaremos a un hombre que no acostumbre a ir armado al refrescador.

Ralph Schultz mandaba el grupo, puesto que los factores psicodinámicos allá abajo en la Tierra eran de vital importancia, pero iba auxiliado por un grupo de especialistas legales, militares y técnicos. Si las Familias se veían obligadas a luchar para conseguir un lugar donde vivir, era necesario saber qué tipo de tecnología, qué tipo de armas, deberían confrontar... pero aún era más necesario saber si podrían conseguir o no un desembarco pacífico. Schultz había sido autorizado por los viejos a ofrecer un plan según el cual las Familias colonizarían el casi despoblado y retrasado continente europeo. Pero era posible, incluso muy probable, que esto ya hubiera sido efectuado en su ausencia, teniendo en cuenta la vida media de la radiactividad existente. Era probable que Schultz tuviera que improvisar algún otro compromiso, según las condiciones que hallara.

De nuevo no había otra cosa que hacer salvo esperar.

Lazarus soportó la espera mordiéndose inquieto las uñas. Había proclamado públicamente que las Familias habían conseguido una ventaja científica tan grande que podían enfrentarse y derrotar a lo mejor que la Tierra pudiera oponerles. Privadamente, sabía que aquello era un sofisma, como podía apreciar cualquier Miembro competente con sólo juzgar el tema. El conocimiento sólo no hace ganar las guerras. Los fanáticos ignorantes de la Edad Media en Europa habían vencido a la cultura islámica, incomparablemente superior; Arquímedes fue abatido por un soldado cualquiera; los bárbaros habían saqueado Roma. Libby, o algún otro, podía diseñar un arma invencible a partir de su masa de nuevos conocimientos... o podía no hacerlo. ¿Y quién sabía qué avances militares se habían conseguido en la Tierra en tres cuartos de siglo?

King, especialista en artes militares, estaba preocupado por lo mismo, y estaba aún más preocupado por el personal con el que debería trabajar. Las Familias lo eran todo menos legiones entrenadas; la perspectiva de intentar encuadrar a aquellos testarudos individualistas en algo parecido a una disciplinada máquina de guerra arruinaba su sueño.

Ni King ni Lazarus se mencionaron mutuamente esas dudas y temores; cada uno de ellos temía que mencionar tales cosas pudiera difundir el veneno del temor por toda la nave. Pero no estaban solos en sus preocupaciones; la mitad de los ocupantes de la nave se daban cuenta de la debilidad de su posición y guardaban silencio tan sólo porque la decidida resolución de volver a casa, pasara lo que pasase, hacía que estuvieran dispuestos a aceptar todos los peligros.

—Capitán —le dijo Lazarus a King, dos semanas después de que el grupo de Schultz se hubiera encaminado a la Tierra—, ¿ha pensado usted en lo que pueden sentir con respecto a la *Nuevas Fronteras*?

—¿Eh? ¿Qué quiere decir?

—Bueno, nosotros la robamos. Eso es piratería.

King pareció atónito.

—¡Dios bendito, es cierto! Ya sabe usted, hace tanto tiempo de eso que me resulta difícil darme cuenta de que realmente no es mi nave... o recordar que la obtuve gracias a un acto de piratería. —Se quedó pensativo, luego sonrió sombríamente—. Me pregunto qué condiciones habrá actualmente en Coventry.

—Raciones más bien escasas, imagino —dijo Lazarus—. Pero nos las arreglaremos. No se preocupe... todavía no nos han cogido.

—¿Supone que Slayton Ford estará conectado con el asunto? Puede que las cosas estén duras después de lo que él hizo.

—Puede que no se presente en absoluto ningún problema —respondió serenamente Lazarus—. Aunque la forma en que tomamos la nave fue un tanto irregular, la *hemos* usado para el propósito por el que fue construida... explorar las estrellas. Y la devolvemos intacta, mucho antes de lo que ellos hubieran podido esperar algún resultado, y con un magnífico y nuevo impulsor espacial que aprovechar. Van a recibir más por su dinero de lo que hubieran podido esperar nunca... así que tal vez simplemente decidan olvidarlo todo y prepararnos una fiesta de bienvenida.

—Espero que sí —respondió King, dubitativamente.

El grupo de expedición regresó dos días más tarde. No habían recibido ninguna señal de ellos hasta que emergieron al espaciotiempo normal, justo antes de la cita, puesto que aún no se había diseñado ningún método de señalización del paraespacio al otroespacio. Mientras maniobraban hacia la cita, King recibió el rostro de Ralph Schultz en la pantalla de la sala de control.

—¡Hola, capitán! Estaremos inmediatamente a bordo para informar.

—¡Hágame un resumen ahora!

—No sabría por donde empezar. Pero todo está bien... *¡podemos volver a casa!*

—¿Eh? ¿Cómo? ¡Repítalo!

—Todo está bien. Hemos restaurado el Convenio. ¿Sabe?, ya no hay ninguna diferencia entre nosotros y los demás. *Todo el mundo es miembro de las Familias ahora.*

—¿Qué quiere decir con esto? —preguntó King.

—Lo han conseguido.

—¿Conseguido el qué?

—El secreto de la longevidad.

—¿Eh? Hable con sentido. No hay ningún secreto. Nunca hubo ningún secreto.

—*Nosotros* no tuvimos ningún secreto... pero ellos creyeron que lo teníamos. Así que lo encontraron.

—Explíquese —insistió el capitán King.

—Capitán, ¿no puede esperar hasta que estemos de vuelta en la nave? —protestó Ralp Schultz—. Yo no soy biólogo. Traemos con noostros a un representante del gobierno... será mejor que se lo pregunte a él.

6

King recibió al representante de la Tierra en su cabina. Había notificado a Zaccur Barstow y a Justin Foote que estuvieran presentes en representación de las Familias, y había invitado al doctor Gordon Hardy debido a que la naturaleza de las sorprendentes noticias era asunto del biólogo. Libby estaba allí como oficial en jefe de la nave. Slayton Ford había sido invitado debido a su status único, aunque no ostentaba ningún cargo público en las Familias desde su crisis en el templo de Kreel.

Lazarus estaba allí debido a que Lazarus deseaba estar allí, en su propia y estricta capacidad privada. No había sido invitado, pero incluso el capitán King se mostraba remiso en interferir en las prerrogativas asumidas por el Miembro más viejo de las Familias.

Ralph Schultz presentó a los reunidos al embajador de la Tierra.

—Este es el capitán King, nuestro oficial comandante... y este es Miles Rodney, representando al Consejo de la Federación... ministro plenipotenciario y embajador extraordinario, imagino que podríamos llamarlo.

—Un tanto fuerte —dijo Rodney—, aunque puedo aceptar lo de «extraordinario». Esta situación no tiene precedentes. Es un honor conocerle, capitán.

—Encantado de tenerle a bordo, señor.

—Y este es Zaccur Barstow, representante de los depositarios de las Familias Howard y Justin Foote, secretario de los depositarios...

—Servicio.

—Servicio a ustedes, caballeros.

—...Andrew Jackson Libby, oficial jefe astrogador, doctor Gordon Hardy, biólogo a cargo de nuestra investigaciones sobre las causas de la vejez y de la muerte.

—¿Puedo servirle en algo? —dijo Hardy formalmente.

—Soy yo quien está a su servicio, señor. Así que es usted el jefe biólogo... hubo un tiempo en que hubiera podido prestar usted un servicio a toda la raza humana. Piense en ello, señor... piense en lo distintas que hubieran podido ser las cosas. Pero, afortunadamente, la raza humana fue capaz de extraer el secreto de prolongar la vida sin la ayuda de las Familias Howard.

Hardy pareció vejado.

—¿Qué quiere decir con esto, señor? ¿Pretende insinuar que aún siguen con la idea falsa de que poseíamos un secreto milagroso que quisimos ocultar?

Rodney se alzó de hombros y abrió las manos.

—Realmente, ahora ya no hay necesidad de mantener una

tal pretensión, ¿no cree? Sus resultados han sido duplicados, independientemente.

—Un momento... —interrumpió el capitán King—. Ralph Schultz, ¿acaso la federación sigue aún bajo la impresión de que existe algún «secreto» para nuestras largas vidas? ¿Se lo han dicho ellos?

Schultz parecía desconcertado.

—Bueno... esto es ridículo. El tema apenas puede sostenerse. Ellos mismos han conseguido una longevidad controlada; ya no están interesados en nosotros al respecto. Es cierto que aún existe la creencia de que nuestras largas vidas se derivan de la manipulación antes que de la herencia, pero yo corregí esa impresión.

—Aparentemente sin demasiado éxito, por lo que Miles Rodney acaba de decir.

—Aparentemente no. No dediqué mucho esfuerzo en ello; la verdad es que estaba apaleando a un perro muerto. Las Familias Howard y sus largas vidas ya no son tema de conversación en la Tierra. El interés, tanto público como oficial, se halla ahora centrado en el hecho de que hemos conseguido realizar con éxito el salto a las estrellas.

—Puedo confirmar esto —aseguró Miles Rodney—. Todos los servicios oficiales, todas las agencias de noticias, todos los ciudadanos, todos los científicos del sistema están aguardando con gran impaciencia la llegada de la *Nuevas Fronteras*. Es la cosa más grande y más sensacional que ha ocurrido desde el primer viaje a la Luna. Son ustedes famosos, caballeros... todos ustedes.

Lazarus llevó a Zaccur Barstow a un lado y le susurró algo. Barstow pareció inquieto, luego asintió pensativamente:

—Capitán... —dijo Barstow a King.

—¿Sí, Zack?

—Sugiero que solicitemos de nuestro huésped que nos disculpe mientras recibimos el informe de Ralph Schultz.

—¿Por qué?

Barstow miró a Rodney.

—Pienso que estaremos mejor preparados para discutir estas cuestiones si nos asesoramos con nuestro propio representante.

King se giró hacia Rodney.

Lazarus intervino.

—No se preocupe, capitán. Zacks se expresa bien aunque es demasiado educado. Creo que lo mejor será plantearle las cosas claramente al camarada Rodney e ir directamente al grano. Dígame, Miles; ¿qué prueba tiene de que usted y sus amigos han encontrado una forma de vivir tanto como nosotros?

—¿Prueba? —Rodney pareció desconcertado—. ¿Por qué lo pregunta... a quién me estoy dirigiendo? ¿Quién es usted, señor?

Ralph Schultz intervino:

—Lo siento... no he tenido oportunidad de terminar las presentaciones. Miles Rodney, este es Lazarus Long, el Decano.

—Servicio. «El Decano»... ¿de qué?

—Simplemente el Decano en período de vida —respondió Lazarus—. Soy el Miembro más viejo. Por lo demás, soy un ciudadano privado.

—¡El más viejo de las Familias Howard! Entonces... entonces usted debe ser el más viejo de los hombres vivos... ¡piense en eso!

—Piense *usted* en eso —contraatacó Lazarus—. Llevo dando la lata un par de siglos o así. ¿Qué hay acerca de contestar a mi pregunta?

—Pero no puedo evitar el sentirme impresionado. Usted hace que me sienta como un niño... y no soy un hombre joven precisamente; cumpliré los ciento cinco en junio.

—Si puede usted probar que esa es su edad, podrá responder a mi pregunta. Yo diría que tiene usted unos cuarenta años. ¿Qué hay al respecto?

—Bueno, para ser sincero, no me esperaba ser interrogado sobre este punto. ¿Desea ver usted mis documentos de identidad?

—¿Está bromeando? He tenido más de cincuenta documentos de identidad a lo largo de mi vida, todos ellos con fechas de nacimiento falsas. ¿Qué otra cosa puede ofrecer?

—Un momento, Lazarus —intervino el capitán King—. ¿Cuál es el propósito de su pregunta?

Lazarus Long desvió la mirada de Rodney.

—Las cosas están así, capitán... tuvimos que salir a escape del Sistema Solar para salvar nuestros cuellos, porque el resto de los tipos pensaban que habíamos inventado algún sistema para vivir siempre y se proponían arrancárnoslo aunque tuvieran que matarnos uno a uno. Ahora todo se ha vuelto dulzura y luz... o eso dicen. Pero no deja de parecer divertido que el pajarito que nos han enviado para fumar la pipa de la paz con nosotros siga estando convencido aún de que poseemos lo que ellos llaman nuestro secreto.

—No es ningún delito seguir creyéndolo.

—Supongamos que no han descubierto ningún sistema de retrasar la muerte por vejez, pero aún siguen aferrados a la idea de que nosotros sí lo tenemos. Entonces la mejor forma de mantenernos tranquilos y sin sospechar es decirnos que ellos sí lo han conseguido, y esperar a que volvamos con ellos para hacernos de nuevo la misma pregunta.

Rodney resopló.

—¡Esto es una idea ridícula! Capitán, no creo haber venido hasta aquí para tener que discutir esto.

Lazarus le miró fríamente.

—Era ridícula la primera vez, amigo... pero ocurrió. Gato escaldado del agua fría huye.

—Hey, un momento, los dos —ordenó King—. Ralph, ¿qué hay de eso? ¿Puede dar alguna opinión al respecto?

Schultz pensó intensamente en ello.

—No sé qué decir. —Hizo una pausa—. Es más bien difícil de determinar. No puedo decir nada por el curso de los acontecimientos, del mismo modo que nuestros propios Miembros no podían ser distinguidos de entre una multitud de personas normales.

—Pero usted es psicólogo. Seguramente podría haber detectado indicios de fraude, si existiera.

—Puedo ser psicólogo, pero no soy un hacedor de milagros, y no soy telépata. No estaba buscando ningún fraude. —Sonrió tímidamente—. Además, había otro factor. Estaba tan excitado por la idea de hallarme de nuevo en casa que no me hallaba en las mejores condiciones emocionales para notar discrepancias, caso de haberlas.

—Entonces, ¿no está seguro?
—No. Estoy emocionalmente convencido de que Miles Rodney está diciendo la verdad...
—¡La estoy diciendo!
—...y creo que unas pocas preguntas podrían aclarar la cuestión. Proclama tener ciento cinco años de edad. Podemos comprobar eso.
—Entiendo —admitió King—. Hummm... ¿hace usted las preguntas, Ralph?
—Muy bien. ¿Me permite, Miles Rodney?
—Adelante —respondió Rodney rígidamente.
—Debía tener usted unos treinta años cuando abandonamos la Tierra, puesto que hemos estado fuera aproximadamente unos setenta y cinco años, según el tiempo de la Tierra. ¿Recuerda usted el acontecimiento?
—Con absoluta claridad. Yo trabajaba en la Torre Novak por aquel entonces, en las oficinas del Administrador.
Slayton Ford había permanecido en un segundo término durante toda la discusión, y no había hecho nada por llamar la atención sobre él. La respuesta de Rodney le hizo erguirse.
—Un momento, capitán...
—¿Eh? ¿Sí?
—Quizá yo pueda abreviar esto. ¿Me disculpa, Ralph? —Se giró hacia el representante de la Tierra—. ¿Quién soy yo?
Rodney le miró un tanto confuso. Su expresión cambió desde una simple sorpresa ante la extraña pregunta hasta un completo e incrédulo asombro.
—Bueno, usted... ¡*usted* es el *Administrador Ford*!

7

—¡Uno por uno! Uno por uno —estaba diciendo el capitán King—. No intenten hablar todos a la vez. Adelante, Slayton; tiene usted la palabra. ¿Conoce a este hombre?
Ford miró atentamente a Rodney.

—No, no puedo decir que lo conozca.

—Entonces estamos como antes. —King se giró a Rodney—. Supongo que ha reconocido a Ford de los estéreos de historia... ¿correcto?

Rodney parecía a punto de estallar.

—¡No! Le he reconocido. Ha cambiado, pero es él. Señor Administrador... ¡míreme, por favor! ¿No me conoce? ¡Yo *trabajé* para usted!

—Parece más bien obvio que no lo hizo —dijo King secamente.

Ford agitó la cabeza.

—Eso no prueba nada, ni en uno ni en otro sentido, capitán. Había más de dos mil empleados civiles en mi oficina. Rodney pudo ser uno de ellos. Su rostro me parece vagamente familiar, pero eso suele ocurrir muchas veces.

—Capitán... —dijo el doctor Gordon Hardy—, si puedo hacerle algunas preguntas a Miles Rodney tal vez pueda ser capaz de formarse una opinión respecto a si han descubierto realmente o no algo nuevo sobre las causas de la vejez y de la muerte.

Rodney agitó la cabeza.

—No soy biólogo. Me tendrá contra las cuerdas en un momento. Capitán King, le ruego que disponga mi regreso a la Tierra lo antes posible. No estoy dispuesto a someterme ni un instante más a esto. Y déjeme añadir que no me importa un átomo el que usted y sus... sus preciosos compañeros regresen o no a la civilización. Subí aquí para ayudarles, pero me siento disgustado. —Se puso en pie.

Slayton Ford avanzó hacia él.

—Tranquilo, Miles Rodney, por favor. Sea paciente. Póngase en su lugar. Sería igualmente precavido si hubiera pasado por lo que ellos han pasado.

Rodney vaciló.

—Señor Administrador, ¿qué está haciendo *usted* aquí?

—Es una larga y complicada historia. Se la contaré más tarde.

—Es usted un miembro de las Familias Howard... tiene que serlo. Eso explica un montón de cosas extrañas.

Ford agitó la cabeza.

—No, Miles Rodney, no lo soy. Más tarde, por favor... se lo explicaré. Usted estuvo trabajando antes para mí... ¿cuándo?...

—Desde 2109 hasta que usted, esto... desapareció.

—¿Cuál era su trabajo?

—Durante la crisis de 2113 era ayudante de oficina en la División de Estadísticas Económicas, Sección de Control.

—¿Quién era su jefe de sección?

—Leslie Waldron.

—El viejo Waldron, ¿eh? ¿De qué color era su pelo?

—¿Su pelo? Le llamábamos la Morsa, y era calvo como un huevo.

—Parece como si yo estuviera equivocado, Zack —le susurró Lazarus a Zaccur Barstow.

—Espera un momento —contestó Barstow, también en un susurro—. Pueden haberlo preparado... es probable que supieran que Ford había escapado con nosotros.

Ford estaba prosiguiendo:

—¿Qué era *La vaca sagrada*?

—*La vaca...* ¡Jefe, se suponía que usted no sabía nada de esa publicación!

—Condédale a mi personal de inteligencia el crédito de haber realizado un buen trabajo, como mínimo —dijo Ford secamente—. Recibía mi ejemplar cada semana.

—¿Pero qué era? —preguntó Lazarus.

—Una hoja cómica y satírica que circulaba de mano en mano por las oficinas —respondió compungido Rodney.

—Dedicada a burlarse de los jefes —añadió Ford—, especialmente de mí. —Puso un brazo en torno a los hombros de Rodney—. Amigos, no hay la menor duda. Miles y yo fuimos compañeros de trabajo.

—Aún sigo deseando saber cómo funciona el nuevo proceso de rejuvenecimiento —insistió el doctor Hardy un poco más tarde.

—Creo que todos nosotros lo deseamos —admitió King. Llenó de nuevo el vaso de vino de su huésped—. ¿Puede decirnos algo sobre ello, señor?

—Lo intentaré —respondió Miles Rodney—, aunque deberé pedirle al doctor Hardy que me eche una mano. No se trata de un proceso, sino de varios... un proceso básico y una docena de otros secundarios, algunos de ellos puramente cosméticos, especialmente para las mujeres. El proceso básico no es un auténtico proceso de rejuvenecimiento. Podemos detener el progreso de la vejez, pero no podemos invertirlo en ningún grado significativo... no podemos convertir a un viejo senil en un muchacho.

—Sí, sí —admitió Hardy—. Naturalmente... ¿Pero cuál es el proceso básico?

—Consiste en general en reemplazar todo el tejido sanguíneo de una persona vieja por sangre nueva y joven. La vejez, según me han dicho, es primariamente un asunto derivado de la progresiva acumulación de las toxinas de desecho del metabolismo. Se supone que la sangre las retira, pero llega un momento que la sangre está tan saturada de esas toxinas que el proceso de eliminación no se fectúa correctamente. ¿Es así, doctor Hardy?

—Es una forma un tanto extraña de decirlo, pero...

—Ya le dije que no soy un biotécnico.

—...es correcto en lo esencial. Es una cuestión de déficit en la presión de difusión... el d. p. d. en el lado de la pared celular que recibe la sangre debe ser tal que mantenga un exacto gradiente, o se producirá una progresiva autointoxicación en las células individuales. Pero debo decir que me siento un tanto decepcionado, Miles Rodney. La idea básica de combatir a la muerte asegurando una correcta eliminación de los productos de desecho no es nueva... tengo un trozo de corazón de pollo que ha permanecido vivo durante dos siglos y medio a través de técnicas equivalentes. En cuanto a lo de usar sangre joven... sí, puede funcionar. Yo he mantenido animales experimentales vivos gracias a tales donaciones de sangre durante el doble de sus expectativas normales de vida. —Se detuvo y pareció desconcertado.

—¿Qué ocurre, doctor Hardy?

Hardy se mordió el labio.

—Abandoné esta línea de investigación. Necesitaba disponer de varios donantes jóvenes para conseguir mantener a un solo beneficiario alejado del envejecimiento. Se apreciaba un pequeño pero medible efecto desfavorable en cada uno de los donantes. Racialmente se revelaba como una imposibilidad; nunca se podría disponer de los suficientes donantes como para llevar adelante el proyecto. ¿Debo entender por eso, señor, que este método se halla limitado a una pequeña y selecta parte de la población?

—¡Oh, no! Quizá no me haya sabido explicar con la suficiente claridad, doctor Hardy. No hay donantes.

—¿Eh?

—La sangre nueva, suficiente para todo el mundo, crece fuera del cuerpo... el Servicio de Salud y Longevidad Públicas puede proporcionar cualquier cantidad de ella, de cualquier tipo.

Hardy pareció asombrado.

—Y pensar que estuvimos tan cerca... así que es esto. —Hizo una pausa, luego prosiguió—: Probamos a efectuar cultivos de médula ósea *in vitro*. Deberíamos haber persistido en ello.

—No se haga reproches por ello. Miles de millones de créditos, y decenas de miles de técnicos contratados para este proyecto, fueron necesarios antes de que se produjeran los primeros resultados significativos. Se dice que la masa de ingenio acumulado en este campo representa un esfuerzo mayor que el de todas las técnicas de ingeniería atómica. —Rodney sonrió—. ¿Sabe?, *tenían* que obtener algunos resultados; era políticamente necesario... así que los obtuvieron, aunque tuvieron que hacer un esfuerzo colosal. —Se giró hacia Ford—. Cuando las noticias acerca de la huída de las Familias Howard llegaron al público, Jefe, su precioso sucesor tuvo que ser protegido de las masas.

Hardy insistió con preguntas acerca de las técnicas secundarias... injertos de dientes, inhibidores del crecimiento, terapia hormonal, y muchos otros, hasta que King acudió al rescate de Rodney haciendo notar que la primera finalidad de su visita era arreglar los detalles del regreso de las Familias a la Tierra.

Rodney asintió.

—Pienso que deberíamos ir directamente al asunto. Tal

como lo entiendo, capitán, una gran parte de su gente se halla ahora en somnolencia a temperatura reducida.

—¿Por qué no dice «sueño a bajas temperaturas»? —le dijo Lazarus a Libby.

—Sí, así es.

—Entonces no habrá ningún problema en mantenerla en ese estado durante un tiempo.

—¿Eh? ¿Por qué dice eso, señor?

Rodney abrió las manos.

—La propia Administración se halla actualmente en una posición en cierto modo embarazosa. Para decirlo claramente, hay un déficit de alojamientos. Absorber a ciento diez mil personas desplazadas no es algo que pueda hacerse en una noche.

De nuevo King tuvo que calmar los ánimos. Luego hizo una seña a Zaccur Barstow, que se dirigió a Rodney:

—No acabo de ver el problema, señor. ¿Cuál es la población actual del continente norteamericano?

—Alrededor de unos setecientos millones.

—¿Y no pueden encontrar sitio para albergar a una séptima parte del uno por ciento de ese número? Suena absurdo.

—No me ha comprendido, señor —protestó Rodney—. La presión demográfica se ha convertido en nuestro principal problema. Coincidiendo con ello, el derecho a disfrutar del propio hogar o apartamento sin ser molestado por nadie se ha convertido en el más celosamente guardado de todos los derechos civiles. Antes de que podamos hallarles un sitio adecuado para vivir deberemos reacondicionar alguna franja de desierto o realizar algún otro reajuste de importancia.

—Entiendo —dijo Lazarus—. Política. No se atreven a molestar a nadie por miedo a las protestas.

—Es realmente una forma poco adecuada de plantear el caso.

—¿Lo es? ¿Quizá se están acercando unas elecciones generales?

—De hecho así es, pero esto no tiene nada que ver con el caso.

Lazarus se echó a reír burlonamente.

Justin Foote pidió la palabra.

—Tengo la impresión de que la Administración ha considerado este problema de una forma un tanto superficial. No somos inmigrantes carentes de hogar. La mayoría de los Miembros poseen sus propios hogares. Como sin duda sabe usted, las Familias tenían una buena posición, incluso eran ricas, y por obvias razones construimos nuestras casas para que duraran. Estoy seguro de que la mayoría de esas construcciones aún están en pie.

—No lo dudo —concedió Rodney—, pero las encontrarán todas ocupadas.

Justin Foote se alzó de hombros.

—¿Y eso qué tiene que ver con nosotros? Se trata de un problema para el gobierno. Es él quien debe hacerse cargo de las personas a las que ha dejado ocupar ilegalmente nuestros hogares. En lo que a mí respecta, deseo tomar tierra tan pronto como sea posible, obtener una orden de desahucio del tribunal más cercano, y volver a tomar posesión de mi casa.

—No es tan fácil. Usted puede hacer una tortilla de huevos, pero no huevos de una tortilla. Ustedes han sido declarados legalmente muertos desde hace muchos años; los actuales ocupantes de sus casas gozan de un título de propiedad legal.

Justin Foote se puso en pie y miró llameante al enviado de la Federación, con el aspecto, pensó Lazarus, «de un ratón acorralado».

—¡Legalmente muertos! ¿Por qué disposición, señor, por qué disposición? ¿Por la mía? Yo era un respetado procurador, tranquilo y honorable, que cumplía con mi profesión, no hacía daño a nadie, cuando fui arrestado sin ninguna causa y obligado a huir para salvar mi vida. Y ahora me dicen tranquilamente que mi propiedad ha sido confiscada y que mi existencia legal como persona y ciudadano ha sido eliminada debido a esa cadena de acontecimientos. ¿Qué clase de justicia es esta? ¿Sigue en vigor el Convenio?

—Me ha intepretado mal, señor. Yo...

—No he interpretado mal nada. Si la justicia se mide sólo cuando es conveniente, entonces el Convenio no vale ni el papel en que fue escrito. Voy a hacer de mí mismo un caso ejemplar, señor, un caso que sirva de antecedente para todos los Miembros de las Familias. A menos que mis propiedades me sean devueltas completamente y de inmediato, voy a presentar querella personal contra cualquier obstrucción oficial. Voy a hacer de ello una *causa célebre*. Durante muchos años he sufrido privaciones e indignidades y peligros; ahora no van a contentarme sólo con palabras. Voy a gritarlo por todas partes. —Hizo una pausa para recuperar el aliento.

—El tiene razón, Miles —dijo suavemente Slayton Ford—. El gobierno haría mejor en hallar alguna forma adecuada de arreglar esto... y rápidamente.

Lazarus captó una mirada de Libby y silenciosamente le hizo señas para que se dirigiera hacia la puerta. Ambos se deslizaron fuera.

—Justin va a mantenerlos ocupados durante la siguiente hora —dijo—. Vamos al Club a recuperar algunas calorías.

—¿Cree realmente que no nos necesitarán?

—Tranquilízate. Si el capitán nos necesita, ya nos llamará.

8

Lazarus dio buena cuenta de tres bocadillos, un helado doble, y algunos pastelillos, mientras Libby se contentaba con un poco menos. Lazarus hubiera podido comer más, pero se vio obligado a responder al aluvión de preguntas de los demás habituales del Club.

—El departamento de suministros está fallando cada vez más —se quejó Lazarus, mientras sorbía su tercera taza de café—. La Pequeña Gente les puso las cosas demasiado fáciles. Andy, ¿te gusta el chile con carne?

—Me encanta.

Lazarus se limpió los labios.

—Había un restaurante en Tijuana que servía el mejor

chile que nunca haya probado. Me pregunto si aún estará ahí.

—¿Dónde está Tijuana? —preguntó Margaret Weatheral.

—No recuerdas la Tierra, ¿verdad, Peggy? Bueno, querida, está en la Baja California. ¿Sabes dónde está eso?

—¿Crees que no he estudiado geografía? Está en Los Angeles.

—Bastante cerca. Quizá tengas razón... por ahora.

Los altavoces de la nave reclamaron:

—Jefe astrogador... preséntese al capitán en la sala de control.

—¡Ese soy yo! —dijo Libby, y salió apresuradamente.

La llamada fue repetida; luego le siguió:

—¡Atención todos... preparados para aceleración! ¡Atención todos... preparados para aceleración!

—Allá vamos de nuevo, muchachos. —Lazarus se puso en pie, se sacudió su kilt, y siguió a Libby, silbando mientras salía:

California, aquí estoy de vuelta,
directamente al lugar de donde salí una vez...

La nave estaba de nuevo en camino, las estrellas habían desaparecido. El capitán King había abandonado la sala de control, reuniéndose con su huésped, el enviado de la Tierra. Miles Rodney se sentía muy impresionado; parecía como si necesitara un trago.

Lazarus y Libby permanecieron en la sala de control. No había nada que hacer; durante aproximadamente cuatro horas, tiempo de la nave, esta permanecería en el paraespacio, antes de regresar al espacio normal cerca de la Tierra.

Lazarus extrajo un cigarrillo.

—¿Qué has planeado hacer una vez hayas vuelto, Andy?

—No he pensado nada todavía.

—Mejor empieza a pensarlo. Habrá habido algunos cambios.

—Probablemente volveré a casa para una temporada. No puedo imaginar que los Ozarks hayan cambiado mucho.

—Las colinas parecerán las mismas, imagino. Pero puede que encuentres cambiada a la gente.

—¿Cómo?

—Suena interesante, creo... una vez haga una visita a casa.

—Recordarás que te dije que me había separado de las Familias, y había perdido el contacto con ellas durante casi un siglo. En líneas generales, se habían vuelto tan presumidas y pagadas de sí mismas que no podía estar a su lado. Me temo que descubriremos que todo el mundo es así, ahora que esperan vivir para siempre. Inversiones a largo plazo, para estar seguras de poder ponerse sus botas de agua cuando llueva... ese tipo de cosas.

—Pero eso no le afectará en nada a usted.

—Mi opinión es distinta. Nunca tuve ninguna auténtica razón para permanecer aquí siempre... después de todo, como señaló Gordon Hardy, soy tan sólo la tercera generación resultante del plan Howard. Simplemente he vivido tal como han ido sucediendo las cosas, sin preocuparme en absoluto al respecto. Pero esta no es la actitud habitual. Toma a Miles Rodney... mortalmente preocupado por agarrar la nueva situación con ambas manos por miedo de perder sus anteriores privilegios establecidos.

—Me alegro de ver a Justin haciéndole frente —rió Libby—. Nunca hubiera pensado en Justin tan seguro de sí mismo.

—¿Nunca has visto a un perrito ladrándole a un perro enorme para que salga inmediatamente de su patio?

—¿Cree que Justin ganará en eso?

—Seguro que lo hará, con tu ayuda.

—*¿La mía?*

—¿Quién sabe nada acerca del paraimpulsor, aparte lo que me enseñaste a mí?

—He dictado gran cantidad de notas a los registros.

—Pero Miles Rodney no posee todavía esos registros. La Tierra *necesita* tu impulsor estelar, Andy. Oíste lo que dijo Rodney acerca de la presión demográfica. Ralph me dijo que actualmente necesitas el permiso del gobierno para tener un hijo.

—¡No es posible!

—Es un hecho. Puedes contar con ello, y que habrá una tremenda emigración si simplemente hay algunos planetas decentes a donde emigrar. Y ahí es donde interviene tu impulsor. Con él, extenderse a las estrellas se convierte en una realidad práctica. Tendrán que claudicar.

—Pero no es realmente mi impulsor. La Pequeña Gente trabajó en él.

—No seas tan modesto. Tú lo hiciste. Y tú querrás ayudar a Justin, ¿no?

—Oh, seguro.

—Entonces lo utilizaremos para negociar. Quizá sea yo quien negocie, personalmente. Pero esto es marginal. Alguien deberá efectuar una pequeña exploración antes de que se inicie ninguna emigración en gran escala. Vayamos a la realidad, Andy. Nos iremos fuera de este rincón de la Galaxia y veremos lo que tiene para ofrecer.

Libby se rascó la nariz y pensó en ello.

—No hay prisa. Encontraré un hermoso y lindo yatecito de unas diez mil toneladas y lo habilitaremos con tu impulsor.

—¿Qué utilizaremos como dinero?

—Tendremos dinero. Organizaremos una corporación matriz, con los fondos necesarios para permitirnos hacer todo lo que deseemos hacer. Y habrá otras corporaciones filiales para otras finalidades de menor interés para nosotros. Luego...

—Habla como si la cosa fuera en serio, Lazarus. Creí que simplemente estaba bromeando.

—Infiernos, no podemos permitirnos bromear con estas cosas. Tendremos a alguien con cuello y corbata que se encargue de los asuntos en casa y se procupe por los libros y las cosas legales... alguien como Justin, por ejemplo. Quizás el propio Justin.

—Me parece muy bien.

—Y tú y yo volveremos a las estrellas a dar una vuelta y ver lo que hay de bueno por allí. Y va a ser divertido, mucho.

Permanecieron en silencio durante largo rato, sin que ninguno de los dos sintiera la necesidad de hablar. Finalmente, Lazarus dijo:

—Andy...

—¿Sí?

—¿Vas a ocuparte de echarle un vistazo a todo ese asunto de la sangre-nueva-para-los-viejos?

—Sí, supongo que sí.

—He estado pensando en ello. Entre nosotros, ya no soy tan rápido con mis puños como lo era hace un siglo. Quizá mis expectativas naturales se están acabando. Te diré una cosa: no empezaré a planear nuestra próxima salida hasta que sepa algo más concreto sobre este nuevo proceso. Me ha dado una nueva perspectiva. Me descubre a mí mismo pensando en miles de años... y nunca me había preocupado por nada que estuviera más allá de una semana después del próximo miércoles.

Libby se rió de nuevo.

—Parece como si aún estuviera creciendo.

—Algunos dirían que ya sería hora. En serio, Andy, pienso que eso es precisamente lo que he estado haciendo. Los últimos dos siglos y medio fueron simplemente mi adolescencia, por decirlo así. Por mucho que viva, no creo que vaya a preocuparme de las respuestas finales, las respuestas *importantes,* más de lo que lo hace Peggy Weatheral. Los hombres, *nuestra* clase de hombres, los hombres de la Tierra, nunca han tenido el tiempo suficiente para enfrentarse a las cuestiones importantes. Montones de capacidades, y nada de tiempo para utilizarlas adecuadamente. Cuando se llegue a las cuestiones importantes podríamos estar muy bien igual que los monos.

—¿Y cómo propone enfrentarse a las cuestiones importantes?

—¿Cómo puedo saberlo? Pregúntame de nuevo dentro de quinientos años.

—¿Cree que esto representará alguna diferencia?

—Estoy seguro. De todos modos, todo lo que deseo es tiempo para echar un vistazo a mi alrededor y recoger algunos hechos interesantes. Toma por ejemplo esos dioses jockaira...

—No eran dioses, Lazarus. No debería llamarlos así.

—Por supuesto que no lo eran... creo. Mi opinión es que se trata de criaturas que han tenido tiempo suficiente para pensar en profundidad. Algún día, quizá dentro de mil años, intentaré avanzar directamente dentro del templo de Kreel, mirarles directamente a los ojos, y decirles: «Hey, compadres... ¿qué es lo que *vosotros* sabéis que *yo* no sepa?»

—Puede que no sea muy saludable.

—De todos modos pondremos las cosas en claro. Nunca me he sentido satisfecho de lo que ocurrió allí. No debería existir nada en todo el universo en donde el hombre no pueda meter su nariz... así es como están hechas las cosas, y presumo que ha de existir alguna razón para ello.

—Quizá no existan razones de ninguna clase.

—Sí, quizá todo no sea más que una broma colosal, sin el menor sentido. —Lazarus se puso en pie, se estiró y se rascó las costillas—. Pero puedo decirte esto, Andy: cualesquiera que sean las respuestas, he aquí a un mono que piensa seguir saltando, y mirando a su alrededor para ver todo lo que pueda ver, mientras los árboles sigan en pie.